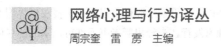

网络心理与行为译丛

周宗奎 雷 雳 主编

心理学与互联网

个人、人际和超个人的启示　PSYCHOLOGY AND THE INTERNET
INTRAPERSONAL, INTERPERSONAL, AND TRANSPERSONAL IMPLICATIONS

（加）珍妮·加肯巴赫 (Jayne Gackenbach) ◎ 著

周宗奎 刘思耘 赵庆柏 等译

中国出版集团

世界图书出版公司

广州·上海·西安·北京

图书在版编目（CIP）数据

心理学与互联网：个人、人际和超个人的启示 /（加）加肯巴赫 (Gackenbach,J.) 著；周宗奎等译 . -- 广州：世界图书出版广东有限公司 , 2014.9（2025.1重印）

（网络心理与行为译丛 / 周宗奎，雷雳主编）

书名原文：Psychology and the Internet :intrapersonal, interpersonal, and transpersonal implications

ISBN 978-7-5100-8189-7

Ⅰ . ①心⋯ Ⅱ . ①加⋯②周⋯ Ⅲ . ①心理学 – 关系 – 互联网络 – 研究 Ⅳ . ① B84 ② TP393.4

中国版本图书馆 CIP 数据核字 (2014) 第 260391 号

版权登记号图字：19-2012-099

原著 ISBN 13:978-0-12-369425-6

ISBN 10:0-12-369425-6

This edition of *Psychology and the Internet:Intrapersonal,Interpersonal,and Transpersonal Implications* by Jayne Gackenbach is published by arrangement with ELSEVIER INC.,a Delaware corporation having its principal place of business at 360 Park Avenue South,New York,NY 10010,USA

心理学与互联网：个人、人际和超个人的启示

责任编辑　翁　晗

出版发行　世界图书出版广东有限公司

地　　址　广州市新港西路大江冲 25 号（020-84459702）

印　　刷　悦读天下（山东）印务有限公司

规　　格　787mm×1092mm　1/16

印　　张　25.75

字　　数　380 千

版　　次　2014 年 9 月第 1 版　2025 年 1 月第 4 次印刷

ISBN　978-7-5100-8189-7/B·0091

定　　价　98.00 元

如发现印装质量问题影响阅读，请与承印厂联系退换。

网络心理与行为译丛

周宗奎 雷雳 主编

心理学与互联网

个人、人际和超个人的启示

PSYCHOLOGY AND THE INTERNET

INTRAPERSONAL, INTERPERSONAL, AND TRANSPERSONAL IMPLICATIONS

（加）珍妮·加肯巴赫 (Jayne Gackenbach) ◎ 著

周宗奎 刘思耘 赵庆柏 等译

中国出版集团

世界图书出版公司

广州·上海·西安·北京

《网络心理与行为译丛》

组织翻译

青少年网络心理与行为教育部重点实验室（华中师范大学）

协作单位

国家数字化学习工程技术研究中心

中国基础教育质量监测协同创新中心

华中师范大学心理学院

社交网络及其信息服务协同创新中心

教育信息化协同创新中心

编委会

主　　任　周宗奎　雷　雳

主任助理　刘勤学

编委（按姓氏笔画）　王伟军　马红宇　白学军　刘华山　江光荣

　　　　　　　李　红　何炎祥　何婷婷　佐　斌　沈模卫　罗跃嘉　周晓林

　　　　　　　洪建中　胡祥恩　莫　雷　郭永玉　董　奇

总序

一

工具的使用对于人类进化的作用从来都是哲学家和进化研究者们在探讨人类文明进步的动力时最重要的主题。互联网可以说是人类历史上影响最复杂前景最广阔的工具，互联网的普及已经深深地影响了人类的生活方式。它对人类文明进化的影响已经让每个网民都有了亲身感受，但是这种影响还在不断地深化和蔓延中，就像我们认识石器、青铜器、印刷术的作用一样，我们需要巨大的想象力和以世纪计的时距，才有可能全面地认识人类发明的高度技术化的工具——互联网对人类发展的影响。

互联网全面超越了人类传统的工具，表现在其共享性、智能性和渗透性。互联网的本质作用体现在个人思想和群体智慧的交流与共享；互联网对人类行为效能影响的根本基础在于其智能属性，它能部分地替代人类完成甚为复杂的信息加工功能；互联网对人类行为之所以产生如此广泛的影响，在于其发挥作用的方式能够在人类活动的各个领域无所不在地渗透。

法国当代哲学家贝尔纳·斯蒂格勒在其名著《技术与时间》中，从技术进化论的角度提出了一个假说："在物理学的无机物和生物学的有机物之间有第三类存在者，即属于技术物体一类的有机化的无机物。这些有机化的无机物贯穿着特有的动力，它既和物理动力相关又和生物动力相关，但不能被归结为二者的'总和'或'产物'。"在我看来，互联网正是这样一种"第三类存在者"。互联网当然首先依存于计算机和网络硬件，但是其支撑控制软件与信息内容的生成和运作又构成自成一体的系统，有其自身的动力演化机制。我们所谓的"网络空间"，也可以被看作是介于物理空间和精神空间之间的"第三空间"。

与物理空间相映射，人类可以在自己的大脑里创造一个充满意义的精神空间，并且还可以根据物理世界来塑造这个精神空间。而网络是一个独特的虚拟空间，网络中的很多元素，包括个体存在与社会关系，都与个体在自己大脑内创造的精神空间相似。但是这个虚拟空间不是存在于人的大脑，而是寄存于一个庞大而复杂的物理系统。唯其如此，网络空间才成为独特的第三空间。

网络心理学正是要探索这个第三空间中人的心理与行为规律。随着互联网技术和应用的迅猛发展，网络心理学正处在迅速的孕育和形成过程中，并且必将成为心理科学发展的一个创意无限的重要领域。

技术的发展已经使得网络空间从文本环境转变为多媒体环境，从人机互动转变为社会互动，使它成为一个更加丰富多彩的虚拟世界。这个世界对个人和社会都洋溢着意义，并将人们不同的思想与意图交织在一起，充满了创造的机会，使网络空间成为了一个社会空间。在网络这个新的社会环境和心理环境中，一定会衍生出反映人类行为方式和内心经验的新的规律，包括相关的生理反应、行为表现、认知过程和情感体验。

进入移动互联网时代之后，手机、平板电脑等个人终端和网络覆盖的普及带来了时间和空间上的便利性，人们在深层的心理层面上很容易将网络空间看作是自己的思想与人格的延伸。伴随着网络互动产生的放大效应，人们甚至会感到自己的思想与他人的思想可以轻易相通，甚至可以混合重构为一体。个人思想之间的界线模糊了，融合智慧正在成为人类思想史上新的存在和表现形式，也正在改写人类的思想史。

伴随着作为人类智慧结晶的网络本身的进化，在人类众多生产生活领域中发生的人的行为模式的改变将会是持续不断的，这种改变会将人类引向何处？从人类行为规律的层面探索这种改变及其效果，这样的问题就像网络本身一样令人兴奋和充满挑战。

网络心理学是关于人在网络环境中的行为和体验的一般规律的科学研究。作为心理学的一个新兴研究领域，网络心理学大致发端于上个世纪九十年代中期。随着互联网的发展，网络心理学也吸引了越来越多的学者开始研究，越来越多的文章发表在心理学和相关学科期刊上，越来越多的相关著作在出版。近两三年来，一些主要的英文学术期刊数据库（如 Elsevier Science Direct Online）中社会科学和心理学门类下的热点论文排行中甚至有一半以上是研究网络心理与网络行为的。同时，越来越多的网民也开始寻求对人类行为中这一相对未知、充满挑战的领域获得专业可信的心理学解释。

在网络空间中，基于物理环境的面对面的活动逐渐被越来越逼真的数字化表征所取代，这个过程影响着人的心理，也同时影响着心理学。一方面，已有的心理科学知识运用于网络环境时需要经过检验和改造，传统的心理学知识和技术可以得到加强和改进；另一方面，人们的网络行为表现出一些不同于现实行为的新的现象，需要提出全新的心理学概念与原理来解释，形成新的理论和技术体系。这两方面的需要就使得当前的网络心理学研究充满了活力。

在心理学范畴内，网络心理研究涉及传统心理学的各个分支学科，认知、实验、发展、社会、教育、组织、人格、临床心理学等都在与网络行为的结合中发现了或者正在发现新的富有潜力的研究主题。传统心理学的所有主题都可以在网络空间得到拓展和更新，如感知觉、注意、记忆、学习、动机、人格理论、人际关系、年龄特征、心理健康、群体行为、文化与跨文化比较等等。甚至可以说，网络心理学可以对等地建构一套与传统心理学体系相互映射的研究主题和内容体系，将所有重要的心理学问题在网络背景下重演。实际上当前一部分的研究工作正是如此努力的。

但是，随着网络心理学研究的深入，一些学科基础性的问题突显出来：传统的心理学概念和理论体系能够满足复杂的网络心理与行为研究的需要吗？心理学的经典理论能够在网络背景下得到适当的修改吗？有足够的网络行为研究能帮助我们提出新的网络心理学理论吗？

在过去的 20 年中，网络空间的日益发展，关于网络心理的研究也在不断扩展。早期的网络心理学研究大多集中于网络成瘾，这反映了心理学对社会问题产生关注的方式，也折射出人类对网络技术改变行为的焦虑。当然，网络心理学不仅要关注网络带来的消极影响，更要探究网络带来的积极方面。近期的网络心理学研究开始更多地关注网络与健康、学习、个人发展、人际关系、团队组织、亲社会行为、自我实现等更加积极和普遍的主题。

网络心理学不仅仅只是简单地诠释和理解网络空间，作为一门应用性很强的学科，网络心理学在实际生活中的应用也有着广阔的前景。例如，如何有效地预测和引导网络舆论？如何提高网络广告的效益？如何高效地进行网络学习？如何利用网络资源促进教育？如何使团体和组织更有效地发挥作用？如何利用网络服务改进与提高心理健康和社会福利？如何有效地开展网络心理咨询与治疗？如何避免网络游戏对儿童青少年的消极影响？网络心理学的研究还需要对在线行为与线下生活之间的相互渗透关系进行深入的探索。在线行为与线下行为是如何相互影响的？个人和社会如何平衡和整合线上线下的生活方式？网络涵盖了大量的心理学主题资源，如心理自助、心理测验、互动游戏、儿童教育、网络营销等，网络心理学的应用可以在帮助个人行为和社会活动中发挥非常重要的作用。对这些问题的探讨不仅会加深我们对网络的理解，也会提升我们对人类心理与行为的完整的理解。

三

网络心理与行为研究是涉及多个学科，不仅需要社会科学领域的研究者参与，也需要信息科学、网络技术、人机交互领域的研究者的参与。在过去的起步阶段，心理学、传播学、计算机科学、管理学、社会学、教育学、医学等学科的研究者，从不同的角度对网络心理与行为进行了探索。网络心理学的未来更需要依靠不同学科的协同创新。心理学家应该看到不同学科领域的视角和方法对网络心理研究的不可替代的价值。要理解和调控人的网络心理与行为，并有效地应用于网络生活实际，如网络教育、网络购物、网络治疗、在线学习等，仅仅依靠传统心理学的知识远远不够，甚至容易误导。为了探索网络心理与行为领域新的概念和理论，来自心理学和相关领域的学者密切合作、共同开展网络心理学的研究，更有利于理论创新、技术创新和产品创新，更有利于建立一门科学的网络心理学。

根据研究者看待网络的不同视角，网络心理学的研究可以分为三种类型：基于网络的研究、源于网络的研究和融于网络的研究。"基于网络的研究"是指将网络作为研究人心理和行为的工具和方法，作为收集数据和测试模型的平台，如网上调查、网络测评等；"源于网络的研究"是指将网络看作是影响人的心理和行为的因素，是依据传统心理学的视角考察网络使用对人的心理和行为产生了什么影响，如网络成瘾领域的研究、网络使用的认知与情感效应之类的研究，"记忆的谷歌效应"这样的研究是其典型代表；"融于网络的研究"是指将网络看作是一个能够寄存和展示人的心理活动和行为表现的独立的空间，来探讨网络空间中个人和群体的独特的心理与行为规律，以及网络内外心理与行为的相互作用，这类研究内容包括社交网站中的人际关系、体现网络自我表露风格的"网络人格"等等。这三类研究对网络的理解有着不同的出发点，但也可以是有交叉的。

更富意味的是,互联网恰恰是人类当代最有活力的技术领域。社交网站、云计算、大数据方法、物联网、可视化、虚拟现实、增强现实、大规模在线课程、可穿戴设备、智慧家居、智能家教等等，新的技术形态和应用每天都在改变着人的网络行为方式。这就使得网络心理学必须面对一种动态的研究对象，计算机与网络技术的快速发展使得人们的网络行为更加难以预测。网络心理学不同于心理学的其他分支学科，它必须与计算机网络的应用技术相同步，必须跟上技术形态变革的步伐。基于某种技术形态的发现与应用是有时间限制与技术条件支撑的。很可能在一个时期内发现的结论，过一个时期就完全不同了。这种由技术决定的研究对象的不断演进增加了网络心理研究的难度，但同时也增加了网络心理学的发展机会，提升了网络心理学对人类活动的重要性。

我们不妨大胆预测一下网络心理与行为研究领域未来的发展走向。在网络与人的关系方面，两者的联系将全面深入、泛化，网络逐渐成为人类生活的核心要素，相关的研究数量和质量都会大幅度提升。在学科发展方面，多学科的交叉和渗透成为必然，越来越多的研究者采用系统科学的方法对网络与人的关系开展心理领域、教育领域、社会领域和信息工程领域等多视角的整合研究。在应用研究方面，伴随新的技术、新的虚拟环境的产生，将不断导致新的问题的产生，如何保持人与网络的和谐关系与共同发展，将成为现实、迫切的重大问题。在网络发展方向上，人类共有的核心价值观将进一步引领网络技术的发展，技术的应用（包括技术、产品、服务等）方向将更多地体现人文价值。这就需要在网络世界提倡人文关怀先行，摒弃盲目的先乱后治，网络技术、虚拟世界的组织规则将更好地反映、联结人类社会的伦理要求。

四

青少年是网络生活的主体，是最活跃的网络群体，也是最容易受网络影响、最具有网络创造活力的群体。互联网的发展全面地改变了当代人的生活，也改变了青少年的成长环境和行为方式。传统的青少年心理学研究主要探讨青少年心理发展的年龄阶段、特点和规律，在互联网高速发展的时代，与青少年相关的心理学等学科必须深入探索网络时代青少年新的成长规律和特点，探索网络和信息技术对青少年个体和群体的社会行为、生活方式和文化传承的影响。

对于青少年网民来说，网络行为具备的平等、互动、隐蔽、便利和趣味都更加令人着迷。探索外界和排解压力的需要能够部分地在诙谐幽默的网络语言中得到满足。而网络环境所具有的匿名性、继时性、超越时空性（可存档性和可弥补性）等技术优势，提供了一个相对安全的人际交往环境，使其对自我展示和表达拥有了最大限度的掌控权。

不断进化的技术形式本身就迎合了青少年对新颖的追求，如电子邮件（E-mail）、文件传送（FTP）、电子公告牌（BBS）、即时通信（IM，如 QQ、MSN）、博客（Blog）、社交网站（SNS）、多人交谈系统（IRC）、多人游戏（MUD）、网络群组（online-group）、微信传播等都在不断地维持和增加对青少年的吸引力。

网络交往能够为资源有限的青少年个体提供必要的社会互动链接，促进个体的心理和社会适应。有研究表明，网络友谊质量也可以像现实友谊质量一样亲密和有意义；网络交往能促进个体的社会适应和幸福水平；即时通信对青少年既有的现实友谊质量也有长期的正向效应；网络交往在扩展远距离的社会交往圈子的同时，也维持、强化了近距离的社会交往，社交网站等交往平台的使用能增加个体的社会资本，从而提升个体的社会适应和幸福感水平。

同时，网络也给青少年提供了一个进行自我探索的崭新空间，在网络中青少年可以进行社会性比较，可以呈现他们心目中的理想自我，并对自我进行探索和尝试，这对于正在建立自我同一性的青少年来说是极为重要的。如个人在社交网站发表日志、心情等表达，都可以长期保留和轻易回顾，给个体反思自我提供了机会。社交网站中的自我呈现让个人能够以多种形式塑造和扮演自我，并通过与他人的互动反馈来进行反思和重塑，从而探索自我同一性的实现。

处于成长中的青少年是网络生活的积极参与者和推动者，能够迅速接受和利用网络的便利和优势，同时，也更容易受到网络的消极影响。互联网的迅猛发展正加速向低龄人群渗透。与网络相伴随的欺骗、攻击、暴力、犯罪、群体事件等也屡见不鲜。青少年的网络心理问题已成为一个引发社会各界高度重视的焦点问题，它不仅影响青少年的成长，也直接影响到家庭、学校和社会的稳定。

同时，网络环境下的学习方式和教学方式的变革、教育活动方式的变化、学生行为的变化和应对，真正将网络与教育实践中的突出问题结合，发挥网络在高等教育、中小学教育、社会教育和家庭教育中的作用，是网络时代教育发展的内在要求。更好地满足教育实践的需求是研究青少年网络心理与行为的现实意义所在。

五

开展青少年网络心理与行为研究是青少年教育和培养的长远需求。互联网为青少年教育和整个社会的人才培养工作提供了新的资源和途径，也提出了新的挑战。顺应时代发展对与青少年成长相关学科提出的客观要求，探讨青少年的网络心理和行为规律，研究网络对青少年健康成长的作用机制，探索对青少年积极和消极网络行为的促进和干预方法，探讨优化网络环境的行为原理、治理措施和管理建议，引导全面健康使用和适应网络，为促进青少年健康成长、推动网络环境和网络内容的优化提供科学研究依据。这些正是"青少年网络心理与行为教育部重点实验室"的努力方向。

青少年网络环境建设与管理包括消极防御和积极建设两方面的内容。目前的网络管理主要停留在防御性管理的层面，在预防和清除网络消极内容对青少年的负面影响的同时，应着力于健康积极的网络内容的建设和积极的网络活动方式的引导。如何全面正确发挥网络在青少年教育中的积极作用，在避免不良网络内容和不良使用方式对青少年危害的同时，使网络科技更好地服务于青少年的健康成长，是当前教育实践中面临的突出问题，也是对网络科技工作和青少年教育工作的迫切要求。基于对青少年网络活动和行为的基本规律的研究，探索青少年网络活动的基本需要，才能更好地提供积极导向和丰富有趣的内容和活动方式。

为了全面探索网络与青少年发展的关系，推动国内网络心理与行为研究的进步，青少年网络心理与行为教育部重点实验室组织出版了两套丛书，一是研究性的成果集，一是翻译介绍国外研究成果的译丛。

《青少年网络心理研究丛书》是实验室研究人员和所培养博士生的原创性研究成果，这一批研究的内容涉及青少年网络行为一般特点、网络道德心理、网络成瘾机制、网络社会交往、网络使用与学习、网络社会支持、网络文化安全等不同的专题，是实验室研究工作的一个侧面，也是部分领域研究工作的一个阶段性小结。

《网络心理与行为译丛》是我们组织引进的近年来国外同行的研究成果，内容涉及互联网与心理学的基本原理、网络空间的心理学分析、数字化对青少年的影响、媒体与青少年发展的关系、青少年的网络社交行为、网络行为的心理观和教育观的进展等。

丛书和译丛是青少年网络心理与行为教育部重点实验室组织完成研究的成果，整个工作得到了国家数字化学习工程技术研究中心、中国基础教育质量监测协同创新中心、华中师范大学心理学院、社交网络及其信息服务协同创新中心、教育信息化协同创新中心的指导与支持，特此致谢！

丛书和译丛是作者和译者们辛勤耕耘的学术结晶。各位作者和译者以严谨的学术态度付出了大量辛劳，唯望能对网络与行为领域的研究有所贡献。

周宗奎

2014 年 5 月

译者序

当无处不在的心理学遇到无处不在的互联网，将会迸发出多少人类智慧的火花？

从门户网站，到搜索引擎，再到社交媒体，互联网的发展已经取得了划时代的进步。在个人生活、公共事业、商业活动、科学创造等领域，日新月异的技术、产品和服务已经使互联网成为了一个以高创新和高潜力为标志的最具魅力的新兴行业。网络技术与生活内容的结合，产生了网络社交、电子政务、电子商务、网络金融、在线教育、网络医疗、网络游戏、网络婚恋等丰富多彩的网络生活形态；随着网络生活史的延续，基于互联网的大数据进而开始改变人类行为的组织方式与生活方式。与人类历史上的任何一个时期相比，个人的自我表露、娱乐、休闲的方式更加丰富，人与人之间的交往和互助的方式更多选择，人们的教育和科学研究活动更为自由，医疗卫生保健活动也更加自主……网络技术仍然在不断地发展与创新，人们对技术改变生活的心态已经从被动接受转变为充满期待。

网络不仅仅是心理学的一个新课题，它更是一个人类心理体验的新领域，这个人类体验的领域是过去人类历史上从未出现过的，对这个全新领域的探索必然会改变心理学本身。

但是，这需要心理学研究人员的思想首先发生转变，对网络心理学的研究方法与理论创新保持开放的态度；能够把人的网络空间、网络存在、网络环境看作是当代人类行为的最基本的要素，甚至将网络看作某种根本的存在方式；理解并主动利用网络对个体心理、人际关系、群体行为和文化的重大影响，以探索和创造科学心理学在网络时代的新篇章。

我们很高兴地看到，一些活跃在网络心理与行为研究领域的实验室和团队已经开始显示出这种趋向。由 Jayne Gackenbach 教授主编的《心理学与互联网：个人、人际与超个人的启示》一书正是网络心理学领域的宝贵探索，全书共 13 章，来自北美的众多心理学家们从个人特质、人际互动、超个人的意识活动状态等不同的角度探讨了互联网对人类心理活动的影响，以及人类行为在互联网环境中的新的可能性。

本书首先从历史和文化的角度追溯了人类与机器的关系，然后探讨了网络对儿童的影响、对自我的影响、性与网络的关系及网络成瘾的原因；继而从更广泛的角度来看待网络人际交往的要素，从政策和经济决策到网络博客和虚拟工作团队，反映了心理学家对正在出现的虚拟社会中的新现象的热切关注。最后，本书从人的意识发展层面对互联网作为"全球脑"到一种电子化中介的"虚拟世界"的概念进行了深入的讨论。

本书由周宗奎、刘思耘、赵庆柏、郭永玉、夏勉合作翻译，周宗奎、刘勤学审校。翻译工作分工如下：周宗奎翻译第一、二、四章，并由博士生吴娜、张晨艳、张永欣协助翻译校对；刘思耘翻译第三、七、八章；赵庆柏翻译第五、六、十二章；郭永玉翻译第十一、十三章；夏勉翻译第九、十章。

Jayne Gackenbach 教授专门为本书的中文译本撰写了序言，介绍了本书作者们对中国互联网发展与相关心理学研究的关注，并补充了一些重要的新近的学术观点。

感谢各位作者和编辑为本书的出版付出的辛劳！希望本书的出版能为我国互联网研究和网络心理学的发展提供参考。

译者

2013 年 12 月

中文版序

受邀撰写我所编辑《心理学与互联网》一书的中文版序言，于我来说是莫大的荣幸。自第二版出版后的过去 6 年中，网络使用在全世界范围内发生了不小的变化。我在 2007 年对本书的介绍中指出，"亚洲，作为全世界人口最多的地区，同时也拥有相对来说最高的网络使用量（34%）"。5 年后，根据世界互联网统计的数据（2012），亚洲使用量已上升至 44.8%。其中，中国大陆在数据所包含的亚洲 35 个国家中占到了 50%。因此，亚洲的网络使用有一半都在中国大陆。尽管其网络普及率仍略低于其他亚洲国家（40.1%），但这变化非常明显。据报告，2000 年的中国网民数量为 2500 万，而 10 年之后已有超过 5 亿网民。因此此次对于《心理学与互联网》一书的翻译，无论是就时间还是地区来说，都是适宜之举。

网络硬件和软件上的变化也影响到了心理学领域。如，2013 年消费电子展上的尖端技术趋势是"个人健康监控"，产品从睡眠监控到热量消耗再到步数计算，这些信息的大部分都是通过云计算存储在网络中。另外，社会科学所收集的超越其他任何学科的大数据库，现在也可以通过大量的门户网站获得。因此"数据挖掘"提供了独特的、基于经验的人类行为面貌。某个数据挖掘记者指出，为何电子游戏的负面影响的新闻报道总是出现在圣诞节和四月份？四月出现之谜直到美国科伦拜校园枪击事件发生时才被解开。因此可以认为，现在的人类行为首次不需要依赖于个案研究或者大学生样本甚至更广泛的人口样本，而是那些大量来自不同国家的人们，他们通过各种方式把数据上传到网络上，并且这些数据大多时候是对数据挖掘开放的。

自这本书在北美出版后的过去六年间，除了区域使用量和硬件 / 软件的突出变化，也还存在网络使用方面的显著变化。如 2007 年所预料的，社交网络在个体生活中的稳固地位已经建立。我的兴趣自然是社交媒体在中国与北美的普及和使用状况。Chu 和 Choi（2011）的一篇文章提供了新的视角，即不仅关注社交网络作为集体主义和个人主义的功能之一的普遍度和重要性，也将这些相似与差异的直接应用提上了全球市场营销的议程。由于社交网络的影响，经典的口碑营销已经变得更为广泛。Chiu，Lin 和 Silverman（2012）总结了中国社交媒体的普及和使用。他们指出，中国"有目前全世界最多的社交媒体活跃人口，其中91%的调查对象表明在过去六个月中曾上过一个社交媒体的网站，相比之下，日本为30%，美国为67%，韩国为70%"（P1）。而且中国社交媒体用户不同于西方都使用相同的网站，他们会用类似的其他网站。Chiu et al. 解释道，"中国消费者将以下社交媒体网站定义为最喜欢的：QQ 空间，44%的调查对象报告使用的最多；新浪微博和人人，各有19%的调查对象报告最喜欢；腾讯微博，8%；开心网，7%"（P3）。但本书的贡献者们认为，这种网络社交的构成，相对于现实中全世界网络使用的迅猛的变化而言，还仅仅是推理性的。

虚拟社会一章的作者对网络世界的变化写道：

> 随着新技术的不停出现和旧技术的不断改善，包含着"虚拟社会"的新的社会形式在不断形成，如虚拟社区、虚拟公司、虚拟组织、虚拟图书馆以及虚拟教室等。在文献中有一个普遍的观点，即全球经济一体化、国家/地区和全球政治与政策、开明且多样化的全球人口，以及信息技术和社区基础设施的改善始终是虚拟社会发展背后的主要力量。世界上任何地方发生的事件，包括战争、选举、抗议或者自然灾害等，现在都实时播放到其他各国。"思考全球化，行动本地化"这样的陈词滥调却不可避免地变成我们这一代的立足点，传统国家的界限也被快速地侵蚀！（Conrad Shayo，私人交流，2013-4-30）。

翻译任何西方社会科学家的作品，对于个体主义和集体主义界限的敏感都十分重要。即，一个社会是更看重个人价值超越集体价值，还是更看重集体价值超越个人价值。在霍夫斯泰德对于个人主义的分析中，美国得分最高，中国最低，集体主义中则相反。这种差异在本书中也在一定程度上的提及和体现（见 Ellerman；Gackenbach ＆ von Stackelberg；Shayo，Olfman，Iriberri ＆ Igbaria；Goertzel；Gackenbach & Karpen 的章节），但多数对于文化的参考都是关于与北美或者网络区域有关的亚文化。

一些作者在得知本书将被翻译时，特意写信将他们的章节中需要更新的部分告知了我。在关于网络临床干预的问题上，Joan Gillespie（个人交流，April 25, 2013）解释道：

当我的章节"网络退缩：范式拓展"写完后，临床实践者与病人所面临的相似的困境，是网络是否会加强还是毁掉专业实践？那时出现的议题，主要围绕着如果上传心理治疗到网络空间，面对面的效力是否可以转化至网络，以及在线治疗是否真的有效。现在，几乎所有的心理实践都可在网上找到——从临床工作、研究、训练、开账单和保留记录到通过社交媒体形成国家和国际政策。此外，新技术如触觉技术、网络电话、虚拟现实、在更小更快的设备中实现的3D打印，都使在线与离线的临床经验的融合成为可能。随着智能手机中为治疗、治疗师和各种自助形式服务的应用的出现，治疗方法总是触手可及——就在你的口袋之中。除却这些打破范式的改革，过去10年中最大的变化莫过于心理健康服务的普通消费者现在变成了专家。不久临床医生不再是唯一能够接触研究、信息、教育以及有能力知情和治疗的人了。然而，关于网络心理的实践法律与规章问题仍充满挑战。在一个以其隐私性和伦理性著称的领域，网络是一个叛逆的通信介质，与可控、机密、有责任性相距甚远。但这些也因为在我们所有的网络生活中的困扰而饱受争议。网络心理学因其易得性和渐增的访问量使得在线的专业心理健康行业面对着持续不断的法律与伦理挑战。除此之外，面对人性和开放的挑战和新经验也会是一种很好的练习。

与临床问题相关的是网络自助的章节。Storm King（个人交流，May 6, 2013）关于这类网站的变化写道：

其中增长最多的一个方面，是可接触到的青少年支持小组的数量。网上那些针对青少年抑郁和双向障碍的特殊网络小组，在这个章节写完之前原本是还没有的。现在的青少年更习惯于从网络中获得生活问题的解决办法，谷歌搜索已经成为了他们教育中的一部分。过去几年中发生的另一个变化是，使用网络信息和来自网络上认识的人的信息来质疑从医生那里获得的建议或治疗方案的人数。人们从他们在网上找到的支持中获得力量，质疑所得到的治疗方案并从其他有相似情况和治疗经验（通常是神秘难懂的）的人那里获得第二种观点。本章中写到的网络支持小组和现在网上能找到的小组间的一个主要区别就是广告的扩散。这些广告与其他成员的记录一起突然出现在屏幕上，大多数是治疗中心或者治疗师的广告，且正好针对这些小组的情况。使用网络的人都已经习惯广告，所以这些广告没有使在线小组的受助质量受到影响，但却产生了一些关于网站拥有者从广告中所获收益的道德问题。考虑到免费和开放的论坛恐怕是网络自助的基础，这些形式的货币交易是否发生过利益冲突目前还不明确。

理论上最棒的章节之一，从中介环境到意识的发展 II，Joan Preston（个人交流，April 26，2013）对于网络的影响，尤其是对于存在感的影响的改变，他解释道：

技术进步通过更好的视觉感官和创造性的经验性背景，包括类全息甲板空间的早期原型，来不断地强化我们的媒体和网络经验。大多数对于沉浸的研究关注个人对于存在的感受，这种存在指选择且指导思想的具象意识。这也被称作投入或者参与，常见于电子游戏或虚拟现实。文献中也越来越多针对客观存在的，流畅、超绝和具有表现力的影响状态。在这具象表征中，知觉就是实体。两种存在形式之间的差别以及它们为了增强知觉的意图并未在一些研究领域很好地被理解。中介环境对于知觉的高级形态的获得一直抱有希望，但沉浸式并不自动增强知觉。它是由例如背景、如何展现、如何操纵以及维持多久的专注等因素来决定的。

对于 Preston 的评价，以及我自己对于电子游戏和意识的研究会在最后一章中简短地提到。从那时起，我们将电子游戏定义为噩梦保护论。因为，通过这么多研究（由 Gackenbach 总结，2012）我们已发现，至少在男性战斗类游戏玩家中，他们的梦更少出现威胁，且他们对于这类威胁的反应是与个人许可有关。这表明噩梦的治疗是与创伤后应激相联系的。

再次，我希望《心理学与互联网》中文版的读者能从本书中得到启发。

【参考文献】

Chiu,C.,Lin,D. & Silverman,A.(2012).China's Social Media Boom.Retrieved April

29,2013, http://www.mckinseychina.com/2012/04/25/chinas-social-media-boom/.

Chu,S. & Choi,S.M.(2011).Electronic word-of-mouth in social networking sites:A cross-cultural study of the United States and China.Journal of Global Marketing,24,263–281.

Gackenbach,J.I.(2012).Dreams and video game play.In J.I.Gackenbach(Ed.),Video Game Play and consciousness.NOVA Science Publishers.

Hofstede,G.(1980).Culture's Consequences:International Differences in Work-related Values,Sage,Beverly Hills,CA.

Internet World Stats(2012).Internet usage in Asia.Retrieved April 19,2013,http://www.internetworldstats.com/stats3.htm.

英文版前言

（珍妮·加肯巴赫）Jayne Gackenbach

八年前，本书的第一版对互联网出现的影响的估计还是略显保守与谨慎，而如今，关于互联网的讨论已经爆炸式地充斥在各种媒体中。虽然专家们在20世纪90年代晚期已经对这一新媒体的影响力做出许多预测，但是很多人仍旧会对互联网如此快速和全面地与当今社会相整合感到惊讶。现在，由于媒体的发展与合并，互联网不再是一个特殊的媒体而成为几乎所有媒体的基础。因此，我们现在想到互联网时，不仅仅是指我们在家里使用的电脑，还包括我们的电话、寻呼机、掌上电脑、电视、视频游戏机、MP3播放器和那些便携式笔记本电脑。我们期待在机场、咖啡店和购物商场能够找到无线网络连接上网，也承认无线上网将变成如同电视、收音机和电话一样环绕在我们周围的无形通讯领域。

但是，即便是大众媒体、电视和收音机那些传统媒介，也因互联网而发生着某种程度的改变。如今，那些我们喜爱却不能熬夜收听的深夜电台谈话节目就可以在第二天早上打开电脑通过播客获得。电视节目可以下载到我们的iPod里，而卫星广播也可以在车里和网络上被订阅及收听。因此，当我们现在谈论互联网生活时，互联网的含义正逐渐广泛分布于各种媒体载体中。

在1998年，有人可能认为，虽然互联网让人兴奋并有许多潜力，但它还是一个相对"局部"现象。也就是说，互联网的主场是在美国。是啊，在美国初期发展和壮大起来的互联网在这八年里改变了很多！根据2005年11月21日Miniwatts公司全球数据（2005），北美互联网的使用量只稍少于全球整体使用量的1/4（23%）。另外29%的使用量毫无悬念地来自欧洲，而作为世界最大人口组成部分的亚洲，也有着相对最高的使用量（34%）。Miniwatts全球数据指出，从2000年起，北美网络使用量增长了一倍，而全球其他地方增长了两倍。但是，即使相对更高的使用量是在全球人口最稠密的地方，但最高的普及率仍旧是在北美，达到了68%。

也就是说，北美大多数家庭都能使用网络。换句话来说，前面所提到的媒体合并在很大程度上仍然是一个北美现象。

本书及其前版都着重于心理层面。我们寻找是否有特殊的心理因素在互联网的使用和互联网对用户的影响上发挥着作用。如在第一版中所呈现的一样，这两个问题的答案可以从三个角度进行探讨：个体内、人际间和超人际的角度。本书第一章提供了一个历史性的概述，而后剩下的章节分别从这三个部分进行陈述。首先，个体内部分是从发展的角度进行分析（第二章），接着根据人格、性别、种族和文化来探讨（第三章）。在我们讨论完令人困惑的去抑制现象后，紧跟着的是网络色情和网络成瘾。其次，人际间部分在对以计算机为媒介的交流（computer-mediated communication）现状做出一个研究综述后，着重讨论这些人际间的虚拟社会。这个部分的最后两章也探索了网络中的临床问题、自助团体及治疗。本书的最后一个部分是其独特之处，也是在其他网络心理治疗中比较罕见之处，它包括三个超个人的元素：虚拟现实、作为全球性大脑的互联网以及意识。

一、贡献和章节总结

从 1998 年起，有关互联网在各行各业运用的研究飞速发展，而这本具有开创性的《互联网心理学》也在原版基础上加入了有关儿童的新章节，并把以前关于自我和性别的章节合并成为一章。其中有些章节要么邀请了新的编写作者，要么增减了先前的合著者。不过总而言之，在这本著作发行的八年时间里，最初的编者们已经成为了心理与互联网领域的重要人物，其中有些人自己已经出版了有关互联网的书，并作为研究者、讲师、企业家、咨询师和临床医生继续研究互联网。接下来，我将对本书中每一章的内容和作者做一个简单介绍。

第一章"互联网的背景"，作者 Evelyn Ellerman 是阿萨巴斯卡大学国家与法律研究中心的主席以及传播研究的系主任，她致力于南太平洋岛国在去殖民地过程中技术革新对其故事和书籍文化影响的研究。Ellerman 从历史的角度解释了互联网在当今社会的影响。与第一版相比，Ellerman 更加深入地从历史和文化的角度挖掘我们与机器的关系。在上一个版本中，她将互联网与收音机的普及历史做了比较，而这版中她还考察了如何通过有关描述网络的比喻来逐渐理解网络并使其概念化，以及网络是如何随着时间而改变。

二、个体内因素

根据历史和文化背景，我们在接下来的五个章节中探讨网络的个体内部因素。阿尔伯塔大学心理系教授 Connie Varnhagen 对此采用发展的观点，她着眼于研究人们如何与科技相互作用并从中学习。她的最新研究领域包括儿童和成人如何利用网络资源进行检索，以及对其批判性的评估。同时，她也是《了解互联网心理》(2002 年出版) 的作者。那本书包含了许多交互式网络资源以及光盘驱动，这些都涉及心理学原理与方法学习的。Varnhagen 也探索了各种有关儿童上网的主题。基于统计检验的结果，她思考互联网如何塑造儿童社会性发展。其特别关注的重点领域包括色情、铁血战士（predators），以及儿童的网络暴力与欺负。最后，她为读者提供了一些有用的提示以帮助儿童驾驭网络生活。

随之的章节关注于自我，由该书的编辑——Jayne Gackenbach 和 Heather von Stacklberg 所撰写。Gackenbach 是麦克文学院心理系的教授，也是阿萨巴斯卡大学传播研究的讲师。她已经编写了几门心理与传媒的网络课程，并提供给网络使用心理这一领域的专业会议以供研讨和报告；她也是加拿大学习电视台（Canadian Learning Television）的主持，并合作编写了一个由三部分组成的网络心理记录片。另外，她和 Joanie 合作编写了诺顿公司即将实施的 "网络规则"。在自我这一章中，与她合作的是 Heather von Stackelberg，一名最近刚刚从阿萨巴斯卡大学获得传媒学位及拥有植物学学士学位的研究者兼作家。作为一名自由撰稿人，她已经写过关于健康、自然历史以及科技等方面文章，并发现了人们改变兴趣的不同反应。最近，她任职于麦科文大学的科学院，担任副院长的研究助理。

Varnhagen 有关发展观点的章节后，Gackenbach 和 von Stackelerg 关注于网络使用如何影响网络自我。首先，他们简单地提及了当代心理学如何看待自我的问题，然后将话题转入简要回顾网络使用的个体差异，尤其是内外向。当然，另外一些人格特质也是被纳入考虑的。随后，麦科文大学的同事们根据各种人口学变量来检测自我，这些变量已经在有关发展的文献中被证实的确影响了自我的发展：性别、种族、文化以及社会经济地位。尽管男和女、白种和有色人种、发达国家和第三世界国家以及贫富人群之间的网络使用差距在缩小，但主要的网络使用，或多或少还是集中在发达国家的白种男人上。

个体内部分接下来的两章节关心个体内部领域的一些特殊部分：去抑制和性。Joinson 博士是英国开放大学（Opening University）教育科技学院的高级讲师，他拥有伦敦大学心理学学士学位（1991）及赫特福德大学社会心理学的博士学位

（1996）。他的研究兴趣包括网络中的自我表露、测量方法以及教育技术。他是《网络行为的心理学理解》（麦克米伦出版社2003年出版）一书的作者，同时他也撰写了一些关于以计算机为中介的通信、网络研究方法、个性化技术、网络隐私以及学习网络方面的文章。他的主页是http://www.joinson.com。

Joinson解释了去抑制怎样增强正反类型的自我表露，他也针对去抑制在网络中如此频繁出现做出一些解释。这一章提供了理解网络使用心理的基础，因为去抑制的主题同样会在后面其他章节中出现。

Raymond J.Noonan博士曾发起过一项关于网络色情的广泛讨论，他是曼哈顿纽约州立大学（FIT-SUNY）时装技术学院人类性学和健康教育的副教授，同时也是性爱探索/性研究所的主任，其官网（http://www.SexQuest.com/）提供一些关于人类性学的教育咨询和内容。Noonan是那本备受称赞的《性学的百科全书完整版》（Francoeur & Noonan，2004）的合编者。在那本书中，他编写了"极端环境中的性因素：外太空和南极洲"一章，同时为美国、巴西以及其他国家的章节也做出了许多贡献。另外，他也是《性学的国际百科全书》（Francoeur & Noonan，2001）的合作著者，并为Robert T. Francoeur的三卷《性学的国际百科全书》（Francoeur，1997）撰写了其中一些文章。另外，他也是《还有人记得性是有趣的吗？艾滋病中积极的性》（第三版）一书的合编者及作者。

Raymond J.Noonan组织过一场影响相当广泛的讨论，涉及到用一种系统的方法来探讨性为什么对于人类活动的所有水平都很重要。在这之后，他开始关注性在网络上的影响。基于网恋和博客，他审视了网络色情的历史性和多样性。

个体内的最后一章关注网络使用的缺陷。Mark Griffiths撰写过《网络成瘾：真的存在？》一文，他是一名受特许的心理学家和唯一的一位研究赌博的欧洲教授（来自诺丁汉特伦特大学）。他专门研究科技成瘾并撰写过大量关于网络成瘾和虐待的文章。他在《英国心理》《英国社会心理》《英国临床心理》《通讯和应用社会心理》《青少年》《成瘾行为》《英国成瘾》《成瘾研究》《心理学》及《赌博研究》这些期刊发表了155篇相关论文。他还出版过两本书，写过许多书里的部分章节，以及在其他期刊发表过400多篇论文。

本书第一版时，Griffiths的研究才刚开始。如今，在网络成瘾一章中他更新了自己关于网络成瘾研究的看法，读者将会发现他已经在确定网络成瘾的预兆、发病时表现出的状况以及问题的定义上做了许多工作。这位作者对于数据搜集的类型也做了重要区分，并利用个案研究来分辨成瘾和长时间使用，其中成瘾是属于适应不良而长时间使用则不是。

三、人际交往的视角

后面的四个章节关注人际交往的视角。当我们在互联网上与他人相遇或一起工作时发生了什么？这一部分的前两章回顾了以往在普通状况，特别是团队工作时发生的以计算机为中介的交流（CMC）的研究。后两章则关注临床应用：网上自助群体以及网络治疗。

在"重新审视工作、团体和学习中的以计算机为中介的交流"中，作者Caroline Haythornthwaite 和 Anna L.Nielsen 对以计算机为中介的交流的文献进行了全面概括。Caroline Haythornthwaite 是伊利诺伊大学厄本那—香槟分校图书馆与信息科学院的助理教授。她的主要成果包括与 Michelle M.Kazmer 合著的、由 Peter Lang 出版社出版的《网络教育中的学习、文化和团体：研究与实践》（2004），与 Barry Wellman 合著、Blackwell 出版的《日常生活中的互联网》（2002）。总之，Haythornthwaite 博士在以计算机为中介的交流这一领域是一位活跃而多产的研究者。Anna L.Nielsen 则是伊利诺伊大学厄本那—香槟分校图书馆与信息科学院的一位博士生，对以计算机为中介的交流和网络学习有着极大的兴趣。

在心理学家开始"探索"互联网之前，传播学学者已经对借助于电脑的交流研究了很多年。关注于群体的研究者对这一领域丰富的研究历史与现状已进行了回顾。他们现在考虑的是网络交往与现实交往如何更好地整合在一起，这一点对于在网上工作的群体而言尤为重要。

Conrad Shayo，Lorne Olfman，Alicia Iriberri 和 Magid Igbaria 编写的章节"虚拟世界：它的驱动力、安排、应用与启示"从更广泛的角度来看待网络人际交往的要素。自 1998 年以来，本章的第一作者就是 Magid Igbaria，而他已经去世，但是，合著者同意在新章节里加入他的名字。新的第一作者是 Conrad Shayo，他是加州州立大学圣伯纳迪诺分校的信息科学教授。在过去的 23 年里，他从事的职业包括大学教授、咨询顾问和经理。他拥有克莱蒙研究生大学的哲学博士学位和信息科学硕士学位，同时他也拥有肯尼亚内罗毕大学管理科学的工商管理硕士学位（MBA）和坦桑尼亚达累斯萨拉姆大学的金融贸易学士学位。他的研究兴趣和领域包括 IT 同化、职业测量、分布式学习、终端用户处理、组织化记忆、工业设计、组织学习评估、可重复学习对象、IT 策略和"虚拟社会"。Shayo 博士已经在多种书籍和期刊上发表了与这些相关的研究。现在，他正在开发可重复使用的学习对象（Reusable Learning Objects，RLO）和网络学习游戏的模拟，同时他也是《管理 IS/IT 人员的策略》一书的合著者（与 Magid Igbaria 博士）。

Lorne Olfman 是克莱蒙研究生大学的信息科学学院院长以及科技管理组织的 Fletcher Jones 主席。在获得印第安纳大学商业博士（管理信息组织）后，他于1989 年来到克莱蒙。Lorne 同时拥有卡尔加里大学的计算机科学学士学位、经济学硕士学位以及印第安纳大学的商业管理硕士学位。他广泛的工作经验包括计算机编程、政府机场政策的经济学分析以及为通信公司开发用于财务计划的计算机模型。Lorne 的研究兴趣涉及三个主要的领域：软件在组织中如何被学习和使用、基于计算机的系统在知识管理中的影响、用于合作与学习系统的设计与采用。他在如 "MIS Quarterly"，"Journal of Management Information System" 和 "Information System Journal" 的期刊上发表了与这些主题相关的论文。他一直对使用科技来辅助教学抱有兴趣，并且在这十几年来确实使用互联网来促进课堂教学。Lorne 教学工作的重要身份是博士生导师，他监督 35 位学生完成学业。在信息科学社团中，他也是活跃的一员。他通常为期刊和会议审稿，并且连续多年在研究计算机人员的电脑机器人的会议组织中担任项目主席及常任主席。他还为研究系统科学的夏威夷国际会议担任协调工作超过了 10 年。第三位作者，Alicia Iriberri，是克莱蒙研究生大学信息科学学院的博士生，她的研究兴趣是用户交互设计、计算机道德和虚拟团体。现在，她正在完成她的学位论文，并参与支持 Claremont 和 Pomona各种虚拟团体的工作中。

这些作者采用了广阔的视角来看待互联网社会生活，从政策和经济决策到网络博客和虚拟的工作团队。他们也正在关注出现在虚拟社会中的新现象。他们写道，"在这个章节，我们考察了虚拟社会成长背后的驱动力、讨论了现状以及个人、团体、组织和群体这些层面中的实践。我们也考察了，在这些现象和实践已普遍并且与面对面交往混合一起的社会中，人们是如何生活和工作的"。

这部分的最后两章采用了非常独特的研究取向来看待互联网人际交往，即检验两个临床术语：网上自主团体和网络治疗。前一章"网络自助和互助团体：优点与缺点"的作者是 Storm A.King 和 Danielle Moreggi。Storm A.King 最近刚刚完成了太平洋研究生院临床心理学的博士学位。自从 1993 年以来，他一直研究网络自助团体的价值和网络团体心理学，尤其是像自助团体那样以电子邮件形式使团体成员感受到治疗效果。他为心理学家们提出了一种创新的方法，即运用互联网与来访者交流，并为各种疾病提供了新的见解。1996 年他的论文《互联网群体的研究，及报告结果的道德指南》，是第一篇有关研究者在使用网络构建数据来研究互联网社会影响时所面临的道德两难的文章。他为那些对网络团体心理感兴趣的研究者们建立并维护了一个交流网站。King 先生是网络心理健康国际会议的组织者之一及前任主席，他也已经出版了关于网络赌博强制性的研究。1999 年，他发表在"Cyber Psychology and Behavior"上的文章《网络赌博与色情：交流混乱的心理学例证》，被许多人认为在这个领域具有里程碑式的意义。他创造了"互联网能动病理学"这一术语，并且在 2000 年美国心理学会议和 1999 年互联网研究协会第一届年度会议上介绍了它的用途。他也是"Mary Ann Leibert"期刊 CyberPsychology and Behavior 的编委之一。在这个杂志里，他合编了一期特刊——互联网与性，其合著者 Danielle Moreggi 是纽黑文大学 PIR 心理学院咨询系副主任。他们首先介绍了自助实际上是双向帮助的观点，而后在大文化环境背景下讨论了这个观点的意义。作者们随后列举了面对面的自助团体和网络自助团体的一系列优点和缺点。最后，他们也考察了自助团体和团体治疗的区别，以及其在网络中的意义。

关于网络生活的人际方面最后一个章节由 Joanie Farley Gillispie 撰写。Gillispie 来自于重点研究健康心理学的菲尔丁研究生院，并具有该学校的临床心理学博士学位。Gillispie 博士以一种系统化和个体化的视角进行研究，她在剑桥大学曾获得专业的博士后训练认证，并且在加州伯克利分校学习神经心理学的评估与筛查，以及接受了策略性深度心理治疗的培训。Gillispie 博士是一个可独立的从业者，她是菲尼克斯大学行为健康和社会科学院的领域主席和美国心理学会 HIV 预防区域培训师，也是马丁与旧金山郡犯罪与青少年裁决组织陪审团的法庭评价员。她的临床工作包括在法院情境下对残疾的法医鉴定，以及对个体和群体进行认知 - 行为治疗。Gillispie 博士在加利福尼亚大学伯克利分院任教，她所关注的领域包括职业许可的博士后，行为健康学领域的继续教育，及伦理决策。作为菲尼克斯大学理学士学位课程的区域主席，Gillispie 博士在本科部教授行为健康学以及硕士课程。2002 年 10 月，她获得菲尼克斯大学北加利福尼亚分校优秀教学"年度教师"奖项。最近她和 Jayne Gackenbach 合写了一本关于临床和教学的书籍，由诺顿出版社出版，书名叫做《网络·规则》，这本书的网址是 www.drjoaniegillispie.com。

在她编写的章节中，Gillispie 认为，网络治疗工作会有专业性且临床性的问题。她指出，那些被网络影响的人是不会去做网络治疗的，因为越来越多的当事人呈现的问题都是发生在网络上或者是一种网络使用的后果。因此，Gillispie 认为，临床医生熟悉这些问题是非常必要的。

四、超个人的方面

这本书最后三章关注了互联网研究中的超个人观点。个体内的观点关注自我而人际间的观点看重与其他人的关系，相比较而言，超个人的观点关注的是超越了大部分心理学所关注的人类经验。这三个章节的作者都是用最普通的形式来研究互联网，包括互联网从作为全球脑发展到作为一种电子化中介的虚拟世界形式的概念，以及这种意识发展的意义。

这三章中第一个章节的作者是 Joan M. Preston，她在西安大略（Western Ontario）大学获得哲学博士学位，还是布鲁克大学的心理学教授。她的学术兴趣包括虚拟现实中视觉和情绪加工、视频游戏以及其他的媒体。首先，Preston 为读者介绍了吉布森知觉理论在虚拟世界中的应用。其次，她解释了虚拟世界的知觉如何提供经验，它是由潜在的自然世界提供的洞察力和经验来改变意识状态。最后，她运用 Char Davies 的虚拟艺术来解释这些概念。

这部分的第二章由 Ben Goertzel 撰写，他是这样描述他的工作的（个人交流，December 30，2005）：

> 1998 年以来，我主要从事软件行业，集中在人工智能、生物信息学和互联网领域，并且也一直在研究认知科学和心灵哲学。ArrayGenius 软件是我在互联网工作中的一个实例。ArrayGenius 由我的公司 Biomind 发行，它提供生物信息数据的在线分析，并且被疾病控制中心和美国国立卫生研究院广泛地运用。我也主编了《人工普智能》一书，该书由施普林格出版社于 2005 年发行出版。另外，我也参与编写了另外三本关于人工智能理论的书，它们可能分别于 2006 年和 2007 年发行。最后，从2005 年 12 月起，我一直在弗吉尼亚理工大学致力于他们的国家首都区域管理的自然语言加工技术研究。

本书最后一章也是由本书的编者 Jayne Gackenbach 和 Jim Karpen 所撰写。Gackenbach 互联网心理学的背景已经在前面提及，但是她主要的职业生涯都是致力于研究清醒梦的意识发展。为此，她编辑或撰写了四本有关梦境的书，其中两本是关于清醒梦。Gackenbach 发表了许多与这个主题相关的文章和论文，并且她曾担任了国际梦境研究协会的前任主席，还任职于某个关于清晰梦的半专业性杂志主编长达 10 年。本书她的合著者，Jim Karpen 是费尔菲尔德爱荷华管理大学的一位专业写作的副教授。在 1984 年，他的"数字词汇"论文中就曾预测出当今互联网的一些发展。过去的 12 年中，他撰写了几百篇有关互联网的文章，而这些文章也都已经发表在报纸杂志或者网络上。Jim Karpen 拥有蒂国际大学（Maharishi International University）的本科学位，并把超脱禅定法付诸于实践，他还一直致力于印度吠陀科学和意识研究。

在这一章中，Gackenbach 和 Karpen 首先通过历史文献和目前研究解释为什么意识会发展可能会进化。然后，他们基于 Gackenbach 和同事们的研究，回顾了有关玩视频游戏如何影响大玩家们的注意力以及他们意识潜在发展的研究，最后，Gackenbach 和 Karpen 得出结论，尽管交互技术可能会以这种方式影响意识的扩展，但是它不能代替一个完全平衡的生活。

本书作者们渊博的知识和宽广的视野远远超过他们所编写的部分。互联网心理学，它是怎样作为个体和社会来改变我们的，同时又是怎样影响我们，这是一个快速发展和充满趣味的领域。编者和作者们希望本书可以扩大读者的视角，能够给读者带来新的知识并且鼓励读者去探索。

致　谢

首先，我要感谢麦克文学院（Grant MacEwan College，GMC），尤其是心理学系和麦克文教师学术活动基金。该基金为本书提供了一位研究助理 Heather Von Stackelberg 来帮助编辑工作。她阅读和编辑了每个章节，并且负责该书的版权和其他行政工作。让我非常感激的是，她也在这个过程中基于自己的传媒经验提出了其个人见解。同时，我也要感谢雪城大学（Syracuse University）的研究生 Jason Pattit 和 Caterina Snyder Lachel，他们阅读及点评了本书的一些章节。另外，我非常感激 Academic Press 的编辑 Nikki Levy，感谢她对本书第二版的支持。

还有很多其他人也在我对于电脑、网络与视频游戏的兴趣上给予了很大的帮助与支持。他们包括我的同事们（即 Russell Powell，Evelyn Ellerman，Brain Brookwell，Joan Preston，Storm King，David Lukoff，Steve Reiter，Harry Hunt，Richard Wilkerson 和 Jill Fisher），学生们（即 Grant MacEwan College，Athabasca University 和 Saybrook Graduate School），技术支持员工们（即 Grant MacEwan College 和 Athabasca University），朋友们（即 Peter Thomas，Erik Schmidt 和 Wendy Pullin），还有家人（即 Mason Goodloe 和 Tony Lachel）。最后，我想要感谢我的孩子们（Trina Snyder Lachel 和 Teace Snyder），我的母亲（Agnes Gackenbach）和妹妹（Leslie Goodloe），没有他们的支持和爱，我的工作就不可能完成。

目录

4 去抑制与互联网

5 性心理：互联网中的真实写照

11 从媒介化环境到意识的发展

12 "全球脑"：自我组织的互联网智能－集体潜意识的现实化

13 网络与更高层次的意识形态 ———一种超个人视角

1 互联网背景介绍

伊夫林·埃勒曼（Evelyn Ellerman）

国家和法律研究中心

阿萨巴斯卡大学

阿萨巴斯卡市，亚伯达省，加拿

1.1 引言

网络作为一种查寻和交换信息的方式，从早期被商业及大众接受以来发展到现在，已经产生了巨大的变化。如今，要在没有电子邮件程序、浏览器、手机、MP3 播放器和网络游戏的情况下去定义社交的功能变得越来越难。网络技术呈现的形态无限变化，常常为我们所震撼。但无论是喜是忧，当今个体和大众对于互联网的态度受到公认的人类与科技的历史关系的制约。这一章对此进行了研究。研究虽然是在 500 年前发生的事件的背景上进行的，但这些事件仍一直在塑造我们对创新精神、个体解放的信念以及我们与各种机器紧张关系的观念。同时，在新媒介的视角上，任何对于互联网技术存在的（或可能存在的）功能上的批判，都应该以清晰了解掌握通信历史为基础来展开。

1.2 我们共同关心的新事物

众所周知，通讯技术能够使我们关注当下，实际上它的这种能力依赖于西方社会中一个很老的概念。Neil Postman（1985）提醒我们注意，对这种模式应用的普遍性,这在他的评论文章《娱乐至死》对电视的评论中有阐述。Neil Postman 强调,20 世纪最为隐晦的两个词就是 "现在……这个"。除此之外,他还提醒我们提防当今媒体为了强调当下而否认历史、前后连贯性、因果关系而采用的手段,他认为这种关注当下的坚持,严重制约了我们评价媒体和信息的能力。换句话说,在技术引导的 "弱智化" 下,大众媒体鼓励我们去理解和反应,而不是去主动思考。

Postman 认为,电视是 "弱智化" 现象的原因,是智力和社会的衰退的影响因素。无论我们是否同意这一观点,通讯领域内的大部分学者一致认为电报、报纸、电话、无线电、电视和网络的 "当下品质",的确已经影响了我们思维和操作的方式。表面看上去没有人喜欢过时的新闻与战况报道,而事实上,也几乎没有人会记得那些过去发生的新闻事件的内容。我们都想(或者觉得应该)保持先进性。Postman 批判了这种通过电视等媒体只追求当下的心理,而研究通讯技术的历史学家们认为,当下品质是一种远超越技术范畴的普通的文化主题,至少比电视早出现 500 年。

将 "当下" 的价值看做是积极的,而认为 "那时" 不重要人的观点,大约在欧洲中世纪,就已经成为社会的一个重要主题思想。它起源于中世纪的人道主义,摒弃了统治长达 10 世纪之久的罗马教会的生活模式。人道主义者强调要活在当下,而非一味去追求来世的生活态度。秉承这一观念,他们打开了研究当今社会的大门。

中世纪之后的文艺复兴时期,或称文化 "再生" 时期,从根本上改变了欧洲人看待世界的方式:关注点发生了转移。当他们聚焦周围的世界、当前的世界时,他们将此视为是对刚逝去时刻的一个突破。并且,他们不仅开始重视当下,而且也注重新的事物,开始考虑到了创新的作用。这场变革强调了我们所知的生活,而非追求那种把不可知的死后定义成我们现代生存的标准。

就像许多关于世界和人类角色的新观点一样,这些新形成的观念也造成了混乱。在接下来的两个世纪的时间里,欧洲遭受了一系列毁灭性的战争。新教会与天主教会互相发动围攻;士兵与暴动者对农村实施恐怖活动,互相煽动和摧毁敌对方的权力和信仰。事实上,在这期间,有理由说,他们根本不需要自己动手或依靠教会宗教的力量,那些旧的理念迟早会消失殆尽的。

革新者与反革新者的激烈冲突,最终必然会形成一个对法律和秩序控制权争夺的格局。许多人想将他们所要的和平、秩序和礼仪一并带入一个 "新" 的纪元。到 17 世纪中期,"洁白无瑕" 的地域与民族的观念作为社会和文化的理念得到了突显,一些人避开宗教的战争与迫害逃往所谓的新世界,在那里他们建立了理想社区。事实上，他们经常把他们的定居地打上"新"的烙印，好像要避开与之相对的"旧"世界的暴行。新斯科舍、新英格兰、新法国、新奥尔良、新挪威、新格拉斯哥、纽约……都在这众多的唯心主义的名单里面。远非能代表一个历史性的时代错误，这个新世界的居民所追求的即把"新"世界神化的倾向，对理解网络及与之相关的所有技术成果的发展与接受度是至关重要的。在技术每一次面世之时，它们都展现了存储和提取信息的新方法，之后便作为"纯洁无暇"的净土供自由思想的表达，最近则进入了年轻人的视野。

在成千上万人勇于迁入新世界那和平而洁净的领土的时候，仍有另外一部分人宁愿留在那有争议的"旧"世界中，试图通过发起小集团式的斗争来改善这个世界。其中一种方式就是参与"新"的思想的跨国交换。新的科学试图发现普遍法则，以解释我们可观察到的世界的自然现象。越来越多新的逻辑思维系统和教育模式发展起来。在工业革命前夕，对更好世界的界定实际上是与创新和知识相关的。

当中世纪的人类学家们对生存经验的重要性进行争论时，他们其实是为人类的价值而争论。他们更倾向把人类当做自然世界的一部分来研究，而不是只专注于单纯的抽象神学上的讨论，因为他们相信"人类是万物的标尺"。他们的论证是依据新教会所创造的并给予权威解释的个体观念来进行的。事实上，路德教会已经失去了其保持了 1000 多年的功能：牧师办公室的职能。个人主义信奉者如今可以直接与上帝进行交流，而不需要受到第三方的干预或调解。

然而，由于个人自由的出现，个人责任也随之产生。首先，这可被理解为是一种精神任务。没有了牧师在其中的调解，个体需要直接与神建立起私人关系，因此，个体要以独立学习圣经为出发点。并且，人道主义提倡每一个人在任何地方都要寻求真理，而不是仅限于在圣经里。其次，开发出复杂的方法以用于记录对外部世界和人类自身的观察。最后，这种认识自然世界及把人类作为其一部分进行研究的方法，被称作科学方法。科学方法认为自然是建构的（因此自然可以被研究），而个人是此建构系统的一部分。例如，血液循环的医学发现，尤其是心脏与泵的比拟，引导哲学家和科学家将人类机体描述为一种机器。

如今，人们认为有必要去界定动物与人类的不同，实际上就是要确定人类与机器的区别。人类仅仅是由零部件装配而成的吗？毫无疑问，动物缺少人类的灵魂，机器缺少的是人类所特有的自我意识。René Descartes 所宣称的"我思故我在"，正是对此问题的表达。自 Descartes 和其他一些学者的思想之后，人们认识到自我意识是人类所特有的功能。

事实上，这个问题一直存在，正如许多科幻小说、电影和网络游戏不断在探索动物、机械和人类之间的相互影响。然而，我们仍旧担心人们在使用某些机器上所花费的时间——尤其是那些看似好像用于思考或交流的机器。难道机器也变得有自我意识了吗？难道人类接纳了一些机器给出的观点而因此减少了本应有的人类属性了吗？将互联网比作脑球体的相关理论加剧了这个持久令人的恐惧的问题。自文艺复兴时期以来，西方社会就开始研究自我意识的概念，从某种程度讲，它是人类所具有的一个特征，并且，这种特征必须与一些自我控制因素相一致，如道德意识。18世纪对道德意识的解释是，个体可以自愿的以任务的形式将道德义务施加到自己身上。如此以来，既可以显示出相对于刻板的自然法则的个人自由，也可以证明个体在社会中的价值。换句话说，通过自我意识与自我控制，人类可以超越自然。

到18世纪晚期，个体自由与个体自我控制的辩证关系在欧洲社会和整个新世界中引起了共鸣。在人类思想自由观念的基础上，进一步形成了自由本身即是人类的一项权利的观点，而政权国家应对这项权利给予尊重与支持。法律如果代表人的意志，则会受到拥护，因此，好公民应该以道德责任感去遵守大多数人认可的法律规范。在所有可能的社会中的最优社会体系中，自由与责任之间的平衡，无论是在个体层面还是国家层面，都会对社会文明起到支撑作用。

这些理念都是支持美国和法国解放运动的动力。但是，美国是唯一一个将个人自由与集体责任写入宪法的国家。之后，这些理念通过印刷术传播给了美国大众。自由而独立的印刷术造就越来越多具有自由思想的个体。如今在美国，人类的智慧与政权自由和思想与信息技术之间的联系是一种最为持久的人与机器间的概念性关系，一旦这种关系运作起来，它的确会产生很大的作用。例如，网络兴起的神话与美国建立的神话很相似。网络技术可以说有助于其用户维持个体和政权的自由、不畏权威地追求真理、建立和调整属于他们自己的民主社会等。

1.3 人类与机器——矛盾的关系

文艺复兴时期出现的"自我"和"新颖"，在概念范围上提供了两个要素来理解当今社会对互联网的时代回应。在过去的5个世纪里，新出现的个人自由已经深深地扎根在新世界的社会价值里面，尽管这一价值需求必须与社会需求的稳定性和可控性相平衡，因为过多的社会变革和个人自由会威胁到社会秩序的稳定，而技术创新则一直都是打破社会的可适应性与不可适应性之间平衡的催化剂。

理解人类与网络之间关系的第三个要素则是人类与机器的相互关系。Jessica Wolfe（2004）描述了西方社会对机器深刻的矛盾态度。我们相信机器在很多方面会改善日常生活，中世纪具有代表性的机器——机械钟表就是一个恰当的例子。像电脑一样，钟表起初也被认为给社会提供了很多有用的服务。Gimpel（1977）描述了钟表在中世纪社会中的作用。天文计时器可以对行星、太阳和月亮的运行进行精确的测量，这有助于科学家和技术人员（或机械师）相互合作预测出潮汐运动的规律；它们同时也被当做复杂的日历，用来记录圣徒纪念日和不固定日期的节日，例如复活节。后来，对其某些功能方面改良之后产生的第二代钟表，便可以准确而可靠的报时。机械钟表安装于城镇广场中的高塔上，执行着曾经教堂所承担的统领和安排公共与私人生活的职能。时钟是推动文艺复兴时期所倡导的要通权达变而非墨守陈规的思想的一个重要因素。

La Mettrie 1744 年发表的文章《人是机器》中，将人类的身体与可以研究、控制且可以当做动力工具的复杂机器作了比较。在《规训与惩罚》（1977）一书中，Michel Foucault 写道，在 18 世纪的法国，规训作为一个新的概念发展起来。这种纪律效仿修道院的生活模式，被分成七个崇尚的职位或阶层。这种新型的社会操控的机械式模式在三方面得到证明：将军队改组成层级嵌套，按时钟计时进行操练；监狱看管的新方法；用各种新方式监管个体活动。

安排和监视士兵和囚犯只是其中一件事，模仿上帝造物的能力是另一方面。当今我们同时关注计算机模拟人类智能和真实世界，映射了 18 世纪的欧洲人们疯迷于模拟人类的机器人和发条玩具的时期。Gaby Wood（2002）认为，这些类人机器不仅仅只是玩具，还摆在优雅的展厅里向普通大众展示过，他们事实上是机器人的前身。早期的机器人，如在 1774 年，瑞士皮匠 Pierre Jaquet-Droz 发明的两个"男孩"可以玩乐器、抽烟管、画素描及用羽毛笔写字；他们可以眨眼睛，似乎也可以呼吸。Droz 玩偶在瑞士一直都坚持每周表演一次，在每次表演结束时，他们的身体都被打开来展现他们体内神秘的东西——发条装置。

这些自动装置的制造者通常着迷于把自己的玩具尽可能做得栩栩如生。例如，De Vaucanson 的国际象棋机器人，在棋局中挑战人类，机器人很少会输。但是只要他的制造者在，他就要尝试将他的机器人换上新的皮肤并试图将其构建出血液（也即体内包含真正的静脉和动脉血管）。这些机器发明表明人类拥有伟大的创造发明潜能，自然地，我们对此产生敬畏之情，但同时也令我们感到担忧。当 De Vaucanson 在西班牙展示他的机器玩偶时，他因宗教异端的裁判而被关押于监狱中。宗教法庭将如何处理这些机器可以说话、可以在下棋中击败人类的案子呢？又将如何理解网络服务器"记录"下你的偏好，为的是为你寻求最好的保险价格的事情？

18 世纪的机器人或者叫人类的模仿者，好像从来都没有真正活着，也不会死去，这一现象引起对一系列根本性问题的思考：生命是什么以及其是如何创造的。人类真的能用无生命的物体创造出生命吗？而且，假如能，他们怕不怕呢？ Mary Shelly 的《科学怪人》（1818，2003）写于 19 世纪早期她去瑞士游访的时候，无论她本人是否见过 Droz 机器人，她的小说只要以大众所关心的人类、机械和神灵之间的关系为背景去考虑，就能被很好地理解。这也是一直以来我们所关注的。

如《终结者》和《银翼杀手》这类电影，及 20 世纪许多其他描绘科学失误的电影则是对类人化技术潜在质疑的直接反映。在 21 世纪，这些电影充斥着我们的生活，渐渐地，这类电影的灵感开始源于网络游戏，尤其是"学习"每个回合中玩家的动作，否则如果玩家不持续学习如何"智取"，那他们就会"死去"。有些电影如《古墓丽影》，用有血肉之躯的演员替代了游戏里电脑合成的人物，简直将游戏"变得像真的一样"了。还有其他一些电影涉及关于什么是真实及什么是构建等复杂的问题。虚拟的模仿能变成自我意识的内容吗（《虚拟地域》）？真的可以把类器官插入人的后背进行操控来玩电玩游戏吗（《感观游戏》）？人类真的是互联网的创造物，并且只是给这些创造物提供能力的吗（《黑客帝国》）？

这种文化产物就像指示社会关注的一个晴雨表。我们可以掌握网络技术，但我们不知道它与我们的距离有多远，不知道如何在涉及音乐、印刷和电影的文化形式中尽可能的表达我们的担忧之情。在工作场所我们这种矛盾最为强烈。Ursula Franklin（1990）写道，18 世纪的魅力在于使用机械装置来调节与监控人类肉体，以发展出"制造厂系统，这仅仅是为了增加控制的模式，而这些模式则不能靠机器来创造。新模式能把一切详细记录在案、并对劳动力进行分类、工作过程予以分解，由此，它从手工制造业被迅速地扩展应用到商业、行政管理和政治领域中"（P60）。

在工业社会，新的社会分工意味着人们对其自身及其工作成果的控制变得更少。人道主义思想原本可以使个体获得能量感，但也已变得无能为力了。通常，这种人类、进步与技术之间的关系改变被归咎为工业改革。但是，像 Franklin 指出的，这些改变作为社会形态的一部分已经在欧洲存在了几百年之久。她写道，尽管"18 世纪实行的是把人当作机器来控制与支配，然而到 19 世纪则开始仅使用机器本身来做为掌控工具"（P62）。对工厂主来说，机器似乎比人可以更好预测与掌控，因此，他们往往会削减工人，用机器取而代之，同时也迫使剩下的工人如机器一般地去工作。

1.4 矛盾激化

从 19 世纪开始，发展、技术和个人之间的关系变得越来越不确定。尽管 20 世纪的科技创新加速，西方社会仍旧钟爱当下品质的观点，我们的词汇中充满了如突破、开创、先锋等这样的术语。作为一个社会，我们仍把新事物当做是过去的突破一样对待，仍然把它与发展等同，同时，我们也仍相信发展能带领我们进入更好的世界，我们看到了金融方面和道德层面上的纳新。但总的来说，我们也被技术对个人和社会产生的影响所困扰，技术把人类与自然分开了，这妨碍了我们了解自我与控制自己的生活。

在《本着网络精神：从电报到互联网的信息时代》中，韦德·罗兰（Wade Rowland，1997）写道：社会变得越复杂，越需要开发维系控制的方法。通讯和广播技术是这样做的：将人们控制在一个服从的范围内。在所有的大众传媒技术中，除了电话、互联网和一些形式的无线电，通讯都朝向同一个方向进行组织，为了造成错觉和对观众的控制。

Franklin 认为，一般的技术和特殊的通讯技术都不是中立的，而是控制的催化剂。她指出技术的引入对普通大众通常分两个阶段走。第一阶段，技术是富人、专家或者爱好者的选择。技术看似是一种解放，它的推广者称，在某些方面技术将解放使用者或令他们的工作变得更容易。经常有这样的尝试，试图使技术看起来"用户界面友好"以抚慰人们对新事物的恐惧之情。由此，如俱乐部、专业杂志这样的用户社区开始建立起来。在这第一阶段中，选择技术的使用者会有更强的控制感。Franklin 用一些列的技术介绍作为例证来说明这一过程，如汽车、冷冻快餐、缝纫机、婴幼儿配方奶粉还有电脑等技术。

新技术引入的下一阶段则是对公共设施的介绍。如果一项新技术在自愿使用的前提下被大众广泛接纳，那么它的使用则会变得愈加有必要。她强调了缝纫机的发展。在 1861 年，缝纫机被喻为是妇女作业最伟大的解放者，当她们再为家人缝补时不再以伤害眼睛为代价了。一旦雇佣者意识到这新机器完成工作的高效，一个大工厂系统便形成了，能够操作缝纫机变成对女裁缝师的新要求，并且奴隶式的服装贸易业由此产生。在这第二阶段，人们变成了"技术和公共设施的双重奴隶"（P97）。Franklin 认为，公共设施本身之所以发展起来，是为了使各种技术操作更加方便，由此人们可以"渐渐地依赖它们"（P 102），例如高速公路这一基础建设为汽车提供赖以运行的平台。

Franklin 和 Rowland 提醒我们，对通讯技术的引进是以先前概述的技术模式为根据的。从电报到无线电再到互联网和只读光盘驱动器，大部分通讯技术的形成发展起初都是以开展军事为目的的，之后才是为了商业运作。大部分情况下，政府启用、建立或维护网络分布是为了使这些技术能与商业垄断所一致（或者至少是与某个极受限制的竞争领域）。因此，可以说政府也深深地卷入技术对社会产生的效用中来，尽管他们可能努力地表现出对技术保持中立，或者说与技术有规定性的距离。

1.5 当今的互联网

Ursula Franklin 以两阶段模式向我们介绍了互联网，这一分析是对 20 世纪 60 年代美国的一个名为兰特公司的智囊团提出的一个战略问题的回应。假如说一场核武器战争后，传统通讯技术被破坏，此时美国政府将如何保持通信和维持秩序呢？答案就是创建一个没有中央控制的网络系统，这个系统冗余度很高，即使其中一部分被破坏也不会对整个通信状况产生影响。

互联网技术覆盖范围首先是军队，然后则是大学，这是冷战后军方的反应。1969 年，四所签署了防卫合约的高校都接入了互联网。到 1972 年为止，这种联结点增加到 37 个。随着互联网用户变得多而复杂，网络也开始发生了变化。发展研究课题组织机构，或称"ARPANET"，起初被设计成一个计算机共享型网络，渐渐地变成了传递个人信件的邮局和研究者们对课题进行讨论与集会的会议中心。对这一远程通讯新系统的热情被点燃起来，很多人用他们业余的时间去设计软件，想要把互联网的使用变得更加快捷简易。由于最初的用户都是学者，他们的目标是建立一个免费的网络以供大众传递分享各种信息。因此，最终由于大学里的网络使用导致的拥堵，使得军事网络独立了出去。

尽管有具有天赋的"业余爱好者"的努力，直到20世纪90年代，研究互联网技术始终还是大学里的哲学技术员的爱好，信息共享与信息交流的功能先后引起公司和大众的兴趣。现在，大部分雇员对是否使用互联网不再具有选择权——使用电子邮件与分享文件已成为他们的一种工作条件。当公民、学生或顾客要从政府、学校及公司寻求服务，越来越多的人首先采用的方式是直接通过网络使用在线资源，书面的方式逐渐被弃用。总之，如果人们不参与网络活动，会有被排斥感或无能力感，至少觉得自己过时了，或是从某种程度上说，这一变革与他们无缘了。

我们该如何理解自20世纪90年代互联网引入之后个体和文化上发生的变化？我们如何平衡互联网看似永无止境的新鲜事物与文化对我们探索互联网的新奇性上的制约之间的关系？这没有止境：这种关系在不断地变化发展。我们如何衡量传说中的互联网使用的个人自由与不断增加的互联网使用率的外部要求之间的关系？我们愿意接受这一技术给我们带来无尽的未经组织的信息，可以与成千上万陌生人进行亲密的心灵沟通，还是愿意接受网络成瘾的健康咨询？

获得技术创新视角的方式之一是考查它的文化背景。另一种方式可以回顾政府和公司引入新技术并将其合法化的记录方法。第三种方式则是去探索这种创新是如何被纳入语言和意识之中的。正如机械表成为现代首要的象征，互联网似乎在后现代时代的语言与想象中展现了强大的影响力。

一项技术影响公众想象力的程度在于有关它的传说流传的种类和数量，这些传说是其文化的象征。那些关于早期技师和企业家的传说只在技术创新领域比较常见，但那些关于互联网技术"英雄们"的故事则广为人知。他们会一直被人们所记得吗？这个很难说。众多的发明人中，我们仍然会记得，活字印刷的发明者Guttehberg，无线电报发明者Marconi，电话发明者是Bell。但谁还记得电视机的发明者是谁？我们都熟悉的，比如，比尔·盖茨（Bill Gates）的成功励志故事，他以雄心壮志投身数字王国，充分运用技术，获得了极大的成功。他的名字会一直被后人记得吗？可能会吧。

由于互联网的历史相对较短，我们仍可以查到那个令人感兴趣的无名男毕业生的传说，早期互联网充满了给他们施展个人自由的无限机会。到1986年，由于世界性新闻组网络（Usenet）被认为太大且组织性弱，网络管理层试图对其进行重组，这种重组涉及从严谨的学术讲座到非正式的聊天。管理者们提出七种功能性的分类：电脑、杂项、新闻、娱乐、科学、社会及言论。"最后一类'言论'，被界定为是一个包含所有令人讨厌的、受欢迎的、政治上的错误，也包括就像香蕉中的虫子一样存在于世界性新闻组网络的反社会性新闻组"（Rowland，1997，P303）。在互联网上将这些活动集中到一起是管理与审查互联网的一个间接的尝试，但这没有起到作用。

Rowland 写道，这"伟大的重命名"的结果是引发一场战火。用户们认为，任何组织与控制媒介的行为都违背了这些媒介民主、无偏见的特点。用户们的这一反应颠覆了那种重组互联网的尝试，他们以娱乐分类为基础，提出了两个新的分组："rec.sex"与"rec.drugs"。尽管大部分用户通过电子邮件投票赞同这两个新分组，但互联网志愿管理者拒绝建立这两组。因此，那些有异议的用户自己创立了"alt.sex"与"alt.drugs"，并且，为把事情做完善他们又创立了"alt.rock-n-roll"。这很清楚地说明，没有人可以完全控制这一新媒介。这是一个关于带有"狂野西部"基调的，对"新"和未被污染、充满热情的新世界的回忆的故事。

这样的故事会被大众记住吗？它们是如何与美国的文化理念，例如个人自由与民主联系起来的呢？对个人及大众来说，当互联网失去它的新鲜感，发展成熟为规范化的并有些陈旧的工具时，那这些传奇故事会不会变得不再重要？那时，实用主义将胜过理想主义吗？

毋庸置疑，互联网创造了一段属于它自己的英雄般的文化，但它的使用者大部分都不属于享有特权的圈内人士。在网络用户之间，他们对网络的理解存在怎样的多样性？在语言中通常会蕴含线索。新技术往往会从日常生活中的其他方面借用一些词汇与短语来描述其自身的特征与功能。例如，起初飞机被首先理解为"飞艇"，这就是飞机由"飞行员"和"副飞行员"驾驶的原因。当然，这也是为什么飞机上要有机长、事务长、乘务员及领航员，为什么当飞机滑行停靠在机场门口时，它有"停驻点"的原因。

互联网刚开始是挪用其他范式中已有的术语，直到确定使用"互联网"一词。如同表 1-1 中的词语联想游戏，或许可以从中看出结果。

随着技术被更加广泛的使用并且在文化层面上的地位日益稳固，互联网则产生了自己所独有的范式。当把单词"谷歌"加入到与游戏有关的互联网词汇中，观众的反应可能是问"这是什么？"我们加入"连通性"一词，则反应可能是，"你意思是说'连接'吗？'连通性'不是一个单词"。

这些词汇指标指向更大众、更有指导性的概念，这些概念是关于什么是技术与技术是做什么的。另外，在这其中，暗喻也起到了一定的作用。

表 1-1　前互联网时期词汇联想

单词	词汇联想
网	钓鱼
浏览器	顾客
航行	船
网络	蜘蛛
吉夫斯	男管家
雅虎	欢呼
邮件	信件
连接	链
服务器	服务员
病毒	疾病
提供者	丈夫
站点	地方
蠕虫病毒	泥土
死机	飞机

互联网是个新事物，以至于它不能与欧洲文艺复兴时期就有的机械表一样对整个社会有很高的隐性影响。但我们可以发现，在互联网推向大众的过程中，社会是如何通过分析这些隐喻性词汇来理解互联网的。

首先，也可能是被最广泛流传的一种说法是，互联网是一种负载信息的高速路。这个首要的隐喻可以快速而非正式地通过在搜索引擎中键入"信息高速公路"和"互联网"而被检索到。为了这个试验，学术数据库——扩展版的学术高级科学阵列处理机（ASAP）被派上用场。这个特殊的数据库包括很多文章与章节，它们有的来源于报纸和流行杂志，也有的来源于跨多种学科的学术期刊和书籍，所以它为我们理解新技术提供了一个既大众化又专业化的广泛的视角。

在数据库中，出现的第一篇将互联网定义为信息高速公路的文章是在 1992 年发表的，接下来的第二年有 6 篇同类文章入库；1994 年出现 114 篇；1995 年有 73 篇；然后就是在 1996 年有 40 篇。到 1999 年（离第一篇发表文章只有 7 年的时间），这类文章减少到比前 6 年任何一年的都少，这种趋势一直持续到 2004 年。

显然，对互联网最初的比喻几乎很快因其不够准确而被丢弃了。不过，"高速公路"的确是一个很容易理解的比喻。这些文章的标题巧妙地说明了什么是高速公路：开阔的马路、不停变换的信号、入口、出口、排水沟、旅途、划线车道、支路、公路站、地图、昏暗的路灯、快车道、网路路由等。文章落脚于使用这暗喻，同时也思考人们在高速公路的可能的经历：潜藏的危险、搭乘、路障、途中死亡、坑槽、新边界、路毙的动物、开辟道路、在高速路不停留、学生司机等。显然，信息高速公路被设想为是一个具有冒险精神的，而不是危险的地方。

1994 年发表的大部分文章都以能力建构为题。他们置疑，政府能不能筹集资金去建设基础设施，且学校能否赶得上技术的发展。换句话说，信息高速公路的比喻看起来是各体制最感兴趣的事情之一，这符合他们对政策和方案的考虑。看来，一旦这些实际建立信息高速公路的后方问题被解决，这个术语便不复存在了。

第二个暗喻是"网络空间"，它与"信息高速公路"同时存在但超过"信息高速公路"的使用频率，但它在普及过程中遭遇了同等的大起大落。1993 年开始，涉及"网络空间"的文章有 13 篇，到 1994 年文章数量上升到 97 篇，在接下来的三年里，"网络空间"一词的受欢迎度激增，像 1995 年就发表相关文章 246 篇，1996 年发表 260 篇，1997 年有 183 篇。到 2004 年为止，使用这个隐喻的文章减少到 28 篇。"网络空间"一词是由小说家 William Gibson 发明的，不像"信息高速公路"产生于美国总统 Bill Clinton 的行政机构中。这个术语第一次出现在《神经漫游者》（1984，1995）中。"网络空间"一词，继承了 20 世纪 40 年代的麻省理工学院的关于控制论的实验，唤起了对互联网潜在问题的早期反应。在希腊语中，cyber 意味着描述在何处可以找到互联网的"控制"和"空间"。事实上，"网络空间"一词，使得高速公路的说法显得有些过时。

控制这个存在许多不可预见之事发生的新空间，则是一个新概念。在疯狂的西部展示了早期的互联网之后，控制看起来是一个好想法，而且控制可以施用到它的整个用户群。不像"信息高速公路"，"cyber-"这个前置形容词可以用到几乎所有线上活动：教育、商业、人际关系和公民权等。在语法水平上，这个词可以被广泛地应用，因为它是个形容词。然而，这一词被当做一个暗喻，用来比喻由于当下新技术的影响被广为传播而带来的恐惧。每个社会都需要建立其与个人自由的平衡，并且在互联网历史早期，公众就关注多么狂野和自由的社会才能允许互联网的存在。

网络空间的文章标题表明，社会强烈关注即将发生的社会与道德混乱：异议、儿童色情、灵魂丧失、电脑游戏、黑客攻击、曝光等。同时这也令人想起那些关于怎样对待这些混乱的短语：粉碎异议、网络空间的第一次修改案、消除电脑病毒、自封的警察、明智的决定、规范网络空间等。多数的标题都包括"法律"、"控制"、"规则"和"条例"这样的单词。

第三个早期关于互联网的暗喻则是"虚拟"，这个对互联网是一项仿效现实生活的技术的定义，出现好像晚于前两个术语。关于"信息高速公路"的文章数量在 1994—1995 间年达到高峰；关于"网络空间"的文章数量则在 1995—1996 年间达到最多。尽管使用"虚拟"和"互联网"的文章也像其他两类一样，在 20 世纪 90 年代早期便为公众所知，但却是在 1997—1998 年间发表的数量最多。即使这样，到 2004 年为止，使用"虚拟"一词的文章数量也仍在减少，降为 72 篇。

"虚拟"看似已经在互联网用户群中成为另一种需要，且其强度也是不同的。关于"信息高速公路"文章发表数量达到最高峰的时候有 187 篇；涉及"网络空间"的文章发表的数量最高时期达 506 篇，略多于"信息高速公路"文章最多时两倍的数量。但接近两倍于这个数量，最多时有 964 篇文章中出现"虚拟"一词。这看来有些奇怪，因为"虚拟"在可供选择的比喻词中不是一个恰当的候选。根据定义，技术与"虚拟"之间根本没有联系，可能是，由于有了"虚拟"一词，作者们开始寻找一个比喻词能够更清晰地来描述技术是什么。这看起来是个合适的假设，因为在学术期刊数据库中，大部分情况下使用这个比喻词都是为了信息交流。也就是说，"虚拟"意指互联网提供"看似真实的"通信的能力。大部分这类文章关心的是对安全有效的通信的需求，及如带宽和加密等互联网通信技术方面的问题。

在 2002 年之前，一部分有趣的文章借用"虚拟"来模拟可视化情境。美术馆、博物馆、图书馆、出版社及学校都使用"虚拟"的方式，通过视觉体验来描绘文化古迹或指导学生。2002 年以后，许多与教育和健康相关的文章出现，而那时，这一比喻的使用在减少。

毫无疑问，直到 2004 年，这三个互联网比喻词仍在使用，并且其他词无法用以代之，这是互联网历史的象征。这些技术创新的隐喻时时更换，使用这些词对理解一项新的动力性事物十分必要，它们一直被用到人们觉得过时或不够准确的时候，或者直到技术变得熟悉到不再需要意识的加工就可以理解的程度时。通讯技术的历史表明，这项"新"技术处于长时期的创新过程中，而这个过程从文艺复兴时期一直延续到今天。

1.6 从无线电学到的

互联网的发展速度令我们惊叹。但毋庸惊奇，互联网的早期发展，来源于无线电技术。我们可能忽略了这个事实，因为我们太过于关注当代的电脑科技。所以，尽管 Wade Rowland 写道，"技术没有先例"，但事实上他用了 6 个章节来写无线电与互联网，清楚地指出这两个平行的方式影响到作为个体及社会成员的我们。为了使我们关注到无线电和互联网之间的历史联系，Rowland 试图去纠正当下品质的作用力度。他断言，当我们通过大众媒体学习时，我们必须对其过去引起注意，否则会严重误解后来的新媒介的社会作用。如果我们将互联网看做是一种很容易被大众接受的双向的、远距离的通讯技术，无线电技术则提供了这类技术如何影响社会的最初模型。[1] 但是当我们研究无线电早期的历史（当无线电实质上成为一个双向互动媒介的时候），我们会发现一个有趣的事实：在有了无线电的 20 年里，恰当设立的基础设施可以代替人进行各种操控，这变成了我们如今所知的一种技术。尽管互联网用户以他们抵制了此类政府与行业的尝试而引以为荣，但从技术上来说，这些控制是不可能实现的，通讯技术的历史从其他方面也证明了这点。

像互联网一样，无线电最初也是作为一种军用的通讯工具，不久引起了商业及受过高度训练富有热情的非专业人士的兴趣。在欧洲与北美，无线电被海军及海运业用来进行远距离海事通讯。而第一批使用互联网这项新技术的人员是在特权地位上工作、训练有素的年轻人。并且，互联网作为一项新技术很快发展出一

---

[1] 我们这里不考虑电话，因为在很多年的时间里，对于一般人来说，远距离通电话既困难也很贵。另外，在电话存在几年后，它仅仅用来传达个人和商业信息，比起无线电和互联网，其传递信息在一个非常有局限的范围里。

个新的篇章。到 1908 年，它成为男孩子与青年中的一个亚文化，并且拥有独特的传奇色彩和英雄事迹，还有其专有的术语和惯例。与互联网不同，双向的无线电设备很便宜并且对任何一个经验不足和经济不宽裕的年经人来说很容易建立起来。然而在其他方面，这个两平行的方式非常相似，与无线电相关的俱乐部和杂志风靡起来。无线电被看成是一项冒险活动。在 1909 年，当 S.S.Republic 沿着美国大西洋海岸航行时，因与 S.S.Florida 发生碰撞而开始下沉，是船上的无线电接收员 Jack Binns，发出了紧急信号，从而使他们得到拯救。Jack Binns 由此一举成名。

无线电与互联网这两种媒介的实质特性要重点说明。在 19 世纪与 20 世纪之交，电视广播为年轻人提供探索与冒险的无限的虚拟沃土。当他们收听节目时，他们从不知道将会到哪里，将会探索到什么有趣的发现，他们将遇到谁，将目睹何种奇特的事情。他们从来都不知道当他们收听无线电时，会遇到拯救生命的事情。在互联网上，网名的使用和发送方式具有很大的平等性。无线电减少了对年龄、种族和阶级的关注（但不包括性别）[1]，而是把注意力集中到一个更为重要的问题上——热情。世界范围内的无线电用户群发展极其迅速，但同时，电视广播变得混乱且拥堵，甚至有些危险。这很难要求某个人去垄断无线电来让路给其他人，每个用户都觉得他们有权作为无线电世界的一个公民来发言。

互联网最初是用来在核战争以后维持政府控制的，而无线电本是用作海难后的营救设备。但无线电也有不可靠和不可控的情况发生，比如泰坦尼克号的沉没。海军和航运公司要求无线电波被监控，且这些技术对公众予以保密。逐渐的，关于无线电的规则开始实施。有趣的是，无线电首次独立就遇到了战争公告。在第一次世界大战期间，欧洲和南美洲的政府重申了他们对这种远距离通讯技术的控制权，要求所有国民用户交上他们的设备来作为实施安全保障的一个方式。

第一次世界大战以后，政府们开始意识到，使用无线电可以达到获得商业利润和政治控制的功效。他们担心的是，谁会使用这一强大的媒介且目的何在，因为无线电也有相当大的破坏性的潜能。于是，正如现在，通过政府控制来检查无线电的手段多种多样。在英国，私人无线电通讯是违法的且对无线电负责的是调控电报与电话系统的邮局。在加拿大，报社、大学、铁路和其他的商业公司都运用私人电台与网络。分配制度随之从电报公司中形成，并因此被美国公司主要控制。第一次世界大战后，加拿大政府开始越来越关注美国程序运作对加拿大文化

---

[1] 随着大部分在通讯方面的技术革新，其早期的发展与使用是一个男性所追求的东西。

造成的威胁，于是，他们创立了加拿大广播公司（the CBC），这是一个公众的广播系统，与英国广播公司（BBC）相似，但它能与私人电台相抗衡。

到 20 世纪 20 年代末，对无线电的商业与政策这两种强制方式转化为统一的权威管理，使得之前的用户 / 操作者变成了听众 / 顾客（对私人电台来说）和听众 / 公民（对公共无线电台来说）。时间将会告诉我们互联网的用户是否会有同样的命运。但是，个人、公司及政府利益之间所体现的社会紧张状态已经显现，互联网上著名的纳普斯特公司的停播和随后关于音乐所有权问题的协商就正是这一方面的例子。

互联网的指数级增长令我们吃惊，尽管这在社会历史上是个特例。但是，如此快速的增长曾经也发生过。尽管政府对两种无线电的使用进行控制，但普通大众仍对这种新媒介保持着极大乐观。仅在美国，1922 年就卖出了 10000 台装置，接下来的一年又卖出了 500000 台（Babe，1989，P69—70）。跟互联网一样，无线电也能代表大众的声音。无线电成为多数人收听新闻的主要方式，它是简单的，将新闻传给最多的人的最快速的方式（至今仍可能是这样）。另外，人们也相信从无线电所听到的信息。无线电新闻正是从电报服务系统中读出来的，就没有如报纸一样的解释或评论。这一媒体由当地的小电台发出，他们雇佣的是散发着热忱与真诚的年轻记者。1937 年，当兴登堡号飞船遇难，记者抽泣着大声疾呼："啊，人道！"就像是他从现场发出的报道似的，这种及时性是任何一家报纸都无法与之抗衡的。无线电可以使人们获得无城乡差异的信息，妇女们足不出户就可以获取信息，孩子们晚饭后就可以收听广播。人们感受到自己充满力量，可以变换频道，在无线电波上"冲浪"。在地方电台并入国家网络之后，甚至是电视出现之后的很长一段时间，无线电一直被感觉像是"人民的媒体"。这一民意的深入人心，使现在许多人感到他们之所以转向使用即时信息和 MSN（微软网络服务）社区，正是由于这一强大的中间联接物的作用。

人们用无线电感受到的人际联系，部分是从媒体本身而来的。无形的"电波"同时也是魔幻与令人惊奇的，我们对互联网的反应也是如此。像无线电一样，谈到互联网，它也有个未知与神秘的光环笼罩着，这种人与思想之间虚拟的联系对两媒体来说，都是传递了近乎精神特质的东西。互联网上许多网站致力于对宗教和心灵层面的关注都证明了互联网这方面经验的强大。无论是互联网还是无线电，我们的想象力被这种无形的理念所吸引，我们可以到达"以太空"，建构我们想要的现实生活。教会从开始就认清了无线电的这一功能，这可以帮助他们快速传教布道，进行教育演讲、儿童节目演出以及传播唱诗音乐。

如今，教会已将其无线电网络扩展到世界各地，现在在互联网上也在做同样的工作。但是，尽管无线电会给他人提供精神慰藉，但也会对一些人产生极度的干扰，甚至很深的影响。在20世纪20年代和30年代，无线电这种实质的特性，弥补了唯心主义的强烈的教会权益和那种超凡脱俗的东西。所以，无线电在科幻小说里对于通灵板、降神会和大量的书籍贸易来说变成一个天然的指南。

在20世纪20年代流行的杂志中，有很多文章是关于无线电令人惊恐的可能性，关于这方面的评论听起来也极具时代性。当我们扪心自问，互联网是否变成了某种"球形大脑"，这表示我们已参与了有近一个世纪之久的知识范式中。"我们在无限的海岸线遨游"，在1922年，Joseph K.Hart在书中写道。"人类向宇宙开火。但他们没有充分理解他们的所作所为。人们可能释放神奇的能力。可能释放的比他们预想的要多；比他们掌控的多"（P949）。Waldemar Kaempffert同样敬畏无线电的这种可能性："你看你头上冰冷的星星，感觉到无限的空虚。所有这些空虚都因有人的思想和情感而变得充满活力，这几乎难以致信。"（1924，P772）

无线电使人类与宇宙可以进行联系。假如从地球之外传来了其他的声音会怎么样？在1919年，Marconi宣布他的接线员接收到不是发自地球的信号，Nicola Tesla还有其他的科学家们认为这些信号可能来自于火星。像《时论转录》里"与另外星球的未来通讯"（Tesla, 1919）、《科学美国人》中的"那些来自火星的无线电讯号"（Walker, 1920）以及《图解世界》里的"我们可以给火星人发信息吗？"这样的文章，给了我们一些无线电是如何改变我们对于人类和宇宙之间的关系认识的提示。

在美国东部地区，惊恐发生在1938年Orson Wells对"世界大战"的广播中，它描述了火星人戏剧性地入侵地球，这是电台20年来不可言喻的极致想法，但这个广播也成为了作为一种媒介的无线电的真实可信度的一个转折点。Wells故意歪曲了科幻小说，把它变得好像是新闻报道一样。美国人已经习惯于听入侵欧洲这样的"简讯"，因此一些人相信了火星人突然入侵这件事。Wells打破了真理的传统，接下来的公众强烈抗议揭露了这有多么背叛公众感知。如今，我们对这个新的公民媒体——"网络"感到很矛盾。当有人告诉我们，"我是在网上找到的"时，我们仍然更倾向于被迫接受和相信。另一方面，我们又明白网上没有任何真理价值的监管机构。考虑到这两方面，这种真理价值的减少影响了这些媒介上的真理与"官方"的抗衡力度。

但我们可以从其他方面来理解"公民的媒体"。当我们将大众媒体与民主概念连接时，我们就是将人民与官方消息相连接。在英国和加拿大，在美国，政府支持的 RCA（美国无线电公司）创立之初，无线电是广受欢迎的一种工具，用来对公民进行文学、卫生健康和历史政治方面进行教育。无线电为听众们提供了很多信息：歌剧、流行音乐和交响曲；纪录片，以了解历史；短故事，诗歌和儿童故事；论坛，演讲，宣讲布道和辩论；很好的悲、喜剧；有用的提示与建议。总之，政府部门把公共无线电看做是便宜有效的教育子民的工具，在许多偏远的地方，孩子与成人都是通过无线电上课。对于政府来说，无线电也是加强民族主义和接受地区多样性的一个很好的工具。在国内，无线电可以创造一种凝聚力来抵御外国；在国外，它可以使人忠于自己的国家。在英国与加拿大，从 20 世纪 30 年代开始，BBC 和 CBC 它们在其所属国家里都用作这一目的。如今，政府机构在互联网上与公民们分享它的动作程序和服务系统的有用信息，目的就是提升民族理念等。但是，要问这些网站是谁建立的，却无从得知。

在美国，当商业无线电迅速胜过大众无线电时，无线电的教育功能也随之失去，无线电仅仅成为了一个娱乐媒体，这种转变使得教育者与政府官员开始担忧。毕竟，无线电在每个人家里且没有人能控制无线电波传来的内容。现在，越来越多的家庭装上互联网，对此新技术我们也有同样的担忧，尤其是暴力、色情和仇恨网站可能会影响青少年。教育者无时不担心，通讯技术会创造出无知的大众，他们宁愿沉溺于不动脑筋的娱乐中也不愿意去阅读一本好书。

1924 年的一篇关于互联网的文章，仿佛就写于昨天一样。一个狂热的家长写道，"成为一个无线电发烧友十分伟大"，在里面他声称，无线电使得他的儿子变得更富有知识，拥有更强的动手操作能力。无线电"给予了每个人学习使用他的大脑的机会与动力"。事实上，这将"打破阶级界限，这更大程度上应该广泛依赖于接受信息与文化的机会"（O'Brien, P16）。在我们的时代里，我们每天被灌输互联网将消除传统的教育与教师需要的观念。像在通讯技术的历史里，这种预期有相似的例子。在《辐射文化》一书里，Joseph Hart（1922）想象，学生们可以被激发"被一个对成千上万个有活力的学生演讲的老师通过中心无线电话注入活力。全国的学生因此可能接受某些伟大的教师的影响"（P949）。

社会对无线电初始的态度是全盘接受，但很快便开始质疑其负面影响。在美国私人电台兴起之后，从 20 世纪 20 年代到 20 世纪 40 年代，许多学术书籍产生，研究新技术重塑人际关系、家庭结构、儿童读写能力以及人类的批判性思考与清晰表达自我的方式。我们看到书店里的架子上到处都是带有对互联网好评的描写的书。

人们对无线电能够推动政治生活的信奉是短暂的。起初，人们认为一个更加信息化的社会需要它的政客们通晓事理且有责任心。在《无线电如何重塑我们的世界》一书中，Bruce Bliven（1924）提出对于一个政客来说，通过它的情感而非智力来利用群众是很简单的。但是，无线电这种新媒体会阻碍这一行为，因为人们是根据个人喜好来收听无线电的，因此，听众们对听到的东西会有所反应。并且，因为无线电有如此多的频道，对人们来说，他们可能会听到比他们个人所知的更多的政客们信息，这给他们提供了比较不同信息的机会，再决定他们会选谁。如果互联网这一媒体保持对所有观点都提供一个开放的平台，从许多网站遇到个别（和不同时期）信息的这种机会也是对其民主权力的有力的可争论点。

即使有这些保证，政府在 20 世纪 40 年代也紧张权威电台可能影响人们的投票方式，以及给了不合条件的政客和国外势力进入电台的通道。无线电可以把他的观众改造成极易被掌控的没有文化没有思想的暴动民众吗？《无线电广播与出版物》（1940）由当时通讯界的领军学者之一的 Paul Lazarsfeld 而作，描写了美国作家的真实恐惧。20 世纪 30 年代，德国纳粹党广播宣传基本上把 Hitler 捧入了领导地位，纳粹拥护者在整个美国进行广播，美国政府也后悔失去对国内广播的控制力。

"因为有这样一段历史，整个国家需要时间去解决欧洲沉积下的一些混乱问题。"我们应该利用这些时间去理解社会力量在操控些什么，以及要使我们的思想和生活方式适应发生巨大变化的环境的问题。"（P.xvii-xviii）

Lazarsfeld 现在的观察结果如第一次世界大战时期一样的突出。恐怖分子在 20 世纪 90 年代使用互联网的例子再次证明，任何有计划议程的人都可以使用通讯技术实施其颠覆性的目的。但是，有趣的是，Lazarsfeld 评论指出，无线电不会造就那种很易受掌控通讯媒介机构控制的顺民。

无线电历史学家 Susan Douglas（1999）写道，无线电"可以证明是 20 世纪最为重要的发明"（P9）。她做出这样的论断，从某种程度上来讲是因为无线电为它的观众提供了可操作的技术。但她的论点是以无线电是完全交互式的技术为基本信念，这一技术从未停止过去适应文化与政策环境。

"因为在整个世纪里，无线电呈现了多种方式，它是一种灵活度高、适应性强和相对便宜的技术，在美国，它既用来支持也用来挑战经济、政治和文化现状。它既不是设备特有的技术品质也不是人们的目标与雄心壮志，而是常见的、不固定、不可预测的两部分的合并，这决定了无线电的关系网与社会改革有关。"（P20—21）

1.7 研究网络

从社会角度来看，我们很少投入太多精力去关注社会的科技史，其中部分原因可能是我们经常会混淆单维和双维通讯技术的差异，由此，未领会到新科技与人之间的互动。所以互联网的当下品质只是一种历史趋势，这种趋势使我们免于重复以往历史上对科技的发展和影响的历史看法。这是事实，因为不像其他通讯技术，我们亲眼目睹了互联网技术的神奇发展，这种夸张的速度和性能既让人兴奋，同时也让人有点不安，这取决于我们怎样把我们自身与改变和运用这种通讯技术相联系起来。我们不是在过分地整天赞美每一个新出现的互联网应用程序，就是在担忧它的日新月异对我们的生活和社会将产生什么样的影响。

当我们真的由惊奇转向思索，我们更多关注这种通讯科技对社会的影响。一般来说，这种思索可能会产生三种大概的理论思路。第一个可能会考虑到科技决定论主题，并验证了科技决定社会的思维模式。第二种与第一种则是相反的，认为这要取决于人们怎样使用这项技术。第三种则会从历史背景下分析科技发展。

如果我们从技术决定论角度来审视互联网，并假定技术影响所有的人类生产活动，技术的改变构成了唯一也是最重要的社会变革。每种技术都有固定的内在一致性特征，这也就决定了它自身的有用性。事实上，任何特定的历史阶段都可以由它在那个时期使用的技术来定义。Harold Innis（1950）和 Marshall McLuhan（1967）就是两个持"技术决定历史发展"的通讯理论家。Innis 通过原始的考察认为，每一种技术都会改变它的使用者与时间和空间的关系，而 McLuhan 的工作首次探讨了技术形式的概念比它所代表的内容更重要。

当研究社会和互联网的关系时，一个决定论者的视角或许会促使我们正生活在一个数字化社会中；我们思维、活动和交流的方式正在被我们使用的这种网络数字技术所主宰。技术专有的单词和词组最终进入了我们的词汇中，重塑了我们看世界的方式。处于决定性地位的技术使得某些交流的模式向我们开放，而另一些则被关闭。极端的技术决定论者，像 Jacques Ellul（1964）主张技术曾与人类服务机构相分离，独自成为一个部分。Ellul 或许是坚信技术不可控观点的最为重要的支持者，他声称，人类技术的创造带有按自我意愿的故意与自我决定的特质。"当今，技术的发展已经到了这样一个时刻，即它的转化和进步已不需要决定性的人为干预或介入。"（P85）许多人也对互联网做了相同的论断。

技术决定论者几乎不考虑社会环境或个人行为。所以，第二种分析通讯技术作用的方式则是采取"使用与满足理论"的方法。社会心理学家和通讯学者通常用这个理论框架来作为平衡技术决定论主义与人类能动性的一种方式。使用与满足理论采用的是人们是否会选择使用技术，或者说甚至将它作为自己的需求这样的立场。这种检验技术与社会之间关系的方式，首先研究了人类需要的类型与水平，之后尽量去满足他们。使用这种方法研究互联网的学者们可能主张技术是一个有用的工具，可以增加大家都喜欢的人际交往方式的使用次数与类型，例如电话技术给我们节约了时间，或使本来不可能有人际交往的弱势个体也建立了人际关系。

1922 年，Joe Walther 首次系统地提出"社会信息加工理论"，这是个早期探索互联网上人际交往最好的例子。他提出的这个理论反对决定论立场，主张这种通讯方式次于面对面的交流。自从他提出了 SIP（社会信息加工）的理论框架，Walther 和 Parks（2002）就发现以电脑为中介的交流远远复杂于他起初的假设，现在他重新检测他的原始框架以适应现有的大量研究。像 Walther 这样的例子司空见惯。有关通讯技术的使用及影响的理论为新知识的整合提供了足够的内容。其实，现在，他将其架构称作是预测而非理论，部分是因为互联网的心理社会经验发展得太快，与其称为理论不如说是一个可靠的预测。

其他理论家更关心的是互联网具体组成部分的使用情况。近些年来，Cheris Kramarae 将"失语群体理论"的概念扩展到互联网，这一理论认为，女性处于劣势地位是因为语言（和它的技巧）是由男性掌控。据 Taylor 和 Kramarae（2004）的观点，互联网依然是男士以及部分可以负担网络使用费用的女士的权限范围。直到电脑终端可以在庇护所、自助洗衣店和托儿所等地方施用，女士们才认识到网络空间的真正潜能。

第三种研究新技术的方法则是关注各种环境中技术的引入与应用。Franklin

（1990）和 Rowland（1997）在研究时都采用了这种方法，他们坚持认为技术并非从天而降的东西，它是因特定原因由个体社会所形成的。一旦技术开始施用，便与之相应的社会形成了复杂的关系：新技术会影响社会，反过来也会被社会、技术和政治背景所影响。这种方法将互联网看做是技术革新历史中的一部分，而非偶然莫名出现的事物。

由于互联网是新近才出现在技术舞台上，也吸纳了许多先前的技术，并在此基础上不断的发展，因此其理论建构的步伐赶不上技术发展的脚步，不足以描述与解释这种新的技术现象。我们的出发点必须将互联网定位在通讯技术发展的轨道上。Jay Bolter 和 Richard Grusin 的《矫正：理解新媒体》（1999）就是一个有效的探索。像 Ursula Franklin 这类作者认为，最好把新媒体理解成从先前的媒介发展而来，而不是独特存在的。他们关于新媒体的理论主张所有通讯技术的重新设计或"修复"，同时要以已经存在的技术为蓝图。但是，这个"蓝图"并非是固定不变的，他们的理论同样也可以解释前媒体如何抵制、模拟或吸纳新技术的。

尽管上述三种方法可能被分开使用，但我们经常也会将三者结合使用，尤其是在介绍像互联网如此复杂的技术时。

1.8 总结

看起来，互联网已经在语言上和股市上控制了西方社会。互联网神话的起源恰到好处。一个互联网专用的词典也已经形成。形容新旧技术的隐喻形象地说明了这些技术的有用性或适用性。由 Ursula Franklin（1990）指出的技术革新的第二阶段已然实现：基础设施基本建成且互联网的使用几乎不可缺少。此外，像 Bolter 和 Grusin（1999）提出的技术矫正也在进行中。互联网采用了先前技术的形式和功能，如无线电。另外，一些其他技术为了生存，也继承了互联网的某些属性，比如电视。

关于互联网的试探性理论构建，反映了其新颖性和发展性。Joe Walther（2002）不愿使用"理论"一词来定义他提出的互联网预测模型，这是因为，互联网这一特殊的技术发展太快，我们现在使用的互联网只是其发展过程中历史性的一刻。他的研究认为，我们对互联网的思考和研究应像现有技术一样开放而灵活。

【参考文献】

Babe, R. (1989). Emergence and development of Canadian communication: Dispelling the myths. In R. Lorimer & D. Wilson(Eds.), Communication in Canada: Issues in broadcasting and new technologies (pp. 58–79). Toronto: Kagan and Woo.

Bliven, B. (1924, April). How radio is remaking our world. Century Magazine, 108, 149.

Bolter, J. & Grusin, R. (1999). Remediation: Understanding new media. Cambridge: MIT Press, 1999.

Douglas,S.(1999).Listening:Radio and the American imagination.Minneapolis:University of Minnesota Press.

Ellul,J.(1964).The technological society.New York:Vintage Books.

Foucault,M. (1977).*Discipline and punish.*The birth of the prison.London:Allen Lane.

Franklin,U. (1990).*Real world of technology.*Toronto:CBC Enterprises.

Gibson,William (1984,1995).*Neuromancer.*HarperCollins,1995.

Gimpel,J. (1977).*The medieval machine:The industrial revolution of the Middle Ages.* New York:Penguin.

Hart,J.K. (1922).Radiating culture.*Survey,*Mar.18,1969.

Innis,H. (1950).*Empire and communications.*Toronto:University of Toronto Press.

Innis,H. (1950).*The bias of communication.*Toronto:University of Toronto Press.

Kaempffert,W. (1924,June).The social density of radio.Forum,71,772.

La Mettrie,J.O.de. (1744).*L'Homme machine.*Leyde,Netherlands:E.Luzac.

Lazarsfeld,P. (1940).*Radio and the printed page.*New York:Duell,Sloan and Pearce.

McLuhan,M. (1967).*The medium is the message.*New York:Bantam.

O' Brien,H.V. (1924,Sept.13).It' s great to be a radio maniac.Collier' s,74,16.

Postman,N. (1985).*Amusing ourselves to death:Public discourse in the age of show business.*New York:Viking.

Rowland,W.(1997).*Spirit of the web:The age of information from telegraph to Internet.* Toronto:Somerville House.

Shelley,Mary（2003）.*Frankenstein*.Harmondsworth,UK:Penguin Classics.

Taylor,H.J. & Kramarae,C.（2004）.Creating cybertrust:Illustrations and guidelines.In O.V.Burton（Ed.）.*Computing in the social sciences and humanities,*（pp.141–158）. University of Illinois Press,Urbana.

Tesla,N.（1919,March）.That prospective communication with another planet.*Current Opinion,66,*170.

Walker,T.（1920,April）.Can we radio a message to Mars?*Illustrated World,33,*242.

Walker,J.B. & Parks,M.R.（2002）.Cues filtered out,cues filtered in:Computer-mediated communication and relationships.In M.Knapp & J.A.Daly（Eds.）,*Handbook of interpersonal communication,*3rd ed.（pp.529–561）.Sage:Thousand Oaks,CA.

Wolfe,J.（2004）.*Humanism,machinery,and renaissance literature*.Cambridge:Cambridge University Press.

Wood,G.（2002）.*Edison's Eve:A magical history of the quest for mechanical life*.New York:Knopf.

2 儿童与互联网

康妮 · 瓦恩哈根 Connie K. Varhagen

心理学院，阿尔伯塔大学

阿尔伯塔省，加拿大

2.1 引言

互联网是一个无限的虚拟空间。通过网络，儿童可以访问大量各种主题的信息，从青春痘到斑马纹。通过网络，儿童可以跟世界各地的人们随意交流，分享他们的经验和兴趣，而不受文化的限制。通过网络，儿童可以听到来自世界各地的音乐，观看获奖的公共服务通告，还可以玩各种测试技巧与协调性的游戏。当然，儿童也可能会访问色情、仇恨和恐怖主义的信息。此外，儿童还很容易受到性诱惑和性侵犯以及网络欺负和骚扰。那么，我们要如何帮助儿童，使他们既能够享受互联网知识性和文化性的积极的一面，同时又使他们不受互联网阴暗面的侵蚀呢？

虽然新闻媒体大量报道互联网对于儿童的负面影响，但是关于儿童在互联网使用中面临网络环境中的不良信息，以及这些不良信息对儿童的发展可能带来的影响等方面的研究，尚处于起步阶段，我们需要一个合理的方法去理解网络这个新环境以及儿童与网络的动态相互作用。批判网络的观点声称，互联网使儿童的社会性发展受到阻碍，因为儿童被暴露在互联网上的色情、恐怖等不良信息中从而受到侵害，并且他们很容易成为性捕猎者和网络欺负的对象。虽然大部分对网络持批评态度的悲观预测尚没有被证实，但是互联网对于儿童确实存在风险。就像在物理环境中我们希望教会我们的孩子敏锐地识别周围可能出现的危险那样，我们也需要教会他们批判地看待互联网提供的信息和机会。

2.2 儿童在互联网上做些什么

在美国和加拿大，绝大多数儿童都接触了网络，其中超过 95% 的儿童早在 2003 年就已经开始上网了（Kaiser Family Foundation，2004；Environics Research Group，2001），而且将近 75% 的儿童是在家中接触到网络的（Kaiser Family Foundation，2004；Statitics Canada，2003）。其他发达国家儿童的网络使用率与其不相上下，或者略微低一些（Livingstone and Boberr，2005；Nielsen ratings）。许多儿童每周至少一次在家中、学校或图书馆使用网络。近几年的调查显示，有一半的儿童每天在线时间为半小时到一小时（Environics Research Group，2001；Roberts et al.，2005）。

除此之外，儿童在很小年龄时就接触网络了。2001 年一份加拿大媒体观察网络（Media Awareness Network）的调查（EnvironicsReserch Group，2001）中提到，18 岁以下的青少年中有 15% 回忆自己 7 岁或者更小时候开始学习使用网络。而 2003 年美国一份针对父母的调查（Rideout et al.，2003；see also Calvert et al.，2005）也发现，儿童 4 岁时就开始在没有父母监管的情况下搜索网页，早在 3 岁时便自己发送邮件。很显然，越来越多的儿童沉浸于网络世界中的时间在不断增加。

儿童主要通过万维网（World Wide Web）上网。他们通过网络搜索以及浏览喜欢的主页来获取信息，通过电子邮件、即时通讯和论坛来与他人交流，同时获取音乐、视频以及电脑游戏（EnvironicsReserch Group，2001；Rideout et al.，2003；Roberts et al.，2005）。小学 2 年级的儿童可以从班级中获得一个邮件地址，这些邮箱账号在语言艺术课程中被用来发展儿童的阅读写作技能，而在社会研究课程中，儿童可以通过收发邮件与来自不同文化背景的儿童交流。幼儿还可能使用邮箱账号与家庭中的其他成员交流。儿童也会一边玩电脑游戏或写作业，一边使用即时通讯与朋友聊天（Shiu & Lenhart，2004）。他们最经常在网上搜索的是游戏与音乐，但也会搜索与学校和个人兴趣有关的信息（Environics Reserch Group，2001；Lenhart et al.，2001）。

专门为儿童提供的网络资源也越来越受到人们欢迎。至少对于父母和教育者而言，这些网络资源以能够为儿童提供安全的网络链接而著称。例如，尽管许多儿童都使用 Hotmail（http://hotmail.com）或者 Yahoo（http://mail.yahoo.com），这些人人都可注册的账户，但是也有 KidMail（http://kidmail.net）和 Surf Buddies（http://www.surfbuddies.com），这样专门为儿童设计的电子邮件服务，它们收取很少一部分费用，并为儿童提供了零垃圾邮件的安全服务。这些资源使得父母能够监管儿童的邮件往来，并且它们能够自动清除有问题的内容和垃圾邮件。几乎所有其他的邮箱都可以设置过滤功能，但这些保障儿童安全的邮箱吸引了那些对自己动手修改邮箱功能喜好和选项不太自信的家长。

儿童版的搜索引擎也颇受欢迎。Yahooligans（http://yahooligans.com）和 Ask Jeeves for Kids（http://www.ajkids.com）是为儿童专门设计的搜索目录，所有能够从主页搜索到或者浏览到的资源，都是经教育咨询机构认证为适合儿童浏览的内容。然而这些资源十分具有局限性，甚至不包括许多儿童可能会出于学业或个人兴趣需要而检索的信息，如在加拿大就没有发现与恐龙有关的信息或者用于寻找亲生父母的收养信息。

也有许多专门为儿童开发的娱乐资源。大量的媒体公司，如公共广播公司（Public Broadcasting Corporation, http://pbskids.org/）、华纳兄弟（Warner Brothers, e.g., http:// harrypotter.com）和学者出版社（Scholastic, e.g., http://scholastic.com/ kids/）都为他们的儿童开发了信息和游戏网站。这些网站中的大多都是自成体系的，不包括站外的链接，而那些包含站外链接的资源会在儿童点击链接之前提供一个警告。

除了上面所提到的，儿童的上网过程还可以通过过滤软件来进行监控，如 Net Nanny（网络保姆, http://netnanny.com/）或者 Cyber Sitter（网络监护人, http://www.cybersitter.com/），以及儿童专用的浏览器，如 zExplorer（http://www.zxplorer.com/），这些商业软件限制了儿童对网络的接触，清理了垃圾、广告和不适合儿童浏览的内容。由于界定什么是垃圾和不适合儿童浏览的内容十分困难，这些软件不得不提供限制性的网络链接。

尽管这些面向儿童的网络资源越来越多也越来越受欢迎，但由于网络本身具有散乱、无管制的特点，之前提到的都不是万全的方法，儿童还是会不经意地接触到令他们反感的内容。同时，这些资源大多过于局限，例如，由于百科全书中存在一些包含"成年人"内容的文章，儿童便无法通过这些资源接触到像 World Book Encyclopedia 这样的的普及性网站。最后，可能最重要的一点是，由于消极地限制了儿童接触网上那些可能不太适合他们的信息和资源，儿童将无法学会如何主动地评价和甄别网络上的信息。

2.3 担忧

父母、教师、政策制定者以及出版社都一度担忧过新媒介给儿童带来的负面影响（Gackenbach & Ellerman，1998；Paik，2001；Wartella & Jennings，2000)，电影、广播和电视最初都曾被认为是对儿童发展存在潜在危害的媒介。人们认为电脑剥夺了儿童社会技能和身体发展的机会。批评者警告我们，儿童重要的社会接触和身体活动被电脑屏幕前孤立的、隔离的社交活动所替代——这同样也是起初电视出现在客厅里时人们表达过的担忧。由于网络可以自由浏览，批评者也会担忧儿童会接触到他们不能理解或者应对不了的问题，如色情和仇恨。最后，由于网络的匿名性，批评者现在愈发担忧儿童受到性侵犯者的侵犯和网络恶霸的欺负。

2.3.1 社会性发展

儿童对自我的认识以及自我在家庭、学校和社区中所处的位置发展出一种观念，他们学着批判性地评估那些定义他们自己的特征，并学着控制自己的行为以适应社会观念和价值标准。社会性发展的这一部分需要儿童通过与他人的互动来辨别自己与他人的差异性，比较自己的首要特征和他人的首要特征来发展自我控制。

批评者抱怨计算机的使用导致社会隔离，而社会隔离经常会引发抑郁和其他心理疾病。鉴于许多孩子可以在自己的卧室里接触互联网（Kaiser Family Foundation，2004），这种忧虑可能是有意义的。有一些证据正是有关社会隔离和抑郁与计算机使用的关系。Kraut 等人（1998）在 1995—1998 年间完成的家庭网络使用追踪研究时，曾做过一个有关初次使用网络状况的调查,调查结果显示了网络与社会交往的关系。那些初次使用网络的人报告，在使用网络的第一个月，出现了社会交往的减少和抑郁症状的增加，并且，网络使用与孤独和抑郁的相关系数在青少年样本中略高于成年人样本。不过这一影响是短期的，Kraut 等人 (2002) 对家庭网络使用项目的参与者进行了更长时间的追踪研究 (3 年,相对于 12——18 个月)，该研究发现，网络使用对社交的消极影响随着时间的推移消失不见了。在另一项研究中，Kraut 等人（2002）发现，外向的儿童和成人在更多地使用互联网后报告人际交往增多和自尊提高。Cross（2004）声称，当儿童更多地使用互联网时，他们的朋友也会更多地使用互联网，互联网便成了社交和互动的一种新的形式。

另有一些研究表明，网络可能会对社会性发展存在积极的影响。Stern（2002）分析了青少年女生的个人网页发现，女生的自我表达与社会性发展理论是一致的。Stern 说，互联网为儿童在社会性和性别发展中的自我表达提供了一个绝佳的机会。

一些研究验证了社会幸福感与互联网即时通讯使用间的关系，即时通讯已经成为网络社交的最主要形式（Environics Research Group，2001；IpsosReid，2004；Law，2004）。在一项关于自我概念与即时通讯使用间的关系研究中，Law 调查了11—19 岁的青少年，并未发现自我概念与即时通讯的使用有关系。然而，统计数据显示出，即时通讯的使用时间稳定增长，Law 的被试中超过 3/4 在日常生活中使用即时通讯。相似的，Gross（2004）调查了 11—16 岁的青少年，也没有发现上网时间与孤独、社会焦虑、抑郁或是日常生活满意度间有关系。

Gross 等人（2002）调查了 11—13 岁青少年的心理健康水平与即时通讯伙伴亲密程度的关系。在使用即时通讯时，那些在日常社会交往中感到舒适的青少年报告，他们主要是与学校伙伴交流，而那些感到社会隔离的青少年则主要与他们并不熟识的人交往。Ybarra 等人（2005）发现，报告有明显抑郁症状（例如在学校适应不良、个人健康问题或自我效能感上有功能障碍）的青少年比那些报告相对较少或完全没有抑郁症状的青少年，在学校花更多的时间上网和使用电子邮件。他们的被试样本来自一个大规模的美国国家调查——青少年网络安全调查，该研究于 1999—2000 年完成，被试为 10—17 岁儿童（Finkelhor 等人，2000）。Wolak 等人（2002，2003）研究了与 Ybarra 相同的样本，发现那些报告有抑郁症状和被欺负经历的儿童比没有这些问题的儿童与网络上遇到的人更加亲密。与其继续陷入社会隔离的孤独之中，问题儿童和抑郁儿童似乎试图通过结识网友打破僵局。

事实上，在线沟通可能有助于儿童在一个匿名的、积极支持的环境中发展出自我意识。Trekel（1995）声称，多人地牢游戏 (MUD 游戏) 为人们提供了一个试用不同自我的重要机会，这样做可以完善人们的自我概念。Subrahmanyam 等人（2004）分析了一个拥有 52 个不同被试的青少年聊天室中时长 30 分钟的聊天记录，这期间被讨论过的主题涵盖体育、性和父母的担忧。被试们开放地讨论了他们的感受，并且当一位被试表达出自己的担忧，其他被试迅速支持那位被试。

Subrahmanyam 等人总结说，网络能提供一个社交安全的环境，在那里青少年可以讨论令人尴尬的话题和练习社交技巧。

Suzuki 和 Calzo（2004）研究了某些青少年讨论一般问题以及和性相关话题的论坛上一个月以来的所有帖子，发现这些帖子跟 Subrahmanyam 等人（2004）发现的很相似。普通板块的帖子主要被用于解决情感问题，而性讨论板块的帖子主要关注性健康。同时，关注个人相关问题的主题，如身体意向和健身，比陈述基本事实的主题，如避孕知识，获得更多的他人关注。Suzuki 和 Calzo 提出，论坛板块允许儿童或青少年直白地讨论对他们来说尴尬的话题，而且这种讨论在这里可以获得社会支持。其他研究者也有相似的论断，认为互联网可以成为一种尴尬的或社会禁忌话题的信息来源和寻求支持的途径（Boies 等人，2004；Gray 等人，2005；Longo 等人，2002）。

然而，Greenfield（2004a）警告说，聊天室内的自由表达并不总是向积极方向发展的。她研究了在各种网络沟通形式中的使用情况（例如无节制的和有限制的聊天、即时通讯），发现许多沟通在促进性背叛、种族主义和偏见。虽然她承认这些担忧都不是只存在网络上的，但是她指出，网络的匿名性会导致儿童进行更低级的交流，并因此扩大这种交流的潜在消极影响。

总而言之，即使考虑到 Greenfield（2004）的警告，关于社会性发展与网络引导研究数据依然显示，与其说网络将儿童引向社会隔离与社会剥夺，不如说网络能为儿童社会性发展提供积极的环境。儿童在与同伴分开后继续在网上联络，可能就跟他们用电话差不多，甚至，网络技术为社会交往提供的机会和可能性要大过于电话，儿童可以利用邮件、聊天室、即时通讯等工具同时跟一大群伙伴交流大量的话题。那些在面对面交往中感到社会隔离的儿童可能会感到抑郁、缺乏自信，但他们却可以在一个安全的（网络）社交环境中交流，而不是独自忧愁。进一步说，网络使儿童能够"尝试"不同的身份，讨论个人问题，并在不会造成尴尬的自我暴露的情况下获得与个人相关的信息。

2.3.2 对色情作品和仇恨不必要的接触

很少有研究关注网络色情作品和仇恨对儿童的影响。色情作品始终盛行网络，数百万的网站通过成千上万的网络资源供应色情图片。然而，色情材料通常是外显的并且容易界定的；仇恨则藏匿很深，人们很难找到并定义仇恨。

儿童可以有意无意地通过各种方式接触到色情作品，他们可以有意在网页搜索（例如在 google 搜索"性"）或打出可能的 URL 地址（比如 http://www.sex.com），然而在更多的情况下，儿童是无意地接触到色情作品的。这种情况多数是通过在关键词检索时词汇多重意义的偶然组合，或是通过贩黄者物色新顾客的技术发生的。贩黄者可能会发送夹带色情图片或是能够链接到色情作品的邀请函的垃圾邮件。多数情况下，邀请函是无危害的，比如一个参加笔记本电脑竞赛的邀请函或一个家畜养殖学习的邀请函。色情作品制作人也会申请或使用听起来很正常的网站域名（比如 http://whitehouse.com 曾经是一个彻头彻尾的色情网站，白宫的正确网址是 http://whitehouse.gov）。贩黄者甚至会运用拼写错误的地址将儿童引入其中（例如 http://Disney.com 一度曾是色情网站）。最近，贩黄者已经侵入了点对点传输，所以一个小孩如果在一个低信誉的点对点网络中下载小甜甜布兰妮最新的音乐录影文件，则可能收到的是一个纯色情的视频。虽然这些技术中大多数都已经不再被使用——监控者关闭了许多色情传播源，而其他的经营者也发展出了一种付费网站和点对下下载业务，但是儿童仍然可能无意地接触到色情作品。

Mitchell 等人（2003a）分析了来自青少年网络安全调查（Finkelhor 等人，2000）的数据。电话访谈部分的问题包括是否无意中通过网页、电邮或即时通讯接触到色情作品，以及是否因此而感到困扰。接受访谈的儿童中有 1/4 提到他们曾无意接触到色情作品，其中 75% 是通过网页，25% 是通过电邮和即时通讯。相比起年幼的儿童，虽说年纪稍大的儿童更可能无意被动地接触到色情作品，然而年纪稍大的儿童也会主动地参与更多的网络活动，包括进入聊天室并做出与素未谋面的陌生人聊天之类的有风险的网络行为。虽然有 1/4 的儿童曾无意接触到色情作品，但是他们之中很少有人因此而感到困扰（只占总样本中 6% 的被试），极少有人向别人提及此事并且再次浏览那些让人不快的内容。尽管有一些儿童会因自己暴露在色情作品前而困扰，但大部分的儿童都仅是无视那些色情内容。

儿童也可能通过其他媒介接触到性，包括音乐、录影带、电影、杂志和电视。一个大型研究机构提出，青少年观看色情作品与高风险异常行为存在一定关系（cf. Greenfield，2004b），但是这一研究中的相关是自然存在的。目前仍旧没有有利的证据支持观看色情作品（不论在线的还是线下的）对青少年儿童有不良影响。基本上，对于青少年儿童有意无意在网络上接触到色情作品而造成不良影响的担忧已成为一个城市之谜（Potter & Potter，2001）。

仇恨，可能因为它十分地内隐，以至于它更难以被理解与研究。Gerstenfeld

等人（2003）分析了由白人、新纳粹主义者、光头族、三K党、反天主教会、大屠杀否认者和其他仇恨者组织建立的网站，只有一半的网站中包含可辨别的仇恨因素，比如纳粹万字标志或者燃烧的十字架。1/4的极端组织的网站声称，他们的组织不支持仇恨或种族主义，并且超过80%的极端组织网站不曾提及暴力或干脆声称他们是反对暴力的。这些网站中有许多的言辞是矛盾的，比如一面否认种族主义，一面强调白人是"唯一"的人种。而且其中一些网站还包含针对儿童设计的内容（http://martinlutherking.org/ 是一个不容忽视的例子，它是特别为儿童设计的），缺乏可识别的标志和反种族主义、反暴力的声明，这些关于种族主义和暴力矛盾的言论很可能迷惑儿童。

虽然Turpin-Petrosino（2002）发现，只有很少的中学生报告在网络上与仇恨组织有联系，Gerstenfeld等人（2003）声称，这类组织在网络上的存在形式是很微妙的，以至于很多儿童与青少年并不能真正了解。这一假定得到了Lee和Leets（2002）关于仇恨网站对于青少年说服的研究的支持。这个研究先让13—17岁的青少年浏览从极端组织网站资源上截取并修改过的页面，紧接着让他们完成一份问卷，两周后再测试不同网站对青少年的说服力。这些网页可分为两类，一类网页是以有人物和情节的叙事形式呈现的，另一类则较少有叙事结构。并且在一些情况下，网页会呈现明确的信息，而在另一些情况下则是暗示性的信息。那些利用叙述结构表达明确信息的网页是首先被青少年感知到最有说服力的，然而，这一说服力随着时间减少，而非叙事性和暗示性的信息则在青少年的记忆中历久弥新。并且青少年的接受能力是与信息的说服力相互作用的，原本对网页呈现的信息观点持中立态度的青少年，更容易受到暗示性信息的影响。

考虑到极端组织利用网络招募新成员（Turpin-Petrosino，2002），Lee和Leets关于暗示性信息对天真无邪的青少年产生的说服效果的发现是至关重要的。由于年幼的青少年总是在寻求一种集体归属而又缺乏判断力，因此很容易被极端组织在网络上的招募策略所影响。

2.3.3 侵犯与欺负

如今，儿童在网上被诱骗的新闻逐渐替代了儿童被诱骗到骑车上的新闻。同样，校园欺负似乎也转移到了网络上。就像家长一度因为孩子离家探索外面的世界而担忧，现在他们的担忧是孩子越发地深入探索网络环境。

Finkelhor等人（2000）和Mitchell等人（2001）分析了1999—2000年的青

少年网络安全调查中关于性诱惑的问题。那些年纪介于10—17岁的被试中有将近20%的人报告曾在邮件或聊天中不情愿地接到过性诱惑。几乎所有的性诱惑都是网上认识的人发起的，极少有直接要求见面的诱惑，那些诱惑包括询问女生文胸尺码、诱惑男生进行网络性交和发送性挑逗的图片。

在Finkelhor等人（2000）和Mitchell等人（2001）的研究中，那些年龄在14—17岁的稍大些的青少年比10—13岁的年幼青少年报告接收到性诱惑的频率更高，女生接收到性诱惑的人数是男生的两倍。接收到性诱惑的危险性对于"问题"儿童（综合考虑到抑郁症状、欺骗和家庭的不稳定性）来说更大。网络使用频率高并且在网络上进行潜在危险性行为（例如张贴个人信息、在聊天室中使用带有性暗示的网名、只与网上认识的陌生人讨论性、浏览色情网站）的儿童，同样面临着更大的风险。Mitchell等人发现的问题家庭、问题个人生活、高风险行为这些与网络性侵犯相关的特点，同样可以用来描绘在线下的现实生活中容易成为性侵犯对象的儿童和青少年（cf.Dombrowski等人，2004）。也就是说，虽然网络使侵犯者接触儿童变得更为便利和容易，但容易受侵害的儿童依然有其独特特征。

Finkelhor等人（2000）和Mitchell等人（2001）同时发现，制定家规、安装过滤软件之类的监控手段与被试报告的性诱惑无关，这些手段也不足以防范侵犯者对被害人的攻击和骚扰。通常情况下，网络侵犯者会使用大量复杂的技术去收集和窃听潜在被害者的信息（cf.Dombrowski等人，2004；McGrath & Casey，2002）。对侵犯者来说，最简单的技术手段就是在网页上搜索被害者的信息，阅读个人网页或博客去搜集潜在被害者的个人信息。稍有技术的侵犯者可能会使用"网络嗅探器"软件去窃听儿童的对话，并利用木马病毒渗透儿童的电脑。这样一来，即便孩子努力遵从家长的规定不泄漏个人信息，足够狡猾的网络侵犯者仍可能通过恶意的非法手段获取到这些信息。

在Finkelhor等人（2000）和Mitchell等人（2001）的研究中报告，曾接受过性诱惑的青少年中只有一半的人将这件事告诉其他人，而这些人中也只有一半的人告诉他们的家长。某种程度上说，对这种困扰的报告不足可能会导致越来越少的儿童对这种诱惑感到困扰，只有25%的孩子对此表示沮丧，并且这些感到困扰的孩子主要是年龄较小的青少年。在进行青少年网络安全调查进行时，网络检举热线和网络检举页面尚未启动，因此极少有家长或是青少年知道他们应当将在网络上遇到的这些小插曲报告给网络供应商或者相关执法部门。

最近，执法部门已经开始在网络上伪装成儿童来进行钓鱼执法。Wolak 等人（2003a）分析了 2000—2001 年美国涉及儿童的网络性犯罪逮捕记录，其中 508 件是犯罪嫌疑人利用网络诱骗儿童，而 644 件是犯罪嫌疑人利用网络诱骗那些假扮成儿童的执法人员。Michell 等人（2005）研究了这类被捕记录，这些人大部分被成功检举或是被陪审团判为有罪。虽然真正的案件和钓鱼执法案件有细微的不同（在受害者方面，与真正的案件相反，钓鱼执法中被害者通常稍微年幼些，在性导向的聊天室里与侵犯者有更多地接触，与犯罪者从认识到"见面"的时间更短等；而在犯罪嫌疑人方面也有所不同，例如其年龄稍大些、更可能长时地去实施犯罪行为、犯罪成功率略高。Mitchell 等人（2005）指出，网络有提高执法机关干警侦查和预防针对儿童犯罪的能力。

网络骚扰由于其匿名的性质，它对被骚扰者心理上带来的困扰也是毁灭性的。2002 年，Ghyslain Razza，一个肥胖青少年利用学校的器材为自己录制了一段模仿《星球大战》场面的录像带，他用高尔夫球收集器当做光剑。几个月之后，一些学生在一个上锁的柜子里发现了这卷录像带并将其上传到小型局域网络上，还煽动观看者发布对该少年的恶意评价。2004 年，一个名叫格雷布罗斯玛（Gray Brolsma）的少年制作了一个动画视频，他对着网络摄像头在椅子上一边跳舞一边假唱，并把这个视频发布在网络上。虽然他的初衷只是与朋友分享，但这个剪辑很快传遍网络，而他也因为自己被广泛的关注以及被拿来与"星战男孩"相提并论而感到尴尬与困扰。这些事件引起了我们对网络欺负和骚扰的注意。

青少年网络安全调查也会询问儿童有关在线骚扰与欺负的内容。Finkelhor 等人（2000）的研究指出，6% 的答复者报告曾经在网络上遭遇过骚扰，并且年纪较长的儿童更有可能成为骚扰的对象。骚扰的形式囊括了从骚扰短信、聊天交流、电子邮件到建立对某一 17 岁青年的仇恨网站。与遭受性诱惑一样，只有一半的儿童会告知父母自己受到网络骚扰的遭遇。

Ybarra 等人（2004a）通过青少年网络安全调查分析了遭遇网络骚扰的受害者的特点。1/3 遭受过骚扰的儿童表示，他们因为骚扰事件而变得非常或者极端失落，报告了更多的抑郁症状（如自我效能感较低、难以完成学业、不注重个人卫生）的男性比报告较少抑郁症状的男性更有可能遭遇网络骚扰，这一现象在女性群体中没有发现。Ybarra 认为，抑郁与网络骚扰之间的相关使网络骚扰成为了严重的心理健康问题。

许多报告曾是网络骚扰受害者的儿童同时也报告自己曾经是网络骚扰的实施

者。Ybarra 和 Mitchell（2004b）通过青少年网络安全调查分析了实施网络骚扰的人的特点，他们发现答复者中 15% 的个体表示他们曾经对其他人使用了粗鲁下流的言论，并且 1% 的答复者在过去的一年中通过网络羞辱或者骚扰过他人。与线下欺负现象中相一致的是，实施网络欺负的个体多有着微弱的家庭成员联结，并且爱参与风险行为，比如物质滥用和违法犯罪。根据 Ybarra 和 Mitchell 的研究，这些特点在线下欺负者与骚扰者群体中是普遍存在的。Ybarra 和 Mitchell（2004a）发现，虽然许多网络骚扰可能是校园欺负的延伸，但有一些攻击者却只在网络环境中骚扰他人。Ybarra 和 Mitchell 基于他们的研究结果认为，网络本身具有的匿名性特点可能允许个体拥有一个比现实生活中更具攻击性的人格，这与 Greenfield（2004a）的观点一致。

总体说来，网络侵犯与欺负的研究与线下的侵犯与欺负研究十分相似。网络让骚扰者和欺负者有更多的机会接触到儿童，为骚扰与欺负行为的实施提供了更广阔的环境，然而，这些事件对于受害儿童的影响也更具破坏性。

2.4 成为"互联网专家"

已有三种方法可以保护儿童免受互联网的消极影响。

第一种方法是通过立法来规定网络中能够呈现什么样的信息。1998 年美国国会通过了儿童在线保护法（The Child Online Protection Act，COPA），禁止了互联网服务提供商散播令未成年人反感的内容。尽管由于法庭因认为这项法律违背了第一修正案中的言论自由权利而持反对意见，从而导致这项法律从未生效，然而许多州还是制定了相似的法律。这项潜在法律使得，许多色情网站被关闭，只会在没有这类法律条例的其他州出现。

正如之前提到过的，第二种保护儿童免受互联网消极影响的方法是开发帮助儿童过滤并阻拦风险资源的软件，在某种程度上，这也是法律的规定来自于法律的规定。美国国会 2000 年通过的儿童在线保护法（CIPA）要求学校和公共图书馆在所有的计算机上安装过滤软件，这是从联邦政府获得资助必须满足的条件。尽管 CPIA 被最高法院部分地驳回，但许多州都颁布了类似的法条。许多学校和图书馆都安装了过滤软件，一些大的商业公司，如 Net Nanny（网络保姆）和 Cyber sitter（网络监护人）也因他们向父母提供过滤和监管信息的服务增加了市场份额。

对网络资源内容进行的法律限制和安装过滤软件这两种方法确实都可以保护儿童不良信息的骚扰，但两者都没有获得完全的成功。一方面，网络世界过于庞大，以致于想要管理所有不合适内容是不可能的；另一方面，当一个网站被关闭的时候就会有另一个网站开启，这种现象通常发生在那些没有法律条例限制的州。当不对可获取资源进行严格限制时，过滤软件就无法发挥过滤功能。Richardson等（2002）发现，过滤软件明显地阻止了儿童和青少年接触那些有关健康的重要话题，这些话题从安全套的使用、性疾病的传播到饮食和抑郁均有涉及。同样的，一份针对过滤软件的消费者报告（"过滤软件"，2005）发现，绝大多数的软件都能有效阻拦色情内容，但也会阻拦有关性教育和性别问题的网站。这种软件也不能很好地阻拦有关仇恨的内容，从而导致了有关恐怖主义，武器生产和暴力事件的资源成了漏网之鱼，但它却阻拦了有关药物使用的教育资源。此外，过滤软件在阻止令人反感的性骚扰时也没那么有效（Mitchell等，2001）。而且，不管是对网络资源内容的法律限制还是通过软件进行过滤，都没有办法保证儿童通过自己的能力来判断网络资源内容的好坏。

第三种方式看起来似乎是最成功的，即通过教育儿童让他们自己进行判断。批判性思维技能在几乎所有的决策任务中都是必要的，它需要通过教育来实现，并且内容囊括了从选择健康的饮食、对性行为的正确决策到信息搜集等非常广泛的内容。

随着儿童的成长，尽管他们仍然将网络作为最重要的信息来源，但是他们对从网络上获取的信息开始持有更多的批判性态度了。在一个更大的调查研究中（Varnhagen，未公开发布的数据），我们询问了8年级、11年级和大学一年级的学生在百科全书、报纸和网络中会选择哪种作为可靠的信息来源，几乎1/3的8年级学生、一半左右的11年级学生和1/5的大学一年级学生选择网络作为最可靠的信息来源。如果抛开可信度因素，几乎所有的学生都表示他们使用网络上的信息资源来完成课程报告。

儿童对网络上信息的批判性观点意味着儿童会对网络资源的作者和拥有者、目的与受众、准确性、客观性和详尽程度以及网络资源与他们实际需求之间的相关进行评估（Varnhagen，2002）。例如，一个处于青春期早期的个体通过网络来寻找痤疮粉刺的知识时需要这样来评估知识的作者：这个作者是有学识的吗？如果这个作者是有学识的，这些信息总体说来应该比那些仅有有限知识的作者提供的信息要更可信。

青少年还需要决定这些知识的目的和目标：这些信息是某个产品的广告吗？是来自于医学知识吗？是来自于一个妻子讲的故事？是某人的个人信仰？产品广告倾向于影响购买决定。用于提供医疗知识的资源比那些旨在推销或劝说的知识更可信。与目的相关的，孩子们还需要评估知识的真实性：这一建议有多么准确？这一信息是在客观的医疗信息的基础上产生的吗？它完整吗？它过时了吗？有关痤疮的知识在过去的几年中已经发生了改变，最新的研究发现，敏感性皮肤的个体更容易因擦破皮肤留下疤痕。而且，孩子们必须对这一信息对自己是否有用做出判断。

不用说，儿童不太可能对搜索到的大量有关痤疮粉刺的信息进行严格的甄别和筛选。事实上，Brem 等人（2001）发现，那些能够科学有效地识别出欺诈网站的青少年还没有足够批判地看待自己搜索到的信息。例如，儿童更多的利用表面特征；例如通过一个网站上的到其他网站的链接来评估信息资源，即使他们承认一些作者有隐密不明的动机；例如推销或劝说，他们仍然认为这些动机不会影响到信息的准确性。

儿童严格评估其他类型的网络资源（如游戏、聊天、即使消息、音乐和视频等）的可能性更小。儿童可能因为一款网络游戏的视听效果而被吸引，却不会去评估下载游戏时附带病毒的可能性，以及对游戏表现反馈的准确性。他们不太可能怀疑在聊天室刚认识的与他们分享兴趣爱好的人是非同龄人；他们立刻就会去下载刚更新的音乐视频而不去考虑可能附带其中的病毒。

儿童需要学习如何严格评估他们在网络上浏览的信息与他们在交流中获得的信息，图书馆员与学校老师建立了许多文献资源来指导儿童严格评估网络信息资源（Schrock, 2001）。凯西施罗克的教育指南（"Kathy Schrock's Guide for Educators", http://schoo1.discovery.com/schrockguide/eval.html）是其中历时最久最知名的资源，它提供了一套帮助儿童评价在网上搜索到的信息的"是与否"问题，引导年龄较小的初中生考虑他们是否认同这些网络信息，鼓励年龄较大的高中生评价网络信息资源的内容及其真实性。

许多儿童安全机构为家长和儿童提供了指导与资源。WebAware（网络感知）为不同年龄儿童提供一般性网络内容核查清单。除了内容评估，WebAware（网络感知）针对不同年龄群体儿童家长的安全建议，例如鼓励 5—7 岁的儿童使用专门为儿童设计的搜索引擎，鼓励青少年只进入规范的聊天室。SafeKids.com（安全儿童网站，http://safekids.com）和 Safeteens.com（安全青少年网站，http://www.

safeteens.com）为儿童和家长提供了类似的资源。Cyber Angels（网络天使, http://www.cyberangels.org/）为家长和教育者提供了大量有关网络犯罪（如儿童色情、身份盗用）的资源，同时也提供一份在线的对可疑儿童色情网站的检举报告。

一些机构还推出了针对儿童的安全游戏和知识竞答。在由美国失踪和被剥削儿童中心开发的 ID the Creep（http://www.idthecreep.com/）中，儿童会参与一些假造的电子邮件、聊天室、即时信息的读取来识别和判断存在风险的情境和危险人物。The Media Awareness Network（http://www.media-awareness.ca/english/special_initiatives/games/index.cfm）开发了许多在线游戏，"从私家游乐场：三只网络小猪的第一次冒险"（Privacy Playground：The First Adventure of the Three Little Cyber Pigs）——一款专为 8—10 岁儿童设计的有关市场技巧和隐私保护的游戏，到 Joe Cool/Joe Fool，一款专为青少年设计的有关安全上网的知识竞答游戏。

由美国失踪和被剥削儿童中心与美国男孩女孩俱乐部联合开发的 NetSmartz（http:// netsmartz.org），是一个在线的包含了评价清单、建议、亲子教育资源、游戏和知识问答的培训资源。在一项针对该资源成效的评估研究中（分支机构, 2001）报告，6—18 岁的儿童通过接触使用资源使其对网络安全的知识技能得到了提高，并且超过 1/3 的青少年表示，他们会因在 NetSmartz 上学到的知识而改变他们使用网络的行为。

行为意图与实际的行为之间的关系是复杂的（cfAjzen, 2001），因此，儿童可能无法将他们学到的有关网络安全的知识应用于实际的网络操作中。利用软件的方法也许能够通过强迫他们在使用网络资源之前进行评估，来帮助儿童学习控制他们的网络操作行为。就像抚养人教会儿童如何安全的过马路一样，智能软件也可以帮助儿童驾驭网络。与简单的阻拦信息资源不同，新版本的过滤软件允许儿童接触部分网络信息资源，当儿童正确的回答一系列严格评估网络资源内容的问题之后，才能继续使用全部的网络资源。一种智能的聊天程序插件"Buddy"的应用可以帮助我们鉴别出有害的主页或者潜在的不安全交流。在开发出智能软件之前，简单的核查清单的应用能够浮出浏览器窗口，并提出评估性的问题来帮助儿童停下来思考他们浏览的网络资源。像这样的工具能够帮助儿童学会在实际网络操作中应用他们从核查清单、教育资源、网络安全活动以及游戏中学到的知识。

网络是一个无限的虚拟环境，能够为儿童积极地发展与探索提供许多可能性。儿童能够访问许多地方，探索许多文化，尝试许多技能，也能够与许多不同的人聊天，这些经历能够帮助儿童发展认知和社会技能。网络也有消极的一面，儿童可能被暴露在色情与仇恨、骚扰、跟踪与绑架的危险下。通过鼓励儿童掌握严格评估网络资源的技能成为网络专家，我们能够帮助他们在网络上安全地扩展他们的视野与世界。

【参考文献】

Boies,S.C.,Knudson,G. & Young,J.(2004).The Internet,sex,and youths: Implications for sexual development.Sexual Addiction & Compulsivity,11,343–363.

Branch Associates.(2002).NetSmartz Evaluation Project:Internet Safety Training for Children and Youth Ages 6 to 18.Atlanta,GA:Boys & Girls Clubs of America and National Center for Missing & Exploited Children.Retrieved August 1,2005,http://www.netsmartz.org/pdf/evalstathigh.pdf.

Brem,S.K.,Russell,J. & Weems,L.(2001).Science on the Web:Student evaluations of scientific arguments.Discourse Processes,32,191–213.

Calvert,S.,Rideout,V.J.,Woolard,J.L.,Barr,R.F. & Strouse,G.A.(2005).Age,ethnicity,and socioeconomic patterns in early computer use:A national survey.American Behavioral Scientist,48,590–607.

Dombrowski,S.C.,LeMasney,J.W.,Ahia,C.E. & Dickson,S.A.(2004).Protecting children from online sexual predators:Technological,psychoeducational,and legal considerations.Professional Psychology:Research & Practice,35,65–73.

Environics Research Group(2001).Young Canadians in a wired world.Retrieved August 1,2005,http://www.mediaawareness.ca/ english/resources/special_initiatives/survey_resources/students_survey/yciww_students_view_2001.pdf.

Filtering software:Better but still fallible.(2005).Consumer Reports.Retrieved August 1,2005,http://www.consumerreports.org/main/content/display_report.jspP?-FOLDER%3C%3Efolder_id=597365.

Finkelhor,D.,Mitchell,K.J. & Wolak,J.(2000).Online victimization:A report of the nations youth.Alexandria,VA:National Center for Missing and Exploited Children.Retrieved August 1,2005,http://www.missingkids.com/en_US/publications/NC62.pdf.

Gackenbach,J.I. & Ellerman,E.(1998).Introduction to psychological aspects of Internet use.In J.I.Gackenbach(Ed.),Psychology and the Internet(pp.1–26).San Diego:Academic Press.

Gerstenfeld,P.B.,Grant,S.R. & Chiang,C-P.(2003).Hate online:A content analysis of extremist Internet sites.Analyses of Social Issues and Public Policy,3,29–44.

Gray,N.J.,Klein,J.D.,Noyce,P.R.,Sesselberg,T.S. & Cantrill J.A.(2005).Health information-seeking behaviour in adolescence:The place of the internet.Social Science & Medicine,60,1467–1478.

Greenfield,P.M.(2004a).Developmental considerations for determining appropriate Internet use guidelines for children and adolescents.Journal of Applied Developmental Psychology,25,751–762.

Greenfield,P.M.(2004b).Inadvertent exposure to pornography on the Internet:Implications of peer-to-peer file-sharing networks for child development and families. Journal of Applied Developmental Psychology,25,741–750.

Gross,E.F.(2004).Adolescent Internet use:What we expect,what teens report.Journal of Applied Developmental Psychology,25,633–649.

Gross,E.F.,Juvonen,J. & Gable,S.L.(2002).Internet use and well-being in adolescence. Journal of Social Issues,58,75–90.

Ipsos-Reid(2004).The Internet is changing the way in which teens socialize in Canada:Instant messaging,e-mail and online gaming the most common weekly online activities for teens.Ottawa,ON:Ipsos-Reid.

Kaiser Family Foundation(2004,September)Children,the digital divide,and federal policy.Retrieved August 1,2005,http://www.kff.org/entmedia/loader.cfm?url=/ commonspot/security/get-file.cfm&PageID=46360.

Kraut,R.,Patterson,M.,Lundmark,V.,Kiesler,S.,Mukophadhyay,T. & Scherlis,W.(1998). Internet paradox:A social technology that reduces social involvement and psychological well-being?American Psychologist,53,1017–1031.

Kraut,R.,Kiesler,S.,Boneva,B.,Cummings,J.N .,Helgeson,V. & Crawford,A.M.(2002). Internet paradox revisited.Journal of Social Issues,58,49–74.

Law,D.(2004).Participation in online environments:Its relationship to adolescent self-concept.Unpublished Masters thesis,University of British Columbia.

Lee,E. & Leets,L.(2002).Persuasive storytelling by hate groups online:Examining its effects on adolescents.American Behavioral Scientist,45,927–957.

Lenhart,A.,Rainie,L. & Lewis,O.(2001).Teenage life online:The rise of the instant-message generation and the Internet's impact on friendships and family relationships.Washington,DC:Pew Internet & American Life Project.Retrieved August 1,2005,http://www.pewinternet.org/pdfs/PIP_Teens_Report.pdf.

Livingstone,S. & Bober,M.(2005).UK children go online:Final report of key project findings.Retrieved August 1,2005,http://www.lse.ac.uk/collections/chil-dren-go-online/UKCGOfmalReport. pdf.

Longo,R.E.,Brown,S.M. & Orcutt,D.P.(2002).Effects of Internet sexuality on children and adolescents.In A.Cooper(Ed.),Sex and the Internet:A guidebook for clini-cians(pp.87–105).New York:Brunner-Rutledge.

McGrath,M.G. & Casey,E.(2002).Forensic psychiatry and the Internet:Practical per-spectives on sexual predators and obsessional harassers in cyberspace.Journal of the American Academy of Psychiatry & the Law,30,81–94.

Mitchell,K.J.,Finkelhor,D. & Wolak,J.(2001).Risk factors for and impact of on-line sexual solicitation of youth.Journal of the American Medical Associa-tion,285,3011–3014.

Mitchell,K.J.,Finkelhor,D. & Wolak,J.(2003a).The exposure of youth to unwanted sex-ual material on the Internet:A national survey of risk,impact,and prevention.Youth & Society,34,330–358.

Mitchell,K.J.,Finkelhor,D. & Wolak,J.(2003b).Victimization of youths on the Internet. Journal of Aggression,Maltreatment & Trauma,8,1–39.

Mitchell,K.J.,Wolak,J. & Finkelhor,D.(2005).Police posing as juveniles online to catch sex offenders:Is it working?Sexual Abuse:A Journal of Research and Treat-ment,17,241–267.

Paik,H.J.(2001).The history of childrens use of electronic media.In D.G.Singer & J.L.Singer(Eds.),Handbook of children and the media(pp.7–27).Thousand Oaks,-CA:Sage Publications.

Potter,R.H. & Potter,L.A.(2001).The Internet,cyber porn,and sexual exploitation of children:Media moral panics and urban myths for middle-class parents?Sexuality & Culture:An Interdisciplinary Quarterly,5(3),31–48.

Richardson,C.R.,Resnick,P.J.,Hansen,D.L.,Derry,H.A. & Rideout,V.J.(2002).Does pornography-blocking software block access to health information on the Inter-net?Journal of the American Medical Association,288,2887–2894.

Padeout,V.J.,Vandewater,E.A. & Wartella,E.A.(2003).Zero to six:Electronic media in the lives of infants,toddlers,and preschoolers.Menlo Park,CA:The Henry J.Kaiser Family Foundation.

Roberts,D.F.,Foehr,U.G. & Rideout,V.(2005).Generation M:Media in the lives of 8 to 18 year olds.Menlo Park,CA:The Henry J.Kaiser Family Foundation.

Schrock,K.(2001).Tapping the Internet for classroom use:Information literacy skills pave the way.MultiMedia Schools,8(2),38–43.

Shiu,E. & Lenhart,A.(2004).How Americans use instant messaging.Pew Internet & American Life Project.Retrieved August 1,2005,http://www.pewinternet.org/pd-fs/PIP_Instantmessage_ Report. pdf.

Statistics Canada(2003).Household Internet use survey.Retrieved August 1,2005,http://www. statcan.ca/Daily/English/040708/d040708a.htm.

Stern,S.(2002).Sexual selves on the World Wide Web:Adolescent girls' home pages as sites for sexual self-expression.In J.D.Brown,J.E.Steele & K.Walsh-Childers(Eds.),Sexual teens,sexual media:Investigating media's influence on adolescent sexuality(pp.265–285).Mahwah,NJ:Lawrence Erlbaum Associates.

Subrahmanyam,K.,Greenfield,P.M. & Tynes,B.(2004).Constructing sexuality and identity in an online teen chat room.Journal of Applied Developmental Psychology,25,651–666.

Suzuki,L.K. & Calzo,J.P.(2004).The search for peer advice in cyberspace:An examination of online teen bulletin boards about health and sexuality.Journal of Applied Developmental Psychology,25,685–698.

Turkle,S.(1995).Life on the Screen:Identity in the Age of the Internet.New York:Simon and Schuster.

Turpin-Petrosino,C.(2002).Hateful sirens···Who hears their song?:An examination of student attitudes toward hate groups and affiliation potential.Journal of Social Issues,58,281–301.

Varnhagen,C.K.(2002).Making sense of psychology on the Web:A guide for research and critical thinking.New York,NY:Worth Publishers.

Wartella,E.A. & Jennings,N.(2000).Children and computers:New technology-Old concerns.Future of Children,10(2),31–43.

Wolak,J.,Finkelhor,D. & Mitchell,K.J.(2003a).Internet sex crimes against minors:The response of law enforcement.Alexandria,VA:National Center for Missing and Exploited Children.Retrieved August 1,2005,http://www.missingkids.com/en_US/publications/NC132.pdf.

Wolak,J.,Mitchell,K.J. & Finkelhor,D.(2002).Close online relationships in a national sample of adolescents.Adolescence,37,441–455.

Wolak,J.,Mitchell,K.J. & Finkelhor,D.(2003b).Escaping or connecting?Characteristics of youth who form close online relationships.Journal of Adolescence,26,105–119.

Ybarra,M.L.(2004).Linkages between depressive symptomatology and Internet harassment among young regular Internet users.CyberPsychology and Behavior,7,247–257.

Ybarra,M.L.,Alexander,C. & Mitchell,K.J.(2005).Depressive symptomatology,youth Internet use,and online interactions:A national survey.Journal of Adolescent Health,36,9–18.

Ybarra,M.L. & Mitchell,K.J.(2004a).Online aggressor/targets,aggressors,and targets:A comparison of associated youth characteristics.Journal of Child Psychology and Psychiatry,45,1308–1316.

Ybarra,M.L. & Mitchell,K.J.(2004b).Youth engaging in online harassment:Associations with caregiver-child relationships,Internet use,and personal characteristics. Journal of Adolescence,27,319–336.

3 网上的自我：人格和人口学的涵义

杰恩·加肯巴赫（Jayne Gackenbach）

希瑟·冯·斯坦博格（Heather von Stackelberg）

格兰特麦克埃文学院

埃德蒙顿市，亚伯达省，加拿大

3.1 简介

与其他交流技术一样，网络的出现深深地改变了我们的文化习俗，也在很大程度上影响了我们与他人的交流方式，它使我们面对真实的自我，或者说使我们试着尝试不同的身份与人格，而这是在面对面交流中不可能实现的，它有利也有弊。这种交流所提供的信息量很少，其中视觉线索的缺乏使我们与其他人相处时没有像在面对面交流中一样附带有对他人外表的判断，但这也激发了更多以公开展露、与性有关的内容及挑衅等形式的释放。网络能创造更高的自我意识，是促成积极改变的催化剂，也放大了我们自身适应不良的那一面。

身份不仅仅存在于我们脑海中，它还是更大背景信息的一部分，包括我们的性别、种族、民族继承性及我们的社会经济地位，这些都影响着我们与网络所建构起来的关系及网络对我们的影响。与所有新的交流技术一样，网络最初被那些有权利的人所控制，即被本文所指的相对来说比较富裕的白种男人所控制。虽然这个情况正在发生改变，但是这种影响在整个社会中仍然存在。在这一章中，我们简要地探测了我们隐秘的内心世界在网上形成的自我，及现实的自我和网上的自我有何不同。

3.2 对于身份问题思考的新方法

心理学家们相信我们的身份是由多个侧面组成的，而这多个侧面反映了自我的多个方面。身份取决于我们心理和生理的过往经历及我们当前的状况。尽管在日常生活中我们不会"分离"出我们的部分人格，就像多重人格那样，但我们常常会根据情况决定哪个身份应该"出头露面"。我们能将自我的不同方面整合成一个完整自我，这一直被认为是发育成人的一个标志。然而，后现代主义观点认为，多重自我而非单个离散自我的理念才是个体对现在复杂生活与健康适应的结果。在当代社会中，交替的生活方式、家庭结构的类型以及身份的文化模式变得越来越显而易见，所以网上自我的各种不同投射在不同情况下，有可能不再被视为先天的适应不良，而是看做一个对自我进行探索的例子。

人们有很多方式来加深他们对网上自我的觉察，既可以是意识层面上的，即人们通过同那些可能不会有机会遇到的人（如远亲）进行有意义的谈话，还可以是无意识层面上的，即人们在情感上与某人进行在面对面交往中不太可能出现的交流。比如说，大量的北美移民包括他们的孩子，可以在网上同他们祖籍国家的亲属"见面"、联系或重新联系。在一个以西方主流文化为主导的世界中，这种联系有助于身份中的种族特性的成长和维持。

网络也可以使一个年轻的同性恋者探索他的同性恋身份，同时使他在向朋友与家人挑明之前选择采取相对匿名的身份存在而不必感到不安。而对于那些对自己外貌感到害羞或自我察觉的人，则可以在一个与外貌基本无关的环境下放开身心探索情感上的亲密。

然而网络也很容易使人们上瘾，包括色情作品及虚幻角色扮演。网络也提供了一个宽泛的平台，使得那些在网上寻找猎物的人更容易接近受害者。

假如一个人的线上人格与线下人格有根本的不同，那么即使他/她的网上行为不直接对他自己或其他人产生伤害，最终仍会对自己及他人带来心理上的痛苦。为了找乐子而开的恶作剧玩笑，如一个女人在网上假装成男人哄骗另一个女性朋友，可以导致情感受到伤害并导致友情破裂。这种行为不仅仅只对发起者产生影响。

3.2.1 一个或多个自我：青春期的探索

我们的自我有很多不同的方面，同时我们又体验到一个统一的整体。青春期是多个可能的自我最初形成的阶段，这时还没有哪个自我占据主要地位从而确定身份，我们在这个阶段看到了多个自我间的流动性。青少年有时把探索截然不同的身份作为他们宣称独立的一种方式，这通常使他们的父母或长辈感到非常烦恼。他们通过挑战极限来离开那个"安乐窝"——他们的家；蓝色头发、鼻环及对食物的癖好使他们在身体上表现出独特性；哥特式装扮、滑板、垃圾摇滚及吸食大麻的文化使孩子们探索不同的自我。然而，当孩子们在线下世界尝试不同人格时，他们受限于少量的现实的选择。其中一些对自我的探索是健康的（像素食主义和政治运动主义），而另一些则会导致伤害（与同伴从事非法行为）。

人们通过网络探索不同身份的方式也许很容易、越来越花样翻新且没有什么规律，但同时他们正成为一种常态。Valkenburg 等人在他们的研究中发现了这一点（Valkenburg et al., 2005）。他们在教室环境背景下调查了 600 个 18 岁青少年，问他们是否在网上使用聊天室或即时信息时探索过他们的自我身份。这些研究社会问题的科学家们发现，"50% 的人表明他们参与过基于网络的身份实验。这些实验最重要的动机来自于自我探索（来调查其他人怎样反应），其次是社会补偿（以克服害羞）和社会便利（以促进社会关系形成）"（P383）。

Valkenburg 等人研究学生们都希望假装成谁，结果发现大部分学生表现得比他们现实生活中的年龄要大（50%），其他几种情况包括以实际生活中的熟人出现、扮演一个夸张的虚幻的人物或者更为轻浮的人，少数表现得比实际的自己更漂亮或者更具男子气概，这些幻想出来的自我的表现会随着青少年的年龄、性别及人格的不同而有所不同。由此发现，外向者比内向者更倾向于表现得比自己实际年龄要大，而且年龄更小一些的青少年男女也是这样。实际生活中的熟人到了网上就改变自我成为一个虚幻的人物，这在男孩子中更为普遍。这些发现与多数有关青少年身份的理论相一致，但同时指出了网络在探索网上自我和网下自我过程中的重要性。

身份可以从"以自我为中心"或"自我意识"的角度来理解，即我们关注于自我的程度。这种关于自我的观点与记忆和思维密切相关。可以预料，如果我们集中关注于我们自己，我们将洞悉到我们是谁。但是情绪会影响自我关注：消极情绪下，我们更多地关注于自我的消极方面，反之亦然，在积极情绪下我们更多关注于积极信息。从发展的角度来看，从儿童期到青少年期到成年，我们洞悉自我的能力在不断地提升。所以就正如情绪会调节我们对播放的电视节目的选择一样，在我们上网的时候，情绪也会调节我们所浏览的网站。临床医生知道，他们那些患有抑郁症的病人倾向于更少的身体活动，并且看很多电视。现在，孤单和被孤立的个体可以与网上的朋友进行有意义的相互交流。

心理学对网上与网下身份的对比研究表明，网上身份的产生和网下身份的产生有一些相似的过程。Krantz 等人比较了线上和线下男性对女性吸引力的知觉结果，他们指出，"如果两套数据都是由同样的心理变量所导致，那么数据的趋势也应该是相似的"（Krantz et al.，1997，P264）。而这正是他们所发现的，即一名男性对一名女性吸引力的评估方式，不会因为他是在网上做的还是在面对面（F2F）实验室环境下做的而有所不同。我们知觉他人吸引力的过程连同其他的一些心理成分一样，在网上与网下是没有差异的。目前在科学领域中，采用学界内惯用的方法程序在网上做心理研究并提出一些警示，已经成为一种得到广泛认可的行业行为（Kraut et al.，2004）。但是网上世界也有一些方面会带来独特的自我经验。

3.3 线上自我的膨胀或去抑制行为

假如我们的心理过程在网上和网下是相似的，那么我们怎么会看到那么多人在虚拟空间中透射出不同或至少部分很不相同的自我呢？许多个体发现，他们在网上的行为没有什么特点，这源于一种"去抑制"的现象。去抑制被定义为不能控制冲动的行为、想法或感觉，在网上表现为人们使用在网下通常不会使用的方法来交流，这种交流模式可以是消极的也可以是积极的。网上去抑制的一个例子是能让人有更亲近感觉的自我揭露的倾向，这种自我揭露也可能是积极的且适合的，允许深入的联络；也可以是消极的且不适宜的，如愤怒的评论或自我揭露中所缺乏的真诚。想要探讨去抑制的其他方面，请查看 Adam Joinson 的《去抑制和互联网》这本书的相关章节。

即使是研究抑制的专家们，他们也惊讶于人们网上的自我揭露行为方式与网下行为的脱节。聂德霍福尔和彭尼贝克尔在实验后给学生做访谈时，惊讶地发现那些刚才在网上表现出"公然的性邀请行为、使用明显的性语言或讨论性出轨行为图片"（P14）的学生，他们在实际生活中是矜持且害羞的（Niederhoffer & Pennebaker，2002）。

Suler 则认为，"与其把去抑制看成是'真实自我'的一种展露，不如把它看做在自我结构群中的一种转换，这涉及与个体内部结构群有所不同的影响力与认知"（Suler，2004，P321）。换句话说，虽然网上的仍是我们，但是那是平时被压抑的那部分。在对去抑制效应的仔细分析中，苏勒尔提出了人们在网上将他们的情感进行自我表现的六个主要原因。

1. 分离匿名

这还不是一个正式的病理学名称。人们在线上的关于自我的感觉被划分成单独的、匿名的"网上自我"，与网下的自我分离而且有所不同。因为网络让人感觉太虚拟化且没有边际，使人们趋向于将"其他人"知觉为不真实的。

2. 隐蔽性

当与其他人在网上聊天时，你不必担心你的外貌。人们不必考虑我有没有微笑到位，那个愤怒的叹息是否被听到，只有你不得不写下的东西才意味深远。分析对话交流中的文字线索而不是非语言线索，很大程度依赖于一个人的思考，因为思维可以先行于书写的文字。

3. 非同步性

在许多线上交流中，人们可以在自己有空闲时回复其他人，这使得即时回复的压力不再存在。这里，苏勒尔谈论的是"情感上的肇事逃逸"现象，即一段尖刻的短信被放在留言平台上，而发贴子的人却再也不返回来看这些信息所获得的反馈及他们的言论所产生影响。

4. 自我中心的投射

随着人们吸收线上交流信息的增加，有些人将网上的同伴当做"脑海里的声音"（Suler，2004，P323）。网上的朋友和他自己灵魂深处的世界融合在一起，他就仿佛我们梦中的一个人物，我们清醒时的想法里包含不同人的故事。有些这种交往是真实和及时的，而其他一些则是这样，比如，你想象你回到你的老板身边。老板是真实的，但与他的交往则不是。线上的朋友在我们内心想象的对话中占有特殊的地位，导致我们产生一种超越了时空界限的特别的亲近感。

但这也可能导致相反的效果，缺少如音调、表情及身体语言等线索，言外之意的获得就只能基于读者的假设、不确定感及情绪，而且人们还常常并没有意识到他们在这样做。结果可能是被看做是非常中立的，也可能是意义单纯的陈述，或被低自尊者或心情不好的人看做是一个致命侮辱的问题。

5. 分离的想象

有些人小心地保持着网上虚拟自我和网下现实自我的界限。例如，在网上角色扮演游戏（如"无尽的任务"Everquest）中，当电脑一关掉，网上自我（如巫师）就消失了。网上世界及栖息于网上世界的自我成为一个独立存在的空间，这为网上自我提供了网下自我很可能不愿做的一些事情的自由，如大胆地调情或者表现得很具侵略性。

6. 地位与权力的最小化

虽然你知道你的老板在工作中与你的地位不同，但当你回复他电子邮件时，这种不同会缩小。在网上竞技的场地似乎是公平的，因此，权力的差异被缩到最小，而且会很容易在电子邮件中说出在面对面交流中不可能说出的下流或讥讽的评论。

这些自我的不同方面通过网络上的人际交往表现出来，并且一旦被释放出来，就没有必要保持相互分离，而是可以被整合到一个完整的自我中。Turkle（1995）指出，没有表达出来的在头脑中预演了多遍的行为可以从虚拟世界中延伸到现实中来，她还指出多用户网络游戏（网络泥巴，MUDs）的体验怎样显著地促进或阻碍自我的发展。特科尔认为，"网络变成了一个重要的社会实验室，探讨着后现代生活中独具特色的自我的建构和重构"（Turkle，1995，P180）。该媒体研究者还认为，通过在这些主要基于文本的虚拟社区中的互动，有些人发现了虚拟世界中通过体验探索自我的机会是现实生活中难以匹敌的，范围从假装为异性到屠戮恶龙都有。特科尔问了一个问题：MUDs扮演的作用到底是心理治疗还是使人沉迷上瘾？她指出，MUDs提供了一个丰富的空间，使得某些心理问题通过行为得到化解或疏通，但值得注意的是，当面对面现实生活中的自我支离破碎的人来使用MUDs时，它可能会带来问题。从在某种意义来说，网上的所有人际互动组成了一个巨大的多用户网域。

Straus认为，网络文化"是对我们的自恋及自我沉溺的新打击，因为它产生了我们不能回答的问题，除非我们使自己沉浸于这种时空表征的混乱中"（Straus，1997，P96），所以现在这种新媒介的使用者不止是坐在电脑前的一张椅子上，而是同时处于另一个"空间"，如游戏"无尽的任务"中的"本岛探秘"就是出现在一千年后的另一个"时间"里。也许我们对网络新文化的沉迷为我们提供另一种途径，使我们从积极和消极两方面探索我们的自我。但城市史学家布瓦耶（Boyer，1996）警告我们：

电脑对当代社会来说就如它对现代主义一样，这个隐喻深深地影响着我们最终抓住现实的方式。但是有……这么个潜在的危险：当网络空间将我们带入电子的控制中，我们在退出现实世界的同时也冒着在一个充满着犯罪、仇恨、疾病，失业及低素质的现实城市中丧失行动能力的危险。

我们中的许多人，例如成年人和孩子，都能理解那些正在突破网上和网下身份界限的人。网互联网在催生强大的去抑制和自我表露方面的能力已经创造了一种新的关系，一种咨询顾问、父母和教师正努力去理解的关系。有些"在"线的新方式令人兴奋，使我们能够发展我们人格中能深化我们潜能的那部分，但其他一些网络自我的投射方式则给人带来麻烦。

3.4 网上人格特质

人们在网上结识人的能力得到极大的加强。我们是社会性生物，与我们相似的人建立联系是我们赖以生存的情感支撑。近期，Yuen 和 Lavin（2004）就大学生对网络依赖的脆弱性进行了探讨，他们发现，害羞的学生有更强的网络使用冲动，并导致课程不及格以致最终辍学。显然，这是因为害羞的学生网下的社交技巧很差，比起面对面的交流他们更喜欢网上互动。"网络提供一个安全的天堂，在这里社交引起的不舒服感觉没那么明显"（P382），这些害羞的学生翘掉了早上的课很有可能因为他们头天晚上通宵上网。相比面对面交朋友的社交活动，他们更喜欢坐在电脑前。该研究者也承认，各学院和综合性大学无意中为不健康的网上行为留下隐患，大部分大学宿舍装了 T-3 网线，甚至还有电子邮件账户和主页。在校园内的草地及树丛里，随处可见以太网接口。该研究的作者认为，"当学生成为大学里的一员时，必定要面对酗酒、约会强奸和上网成瘾的危险"（P382）。

儿童和青少年不是仅有的在网上／网下身份问题上表现脆弱的群体。随着我们年龄的增大，我们肯定会对自我有一个更清晰的认识，但是这并不意味着我们一生都保持着一个不变的关于自我的观点。虽然我们可能会用许多特质来形容我们自己，但研究者们已经确定了一些主要的人格特质结构，这些特质结构对于大多数人来说在一生中都相对稳定。所谓的"大五人格"即主要的人格特质，包括内向型/外向性、随和性、尽责性、情绪稳定性及开放体验性（Larsen & Buss，2005）。我们很少有人用这种方法评价我们自己，然而，还有一些其他的人格特质可能由于生活中发生的事件才会表现出来。如大家所料，鉴于人格特质结构研究中经验的重要性，外倾性和内倾性的人格特质就网络效应来说已经开展了大量的研究。

3.4.1 网络内向型人格和外向型人格

克拉奥特等人做了一个关于自我随着网上生活变化而变化的最具争议的研究（Kraut et al.，1998）。所谓的"网络悖论研究"的研究者们最初发现，在网络出现的早期，那些免费获得计算机和网络使用权的群体在使用网络时，其孤独感和抑郁感增强了。他们的研究结果，尽管以现在网络研究的标准看来已经过时，却与其他的研究互相矛盾，因为很多的研究发现的是互联网对社会和人类的积极的影响。这个研究结果引起了一系列对新媒体感兴趣的心理学家间的对话，同时在《今日心理学》杂志及《美国心理学会监察》杂志上都有专题文章讨论这个问题。一些人指出了在互联网悖论研究中的各种方法缺陷，也指出统计差异并不总是与临床差异一样。换句话说，当要解释人类行为的细微处时，统计方法就变得不那么精确了。

在一个三年追踪研究中，同一批被试接受了内倾型/外倾型人格类型的测量。Kraut 等人（2002）在不同人格特质类型中发现了网络对交流、社会参与度及心理幸福感的积极影响。他们发现，与人格特质类型相符的是，外倾型的人一上网就倾向于增加社会交流，而经常上网的内倾型的人则会减少社会接触。孤独感的研究结果也一样，外倾型的人会随着网络的大量使用变得更不孤单，而内倾型的人则变得更孤单。

网络的使用通常被认为可以锻炼害羞的人进行社会交流，但是刚才引用的研究结果却没有支持这种提议。

但 Yang 和 Lester（2003）发现，外倾型与上网有关。他们探讨的一个问题是：外倾型、神经质与来自 18 个工业化国家的居民的互联网使用情况之间的关系到底是什么。这些研究者发现，外倾型与网络使用呈正相关，而神经质与网络使用则呈负相关。也就是说，在工业化国家中外向型而不是神经质型的人在使用着跨文化互联网。

然而，Wastlund 的研究小组的发现有些不明朗，因为其他人重复了部分他们的实验却获得了一些不同的结果（Wastlund et al.，2001）。恩格尔伯格和斯简欧伯格发现，"网络的使用与孤独感有关，且与个人的特别属性息息相关（强相关效应），网络的使用还与工作和休息之间的平衡及情商有关（弱相关效应）"（Engelberg & Sjoberg，2004，P41）。然而，他们并没发现与大五人格特质的关联。

3.4.2 网上其他人格特质类型

毋庸置疑，人们受去抑制效应影响的程度是不同的，正如他们引发该效应的可能性随着网上情形的不同而有所变化。摩根和科顿发现抑郁与网络使用相关，但取决于使用的"类型"（Morgan & Cotton，2003）。特别是他们发现，电子邮件、聊天及即时信息与抑郁症状"减少"有关，而网购、网络游戏及信息搜索则与抑郁症状"增加"有关。不同活动间最根本的区别在于，聊天涉及到其他人，而单独一个人的活动似乎增加了隔离感，因此降低了情绪水平。在人格特质的研究中还清楚地发现，你选择投射到网络空间上的那部分人格特质反映着你正在网上做些什么（如在面对面的现实中，教堂和酒吧所诱发的自我的部分有很大差异）。King 和 Moreggi（2003）的研究还显示，在聊天室中明显的情感开放是有治疗作用的，因为我们觉得能够表达自己而且能够被理解（更多信息请查看本书 King 和 Moreggi 关于这点的延伸性讨论）。相反，网上购物或赌博却通常不会出现这类反应，因为他们的活动是单独的。

Morahan-Martin 和 Schumacher（2003）发现，孤独的大学生比不孤独的更可能使用互联网来作为情感的支撑。然而，关于网络使用的个体差异研究结果并非完全一致。希尔斯和阿盖尔发现，人格类型与总体互联网的使用没有任何关联，而杰克逊等人则发现，人格特质和互联网使用在最初的三个月里有关联，而之后就没有差别了（Hills & Argyle，2003；Jackson et al.，2003）。

在一个关于共情的有趣研究中，研究者们假设且发现那些共情能力高的人更可能在虚拟世界中体验真实的感觉（称作网真，telepresence，Nicovich et al.，2005）。这个结果随着性别的不同也有不同，有共情能力的男性通过虚拟世界中的交往变得更投入，而共情的女性则只是简单地在情境中旁观。鉴于共情是识别他人体验的一种能力，这个结果并不足为奇。男人显得比女人需要更多直接的对共情体验的投入。

不同研究都探测过与网络行为问题有关的人格特质变量。其中一个研究关注个人在工作中对网络的使用（Everton et al.，2005），而另一个研究探测了儿童对网络的误用（Harman et al.，2005）。Everton 等人发现，"男的、更年轻点儿的、更冲动的及没有责任感的人更倾向于用电脑来消遣"（Everton et al.，2005，P143）。他们还认为寻求感觉刺激的人更倾向于在工作的时候用电脑或网络来浏览色情内容。Harman（2005）等人重点研究人格特质及儿童的网络误用，他们对网上的虚假行为特别感兴趣。"社交技能很差、自尊水平较低、社会焦虑水平更高及侵犯性水平更高"（P1）的儿童更有可能这样做。在 Valkenburg 及其同事所做的一个研究中，一半的孩子在网上伪装了他们的身份，这个发现虽然不出人意料之外但也令人担忧（Valkenburg et al.，2005）。两个研究都关注的是青少年自我认知成长并发生改变的时期。关于 Harman 及其同事所发现的另一个有趣的现象在于，人格特质问题并不与孩子们花在网上的时间有关联，而与他们在网上做的事情有关，在网上，他们所做的便是他们假装成了另一个人。

3.5 从人口统计的角度看网上自我

发展心理学家已经告诉我们，性别是自我感建构过程中最早的要素之一。发展自我的其他重要因素还有年龄、种族、文化及社会经济水平。所以，在网上，这些因素也同样影响着我们的体验。本章在接下来的部分会讨论关于自我的这种观点。

摩根·马丁在 1998 年写到：

> 从童年期开始，在网络使用中就有性别差异，男性比女性有更多的电脑使用经验，同时他们对电脑的态度也更积极。这些在电脑使用体验和态度中的性别差异及电脑文化中的男性化现象，有可能转移到网络使用和网络态度中去。实际上，网络文化是由网络的早期使用者，主要是男性科学家、数学家及技术高超的电脑黑客发展起来的，这种文化令女性感到不舒服和陌生。

> 尽管摩根·马丁争辩说，这种差异今天仍然存在，至少就使用模式来说是有差异的（基于 2005 年 4 月 26 日的个人交流记录），但加州大学

洛杉矶分校小组（Cole et al.，2003）报告说，大部分的男人和女人现在都上网了（73.1%的男人，69%的女人）。

从这个方面来说，网络使用中的性别模式并不新鲜。电话最开始是白种商人的专利，但是随着女人对这种媒介的熟悉和舒适感的加强，电话越来越多的被女性用于社交。Wilhamson在2005年5月份的《电子市场员》杂志中报告，截至2004年，女性成为美国网络的主要用户（51.6%），而且这个趋势还在持续上升中（Wilhamson，2005）。女性在网络上玩在线网络游戏、查询和健康有关的内容、听音乐，但转向网购的数量正在上升。

3.5.1 性别与网络使用

有人提出男性天生对电子游戏感兴趣，由此更早使用计算机和互联网的根源在于与性别有关的能力上的差异，如空间技能。这种差异的减少可能部分源于计算机正无形之中日益成为接触互联网的一种媒介。毕竟，女性在使用其他交流媒体时，一旦这种媒介使用的神秘感消失，女性使用它的程度会与男性一样高甚至比他们更高。这正是互联网正在发生的事情。

随着网络对当代社会的渗透深入，对于有效的网络使用来说，曾经是女性专长的社交技巧将变得越来越有必要。在一些互联网的交流过程中，这些社交技巧的需求在通常被称为"网络纷争"（flaming）的抑制解除的情境中显得尤为突出。当有女性出现在这种交流圈时，这种粗鲁的行为会少一些。有些人认为，网络"礼节"可以部分归因于女性上网人数的增加。

随着互联网使用过程中性别问题研究的增多，一些趋势便显现出来。Ono和Zavodny（2003）总结了1997—2000年间好几个关于性别差异的调查，他们发现，当控制了社会经济差异时，"在90年代中期女性对于网络的使用明显少于男性，但这种性别差异到2000年时就消失了。然而，一旦在线上，女性又表现出没那么频繁或热切地网络使用模式"（P111）。自从这个结果出来以后，其他人也相继一致地报告了全球范围内网络使用者中存在的细微的性别差异（Coleer，2003；Lebo & Wolpert，2004）。另外，其他好几个小组，包括皮尤小组，也都报告了网络使用类型的性别差异（Rainie & Kohot，2000）。他们写道：

55% 的互联网用户说电子邮件交流增强了他们与家庭成员的联系——60% 的女性很明确地提及，51% 的男性这样提起。

59% 用电子邮件与家庭成员交流的人报告，由于电子邮件的使用，他们与重要家庭成员的交流增多了——有 61% 的女性、56% 的男性这么认为。

66% 的互联网用户说电子邮件交流增强了他们与重要朋友的联系——71% 的女性很肯定这一点，61% 的男性也这么认为。

60% 用电子邮件与朋友交流的人报告由于电子邮件的使用，他们与重要朋友的交流增多了——63% 的女性、54% 的男性这么认为。

49% 的电子邮件用户说，如果再也不能使用电子邮件，他们会想念电子邮件的——56% 的女性、43% 的男性这么认为。

你可能这样总结：女性总体上可能没有男性使用网络那么频繁，但是当她们使用它时，她们更多的是将它用于交流。然而这种绝对的差异非常的小，且有可能正在消失。

3.5.2 性别与玩游戏

已有研究表明，是否玩计算机游戏能较为精准地预测后期电脑和网络的使用情况（Morahan-Martin，1998）。另外，这种网游已经逐渐转向线上模式。Meunier（1996）指出，比起女性，男性对电脑更感兴趣，但同时也明确声明这种现象源于校园内外的社会化程度及游戏玩家在游戏中的不同偏好。一份来自 NUA 网络研究中心 2001 年的报告指出，女性受众确实在寻求一种不同的游戏体验：

目前网络游戏者中有 50.4% 是成年女子，尽管男性占总游戏者的 55%。

"游戏的聚焦点：类别与硬件"研究发现男人和女人喜欢不同种类的游戏。比起男性（38%），女性（12%）比较少玩第一人称视角的射击游戏。

女人更喜欢棋盘或纸牌游戏，有 78% 的女人玩过这种游戏，而男人只有 51% 玩过。测验游戏、益智问答游戏及赌博游戏在女性中也更流行。

虽然女性比较少玩各种形式的电子游戏，但是也有一些游戏她们玩得比较多。琼斯等人发现，比起男人（19% 和 12%），更多女人玩电脑游戏（32%）或网络游戏（15%），而玩电子游戏的人数更少（女性 17%，而男性 53%，Jones et al.，2003）。所以，根据性别的不同，玩游戏的理由也有所不同。Jones 等人提出，女性更有可能报告说玩游戏的原因是出于无聊，而男性则是因为好玩才玩。另外，女性"也不怎么像男性那样相信玩游戏可以增进朋友间的友谊"（Jones et al.，2003，P11）。

尼尔森 / 网络评估的一份近期研究发现，35 岁或 35 岁以上的网络游戏者更多的是女性而非男性（Nielsen/NetRatings，2004）。然而，一些网上游戏仍显示出受到男性的偏好。如格里菲斯等人基于阿拉卡赞（Allakhazam.com）网站上的角色扮演游戏（"无尽的任务"）进行的两个非常大的调查报告发现，在对一个关于性别问题的回答中，近 18000 的回答者中约 85% 为男性（Griffiths et al.，2003）。

Goldstein（2003）在一篇关于游戏的综述中写道，关于性别在玩游戏中的频率的困惑已经误导了研究者，导致他们在有些关于游戏的研究中下了错误的结论。比起玩游戏频率的性别差异，结果也许与性别差异的关系更大，这个在另一个有关网上角色扮演游戏的研究中有讨论到。"男孩们在与同性交往时更多地采用行动、快速的变化及戏谑式互动等方式。女孩们在与同性交往时则主要采用书面对话的方式。在男女混合匹配时，男孩们写得更多了，同时也不那么专注于戏谑式的互动方式，而女孩们则写得更少了，同时行动增加了。"（Calvert et al.，2003，P627）这些游戏行为本来就存在显著的性别差异，并不一定要发生在网上。

尽管这么说，有研究显示"女性玩游戏是最新的潮流，2006 年将是一个里程碑"（Dickey & Summers，2005）。最近《新闻周刊》有一篇访问产业代言人的文章指出，虽然 50% 的游戏购买行为来自于女性，但是没有人确切知道到底有多少女性玩游戏，人们广泛认为大部分女性都是购买给她们生活中的男人的。女性作为玩家的潜力一直被忽略，直至"模拟人生"（Sims）的游戏在女性中出乎意料地流行起来。网上和网下足有一半的游戏者是那些享受游戏中关系及创造性属性的女人。在"模拟人生"游戏中，玩家可以给自己安家，体验各种社会性交往。但同时，让游戏产业界惊讶的是，"女孩和女人们开始蜂拥至像'魔兽世界'一样充满剑与巫术的奇幻景观中"（Dickey & Summers，2005）。这些及其他更新的如"法撒德"（Fascade）和"第二人生"（Second Life）之类的线上角色扮演游戏，把女性玩家带了进来。

安德森等人发现，对于暴力媒体如何影响攻击性来说，性别效应几乎没有，该研究结果与常识性假设相反（Anderson etal.，2003）。但安德森等人也注明，前人的很多研究揭示了显著的性别差异，即游戏中暴力内容对男孩子的影响要比女孩子大。比起女孩子，研究发现男孩子更享受暴力的电子游戏。然而，我们知道游戏开发者迎合的是男性的特点与兴趣，把英雄角色和行为总是塑造成男性。现在研究显示了一个有趣的性别差异：女孩子一般倾向于奇幻式暴力，而男孩子倾向于人类暴力。当然，这些都与传统的性别角色扮演的偏好有关，也与在线角色扮演游戏的性别差异一致，而这在这一章前面都提到过。

3.5.3 年龄、种族、文化、及贫穷的影响

之前提到过，当控制了年龄和性别时，人格在决定互联网使用所产生的差异时是较小的。这是因为自我还受到一个人的年龄、种族、文化及社会经济状况的影响。在这个小节里，我们将在网络使用方面考虑这些变量。Varnhagen 在本书关于儿童与网络一章中，谈及了年龄对人们在专注网络的过程中形成的自我的重要成分的影响。在这里，我们首先简单地讨论老年人与网络。

3.5.4 老年人

互联网用户中最没有代表性的一部分人群就是老年人。根据美国统计局 2000 年的调查 Newburger（2001），仅有 18% 户的老人接触互联网。至 2003 年，加州大学洛杉矶分校报告显示（Cole et al., 2003），65 岁以上的人有 34% 上网。显然，老年人的网络使用正在增长。Noel 和 Epsteh（2003）坦通过在线调查报告了一个关于 50 岁及以上人群的网络使用情况，他们写道，"在比较了高度社会化水平的网络用户与低社会化水平的用户之后，发现高社会化用户花更多的时间在网上，且有更多身体上和心理上的健康问题。然而，两组群体在接受社会性支持数量或满意程度上没有什么差异"（P35）。

在近期一份来自皮尤网络和美国生活项目的研究中（Fox，2004），436 位上网的老年人接受了电话访谈。作者报告了以下几个要点。

自 2000 年以来，在几个关键的活动项目上，上网的老年人人数有很大的增长。值得强调的是，尽管老年网民的数量有着较高增长率，但这通常是相对于较年轻的网络使用者来说，归根结底老年人的在线活动还处于一个较低的频率水平。

到 2003 年末，66% 连通了网络的老年人在网上会花一些时间来查找健康或医药信息。这个比起 2000 年增长了 13 个百分点，增长率为 25%。而且，比起其他互联网用户来说，老年人更多登录上网查找的是关于医疗保险和医疗补助的信息。

到 2003 年末，66% 连通了网络的老年人在网上做了产品调查，这个比起 2000 年增长了 18 个百分点，增长率为 38%。

到 2003 年末，47% 在线的老年人在网上购买了某些产品，这个比起 2000 年增长了 11 个百分点，增长率为 31%。

到 2003 年末，41% 在线的老年人在网上进行了旅游预定，这个比起 2000 年增长了 16 个百分点，增长率为 64%。

到 2003 年末，60% 连通了网络的老年人在网上浏览了政府网站，这个比起 2000 年增长了 20 个百分点，增长率为 50%。

到 2003 年末，26% 连通了网络的老年人在网上寻找宗教的和精神方面的信息，这个比起 2000 年增长了 15 个百分点，增长率为 136%。

到 2003 年末，20% 在线的老年人在网上办理了银行业务，这个比起 2000 年增长了 12 个百分点，增长率为 150%。（Pii）

除了这些进展之外，在各种互联网人口统计人群中，老年人仍然是最少上网的群体（Madden & Rainie，2003）。尽管它可能是一条陡峭的学习曲线，但当婴儿潮一代变得越来越老，上网的人可能会越来越多。

3.5.5 社会经济水平和文化

如我们所料，网络技术被证明是北美中产阶级的专利，直至最近被认为是男性中产阶级群体的专利，这些人就全球水平而言算社会富裕阶层。在西方文化的历史中，新的交流技术总是被经济富裕的人或社会精英所掌控。

网络能够将全世界人联系到一起，对此所引发的热情被统计数据泼了冷水。Norris（2000）在她的名为《数字化鸿沟》（"The Digital Divide"）的书中指出，在这世上哪里钱多哪里使用网络就多。除了经济上的差异，它也反映了一个普通的文化差异。心理学家指出，世界文化可以在集体主义和个人主义的维度上得到概念化（Larsen & Buss，2005）。一些人强调个人权利，而另一些人则强调集体的责任。总的来说，西方的、工业化的及互联网的文化都倾向于财富和个人主义，而在亚洲、中东、南美和非洲文化中，有着低得多的网络连接，且倾向于集体主义。最极端的个人主义文化是美国，有着最高水平的互联网联接。因此，互联网很大程度上反映的是自我的主体。

比起其他大众媒介，全球范围的收音机分布最广，但仅仅 40% 的人群有收音机。因此，互联网用户代表世界人群中非常小的一部分，如果算是有影响力的话。互联网是另一种大众交流技术，可能会使有互联网的人和无互联网的人之间产生隔阂。因此，长久以来与个体权力和幸福状况有关的社会经济阶层和性别的问题，对理解网络心理学很关键。

有些数据结果显示出乐观的一面，那些弱势群体对互联网的使用使得他们可以访问电子邮件以及信息服务系统，这可以调解一些他们生活中的消极状况（Bier，1997）。最近，皮尤网络和美国生活项目的斯普纳和雷尼报告说，美国最贫困的人群之一——非裔美国人的数字化鸿沟正在缩小（Spooner & Rainie，2004）。也有一些地方，贫困人们使用互联网的频率相对较高，包括瑞典和韩国（Lebo & Wolpert，2004）。相对较高的意思是，在这些国家最贫困的人中有40%—50%的人能上网。根据皮尤项目的报告，在大多数其他国家中，这个数值非常低。

3.5.6 种族

互联网用户的种族也是变化的，如下面来自NUA网络调查（2001）的结果显示：

2000年，美国家庭网络用户的人数增加了33%，其中非裔美国人上网人数增加得最快。

根据尼尔森/网络评估的数据，1999年12月至2000年12月期间，非裔美国人的互联网用户增加了44%，达到810万人（Nielsen/NetRatings，2004）。

西班牙裔互联网用户增加了19%，达到470多万人；而非裔美国人互联网用户增加了18%，达到210万人。

白种人仍然是最大的互联网族群，当前在美国所有家庭网络用户中有8750万。

网络评估把跨族裔的互联网用户的增长归因于家庭电脑价格及互联网收费的降低（www.NUA.ie）。

除了这些进步以外，互联网仍是一个相对来说有特权人士享用的环境，其中种族、阶级及性别在我们社会中都与互联网使用相关。

例如，巴达格里亚格的研究显示，种族影响电脑访问、使用及态度（Badagliacco，1990）。她发现，正如男人比女人拥有更多电脑体验及对电脑的态度更积极，白人有最多的电脑体验，西班牙裔则拥有最少的电脑体验。柯里这样注明（Coley，1997）：

对于那些倾向于上大学的、将于1996年毕业的高中四年级学生来说，使用电脑做文字处理是最常见的功课或体验。少数族裔高四的学生可能没有文字处理和计算机扫盲的课程或体验，也不太可能在英语课程上使用电脑，或在数学和科学课上用之解决问题。

尽管在被调查的美国学校中发现有 85% 的学校有多媒体电脑，64% 有互联网访问权限，但柯里发现，贫穷的和少数民族的学校拥有的互联网访问权限较少。除了非白人在接触交流技术时所感受到的经济上的劣势以外，网络上的内容也会是一个影响因素。由于网络未受管理，它为色情和种族主义者的文本的扩散提供了前所未有的机会。也许这种材料可能会引起一个人避开媒介，或在他 / 她的种族背景被揭露前停止使用互联网。在西方社会中，这种方法确实能使网络为黑人和其他少数族裔提供一个重新确定他们权力的机会。

最近一个皮尤小组的报告调查了美国的黑人与白人间的种族差异（Spooner & Rainie，2004）。与前人的研究结果相似，黑人（36%）对互联网的使用不如白人多（50%，2000 年的数据），但是当黑人使用时，他们在网上的活动范围更广、内容更丰富。这些作者特别提到以下这些：

多于白人 69% 的黑人更常在网上听音乐；

多于白人 65% 的黑人更常在网上寻找宗教信息；

多于白人 45% 的黑人更常在网上玩游戏；

多于白人 38% 的黑人更常在网上下载音乐文件；

多于白人 38% 的黑人更常在网上搜索工作信息；

多于白人 30% 的黑人更常在网上搜索住房租房信息；

多于白人 20% 的黑人更常在网上进行学校研究或获得工作训练。（P2）

3.6 网上社会角色与不平等

印刷机发明近 400 年后，多数欧洲人还是文盲。只有在 19 世界中期初等义务教育出现后，阅读能力才成为一种在心理、社会及经济上有价值的东西。直到最近，在西方社会中，电脑知识才成为个人成功的必要条件。

然而，从全球水平来看，社会基础已经发生了转移，操作电脑和上网已经获取了一种经济上和道德上的力量。作为社会来说，我们开始感觉到我们应该知道怎样使用这些技术，同时感觉到如果我们不使用这些技术，我们的智力会出于某种原因而发生退化，而智力迟钝几乎带上了道德寓意。在这种情境下，传统上的弱势群体（如女人、少数族裔及穷人）有一个双重困难的任务——精通一门受性别、族群、种族及社会阶层影响而开发并至今仍受其掌控的新技术，但是，恰恰这些因素在传统意义上掌控着其他的一切。

许多交流技术的形式都与一个特定的社会政治组织相关联。在西方交流技术的发展史中，字母表和印刷术已经被称赞为民主和言论自由的先兆。许多人对电脑的评价都相似，互联网大胆且模糊的"普通人"光环让一些人觉得非常有吸引力，其看似混乱的环境尤其吸引着具有电脑知识的年轻一代。

然而，这里有一个悖论，在虚拟世界中自由的言论和个人的自由也是受限的。互联网是一个打上了种族、性别及经济水平烙印的技术，它可以使大范围的许多社会成员怯步。要想使这些人使用这种科技，需要在心理上进行很大的投入，而有些人可能办不到这一点。对于那些经受住了偏见与特权压迫的人来说，他们的回报就是，能够触及某种全力从而改变他们自身的环境。

【参考文献】

Anderson,C.A.,Berkowitz,L.,Donnerstein,E.,Huesmann,L.R.,Johnson,J.D.,Linz,D.*et al.*(2003).The influence of media violence on youth.*Psychological Science in the Public Interest,4(3)*,81–110.

Badagliacco,J.(1990).Gender and race differences in computing attitudes and experience.Social Issue:Computing:Social and policy issues.*Social Science Computer Review,8(1)*,42–63.

Bier,M.(1997).*Assessing the effect of unrestricted home Internet access on the underserved community:A case study of four east central Florida families*.Unpublished dissertation from Florida Institute of Technology.

Boyer,M.(1996).*Cybercities:Visual perception in the age of electronic communication*.Princeton:Princeton Architectural Press.

Calvert,S.,Mahler,B.,Zehnder,S.,Jenkins,A. , & Lee,M.(2003).Gender differences in preadolescent children's online interactions:Symbolic modes of self-presentation and self-expression.*Applied Developmental Psychology,24(6)*, 627–644.

Cole,J.,Suman,M.,Schramm,P.,Lunn,R.,Aquino,J.S.,Firth,D.et al.(2003).*The UCLA*

Internet report:Surveying the digital future:Year three.Los Angeles:UCLA Center for Communications Policy,Retrieved July 21,2004,http://www.ccp.ucla.edu.

Coley,R.(1997).*Computer access lags for minority students*.Retrieved March 17,2001,http://www.usatoday.com/life/cyber/tech/cta505.htm.

Dickey,C. & Summers,N.(2005).A female sensibility.*Newsweek International Edition*. Retrieved Oct.4,2005,http ://www.msnbc.msn.com/id/9378641/site/newsweek/.

Engelberg,E. & Sjöberg,L.(2004).Internet use,social skills,and adjustment.*CyberPsychology & Behavior,7(1)*,41–47.

Everton,R.W.,Mastrangelo,P.M. & Jolton,J.A.(2005).Personality correlates of employees' personal use of work computers.Cyber Psychology & Behavior,8(2),143–153.

Fox,S.(2004).*Other Americans and the Internet*.Washington,DC:Pew Internet & American Life Project.Retrieved July 19,2004,http ://www.pewinternet.org/pdfs/PIP_Seniors_ Online_2004.pdf.

Goldstein,J.(2003).People @ play:Electronic games.In H.van Oostendorp(Ed.),*Cognition in a Digital World*(pp.25–45).Mahwah.NJ:Lawrence Erlbaum Associates.

Griffiths,M.D.,Davies,M.N. & Chappell,D.(2003).Breaking the stereotype:The case of online gaming.*CyberPsychology & Behavior,6(1)*,81–91.

Harman,J.P.,Hansen,C.E.,Cochran,M.E. & Lindsey,C.R.(2005).Liar,liar:Internet faking but not frequency of use affects social skills,self-esteem,social anxiety,and aggression.*Cyber Psychology & Behavior,8(1)*,1–6.

Hills,P. & Argyle,M.(2003).Uses of the Internet and their relationships with individual differences in personality.*Computers in Human Behavior,19(1)*,59–70.

Jackson,L.,von Eye,A.,Biocca,F.,Barbatsis,G.,Fitzgerald,H. & Zhao,Y.(2003).Personality,cognitive style,demographic characteristics,and Internet use——Findings from the HomeNetToo project.*Swiss Journal of Psychology,62(2)*,79–90.

Joinson,A.I.(in press).Disinhibition and the Internet.In J.I.Gackenbach(Ed.),*Psychology and the Internet:Intrapersonal,interpersonal,and transpersonal implications*(2nd ed.),San Diego:Academic Press.

Jones,S.,Clarke,L.N.,Cornish,S.,Gonzales,M.,Johnson,C.,Lawson,J.N.et al.(2003,July 6).*Let the games begin:Gaming technology and entertainment among college students*.Washington,DC:Pew Internet and American Life Project.

Krantz,J.H.,Ballard,J. & Scher,J.(1997).Comparing the results of laboratory and World-Wide Web samples on the determinants of female attractiveness.*Behavior Re-*

search *Methods,Instruments & Computers,29(2)*,264–269.

Kraut,R.,Kiesler,S. & Boneva,B.(2002).Internet paradox revisited.*Journal of Social Issues,58(1)*,49–74.

Kraut,R.,Olson,J.,Banaji,M.,Bruckman,A.,Cohen,J. & Couper,M.(2004).Psychological research online:Report of board of scientific affairs' advisory group on the conduct of research on the Internet.*American Psychologist,59(2)*,105–117.

Kraut,R.,Patterson,M.,Lundmark,V.,Kiesler,S. & Scherlis,W.(1998).Internet paradox:A social technology that reduces social involvement and psychological well-being?*American Psychologist,53*,1017–1031.

Larsen,R.J. & Buss,D.M.(2005).*Personality psychology:Domains of knowledge about human nature*(2nded.).NewYork:McGraw Hill.

Lebo,H. & Wolpert,S.(2004).First release of findings from the UCLA world internet project shows significant "digital gender gap" in many countries.*UCLANEWS*.

Madden,M. & Rainie,L.(2003).America's online pursuits:The changing picture of who's online and what they do.Pew Internet & American Life Project.Retrieved Dec.31,2005,http://www.pewinternet.org/pdfs/PIP_Online_Pursuits_Final.PDF.

Meunier,L.(1996).*Computer background of men and women*.Retrieved May 1998,http://lists.cmhc.com/research/1997/0626.html.(Note:This item was no longer available online on March 17,2001.)

Morahan-Martin,J.(1998).Chapter 8:Males,females,and the Internet.In J.I.Gackenbach(Ed.),*Psychology and the internet:Intrapersonal,interpersonal and transpersonal implications*(pp.169–196).San Diego:Academic Press.

Morahan-Martin,J. & Schumacher,P.(2003).Loneliness and social uses of the Internet. *Computers in Human Behavior,19(6)*,659–671.

Morgan,C. & Cotten,S.(2003).The relationship between Internet activities and depressive symptoms in a sample of college freshmen.*Cyberpsychology & Behavior,6(2)*,133–142.

Newburger,Eric.C.(2001).*Home Computers and Internet Use in the United States,August 2000*.Census Bureau,Current Population Reports,Series P23–207.Washington,DC:U.S. Government Printing Office.

Niederhoffer,K.G. & Pennebaker,J.W.(2002).Linguistic synchrony in social interaction. *Journal of Language and Social Psychology,21(4)*,337–360.

Nicovich,S.G.,Boller,G.W. & Cornwell,T.B.(2005).Experienced presence within computer-mediated communications:Initial explorations on the effects of gender with respect to empathy and immersion. *Journal of Computer-Mediated Communication,10(2)*,Retrieved Oct 12,2005,http ://j cmc.indiana.edu/vollO/issue2/nicovich. html.

Nielsen//NetRatings(2004).Online games claim stickiest web sites,according to Nielsen//NetRatings.Retrieved Oct.4,2005,http ://www.internetadsales.com/modules/news/article.

Noel,J. & Epstein,J.(2003).Social support and health among senior internet users:Results of an online survey.*Journal of Technology and Human Services,21(3)*,35–54.

Norris,P.(2000).*Digital divide?Civic engagement,information poverty,and the Internet worldwide*.Cambridge:Cambridge University Press.Retrieved July 20,2004,http://ksghome.harvard.edu/.pnorris.shorenstein.ksg/Books/Digital%20Divide.htm.

NUA Internet Surveys.(2001,February 27).*Yahoo:African Americans lead in U.S. Internet growth*.Retrieved March 17,2001,http://www.nua.ie/surveys/?f=VS&art_id= 905356501&rel= true.

Ono,H. & Zavodny,M.(2003).Gender and the Internet.*Social Science Quarterly,84(1)*,111–121.

Rainie,L. & Kohot,L.(2000).*Tracking online life:How women use the Internet to cultivate relationships with family and friends*.Washington,DC:Pew Internet and American Life Project.Retrieved July 19,2004,http://www.pewinternet.org/pdfs/Report1.pdf.

Spooner,T. & Rainie,L.(2004).African-Americans and the Internet.*Pew Online Life Report*.Retrieved July 21,2004,http://www.pewinternet.org.

Straus,N.(1997).The fourth blow to narcissism and the internet.*Literature and Psychology*,43,96–109.

Suler,J.(2004).The online disinhibition effect.*Cyberpsychology & Behavior,7(3)*,321–326.

Turkle,S.(1995).Chapter 7:Aspects of the self.*From Life on the Screen:Identity in the age of the Internet*(pp.177–209,310–312).New York:Simon and Schuster.

Valkenburg,P.M.,Schouten,A.P. & Peter,J.(2005).Adolescents' identity experiments on the Internet.*New Media & Society,7(3)*,383–402.

Wastlund,E.,Norlander,T. & Archer,T.(2001).Internet blues revisited:Replication and extension of an Internet paradox study.*CyberPsychology & Behav-*

ior,4(3),385–391.

Williamson,D.A.(2005).*Women online in the U.S.:A growing majority.*e-Marketer Reports,retrieved Dec 27,2005,www.emarketer.com/Report.aspx?women_may05.

Yang,B. & Lester,D.(2003).National character and Internet use.*Psychological Reports.93(3–1)*,940.

Yuen,N. & Lavin,M.(2004).Internet dependence and shyness.*CyberPsychology & Behavior,7(4)*,379–383.

4 去抑制与互联网

亚当·乔恩森（Adam N.Joinson）

开放大学

米尔顿·凯恩斯，英国

过去十多年的心理学与互联网研究中，大家都普遍认为，人们在网络中的表现常与其在网络外的表现有所不同（Joinson，2003；Suler，2004）。例如，有些人可能在网络中善于调情而现实里羞于表达自己；有些人平常谨慎行事，可能在网络中却变得喜爱议论别人并乐于传播流言蜚语；或者，有些人会上网搜索一些资讯（如与健康或色情有关），但私下却一点都不会想去做。这种差别就被称为"去抑制"（Joinson，1998），或者"网络去抑制效应"（Suler，2004）。

Joinson（1998）在这本书的第一版中把网络去抑制定义为："如果抑制是指人们的行为由于自我意识、对社会环境的焦虑和大众评价的担忧等因素（Zimbardo，1977）而被限制或者阻止，那么去抑制可以定义为这些影响因素的缺失或者失效……网络去抑制可以被看做是一种对自我表现和他人评价的关注明显地降低的行为。"（P44）

这种定义的特点（也是问题）是具有模糊性。采用"明显地"这个词，使得当自我表现作为因变量时，其关注的减少不具有解释效应；而当自我表现作为自变量时，其关注的减少可以在一定程度上解释网络行为。并且，所谓自我表现的减少并没有明显统一的标准，这使得研究者们在研究中采用自己的理解去定义什么叫做"反常"的行为。但是，网络去抑制的确很难定义（Lea etal.，1992）。去抑制这个词常会被换成另外一个词"网络纷争"（flaming，Lea etc.，1992），它包括一些不文明的行为，例如乱用大写字母和感叹号（Sproull & Kiesler，1986）、对其他用户发泄个人情绪等等。具有个人情绪化的表达（Kiesler etal.，1985）。

一些研究者（如 Suler）并没有试图定义去抑制，而是把注意力集中在造成这一问题可能的影响因素上，例如用网络环境（如匿名性或同步性）来解释去抑制的效果。本章中，我认为简单地利用媒介（如匿名性）和一些研究者假定的心理影响（如对形象管理关注的减少）不能完全解释网络去抑制行为，因为网络行为并不是发生在真空环境。也就是说，人们有很多时间在各种不同的媒体中选择，而选择上网可能由于人们期望上网能满足他们自己的需求。因此，我们一开始所看到的网络去抑制效应，实际上只是用户策略上的选择而已（Joinson，2004）。

本章将从两个主要方面来重点介绍去抑制的证据：交流（自我表露和网络纷争）和资讯寻求（寻找色情信息）。当然，也会有许多其他去抑制行为的示例（如不适当的转发邮件信息），但这对于这章的目标而言这些已经足够了。

4.1 去抑制的证据

4.1.1 自我表露和互联网

大量的实验室研究和轶事证据表明，以计算机为中介的人际沟通（CMC）和一般性网络行为都以水平次的自我表露为特点。例如，Rheingold（1993）认为，人们之可以在网络空间中建立具有意义的新关系，正是基于网络的局限性。他进一步解释说，"由于网络的特点……相比于人们在没有网络以及没有匿名中介作用的环境中可能的行为，网络成为一个能更多地展现自己私密信息的地方"。同样的，Wallace（1999）也认为，"在网络中常常会发生人们倾向于更多地对电脑表露的情况。"。自我表露已经在各种不同的网络环境中被研究。例如，Parks 和 Floyd（1996）曾研究过网络用户的关系形成，他们发现了在网络关系中有高水平的自我表露。Rosson（1990）分析了在一个叫做"网络故事库（Web Storybase）"中网络用户所发布的 133 个故事，总体来说，其中的 81 个故事包含了个人信息。Rosson总结到，"看起来，用户可以很自然地在公共论坛中表露他们个人的甚至是私密的生活细节"（P8）。同样地，McKenna 和 Bargh（1998）也认为，人们参与网络新闻组（online newsgroup）可能是为了"表露自我长期隐密的那一部分"（P682）。McKenna 和 Bargh 也同时发现网络上自我表露对"真实生活"有很大的影响。

一项对于网络新闻组的会员与参与的研究结果表明，研究二中超过 37% 的参与者和研究三中 63% 参与者都曾经跟别人讲述过一个关于自己的窘事（P691）。

最近，Chesney 设计了一个有关网络日志的小研究，他（2005）报告，网络日志包含了具有敏感信息的高水平自我表露，而其中有一半的参与者声称自己从来都没有在日记中隐瞒信息。

Joinson（2001）采用了内容分析的测量方法在一系列研究中研究自我表露的水平。第一个实验中，他先考察了面对面（FtF）交流的文字记录与同步 CMC 的讨论之间的区别，并在第二个实验里加入了 CMC 过程中是否使用视频条件。与预计的效果一样，当参与者使用 CMC 聊天时，自我表露明显高于其面对面的交流。而第二个研究加入了视频之后，参与者使用 CMC 的自我表露水平和 FtF 时一样，而当同样的条件下（没有视频），参与者的 CMC 自我表露水平则明显要高一些。两个研究的结果在实证上证明了 CMC 视觉匿名有助于提高自我表露。这些研究结果也表明了，网络的交互作用如同具有激励效应，能够有效地促进高水平的自我表露（比如 Joinson 在 2001 年的第三个研究，通过视频或者使用问责线索）。

而 Tidwell 和 Walther 的工作（2002）则提供了更多的实证来证实 CMC 可以提高自我表露。他们认为，人们在 CMC 中提高自我表露水平是为了减少不确定性。不确定性减少理论（Uncertainty Reduction Theory，URT；Berger & Calabrese，1975）认为，人们为了在互动中增加可预测性而被激发去减少不确定性。在 FtF 互动中，不确定性可以通过语言和非语言的交流和线索来减少。Tidwell 和 Walther 假设，在 CMC 过程中，为了减少不确定性只能在文本交流的基础上增加自我表露和提高问题提出的程度。为此，Tidwell 和 Walther 聘用了 158 个学生，分别使用 CMC 系统或 FtF 形式与陌生的异性搭档进行交流。为了更好地分析表露，他们还采用了 Altman 和 Taylor（1973）自我表露广度和深度的指标，把学生的谈话内容进行内容分析。

他们发现人们在 CMC 中表现出更高程度的问题提出和自我表露，而在 FtF 互动中，他们的问题和表露都比在 CMC 条件下更趋于表面化。Tidwell 和 Walther 总结到，CMC 的局限性促使人们采取减少不确定性的行为——他们跳过了普通询问表面化问题和表露不重要信息的过程，反而直接选择了更多私密问题和自我表露。

这些调查和研究都是事通过网络而不是纸质问卷的方法来实施的。因此，它们也减少了社会称许性反应（Frick et al.，2001；Joinson，1999），提高了自我表露（Weisband & Kiesle, et al.），并且增加了人们回答敏感性问题的意愿（见 Tourangeau, 2004）。

类似这种问卷中减少人工参与的测量方法技术也能够有助于人们回答敏感的问题。例如，相对于其他研究方法，电脑辅助的自我报告问卷（参与者可以使用电脑来输入他们的答案）能够使人们报告出更多与健康相关的问题（Epstein etal., 2001）、更多具有艾滋病风险的行为（Des Jarlais et al., 1999）、更多药物的使用（Lessler et al., 2000）、更少男性报告性伴侣以及更多女性报告性伴侣（Tourangeau & Smith, 1996）。当使用电脑而不是FtF问诊时，内科病人倾向于报告出更多的症状和不良的行为（Greist et al., 1973），性病诊所的病人也会对电脑而不是医生报告出更多的性伴侣、更多的病史和症状（Robinson & West, 1992）。Ferriter（1993）发现，临床精神病的来访者使用CMC时会比使用FtF更加诚实与坦白地回答问题。与其类似，采用自动化或者电脑化的电话采访会比其他的电话采访方式收集到更高水平的敏感问题答案（Lau et al., 2003；Tourangeau, 2004）。

Tourangeau等人发现，那些增加测量者社会临场感（social presence）的测量方法（如使用研究者的照片）则导致回答敏感问题的意愿减少（Tourangeau etc., 2003），可是他们的研究结果有些含糊不清。Sproull等人（1996）反对这种说法，他们认为参与者在面对面交流的情景下，比仅仅靠文字交流会更加积极地表现自己。Joinson等人也报告说，虽然个性化的研究能够在自填问卷中带来更高的回答率，但是它也同时减少了自我表露。因为虽然即使需要高水平回答率来减少样本错误，但是同时也需要真实答案来保证样本质量，因此，采取一种可行的折中办法是很重要的。Joinson等人提议，在问卷中提供"我不喜欢说"这类选项可能是其中的一种解决办法，因为那些希望匿名的参与者仍可以在不用暴露隐私的情况下完成问卷。

4.1.2 网络纷争和反社会行为

网络纷争（Flaming）本意是指不停地说话，或者无意义地聊天。但一般来说，它在网络中被看作是负面的或反社会的行为。当人与人之间的互动充满敌意或咄咄逼人的信息时，就会变成一种"网络纷争"。网络纷争尚未有清晰的定义以供测量，这使对其进行实验研究产生了限制。

例如，Kiesler等人（1985）把网络纷争的操作性定义定为：

· 粗鲁的陈述

· 诅咒或戏弄

· 激烈的言辞

· 对他人情绪化的表达

· 绝对化的言辞

网络纷争还有其他操作性定义，包括脏话、"形象化表达"（如使用感叹号）、骂人、诅咒和其他负面的情感。当研究目的的焦点从网络纷争转移到"去抑制的"交流时，网络纷争的定义甚至可以扩展为无目的交流和传递坏消息。

网络纷争定义的另一个问题是，它先天就跟以计算机为中介的交流连结在一起（Lea et al., 1992）。在很多实例中，网络纷争被定义为仅仅只会出现在网络中，是网络的一种独特现象，或者说在网络中更加明显。

4.1.3 网络纷争的实验证据

Selfe 和 Meyer（1991）的研究表明，"即使不具有普遍意义，那些激昂的、情绪化的、匿名的、发泄性的、以计算机为基础的交流都是常有的"（P170）。

Kiesler 等人（1984）在早期的三个研究中，对比了四种条件下去抑制的不同语言行为（Verbal Behavior）水平 : 面对面的交流、匿名的网络交流（一对多）、不匿名的网络交流（一对多）和邮件。在这些实验中，三个人为一组，要求他们在两难选择的任务中达成一致（所谓两难，是指小组成员权衡两个可能的选择，经过需要冒险和谨慎思考后做出一个共同的决定）。研究者发现，每个实验中人们使用电脑去交流时会表现出更多去抑制的语言行为（例如，怀有敌意的评论，像诅咒、骂人和侮辱），而当人们匿名使用即时网络聊天工具时，这种去抑制的语言行为最为明显。

Castellá 等人（2000）比较了小组讨论的网络纷争在使用邮件、视频通讯和面对面这三种情况中的不同水平。他们把网络纷争分为"非正式的交流"（包括"带有讽刺的评论"和"试图把某些口头语言的特点放入文字对话中"，P148）和纷争（带有攻击性和怀有明显敌意的评论），他们发现，纷争在以文字为基础的讨论中，出现了 94 次（占整个言谈的 4.72%），而在面对面的交流中出现了 8 次（0.21%），在视频通讯中出现了 16 次（0.39%）。

因此，虽然网络纷争出现的次数并不多，但是相对于面对面交流和视频通讯，它更常出现在以文本为基础的交流中。Castellá 等人进一步分析数据后发现，虽然加深小组其他成员的了解能够提高非正式交谈的水平，但是个体的过分自信或小组成员间的熟悉度却都与网络纷争没有关系。

Aiken 和 Waller（2000）分别采用两组商学院学生对克林顿总统的弹劾案及校园停车问题进行讨论（都可以看做为一个合情合理又有争议的事件）。他们研究后发现，对这两个问题的网络纷争都会来自一小群相同的男性。第一个小组里，20% 人曾在停车问题上留下有敌意的评论，而这些人中有一半的人在后一个有关总统的讨论中也写下了有敌意的评论。话题的争议性或重要性与网络纷争并没有关系，或许是因为"这些人的个人特征才是导致网络纷争的原因（如性别、成熟度、敌意等）"（P99）。事实上，Smolensky 等人（1990）也发现，去抑制的交流跟个体外向性水平和对小组内部熟悉程度有关。

Coleman 等人（1999）以 3 到 7 个人为一组，研究了 FtF 中 58 个被试和 CMC 中 59 个被试对于特定问题的讨论，而这些讨论（围绕某些事）都针对消极事件。正面的和中性的陈述被记为 1 分，包含了明显的反对和批评的陈述记为 2 分，亵渎性的、充满敌意的、骂人的陈述被记为 3 分。FtF 和 CMC 在负面性上没有出现区别，CMC 小组得分是 1.24 分而 FtF 小组为 1.21 分。但 Coleman 等人注意到，虽然虽然被记为 3 分的陈述出现较少，但是它们全部发生在 CMC 条件下。

第二个涉及到网络纷争的典型研究是让网络用户报告他们在 FtF 和 CMC 这两个情况下出现网络纷争的次数。例如 Sproull 和 Kiesler（1986）调查了一家美国大公司的 96 名员工，分析了他们的邮件交流以及收集了问卷反馈。跟预测一致，Sproull 和 Kiesler 发现，在一个月里，被试报告邮件中曾看到了 33 次骂战，而在面对面交流中只有 4 次。

总的来说，虽然网络纷争相对罕见，但是，它更多出现在 CMC 环境里。不过，一部分原因是由于 CMC 可保存的特质——每个骂战都可以在网络上被转发、保存和再读。由于骂战更可能在 CMC 环境被回忆起来，所以这可能会导致一种偏见：CMC 就是网络纷争的场所。

4.1.4 去抑制和万维网

虽然有关去抑制的研究集中在交流上，但是，仍有很多证据表明当万维网（www）上的行为出现不必要的"异常"时，这些行为可以看做（至少偶尔）为去抑制的状况。心理学研究万维网常趋于集中以下三个主要方面：采用万维网来实施心理调查（Birnbaum，2004）、万维网的界面和其实用性的相互作用以及万维网中行为的心理过程。

除了在学术圈和军事圈外，心理过程的重要性在网络中也很受欢迎，但是涉及到在万维网中搜寻信息（或"浏览"）的心理过程却没有引起心理学研究者的足够重视。已发表的研究都不会把万维网专门看做是一个研究工具来使用，而只是涉及到网站评估。或者在一些罕见的实例中可以看到，有一些研究从人机对话的角度来考察万维网作为搜索引擎和导航策略的使用。这种方法重复了医学研究的模式，都侧重于研究万维网的网站内容，而非对用户信息获取行为的研究。[1]

在网络上，万维网是发展社会性行为知识的主体，对其忽视容易引发问题。万维网的使用量、应用和创都推动了网络的发展。虽然万维网的无限资讯常被看作是为使用网络的主要原因，但支撑用户搜索信息的心理过程我们却一点也不了解。

4.2 网络色情

万维网行为研究中的一个领域是关注色情内容的访问。一般而言，色情内容被认为更容易从网络上而不是纸质形式中获得，这种获取方式越来越普遍，它不仅能够避开各地区与淫秽相关的法律限制（这些网站能被托管，所以可以有效地降低可接受的最低标准），而且同时也能减少在实体店购买色情物时所产生的心理压力。

一般来说，万维网最先发展起来的是色情内容。可以肯定地说，色情内容最快地采用了新技术——如摄影技术的发明，而电话、电报、摄像机、8毫米电影和家用录像机也很快被色情行业所使用。由于这些技术的使用，色情片的消费逐渐成为私人的事。在录像机没有出现之前，大部分色情片都在电影院放映，这就意味着是众人一起观看的。。西洋镜（peep shows）的出现（个人在窄小的货摊里相对匿名地观看色情片）满足了色情片私有化的需要（在20世纪70年代晚期录像机还没出现和广泛使用之前非常流行）。实际上，回溯20世纪80年代，色情片和恐怖片是录像机里最受欢迎的题材。而今天，"下流的"视频也是和负面的社会影响联系在一起。

---

[1] 英语环境中使用最高级，常常伴随着极端的情绪。

但是，网络中色情内容和数量却没有被网络心理学家所重视，在某种程度上，是因为 1995 年 Rimm 的研究在出版和宣传上引发了大争论。Rimm 是卡内基梅隆大学的一名学者，他针对新闻组（Usenet）和付费订阅网站所提供清晰的色情图片做了一个调查。《时代》杂志（Time magazine）获取了他的调查结果，并根据其中一部分研究发布了一期标题为"网络色情！"的封面故事。《时代》杂志声称，新闻组上有 83.5% 图片都是色情的，而且在网络中色情交易即便不是最受欢迎也是最受欢迎的活动之一。但是，Rimm 所收集的数据根本就不支持这个说法。在 Rimm 所收集的数据中有 900000 次出现色情图片，而只有 1% 是来自新闻组，其他的色情图片都是来自付费订阅网站（一般来说需要信用卡和个人信息）。《时代》杂志的说法使得很多网络用户觉得自己被侮辱，他们随即表示强烈抗议。内基梅隆大学和乔治城大学就此展开了独立调查（研究结果最初被发表在他们的法律评论杂志"Law Review"上）。之后，《时代》杂志撤回了他们部分的说法，但是，有关网络中充斥了各种色情的偏见一直延续至今。

下面具体对网络色情的形式进行讨论。

Rimm 有关色情图片的研究曾试图通过自动收集图片描述的方式来分析色情图片的内容。由于图片描述的内容更可能是为了推广服务而不是其本身的内容，所以，这办法很有可能夸大了色情的程度。

为了计算色情被夸大的程度，在 1994 年 Mehta 和 Plaza（1997）从 17 个新闻组中一天内所获得的 150 张清晰的色情图片，其中大部分图片是无盈利目的的新闻组匿名用户所发布的（65%）。这些图片的主要内容出现了人类生殖器（43%）、勃起的阴茎（35%）、虐恋（33%）和手淫（21%）的特写镜头，而多数图片在大多数国家中都极有可能被认为是违法的：15% 图片内容在图片或文字里涉及到儿童、青少年或未成人；其他被记录的有捆绑与惩戒（10%）、外物插入（17%）、兽性交（10%）、乱伦（1%）和排尿（3%）。Mehta 和 Plaza 注意到，图片类型与 Rimm 有关电子公告栏的调查结果很类似。

Mehta 和 Plaza 指出，网络色情的内容与杂志影片的色情看起来不太一样。比如，虐恋、同性恋和群交更常见于网站中（分别是 15%、18% 和 11%），而在传统媒体里分别是 8.1%、2%—4% 和 1%—3%。相比于非盈利的匿名用户，那些盈利的用户明显地更可能发布色情内容（使用外物、虐恋儿童或青少年）。

Mehta 和 Plaza（1997）认为，盈利用户所发布清晰的或非法的色情内容的数量反映了竞争激烈的自由市场，这个市场要求付费的电子公布栏和网站提供与众不同的东西（如更加清晰或者更不寻常的图片）。他们也指出，很多涉及到儿童或青少年的照片都为造成一种错觉，但实际上很多人都已经超过 18 岁。同时，这些涉及到儿童和青少年的照片中没有一张是清楚的性图片——"这些少数有描述了儿童和青少年的图片很大部分是来自裸体杂志……我们从未看到一张照片描述了成人与儿童或青少年，或儿童与儿童之间的性动作"（Mehta & Plaza，1997，P64）。他们进一步指出，大多用户上传的照片似乎都是直接从杂志上扫描下来的。

Manning 等人（1997）从家庭网络（Home Net）研究中发现了一些早期的证据。这些证据表明，虽然很多网络用户曾经在网络上观看过色情内容，但很少人会再看一次。似乎，好奇心是驱使人们观看网络色情网站的最初动机。

但是，网络浏览器的匿名性可能使人们从社交和心理上觉得它提供了更安全办法来观看色情图片。当然，对于家庭用户来说，网络浏览器可以也更方便地提供色情内容，也保护了消费隐私（一些色情经销商大多瞄准了这个）。

匿名，或至少匿名知觉，是网络去抑制行为的常见解释（Joinson，1998）。但是，为了完整理解匿名对网络行为的影响，我们应该考虑各种不同类型的匿名对行为的不同影响。所以，家庭用户无论是使用匿名的网络服务账号或直接拨入电子公告栏，他们都会在搜寻网络色情时觉得自己没有被人察觉。但对于绝大多数用户来说，在网络中匿名与隐私一样只是一种错觉。

当我们讨论匿名时，我们需要考虑到匿名的对象是谁。当然，不是网站，网站不仅拥有用户的信用卡资料而且还有他们的 IP 地址，至少是网络服务账号。

因此，用户可能在搜索信息时，远离朋友、家人或本地社区的注意，并主动考虑（或忽略）到隐私性。匿名的感知并不是网络与生俱来所提供，而是因为系统的设计。事实上，那些明显缺乏匿名性的网站（如必填的注册过程）正在有效地与潜在用户进行协商，以如何很好地限制匿名在网络行为中的优势。我们在研究匿名和网络行为时，也需要考虑到一些信息搜索真实情况中的因素，如在搜索信息时用户是怎样考虑可以暂时放弃隐私的担忧。对于那些在网站上寻找有关健康信息的人，也许能够在相对地匿名（对比在地方医院拿传册）与担忧隐私之间做到平衡。而对于寻找可能违法或易受批评的资讯的人，则需要在我们看到抑制效果之前就通过网络系统的设计和协议对其隐私与匿名的考虑进行处理。

4.3 网络去抑制的解释：去个性化

去个性化的定义可以追溯到 1895 年法国的研究者 Gustave Le Bon。他指出，一个群体成员的身份会导致其被淹没，在这种状态下，对于个体行为的正常约束会消失。在现代实验社会心理学中，去个性化的定义来自于 Festinger 等人有关为什么男性记住的个人化信息越少就会对他们父母的有越多的敌意的解释。根据 Festinger 等人的研究，当一个人在群体中去个性化，那么"这个人内心约束有可能会减少"（P382）。这个方法在 Zimbardo（1969）的研究中被延伸。Zimbardo 认为，匿名、觉醒、感官超负荷、改变精神状态的药物和减少自我关注都能导致去个性化，从而使个体产生去抑制和具有敌意的行为。20 世纪 70 年代和 80 年代的早期，去个性化理论有了新的解释，开始考虑到内心关注的减少（Diener，1980）和自我行为公共部分意识的减少（Prentice-Dunn & Rogers，1982）。Prentice-Dunn 和 Rogers 认为，去个性化的产生源于两个因素的作用：问责线索的减少（如匿名或群体成员身份导致对他人反应关注的降低）和私下自我意识的减少（所以自我管理减弱和内心标准使用减少）。一些 CMC 研究者认为，使用网络沟通方式可能导致个体去个性化。如 Kiesler 等人（1984）发现，当一个 CMC 用户处于匿名状态，那么他可能会更关注当前任务，而不是内心准则，从而导致去个性化。但是，这种 CMC 用户普遍都是被去个性化的说法一直受到强烈的质疑（Lea et al.，1992；Postmes & Spears，1998；Reicher et al.，1995）。Lea 等人（1992）提出，CMC 并不是反规范的（根据去个性化的解释），相反的，有时是来自社会认同的积极可控的规范。

4.3.1 社会线索的减少

网络行为去抑制的一个相关解释是来自 CMC 有限制的交流方式和在交流中所谓的社会线索的减少。根据社会线索减少的理论，社会线索的减少会导致社会规范的影响力和约束力（Kiesler 等，1984）减少，从而会导致非正常不受控的行为。

根据社会线索减少（RSC）模型，社会和环境的线索越少，会导致：（1）注意力集中于任务而不是接受者；（2）去除地位线索和领导线索等之后，正常的阶级观念的减少；（3）匿名、自我关注和对他人关注的缺乏以及自我管理减弱的综合作用导致去个性化（Spears & Lea，1992，对于这个方法的总结）。

但是，RSC 方法已经被强烈质疑，因为它把社会性从 CMC 里排除（Spears & Lea，1992）。根据 RSC 模型，CMC 社会影响主要是基于信息交换的平衡（Kiesler 等，1984）。但是，Spears 和 Lea（1992）从群体两极化的研究中总结出，在特定的情况里，CMC 会带来规范性的影响而并非助长非规范行为。。

伴随着人际社会线索（如笑、动作符号）和类别线索（邮件的主题和其署名如性别、地点和职业的信息）的发展，这说明 CMC 并不缺少"社会性"（Spears & Lea，1992）

4.3.2 自我意识二因素论

在 CMC 研究中，去抑制常被看做是因为更高的而不是更低的自我关注（Joinson，2001；Matheson & Zanna，1988）。Duvel 和 Wicklund（1972）认为，有意注意能够直接指向环境（叫做"公共"自我意识）或者指向自己（叫做"私下"自我意识）。公共自我意识来自于个体意识到其处于可能被评价的情境（如被录像或者评定），或当他们在社交上处于特殊状况时（如群体里的少数派），而私下自我意识来自于当人们意识他们自己内心的动机、态度和目标等，例如照镜子。私下自我意识应该导致个体行为受其目标、需要和准则的管制（Carver & Scheier，1981）。Matheson 和 Zanna 认为，私下自我意识和公共自我意识能被看做成"相对正交"。这就是说，个体能够同时意识到二者、其中一个或意识不到任何一个。

Matheson 和 Zanna 指出，CMC 的证据表明，人们能通过 CMC 来提高私下自我意识，而减少公共自我意识。自我表露越多，那么私下自我意识越高（Franzoi & Davis，1985），我们看到网络上越来越多的自我表露，由此说明网络用户体验到的私下自我意识也在增加。进一步来说，无论是不是匿名（Joinson，1999），使用电脑交流相比于纸笔测验，能使人们减少社会期待性的回答（Kiesler & Sproull，1986），这表明增加私下自我意识有可能会降低对评价的关注或公共自我意识。

Matheson 和 Zanna（1988）采用一个研究来检验这种说法。这个研究选取了27 名心理学新生在网络上讨论某个话题，而另外 28 名学生面对面讨论同一话题，然后比较他们的自我意识水平。研究发现，"使用 CMC 的学生比采用面对面形式的学生报告了更多的私下自我意识和略低的公共自我意识"（P288）。

这个研究说明，当自我表现的关注降低（通过降低公共自我意识）时，自我调节、对内心状态和标准的关注可能会增强（通过提高私下自我意识）。Matheson 和 Zanna 自己提出了这个研究的两个主要缺陷：第一，被试只讨论了 15 分钟；第二，构成私下自我意识测验的两个项目缺乏内部一致性信度。

Joinson（2001，研究三）没有依赖测量方法，而是通过一对一 CMC 对话的实验来研究私下自我意识和公共自我意识。当在被试的屏幕上使用视频时，他们的私下自我意识会增加，这个效果如同镜子一样。而当把视频换成卡通片时，私下自我意识将减少。公共自我意识会因匿名而减少，同时随着问责线索的增多而提高。实验结果表明，高水平的私下自我意识和低水平的公共自我意识一起导致了高水平的自我表露，这与自然的 CMC 环境中得出的结论类似。

Sassenbery 等人（2005）考察了在 CMC 环境中私下自我意识对于态度改变所起到的作用。他们发现，私下自我意识在不同媒介中的态度变化都起到了调节作用。这就是说，在 CMC 中，随着私下自我意识的提高，态度变化减少。在第二个实验中，他们同时也发现，私下自我意识能够在网络中的态度变化中起到中介作用。总的来说，这些研究都证实了自我意识在网络如何影响行为的问题上所扮演的角色。

Joinson 和 Sassenbery 等人的工作都表明，网络行为可以从人际关系的角度来理解。也就是说，在某些方面的网络行为中，自我关注是与别人的看法相关的。但是，在下个模型里（SIDE），一般来说自我意识的观点认为网络行为是被控制的——被我们自己的态度或者信念（通过增强私下自我意识），或我们在群体中成员身份和相关的态度（通过突出的社会身份）控制。

4.3.3 去抑制效应的社会身份解释

CMC 行为的另一种解释来自于 SIDE（Social Indentity Explanation of Deindividauation Effects，SIDE）模型（Reicher et al., 1995）。这个模型认为，Zimbardo（1969）研究中大部分的去个性化作用可以在没有去个性化的情况下被解释。因为当个体缺少对自我的关注，匿名性可能导致社会身份而不是个人身份的激活（Reicheretal., 1995），从而，行为管理会以那些身份突出的社会群体的规范为依据。例如，Reicher 等人（1995）曾报告了一个群体极化现象的研究，在此研究中对小组成员身份的突显（在此研究中，设定为心理学学生）和被试的匿名性进行控制。群体极化，是指在小组讨论后群体成员的态度变得更极端（朝着中间态度）的趋势。Reicher 等人预测，群体成员身份的突出性和匿名性之间有交互作用。换句话说，当被试处于匿名且在小组成员身份突出时，小组讨论后他们在态度上可能会出现更大的两极分化，这是因为被试正在使用小组规范来引导他们的行为。而当他们没有匿名而身份又突出时，小组里态度的两极分化将不会发生。这的确是他们的发现，"群体成员心理身份和群体中的匿名性这二者的综合作用会加强行为与群体规范之间的一致性，而不是发生违反规范的行为"（Reicher et al., 1995, P182）。

相比群体极化，SIDE 模型在 CMC 条件下对去一般的去抑制行为略难以解释。一种原因是因为忽视了去抑制语言行为的存在，并认为 CMC 中行为随着语境决定是合乎规范（Lea et al., 1992）。但是，这需要一个显著的社会身份和与其社会身份相关的规范导向去抑制。当然，CMC 去抑制可以定义为网络纷争和过度的自我表露，因此，SIDE 模型认为，网络行为受语境影响的看法是正确的。但是也存在另外一种情况，当用户非匿名并且有着许多与自我相关的信息时，去抑制的产生也许并不总是因为社会身份的激活。

4.3.4 去抑制多因素解释

基于前面已确定的因素和心理分析理论，Suler（2004）确定了六个主要影响去抑制效应的因素，它们分别是反社会的匿名、隐身、异步性、唯我论的投射、想象力的分裂和最小权威性。Suler 指出，网络匿名性使人们划分出了网络的自我并为他们的网络行为找借口"这根本就不是我"（P332）。根据 Suler 的看法，隐身就是视觉上的匿名（被 SIDE 研究者使用）——虽然在很多网络互动中彼此了解，视觉上的匿名具有如同一种像传统心理治疗师在背后鼓励来访者表露一样的效果。异步性使人们有一种"打了就跑"的感觉，他们不需要立刻做出反应。同时，唯我论的投射是因为视觉和语言线索的缺乏。网络用户用他们的思想和意愿来读邮件，可能导致移情的产生，而想象力分裂——当关上电脑后网络虚拟的世界仍旧存在我们的脑海里。Suler 认为，各种不同的领域中我们也能够为我们的行为负责。最后，Suler 声称，为了促使去网络抑制行为可以导致权威性的最小化。

4.3.5 基于隐私的方法来解释去抑制

Joinson 和 Paine（待发表）认为，增加网络活动监督并不能仅仅归因于匿名性。事实上，他们认为研究者需要询问那些非匿名的用户。例如，普通的网络和新媒介已经趋向于通过很多方法，如数据挖掘技术、信息记录程序，以及数据访问痕迹来侵犯隐私。隐私的印象常常是一种幻觉，许多网管可以通过各种服务器甚至是本地脑里的注册程序、缓存和记录来获取大量的个人信息。因此，抓住网管的角色来全面理解网络去抑制变得非常关键。Joinson 和 Paine（待发表）指出，如同考虑媒介环境对于表露的微观影响一样，人们需要考虑到宏观层次上的影响——微观行为在更大的环境里表现。Joinson 和 Paine 特别强调了信任、控制和成本效益作为理解去抑制效应的重要性。他们尤其指出，人们常为了能够进入一个让自己能够去抑制的环境，而把自己的个人信息留给值得信任的网管（如通过注册留给网站的所有者）。同时 Joinson 和 Paine 也认为用户会采用假名，例如在聊天服务器中使用昵称。他们第二个成果是提出了行为的成本效益，因为在现实中行为需要付出一些代价，所以网络上某些用户表现出许多去抑制的行为（网络性行为、自我表露、获取色情内容）在现实生活中也会付出一些代价。获取色情内容被认为是让人难堪和羞愧，自我表露会使表露者容易受别人的影响。网络可以很好地通过减少行为可能带来的代价来平衡损失和收益——如果对方不知道你是谁，那么暴露隐私会更容易。最后，Joinson 和 Paine 认为控制也是一个重要的因素。Walther（1996）提出，超人际社会互动的出现至少有一部分可以增强由CMC 中视觉匿名性和异步性带来的控制。比如，我们可以控制我们泄露信息的内容、方式和形式。如果没有对 CMC 的控制（如引入视频和同步性），隐私也会被危及。明确来说，通过这个方法，我们解释去抑制时不仅能够考虑到导致去抑制的各种媒介，也能够涉及到用户在他们特定的社会环境下的动机和心理过程。

4.4 总结

去抑制是一个很少被广泛报告与提及网络交往的媒介效应。虽然去抑制的证据出现在各种不同的网络环境里（如 CMC、网络日志和论坛），解释这种现象的大多数方法却没有考虑到匿名的影响。我认为，由于只关注微观层面的媒介影响，更广阔背景里的行为容易被忽视——这种忽视限制了我们把网络形式概念化。特别是考虑到更广泛的背景，隐私的涉入可能会使不同环境下去抑制行为的解释更加丰富细致。

【参考文献】

Aiken,M. & Waller,B.(2000).Flaming among first-time group support system users. Information and Management,37,95—100.

Altman,I. & Taylor,D.(1973).Social penetration:The development of interpersonal relationships.New York:Holt,Rinehart and Winsont.

Berger,C.R. & Calabrese,R.J.(1995).Some explorations in initial interaction and beyond:Toward a developmental theory of interpersonal communication.Human Communication Theory,1,99—112.

Birnbaum,M.H.(2004).Human research and data collection via the Internet.Annual Review of Psychology,55,803—832.

Carver,C.S. & Scheier,M.F.(1981).Attention and self-regulation:A control theory approach to human behavior.New York:Springer Verlag.

Castellá,V.O.,Abad,A.M.Z.,Alonso,F.P. & Silla,J.M.P.(2000).The influence of familiarty among group members,group atmosphere,and assertiveness on uninhibited behavior through there different communication media.Computers in Human Behavior,16,141—159.

Chesney,T.(March,2005).Online self disclosure in diaries and its implications for knowledge managers.UKAIS Conference,Northumbria University,United Kingdom.

Coleman,L.H.,Paternite,C.E. & Sherman,R.C.(1990).A reexamination of deindividuation in synchronous computer-mediated communication.Computers in Human Behavior,15,51—65.

Diener E.(1980).Deindividuation:The absence of self-awareness and self-regulation in group members,In P.Paulus(ED.),The paychology of group influence(pp.209—242).Hillsdale,NJ:Lawrence Erlbaum.

Des Jarlais,D.C.,Paone,D.,Milliken,J.,Turner,C.F.,Miller,H.,Gribble,J.,Shi,Q.,Hagan,H. &Friedman,S.(1999).Audio-computer interviewing to measure risk behavior for HIV among injecting drug users:A quasi-randomised trial.The Lancet 353(9165):1657—1661.

Duval,S. & Wicklund,R.A.(1972).A theory of objective self-awareness.New York:Academic Press.

Epstein,J.F.,Barker,P.R. & Kroutil,L.A.(2001).Mode effects in self-reported mental health data.Public Opinion Quarterly,65,529—550.

Ferriter,M.(1993).Computer aided interviewing and the psychiatric social history.Social Work and Social Sciences Review,4,255—263.

Festinger,L.,Pepitone,A. & Newcomb,T.(1952).Some consequences of deindividuation in a group.Journal of Abnormal and Social Psychology,47,382—389.

Franzoi,S.L. & Davis,M.H.(1985).Adolescent self-disclosure and loneliness:Private self-consciousness and parental influences.Journal of Personality and Social Psychology,48,768—780.

Frick,A.,Bächtiger,M.T. & Reips,U.D.(2001).Financial incentives,personal information and dropout in online studies.In U.D.Reips & M.Bosnjak(EDs.),Dimensions of Internet Science,(pp.209—219).Lengerich:Pabst:Germany.

Greist,J.H.,Klein,M.H. & VanCura L.J.(1973).A computer interview by psychiatric patient target symptoms.Archives of General Psychiatry,29,247—253.

Joinson,A.N.(1998).Causes and effects of disinhibition on the Internet.In J.Gackenbach(Ed.).The psychology of the Internet(pp.43—60).New York:Academic Press.

Joinson,A.N.(1999).Anonymity,disinhibition,and social desirability on the Internet. Behaviour Research Methods,Instruments and Computers,31,433—438.

Joinson,A.N.(2001).Self-disclosure in computer-mediated communication:The role of self-awareness and visual anonymity.European Journal of Social Psychology,31,177—192.

Joinson,A.N.(2004).Self-esteem,interpersonal risk and preference for e-mail to face-to-face communication.Cyber Psychology and Behaviour,7(4),472—478.

Joinson,A.N. & Paine,C.B.(in press).Self-disclosure,privacy and the Internet.In A.N. Joinson,K.Y.A.Mckenna T.Postmes,T. & U.-R.Reips(EDs).Oxford Handbook of Internet Psychology.Oxford:Oxford University Press.

Joinson,A.N.,Woodley,A. & Reips,U.-R.(in press).Personalization,authentication,and self-disclosure in self-administered Internet surveys.Computers in Human Behavior.

Kiesler,S. & Sproull,L.S.(1986).Response effects in the electronic survey.Public Opinion Quarterly,50,402—413.

Kiesler,S.,Siegal,J. & McGuire,T.W.(1984).Social psychological aspects of computer mediated communication.American Psychologist,39,1123—1134.

Kiesler,S.,Zubrow,D.,Moses,A.M. & Geller,V.(1985).Affect in computer mediated communication:An esperiment in synchronous terminai-to-terminal discussion. Human Computer Interaction,1,77—104.

Lau,J.T.F.,Tsui,H.Y. & Wang,Q.S.(2003).Effects of two telephone survey methods on the level of reported risk behaviours.Sexually Transmitted Infections,79,325—331.

Lea,M.,O'Shea,T.,Fung,P. & Spears,R.(1992)."Flaming" in computer-mediated communication.In M.Lea(Ed.).Contexts in computer-mediated communication(pp.89—112).London:Harvester Wheatsheaf.

Lessler,J.T.,Caspar,R.A.,Penne,M.A. & Barker,P.R.(2000).Developing Computer Assisted Interviewing(CAI)for the National Household Survey on Drug Abuse.Journal of Drug Issues,30,19—34.

Le Bon,G.(1995).The crowd:A study of the popular mind.London:Transaction Publishers.(Original published 1895)

Manning,J.,Scherlis,W.,Kiesler,S.,Kraut,R. & Mukhopadhyay,T.(1997).Erotica on the Internet:Early evidence form the HomeNet trial.In S.Kiesler(Ed.),Culture of the Internet(pp.68—69).Nahwah,NJ:Lawrence Erlbaum.

Matheson,K. & Zanna,M.P.(1988).The impact of computer-mediated communication on self-awareness.Computers in Human Behaviour,4,221—233.

Mckenna,K.Y.A. & Bargh,J.(1998).Coming out in the age of the Internet:Identity demarginalization through virtuai group participation.Journal of Personality and Social Psychology,75,681—694.

Mehta,M.D. & Plaza,D.E.(1997).Pornography in cyberspace:An exploration of what's in USENET.In S.Kiesler(Ed.),Culture of the Internet(pp.53—67).Nahwah,NJ:Lawrence Erlbaum.

Parks,M.R. & Floyd,K.(1996).Making friends in cyberspace.Journal of Communication,46,80—97.

Prentice-Dunn,S. & Rogers,R.W.(1982).Effects of public and private self-awareness on deindividuation and aggression.Journal of Personality and Social Psychology,43,503—513.

Postmes,T. & Spears,R.(1998).Deindividuation and anti-normative behavior:A meta-analysis.Psychological Bulletin,123,238—259.

Reicher,S.D.,Spears,R. & Postmes,T.(1995).A social identity model of deindividuation phenomena.In W.Stroebe & M.Hewstone(EDs.),European Review of Social Psychology,(Vol.6,pp.161—198).Chichester:Wiley.

Rheingold,H.(1993).The virtual (rev.edn).London:MIT Press.

Rimm,M.(1995).Marketing pornography on the information superhighway.George-town Law Review,83,1839—1934.

Robinson,R. & West,R.(1992).A comparison of computer and questionnaire methods of history-taking in a genitor-urinary clinic.Psychology and Health,6,77—84.

Rosson,M.B.(1999).I get by with a little help form my cyber-friends:Sharing stories of good and bad times on the Web.Journal of Computer-Mediated Communica-tion,4(4).Available at http://jcmc.indiana.edu/vol4/rosson.html.Accessed 10 De-cember 2005.

Sassenberg,K.,Boos,M. & Rabung,S.(2005).Attitude change in face to face and com-puter-mediated communication:Private self-awareness as mediator and modera-tor.European Journal of Social Psychology,35,361—374.

Selfe,C.L. & Meyer,P.R.(1991).Testing claims for on-line conferences.Written Commu-nication,8,163—192.

Smolensky,M.W.,Carmody,M.A. & Halcomb,C.G.(1990).The influence of task type,group structure,and extroversion on uninhibited speech in computer-mediat-ed communication.Computer in Human Behavior,6,261—272.

Spears,R. & Lea,M.(1992).Social influence and the influence of the "social" in com-puter-mediated communication.In M.Lea(Ed.).Contexts in computer-mediated communication(pp.30—64).London:Harvester Wheatsheaf.

Sproull,L. & Kiesler,S.(1986).Reducing social context cues:Electronic mail in organi-zational communication.Management Science,32,1492—1512.

Sproull,L. & Subramani,M.,Kiesler,S.,Walker,J.H. & Waters,K.(1996).When the inter-face is a face.Human-Computer Interaction,11,97—124.

Suler,J.(2004).The online disinhibition effect.CyberPsychology and Behavior,7,321—326.

Tidwell,L.C. & Walther,J.B.(2002).Computer-mediated communication effects on dis-closure,impressions,and interpersonal evaluations:Getting to know one another a bit at a time.Human Communication Research,28,317—348.

Tourangeau,R.(2004).Survey research and societal change.Annual Review of Psychol-ogy,55,775—801.

Tourangeau,R. & Smith,T.W.(1996).Asking sensitive questions:The impact of data collection mode,question format,and question context.Public Opinion Quarterly,60,275—304.

Tourangeau,R.,Couper,M.P. & Steiger,D.M.(2003).Humanizing self administered surveys:Experiments on social presence in Web and IVR surveys.Computers in Human Behaviour,19,1—24.

Wallace,P.(1999).The psychology of the Internet.Cambridge,UK:Cambridge University Press.

Walther,J.B.(1996).Computer-mediated communication:Impersonal,interpersonal,and hyperper-sonal interaction.Communication Research,23,3—43.

Weisband,S. & Kiesler,S.(1996).Self-disclosure on computer forms:Meta-analysis and implications.Proceedings of CHI96.Retrieved June 20,2005,http://www.acm.org/sigchi/chi96/proceedings/papers/Weisband/sw_txt.htm.

Zimbardo,P.G.(1969).The human choice:Individuation,reason,and order vs.deindividuation,impulse,and chaos.In W.J.Arnold & D.Levine(Eds.).*Nebraska Symposium on Motivation*(pp.237—307).Lincoln:Univ.of Nebraska Press.

Zimbardo,P.G.(1997).*Shyness:What is it and what to do about it.London:Pan Books.*

5 性心理：互联网中的真实写照

雷蒙德·努南（Raymond J. Noonan）

时装技术学院健康与体育教育系，纽约州立大学

纽约，美国

5.1 一般趋势

一提到互联网上的性，人们就有着会善恶美丑的评判准则。有人认为，这是"性"在现实生活中的写照，无论是在美国还是其他地方，大多数人关注的问题是有关它丑陋和令人厌恶的方面。但是，"性"的美好也在网络与现实中得到了很好的展现。由于很多人根本没有区分网络与现实的"性"，所以，如何区别网络和现实中的"性"成为我们关注的问题。结果发现，互联网中的"性"和现实中一样，人们需要通过自己的方式在令人眼花缭乱的有关"性"的信息和服务中去寻找有效信息。甚至，还发现有这样一些人，他们试图将自己的思想观念强加于他人之上，或是他人会接触到的互联网服务中。在网络中，既存在着这种令人生畏的情况，也有着试图理性面对这个性欲的世界。

在许多专业人士和普通大众心中，性和因特网（Internet）、万维网（www）及网络新闻组（newsgroup）有着密不可分的联系。这并没有什么好惊讶的，因为性几乎和每一个能想到的学科都以某种方式有着密切的联系，这使得它成为一个最具有跨学科意义的主题。

这些方面有相应地影响着社会的态度，并进而影响相关领域的科学研究和公共政策的方向（Noonan，1998a）。然而与"性"相关的网站网站和互联网的其他领域一样，自他们成立以来，只代表了全球计算机网络构成的一小部分。尽管如

此,如同媒介一样,性在互联网中所扮演的角色潜在的影响着我们所有生活的每个方面,个体和社会的,积极和消极的。事实上,互联网反映了网络使用者的"性"信息,它在全球社会中能够潜在或者更广泛地影响人们的性态度和性行为。本章对互联网的性内容进行了探讨,并对其心理学意义进行推测。相比同时期那些快速得让人难以置信的技术进步和社会变化,对于本章初始所提到的反复出现的未知因素,会在此后提出进一步的研究方向。

对于性学、心理学、教育学和其他相关学科中健康领域的研究者和学习者,本章使用互联网(通过互联网站完善我们的写作、实践和指导)来增强我们的教学和理解效果。例如,Francoeur 和 Noonan(2004)所著的《国际性学大百科全书》(The continuum Complete International Encyclopedia of Sexuality)通过网站 http://www.SexQuest.com/ccies/,为读者把本章中的概念应用到不同文化中提供了途径。本章网站——性心理:互联网中的真实写照(The Psychology of Sex:A Mirror from the Internet), 网址:http://www.SexQuest.com/SexualHealth/psychsexmirror.html(Noonan,2006),包括相关链接和本章引用网页最新资源。网站会持续更新,以在性健康领域以及网络在其中的作用为读者提供新的视角,我希望以此来扩展本章的效用。

5.1.1 互联网上的性:根源和争议

在 1988 年 4 月 3 日第一个性新闻组(新闻组:基于互联网的计算机组合,功能类似于论坛)alt.sex. 开始启用之前,性已经是互联网上一个有争议的话题。也就是在那个时候,一种包含着娱乐性的性小组开始在网上崭露头角,以应付当时网络新闻组不兼容的情况。Hardy(1993)提出,互联网早期发展时期的事件,在简短的历史中并没有得到充分的记录。他指出,提供这类论坛的早期管理员的退位导致了所谓的合作混乱状态(Cooperative anarchy),这也是网络新闻组这多年来一直存在的特点。显然,不管在"性"领域之内还是之外,他们为"其他"可替代的交流提供了发展动力,并为人们找到他们感兴趣的社区新闻组提供了途径。

事实上,按 Stefanac(1993)的观点,性导向材料的传播可能是在互联网发展的早期,通过电子邮件中的文本信息(以及后来的图像)交换开始的(就像 Hardy,1993;More,1994 及其他人所说的那样,电子邮件的最初设计者并没有预测到它会如此流行)。这些通信可能包括了隐性和显性的色情作品与色情文学(尽管由于判断的主观性，很多人在积极方面混用了这些术语，我还是可以用一般的语义来区分哪些是"好"的，哪些是"坏"的）。后来，尽管从技术上说论坛不与全球网络相连而只能通过调制解调器进入，但个人非正式的和早期商业性的论坛允许会员直接拨号访问计算机内的色情作品。这样一来，通过互联网可得到的"性"信息反映出这类材料在成人视频、杂志和其他媒体中的广泛适用性。20世纪90年代中期的一个全新变化是，这种长期存在于其他媒体的素材从商业化范围扩展到了互联网媒介，尤其是万维网的图像环境，使得显性材料更充分的用于商业目的，并成为继电子邮件之后一直最受欢迎的形式。此外，不仅在美国，而且在全世界范围内，互联网还在继续提供这些材料，甚至更多。这意味着，提供急需的性信息和服务对于那些在当地得不到充分服务的群体来说，给予了他们释放性潜力和提高性生活总体质量的机会（Francoeur & Noonan，2004；Noonan，1997b；Noonan & Britton，1996）。

不幸的是，在美国这种多样化的性信息和性娱乐的可获取性并不是没有争议的，在互联网内外皆是如此。在这方面，美国前卫生局局长 David Satcher，于 2005年 7 月在加拿大的蒙特利尔举行的第 17 届性学世界大会的演讲时就指出，美国在性领域的许多方面都只能算是一个第三世界国家。他的意思是，在如何适当地处理性健康问题上我们还远远落后于其他许多国家。他的演讲为在这些问题上努力寻找共同立场的美国人提供了帮助，这成了《卫生局呼吁采取行动以促进性健康和负责任的性行为》倡议的核心，这一倡议是在总统 George W. Bush（乔治·w·布什）任职的第一年由卫生局（2001）提议的，但总统本人和他的团队否决了它。当然，没有一个国家在解决有关性和性别这个问题上是完美的，但我们如果仔细观察，总能找到一些答案（Noonan，2005a）。在某些原教旨主义基督徒和伊斯兰派系如何以及为什么试图用自己的信念来影响当地和世界政治这个问题上，"性"扮演了一个具有推动力的角色。除此之外，人们也能很容易联想到当今在互联网上围绕性而发生的文化冲突（Noonan，2004d）。而要更深刻地理解它在国际舞台上的作用，读者往往会提到 Francoeur 和 Noonan 两人（2004，2006，2007）。

5.1.2 性对新通信媒体的影响

众所周知，任何新兴的通信媒体都会很快被用于性目的（Lyman，2005；Morford，2005；Stefanac，1993；《今日美国科技报告》，1997；Weber，1997）。就在不久前，录像机和摄影机经历了一个急速发展时期。为了能在家里使用色情电影并制作自己的业余产品来自娱自乐，消费者愿意花这个钱（来购买这些设备）。传媒作家指出，情色图像的诞生可以追溯到公元前5000年的古希腊和古埃及的洞穴壁画艺术，这类似于美国南北战争时的银版相片和当今光盘（CDs）里的图片及互动情色多媒体库。同样的，Gutenberg发明的活字印刷术在初次用来印刷圣经后，很快就被用于生产色情书籍；有声情色电影也伴随着电影技术的发展应运而生。另外，早期的有线付费电视服务也依赖于性素材才得以推出，比如用于电话性爱的1-900热线，就一直是电信行业的虚拟金矿，尽管由于网络色情聊天室的存在而受到了一定影响。据《今日美国科技报告》调查结果显示，性在互联网上的发展也只是历史的重演。

新技术出现的这种动态发展仍在继续，例如影碟机（DVDs）、高清电视（HDTV）和带相机的手机（近来，这一功能导致其在一些健身房和公共浴室被禁止使用）。最近有新闻报道揭露，苹果的新媒体播放器iPod，索尼的游戏机（PSP）、新手机和类似的便携式设备可能会被用于播放微型色情电影而获利，这使得苹果电脑及其他公司感到懊恼（至少公开表达是这样的，Hansen，2004；Lyman，2005；Tharp，2005）。然而，很难想象他们会避开一个影响销量的重要刺激物。就像一个报告指出的那样：

> "成人行业使用ipod和PSP内容的程度将是影响移动视频市场发展的一个重要因素"，扬基集团（Yankee）高级分析师Mike Goodman告诉MacNewsWorld，"色情产业一次又一次制造了完全市场化的全新市场。一旦他们采用了它，那市场也就跟着增长"（Lyman，2005）。

一种收到广泛欢迎的获得色情产品的方式就是通过播客这类音频和视频下载工具来下载，这也可能在将来成为一种"生动的"便携式"性"内容的来源。同时，性已经深入到另一个新近的推广技术——博客（来源于网络日志），作者经常在网上写在线日志（博客）记录他们的公共及私人生活和想法，这已成为有趣的社区在线交流形式，在下一节将详细讨论。在关于恐怖主义的性根源（Noonan，2004d）的文章中我写到，"对性的寻求决定了紧张水平，这会影响恐怖分子将他们的愿景强加给别人的行为"（P1139）。也许从估量新技术在未来的潜力也可以说明同样的道理，一直以来流行文化总是被性因素驱动或塑造，反过来它也塑造了相关技术及他们对应的政治与心理意义（Noonan，2004c）。

人性最原始的两个欲望——战争和性，对于互联网是非常重要的，它们在这项技术的初期及后续发展中都具有非常重要的意义。战争，或者冷战升温的潜在毁灭效应（可能受到 1964 年 RAND 研究启示的一种观点，但是在 2005 维基百科上的一场讨论后已受到质疑），使得 20 世纪 60 年代的人们认为需要开发一种新通信系统，这种系统通过其他节点的路由信息可以"智能地"绕过可能发生在系统中的灾难（或单个组件故障），因此"网页"和"网络"的喻义就是通过把互联网与蜘蛛结网类比而来的。结果，随着美国国防部高级研究项目署（ARPA）阿帕网的开创，互联网也就诞生了（Hardy，1993；Moore，1994）。阿帕网是第一个使用分封交换协议的大规模网络，它允许离散数据（包）单元通过任何可用方式发送到网络上的其他计算机，数据包在那里进行重新组合，以形成完整的消息。Hardy指出，阿帕网的最初意图在于实现这样一种功能，即在它路径上的任意一个点上，哪怕发生灾难性损失，网络也能运行。这一功能在 1989 年旧金山大地震中得以清晰的展现，尽管电话和其他通讯服务在那个地区已经被破坏，但互联网却依然可用。类似的，包括 2001 年恐怖分子对纽约世贸中心的袭击，2003 年影响了美国东北部的几个州和邻国加拿大部分地区的区域断电，和 2005 年卡翠娜飓风发生后给新奥尔良带来的毁灭性的洪涝灾害等，都破坏了这些地区大部分的通讯网，但在这种灾难性事件发生的情况下网络仍能运行。事实上，由于手机和网络还是使用遥远的信号塔和卫星，"无线革命"仍然处在起步阶段。随着这些设备功能的不断融合，有望使得这些技术在各行各业有更进一步的应用，而"性"将帮助促进（资助）这个进程。

虽然军事和国防机构对早期互联网的硬件和软件层面都提供了资金支持，但随着网络在 20 世纪 90 年代趋于商业化，"性"推动了互联网尤其是万维网的发展。成人娱乐行业——性服务的委婉说法，被认为是扩展互联网技术的一个主要"投资者"，旨在刺激自慰或夫妇导向的性行为中的性幻想和性唤起（"An Adult Affair"，1997；Hirsh，2002；USA Today Tech Report，1997；Weber，1997）。性有助于决定这种新技术的诞生及细化其发展方向，进而使交付的产品更有说服力，能够更加有效地吸引到浏览者 / 参与者。其他创新旨在改善在线商业交易，这包括了视频会议、即时音频和视频、在线信用卡验证和计费系统、交互式数据的数字压缩技术、提高宽带接入等。很多诸如此类的产品已成为互联网上的主流商业以及其他在线服务交付至关重要的组成部分。

然而，追踪网络中性网站的使用统计资料在目前来说仍然很难。在1995年公布的数据可能只是相关的静态市场或只是人口学研究，这种供需或人口数据可能在许多年内都有一定的规律性和稳定性。但是万维网在20世纪90年代早期才登场，到1995年才开始变得流行。在20世纪最后几年，市场和技术的飞速变化使得网络的发展也日新月异。它在新千年的最初几年也如此，并很有可能会随着时间的流逝而变得更不同。此外，在互联网或者网站的大多数历史中，刻意忽略了"性"所扮演的角色。不过，一些数据还是可用的，但是要记住，这些报告的数据通常是过时的，甚至在他们发表之前已经过时了。因此，着眼于整个未来，他们提供的只是短暂一瞥。

1996年的报告（Simons，1996）指出，成人娱乐网站大约占商业网站的10%，仅次于电脑产品（27%）和旅游服务（24%）。作为少数的几个市场研究公司之一，美国马萨诸塞州剑桥的弗雷斯特（Forrester）研究公司的数据被引用到了1996年的报告中，他们甚至承认"性"相关因素的影响力，并预测到2000年，成人娱乐收入将占互联网总收入的4%。未来几年不断增加的女性和老年用户将是这一结果的重要影响因素。特别是女性，她们被认为会更少的去访问与性有关的网站，不过按我的预期，除非像1996数据结果显示一样，只有在60%的网站都是针对男性用户的情况下，这个预测才可能有效。那一时期出现的一些针对女性用户的色情作品表明，女性欣赏的色情作品可能与男性不同，所以网站逐渐也会开始提供女性感兴趣的作品，同时，也不排除那些男性更喜欢的东西。Davis和Bauserman（1993）对观看色情材料时出现的性别差异的综述也倾向于支持这一前提，因为性暴露对于许多女性来说不一定是必需的事情。我引用一个例子，Candida royalle的女同作品（http://www.royalle.com/）持续制作这样的电影并已经成功瞄定位在了女性市场，鉴于有利于树立积极的性角色榜样，它也获得了一些性学家的欢迎。目前，越来越多关于性健康的信息网站会特别针对女性用户，男人和女人在寻找这类服务时的很多迹象表明这类网站十分受欢迎。然而通过网站需找"性"信息已经不是男性的专利，这超出了传统边界，人们正在设定更多的网站以解决具体的男性问题，现在男人已经成为他们的一个独特的营销目标。1997年《连线》杂志的一个全面报告（Rose，1997）将互联网上的性相关娱乐产品与其他领域的娱乐产品进行了比较。报告指出，1996年，性产业在美国带来了90亿美元的收入，超过了音乐销售的 81.5 亿美元和电影票房收入的和 59 亿美元，低于消费者花在杂志上的 111.8 亿美元和新书的 261 亿美元。针对与"性"相关产品和服务（显然只考虑了那些合法的）的 90 亿美元的花费，绝大多数（超过 50 亿美元）用于视频租售，9.25 亿美元用于在线色情网站。尽管性网站往往是私有的且缺少具体的数据，但是据早些年的观察家说，性网站事实上是为数不多的能赚钱的网络服务之一。根据《连线》杂志和其他报告，这些利润中的大部分被用来进一步发展互联网的基础设施及开发用以传递信息和娱乐的软件。

Hirsh（2002）指出，到 2002 年，大多数市场研究公司包括弗雷斯特研究公司已不再涉及成人娱乐产业，于是很不幸，我们很难弄清楚成人娱乐产业的变化形势了。不过，哥伦比亚广播公司的《新闻 60 分》在 2004 年 9 月估计，美国人每年在成人娱乐上大约花费 100 亿美元，并进一步指出，这与他们在专业的体育赛事、购买音乐或去看电影的花费一样。因此我们可以估计，过去八年也许有一个 10% 的增长。Greenspan（2003）报告，在 2003 年，网络色情占全球网络市场收益 570 亿美元中的 25 亿美元（约 4%），网页数量从 1998 年的 1400 万增长到 2003 年的 2.6 亿，增长超过 1850%。Hansen（2004）指出，根据研究团体 VisionGain 的预测，到 2006 年，"无线色情"的利润将达到 40 亿美元，这反映出人们对包括无线互联网在内的无线服务的兴趣在蓬勃发展。尽管我们也许可以放心地假定，性信息和性教育相关网站远没有普遍到作为娱乐的程度，但并没有任何研究能清楚地告诉我们：有多少与性信息和性教育有关的网站存在，又有多少人在使用它们。在这里我们可以发现，一般来说，相比于教育诉求，性唤起作为娱乐或者行为动力会更有说服力，这也是我们现实生活的反映。

5.2 性对人类的意义：混沌系统方法

然而，人类的性不仅仅是专为性唤起而设计的色情心理刺激，也涉及性的其他方面。性也不仅仅是性行为，无论人们认为性行为有多么巨大的价值的。事实上，性的意义一度从微不足道逐渐变得影响深远。人类的性欲几乎包括了所有生命的努力，正如前面提到的，这使它成为了最具跨学科意义的主题。它包括生物医学（身体）和心理文化两方面的所有交互领域。我把性的所有维度之间的相互影响叫做"性的复杂性"（Noonan，1998a，2004b），以此强调整体以及各方面相互作用的结合，并采用一种开放系统透视法来帮助我们更好地理解其复杂性，以改善人们的性及整体的生活。具体来说，我已经定义了人类性行为复杂性的因素群，即性功能、性过程和性结构，这涉及到了生物、心理、情感、政治和人类生活的其他方面。这是一个开放的、动态的多重复杂系统方法，吸收了最近的混沌理论来解释心理现象（Blackerby，1993；Masterpasqua & Perna，1997）。混沌理论涉及到复杂动态系统中随机行为的研究，混沌行为有时被描述成对初始条件极端敏感的后果（例如蝴蝶效应，见 Bender et al.，2004）。这样，人类"性"特征综合的概念是人类生活中各种子系统的整合。在此框架下，性代表了一种混沌的组织原则，它以复杂的方式向人们获取并赋予意义，在既定情景和时间段内提供可以调节各方面表达的不同反馈选项。事实上，人类自己就是一个混沌系统。我们有一个混合因子——自我导向意图，它可以改变行为和相关事件的过程。因此，我们可以认为意图是混沌行为本身的一个子系统，有自己微妙的混沌特性。

人类性行为情结的许多方面一直都没有得到清晰的认识，这是因为人们理解性行为的方式以及性行为发挥作用的方式是复杂的。基于本人对性行为的实践观察和知识经验，我直觉地认为人类的性行为是一个复杂混乱的事件，它可能有微妙的决定性属性，这些属性规定了它有很多不一样的但有限的表达方式。但是从性所具有的吸引力、奇特性或者其他属性这个意义来说，它的机制在目前还是不太清楚的（不过我的经验和解释可能会和别人一样或者也可能不一样）。同样，互联网可以被视为一个混沌的复杂环境，Ben Goertzel 在他书中的一个章节中详细地说明了这个假设。令人兴奋的正是这两个领域的交集，使得人们易于去使用这样一个扩大的系统观点。当然，这个观点彻底反对我们目前在解决任何形式的性问题时使用过分简单化的概念，也就是通常所指的用一种指定的二元论分析方式，如"好"和"坏"或"天性"和"教养"，这是在虚拟空间中评价性最常用的方法，正如许多健康领域教育者批评只提出年轻人"婚前节欲"但并未教授关于避孕套知识的"性教育"节目（Satcher, 2005）。除非我们能够打破约定俗成的性观念对当下性观念的影响，并应用这些原则来促进性健康，否则性学不会进步，公共政策也不会发展。宗教要求只是性哲学范畴而不是性科学，这包括美国的世俗版本，即政治上正确的后现代主义言论。不过，现行性科学的成分依然在性治疗、性咨询以及性教育中发挥作用（Noonan，2005a，2005b）。

所有系统都可能是混沌系统。事实上，如同 2004 年流行的 DVD 版超越电影"蝴蝶效应"所指出的，"既然科学是探索，混沌似乎无处不在"（《混沌：开创一门新科学》，Gleick，1988），这是否意味着，我们应该放弃传统的系统理论，或就此而言，放弃传统家庭系统理论呢？答案可能是"否"，因为我们已经成功地将它们作为工程学、治疗或预测工具来使用了。然而，也许约束系统理论能更准确表达这样的观点。一个符合牛顿定律的系统，比如汽车的点火系统，更适合称为约束系统，因为我们应用了约束（就像在性教育的例子中，即使只在我们的脑海，约束迫使系统刚性符合我们对自然法则的崇尚，即通过平衡混乱的路径，用我们的"温柔"推动我们走向期望的结果）。生命系统理论（miller，1991）是另一个有用的系统框架，它将复杂系统比喻成有类似特征的生物体，比如互联网和航天器（Noonan，1998a，2004b）本质上是一个混沌系统的方法，虽然我不这样认为。在本卷的 Jayne Gackenbach 和 Jim Karpen 的那一章，他们把混沌和复杂性理论应用于技术和意识的共同进化，并探讨了两者之间内在的相互联系，这为我们提供了额外有价值的见解。

到现在为止，在大多数情况下，明确的系统观点通常并没有在大多数性学作品和研究中阐明。但 Schnarch（1991）的工作是一个明显的例外，他把系统的观点扩展为家庭系统方法，用于家庭互动和家庭疗法（Glik et al.，1987）。Schnarch 一直致力于已婚夫妇的性治疗，虽然他开始筹备把系统性思维应用到更广泛的性问题上，比如亲密行为的性质和同伴卷入。事实上，就互联网这些问题，Schnarch（1997）已经开始用一些重要的心理学见解来看待。当然，你可以在一些著作中看到系统意识的微光，如早期的作家 O' Neill 和 O' Neill（1972）、Macklin 和 Rubin（1983）及 Kirkendall（1984）的未来主义作品，他们都试图更加完整地把个人和夫妇间的性关注点整合到生物心理社会环境和周边环境中。我发现，我们也许可以将混沌理论的系统方法扩展成一个有效的工具，用以研究包含虚拟空间在内的各种环境人类性的复杂性。混沌理论为我们提供了思考数据的新途径，否则这些数据并不是那么清晰的。混沌理论的价值在于它提供了一个框架，在这个框架里能解释那些无序和不合理的数据，并寻找这些受多重系统影响的数据的模式，这些系统可能冲击这些数据，或与之发生交互作用。

Perna 和 Masterpasqua（1997）认为，矛盾隐藏在对混沌意义的理解中，这些矛盾明显延伸到了网络空间中的性。他们的出现是由现代主义线性假设和还原论以及我们使用这些思维方式的惯性所致。然而作者指出，"混沌和自组织是与生命系统的动态发展紧密相连的"（P1）。因此，在有关"生物"所隐喻的知识演变中，下一步是如何理解复杂混沌科学。在这个科学新时代，这些概念是可以被领悟的。在这种情况下，互联网现在可能被视为一种生命系统，关于它我们还要学习很多。我们可能会发现，已被轻易应用于地球上所有可能社群的确定性，将被一个更自然的具有时代特点的不确定性所取代。Perna 和 Masterpasqua 指出，这种不确定性始于本世纪初量子物理的发现，即粒子的发现，至少在亚原子水平上，在任何确定的条件下都不可以被测量。此后不久，Freud 就主张，非理性是人类动力系统的核心，这就扩展了人类行为的不确定性概念。

Fogel 和 Lyra（1997）把混沌和复杂性的想法应用到关系的发展上，他们指出，"关系与个人一样，具有跨时间的连贯性和由于参与者们持续介入而发展的特征"（P75）。因此他们认为，人际关系是由变化而推动的，这些变化定义了发展中的言语或非言语动态系统，又反过来创造了关系的意义。这种关系在不同时代的变化就像关系历史中不同意义的改变。尽管他们过去一直关注两个人之间的关系，但他们认为这个原理可以应用到任何规模的团体中，因此，便形成了把这些概念用于解释网络空间中的性问题、个人行为和在线关系发展的一个基础。这种观点也有助于向大多数人解释性含义的范围。在网络上，关系通过书面言语交流发起，通过对其意义的理解来维系。性领域中的情感内容被参与者所感知，并决定了关系可能发展的方向，在网络空间体验本身和任何现实世界可能发展出来的现象都是如此（请参阅本章后面的网上约会的讨论）。

可以确切地说，人们在自己的生活中生成了他们自己的意义，个体决定什么对自己来说是重要的，并主动地把自己的精力投入其中。在所有需要努力的事情中，它可能是宗教、工作，或性行为，或它们的结合。那么，我们可能会问，人类性行为的本质是什么？当然，这是人类生命中最复杂的方面之一。作为一种活动，性在不同方面的表达，可以概念化为生育、娱乐和关系（交往），这些都是对现象学表现的目的论解释。Bolton（1995，P294—295）列举了其中一些表现：性游戏、压力寻求、冒险、超越、乐趣、幻想、交往、快乐、暂歇、仪式、个人极限的自我测试、成长、社区源、给予、分享、狂喜的经验、戏剧、胺多酚诱发的兴奋、灵性、情绪表达、意义来源、力量、美学、牺牲、美丽和爱。正如 Bolton 所说，"这个列表还可继续，它还远远未体现性的丰富和复杂，不仅在形式上，还在它的意义上"（P295）。仅以只就多数"性"的表现可以通过互联网展示出来这种意义而言，网络上的"性"表现出了这种丰富性。他们还能以文字或者图片的形式提供有形的表达，即可以被打印或保存到计算机中以备以后回想或者重温。

上述可以被恰当地描述为人类的性复杂性的一般积极表现，而在这个世界中通常关注的是性的消极方面。因此，它确实应归于性健康的范畴。虽然许多美国人在他们的"官方"公共角色中倾向于关注性风险和病理学，最近已经有人不断尝试强调更广泛地积极方面的"性"体验，这一切始于 Anderson 和纽约大学的一个博士及研究团队在 1990 年首次出版的《有人还记得当性很有趣的时候吗？艾滋时代的积极性行为》（Anderson et al.，1996）。同时，一般的消极倾向并没有在公共政策的其他领域推动新的变化，有时甚至在学术领域和性健康科学中也是如此（见Francoeur & Noonan，2004；Money，1995；Noonan，1998a；另见 di Mauro，1995a，b）。例如，人类学家 Bolton（1995）曾批评那些"几乎全部集中在对性的危险性方面的研究，从而导致了右翼势力，憎恶性爱议程的出现"的人类学家和艾滋病研究人员，"我们已经成为了把性变为危险和卑鄙活动的推进器的一部分了"（P294）。

在性表达和互联网这个领域，无数的作家都强调互联网是一个危险的地方，不论是心理上的强迫行为还是社会性的掠夺行为，尤其是对年轻人来说是很危险的。Cooper（2002）及 Cooper 和 Griffin-shelley（2004）引用了大量性成瘾和网络成瘾报道，描述了各种网络上的性问题及其伴随的金融、职场、关系和家庭的后果等问题。尽管 Cooper 和 Griffin-shelly（2004）承认大多数网上的性活动不会导致这样的问题，但大众媒体的文章以及一些研究报告却将其描述的耸人听闻。尽管性行为成瘾模型只是一个缺少实证支持其存在的隐喻（Fienberg，2000；Henkin，1991，1996；Klein，2000），但是对许多专业人士和非专业人士来说却是公认的事实。传统的成瘾被称为是外部物质导致一个人大脑内的化学变化，从而导致各种生理和心理上的问题。以尼古丁和海洛因作为典型例子，如果撤消刺激则会出现身体反应。一些物质后来就具有使心理成瘾的属性（例如大麻），这种概念的转变使得行为和相应的身体自发的化学变化都打上了相同的标记。在具体的身体活动（如性高潮和运动）期间由身体自然产生的胺多酚，引起大脑和整个身体的快感，一些人可能把大部分注意力集中在他们日常生活中的这些事。尽管这种行为可能确实是强迫性的，但除了在隐喻的层面上，它并不是实际上的成瘾。事实上，Bancroft和 Vukadinovic（2004）在对一个更好的理论模型的探索中假设，就失控的性行为及其病理性后果来说，性强迫和性成瘾在概念上具有不确定的科学涵义。对所谓的网络成瘾和网络性爱成瘾以及其他成瘾行为的概念也有类似的争论，但是这些隐喻构念仍获得了许多心理学家和外行的相当大的支持（见本书 Mark Griffiths 所著篇章对这个问题的补充视角）。如果这是真的成瘾，有人可能会争辩说这些只是简单的愉悦成瘾，任何好的感觉如果被强制或不恰当地体验"太多"都会变成病态的。除了纯粹的媒体炒作和逻辑上模糊的科学推理，这对减少对儿童和成年人造成的实际伤害并没有发挥多大的作用。

相比之下，Prescott（1997，1983）对于性和触摸以及这二者与人际暴力和冲突之间关系的描述，为身体感觉/性剥夺可能造成的影响提供了有用的理论。他提出了身体愉悦和性接触对健全人格发展的重要性，及成人暴力中因缺乏这些所带来的毁灭性的影响，这些使得憎恶性爱和反性欲的保守派、政客和社会批评家特别反感，因此他的研究通常被忽视。就像 Bolton（1995）所写的：

我们的目标应该是对健康性爱进行详细阐述，这可能是减少文化其他领域的问题（比如暴力）的一个基本要素。一场性压抑的反革命运动是不可能解决艾滋病问题的，相反会因不断增加的不满和失望会导致其他问题。（P301）

性在人类生活中是有象征性价值的。对于年轻人来说，这通常意味着变成成人，这可以部分解释为什么急于开始一段性关系或性行为。而对于年长者来说，性往往意味着年轻及重拾青春的尝试，这也许可以解释一些儿童色情描写和许多性幻想的存在。在西方，过去的农业发展时代，性行为开始于更小的年龄，但工业革命和其他的社会变革打破了这一模式（Murstein，1974）。Bolton（1995，P293）指出，性既是理性的也是非理性的，社会和文化的条件提供了行为发生的情境。因此，互联网用它自身的社会和文化环境提供了一个情境，使得个体能够私下探索他们自身内部的意义，并找到可能在他们所处的现实区域内并不存在的社区。

对于一些人来说，性象征着自由、独立或反抗；对于另一些人来说，性则象征着压迫和克制、限制和缺乏自由。Clatts（1995）已经确认他所谓的生存性性行为的存在，比如一些性工作者（例如卖淫）把性当成一种生存的手段。性可以作为社会群体地位的象征，同样也可以作为自我验证、自尊、自我价值或自强的源泉，也可以作为配偶所有权和控制世界一小部分的能力的象征。此外，一个人的性取向可以作为一个社区的本源，或者成为敌我权力斗争中的一个政治声明（例如一些女权主义、同性恋、变性人、另类生活方式、军事、或宗教团体），所有的这些在网络上都有所体现，它们有助于表达和巩固社区纽带。

性含义的多样性反映在生活方式的可选择性上，包括独身、一夫一妻制婚姻和对异性恋人们的开放式婚姻，还有类似模式的未婚异性恋、双性恋和同性恋人，未被承认的性关系和秘密的婚外情以及其他许多形式。在美国和其他国家的同性恋婚姻合法化趋势进一步表明了，性含义的多样性正以某种方式扩展到更多的人。Libby 和 Whitehurst（1977），Macklin 和 Rubin（1983）以及 Noonan（1979）等人探索了关系可能性中的广泛背景，这与 20 世纪 70 年代到 2005 年的异性恋"另类生活运动"的繁华，以及一夫多妻制群体有着关联。属于自己的声音（通常是反对者）。

通过互联网地球村的社交变成可能。在线约会的主流化也使得浪漫可能性成为现实。就像在任何其他世界性的社区中，当务之急是有必要重视性表达的益处，并以此来抵消对性的潜在伤害的过分强调。尽管许多人曾经认为，大多数潜在危害没有出现在网络空间或现实生活中，但我们却不能简单的这么说。美国计划生育联盟（2003）出版了一本研究纲要——《性表达对健康的好处》，总结了性行为和性高潮如何造福人类的生理—心理—社会系统。例如，众所周知的是，这样的活动可以对自杀念头和抑郁具有改善效果，阻止了许多自杀行为，减少了压力；它能增加寿命、增强自尊与健康，且与生活总体质量相关。从生理学上讲，它可以增强免疫系统，促进睡眠、缓解疼痛、减少患乳腺癌、心脏病和中风的风险。认识到性的更多积极方面，也使得世界性健康学会（WAS，它的前身是世界性学协会）在 2005 年 7 月的第 17 届世界性学大会上，发表了其历史性的"蒙特利尔宣言"——《新千年的性健康》，以全球性地促进贯穿整个生命周期的性健康（文章可以在以下两个地方获得 http://www.worldsexology.org/ or http://www.worldsexualhealth.com/)。《宣言》的目标是鼓励各国政府、国际机构、私营部门和学术机构优先考虑把性健康纳入所有的可持续发展目标及国际协议，充分整合性健康和性权利，实现具有里程碑意义的联合国新千年目标。正如将在后一节中提到的，这些目标很可能会通过个体的性赋权——通过互联网而日益被全球更多的人接触到，并得以实现。

5.2.1 宗教和文化影响

Francoeur（1984；Francoeur & Perper，1997，2004）建立的理论认为，人们对性的整体态度主要受他们的世界观影响。根据 Francocur 的说法，尽管宗教在这个概念模型中也起着非常重要的作用，但是宗教哲学的变化却更为重要。他曾提出二分连续体的两端定义并描述了这些观点：固定的和变化的世界观。不管是西方还是东方，几乎每种世界观都附着在每一个宗教传统中。Francoeur 提出，相比那些宗教与世界观和自己不同的人来说，一个既有宗教的信徒在看待性问题上可能会和与自己有同样宗教信仰和同样世界观的人相似。这种冲突的性质可以简要总结为以下内容：

　　　　一端的是原教旨主义、福音主义、神赐能力派系，他们把《圣经》

的真理逐字翻译，并当成上帝的话语，提倡把美国建立成为一个基督教国家。对于他们来说，生活在上帝的统治下，男人作为一个家庭的顶梁柱……女人则是顺从的，为天国传宗接代。在美国，类似的原教旨家族在过于保守的犹太教徒和激进的穆斯林之间是非常明显的……这些体现了一种专制主义者／自然法则／固定的世界观。（Francoeur & Perper, 2004, P1140）

这些观点将与另一端形成鲜明对比，也就是"接受了新的／进化的世界观的各种主流的新教徒、天主教徒、犹太教徒、和穆斯林们"。在这些世界观中，例如在罗马天主教的传统，神所启示的圣言是被人尊称为：

> 对神的回应的记录，在这个千变万化的社会、历史和文化传统中贯穿了几个世纪。作为对他们在特殊的现实情形的忠实回应，受之前的启示所引导，但并不是受制于它。（Thayer et al., 1987, 引自 Francoeur & Perper, 2004, P1140）

这样，道德标准和一些其他观点将会随着社会的变化而演变。例如，情境道德更偏向在评价各种行为的时候会考虑到它的背景因素，这体现了他们的一种思维方式。在美国和其他社会，发生在各教派内部和公众内的争论中，冲突都是显而易见的。相应的，这些争论可能表现为正式的声明（从梵蒂冈或其他教堂、犹太教堂或清真寺）、当地研究小组的报告以及让政治家通过立法来规定牵涉性和性别问题的具体道德和宗教观点。这类有关性的观点大多数都可以在互联网上找到。在《对于性健康的性爱网页索引：性爱探索意愿列表》（http://www.Sexquest.com/SexQuest.html）上可以找到一些由作者编辑的此类网页的链接。JSR 网站的评论伙伴网站 http://www.Sexquest.com/SexualHealth/JSRwebsite-reviews.html 专门提供发表在《性学研究》杂志上的有关性研究的网络资源，及补充链接（Noonan, 2001a，b）。

在所谓的"仿生活色情"中，媒体通常夸大那些与性相关的事情，以此来增加收入。为了利益，政客们也加入了这一阵营。考虑到美国人对性的强烈的矛盾心理，政客们试图对人们关于性爱的无稽恐惧和合理担心加以利用（Noonan, 1996a,

1998b）。Wilkins（1997）提供了对"道德恐慌"这个社会学概念的定义，这恰如其分地描述了目前仍存在于性领域的大部分老观念：

> 道德恐慌以公众对社会威胁事件的关注、焦虑与热情为特点。区别因素就是总的兴趣水平与事件真正的重要性不一致，一些人通过追求和放大这种问题来建构个人事业，用巫术和歇斯底里来替代理性推理。

当然，道德恐慌恰如其分地描述了我们对互联网上性的集体反应。从第一节的介绍我们就可以看出，几乎没有理由为它辩护——除非着眼于全局且客观地看待——互联网上性与性表达的其他方面带来了持续的道德恐慌。面对这个包含尴尬、争议、愉快、丑陋、美丽与困惑的性世界，接下来互联网上会发生什么呢？性的动力是什么？为什么把这些新媒体整合到我们的性意识如此重要？参考现代性学上的关键问题，也许能帮我们把一些可能性考虑进来，并为未来的行动提供方向。下面将阐述与性有关的内容和可能的动机以及各种应对方法的分歧。

5.2.2 性科学的新视角

当代性学已经超出其最早起源的精神分析理论和性生物学，大大拓展了自己的范围。性在本质上是跨学科的，像我们之前所指出的那样，它从其他自然学科和人文学科借用了一些概念，同时赋予了他们新的含义。20世纪的后半段，许多重要的性学思想来自John Money的著作（1985 et sep.），很多人认为他是最重要的当代理论家之一，John Money大力批评了美国社会中猖獗的反性主义。例如Money在性别认同/角色、性扮演、性变态上的开创性工作，尽管还存在争议，但不妨碍它成为我们今天的对性行为和性别理解的基础。Money还推行使用已经在心理学上得到确定的"性变态"这一科学术语，例如通常在法律系统被称为异常和古怪的行为，或通俗的称为恋物癖的一些性行为。事实上，"性别"（gender）这个词是Money对性学理论的贡献，用以区分男性气质、女性气质和雌雄同体的社会文化表现，以及男性、女性和雌雄两性的差异。这个从言语学借过来的发明，却被一些社会科学家误用来区分生殖器的"干净"和"肮脏"部分：性别在上面，而性处于较低层次。Money（1995）对此感到有点遗憾。在其他情况下（如调查中），性别（gender）和性（sex）已经变成了同义词，单独提及性是不可信的。

然而，性学家的潜在贡献对理解互联网上性所扮演角色产生的影响，被因其失败所导致的尊重缺乏而被混淆了。在大多数情况下，对一些学科当前在其领域内浑水的澄清，也经常因心理学、社会学、医学或其他主要学科类似的失误而变得更糟。某些时下的关键问题便是很典型的例子，如儿童性虐待和康复记忆、性骚扰和约会强奸及人们对艾滋病的错误想法。对于关于这些问题的谬论，许多性学家没有仔细审查它们的分歧就不加批判地接受了，并且很多其他社会科学家也是如此。此外，尽管某些新的道德观念在当今世界已经被普遍地接纳，但在一些性问题上性学家已无法撼动来自传统宗教分子根深蒂固的道德权威，如一夫一妻制和婚前性行为（例如 Lawrence，1989）。上述情况的问题在于，滥用科学来助长个人偏见，而把相互矛盾的事实排除在外，或把道德戒律伪装成科学断言。基于对科学的不同理解，科学家们（和性学家）可以有道德立场，但并不是要在科学领域内广泛的宣扬这种立场。例如，我可以认为心理健康专家应该更多地强调使用精神情色刺激来增强性冲动，这是性表达的一个规范且普遍的健康概念，然而，这可能与不主张如此的专业人士持有的道德立场形成鲜明的对比。也许，在这种冲突背景下，处理互联网上的性问题就变得异常困难。我们可以理解政客为政治利益而发生的道德篡夺，但是我们中的许多人很难原谅这情形发生在心理健康专家身上。

　　不管是特定的性问题，还是更普遍的心理和社会问题，功能失调的行为可能被认为是由于个人在处理内化冲突时的过程，由于生殖器从身体"分离"而产生的系统故障，可能被概念化为把生殖器体验从与之不相容的整体体验分离出来的过程。性变态是不幸反应的一种，Money（1986a，b）将它描述为性与自我的扭曲，这一灾难转变为性欲幸存的一种胜利，尽管它的表达模式或对象选择已经扭曲了。爱迹图（lovemap）则是他们发展的轨迹。

　　Money（1986a）使用爱迹图这个术语来描述高度个性化的心理表征，即一个人拥有理想的爱人，理想的性爱程序，以及可唤醒他/她的色情活动或者意象。这种爱迹图是否正常，取决于在相关文化中的唤醒对象或活动的正常发生率与统计常模的一致性。如果在早期性心理发展中发生了性创伤体验，爱迹图会被破坏，从而导致性心理异常（Money & Lamacz，1989）。后来 Money（1995）又创造了一个扩展术语"性别图"（gendermap）来描述一个人的性别认同（性别角色）的心理表征。这个"性别图"包括了爱迹图，对阳性、阴性或雌雄同体进行了区分，并赋予它与其性别编码有关的社会、文化、职业等功能。在定义这两个术语时，

Money 强调每个表征的轨迹都在人们的头脑中。读者在下一节中将看到，性反常行为在互联网上也有很好地体现，并且在某些方面，已经达到了全盘接受所有异常的性行为状态。

目前正出现的几个问题，可能会影响专业的性学家们接近科学的方式，也会影响我们如何来处理互联网上的性。这些问题正通过不断的生物实体研究（如信息素及其在性吸引力的角色，Kohl & Francoeur，1995）和性取向生物学来解答。此外，社会科学的专业人士正在寻求新的范式来抵消抑制趋势，这种趋势可能预示着要取消一些在过去所得到的社会收益。技术是未来收益的一个希望，像性功能障碍的治疗（如阳痿）就是一个例子，尽管这仍有争议。例如，一个研究"女性性问题新视角"（2000）的工作小组，已经重新定义了女性的性"难题"，这在技术上与固有的性"医学化"方法背道而驰。鉴于从妇女运动各方面所获得的见解，许多男人也开始重新考虑他们与女性的关系，而所有这些变化都能在互联网上反映。

正在进行的性学研究中，最引人注目的一个方面主要集中在性的一些潜在和外显的消极影响。这种证据不足的概念如性成瘾（Fienberg，2000；Henkin，1991，1996；Klein，2000），或者是（不需要经过毒品注射器传染的）通过性途径感染艾滋病的风险（Fumento，1990；Natioanl research council，1993），都是很好的例子。通常，性否定观点会内在地随着这些毫无根据的信念得以发扬。这些偏见可能是保守势力的另一种反应，这一势力在美国过去的 30 多年一直占统治地位。由于布什政府最近在最高法院提名，它将有可能以某种形式继续统治美国几十年。显然，各种政府和私人机构已开始关注互联网上的性，诸如继续努力限制在某些场所访问各类型的材料，或进行网络钓鱼行动以抵制性捕食者，尽管其中一些可能是合理的。然而，幸运的是，这个（争论）焦点是周期性出现的。Reiss（1990）已经概述了在 20 世纪美国社会是如何独自地经历了两场重要的性革命，而且他主张采取积极的姿态来塑造下一场性革命。他预测这场革命将会在 20 世纪 90 年代开始酝酿。其他人可能会争辩说，还有几场较小的革命，例如解决妇女权利和同性恋权利膨胀的问题，但这些工作尚不完整。许多关于男性和异性恋的一些权利（尤其是存在明显冲突又相互作用的各种权利）被忽视的工作仍在进行，且存在于互联网上不同的场合。（参见例子 http://www.SexQuest.com/alt.sex.conference/）

例如，在性的政治舞台上，异性恐怖症在过去的 20 年才被接受（Noonan，1996a，1998c；Patai，1996，1998；见 Noonan，2004a，这个话题最全面的考查），尽管"同性恋恐怖症"仍没有得到普遍的认识。（两者都是很好的例子，政治模糊性和心理上的敏感性，常常混淆我们对性问题的理解——在这种情况下，恐惧症这个后缀意味着可能准确，也可能不准确。我鼓励使用同性否定和异性否定来替代会更加准确，这来自 Noonan，2004a，及后来的 Weis，2004a）。异性恐怖症已有多种定义，从对不同事物（如其他文化）的畏惧到同性恋恐惧的反面，它只把异性恋者作为恐惧目标。我认为是美国文化中通常的反性主义促使其形成的。我对它的含义进行了扩展，并更多把它作为广义上的性否定的同义词来使用，即包含在异性恋行为中——尤其是对异性恋男性——特别针对异性的交流恐惧（见 Noonan，1996a，1997a，1998b，2004a）。然后，内化异性恐惧症就是这种扭曲的性失常行为的一般机制。因此，承认其对美国文化中性健康、性研究和性教育的影响是当代性学的前沿。实际上，异性恐怖症已经成为一个不被承认但却经常被提及的力量，它影响了公共政策，并默默地联合了保守的宗教者和其他社会力量，决定了作为人类生活重要领域的性问题如何解决。无论是在现实生活中，还是在网络空间里都是如此。例如，Patai（1998）就把这个概念应用到当代的性骚扰理论和她所称的性骚扰行业（SHI）中，她认为，使用这个词是为了区分男女常常涉及的个人、政治利益和自身兴趣。她定义异性恐怖症为"在当前环境下，对另一个人的恐惧和敌意，一般是对男人产生的特别恐惧"（P5）。这种敌意"并不仅限于起源于 1960 年代的极端女权主义者"（P14），Patai 接着说明了它是如何在性骚扰的教导会话和法律的扩展中实现的。

可以肯定的是，其中一些新兴意识只不过可能是一个强烈的女权主义和同性恋运动的反弹，这些运动曾在 20 世纪 90 年代前后引起了美国社会的波动（Noonan，2004a；Patai & Koertge，1994；Patai，1998）。Money（1995）已经提到一些过度行为作为一种反性改革，并批评了同时发展的"受害者研究"的假科学，其中，康复记忆等类似的东西就是他们伪科学的工具。然而，性的多元化体现在一些比较明显的意识形态中，按 Reiss（1990）的范式，它应该是一个社会所追求的理想。引申开来，这种范式将有助于解决那些还在继续混淆着我们对网络空间上性反应的分歧。

女权主义的贡献在这方面一直很重要，因为在人类性行为的研究上，她们提出对个人观点和社会互动进行不同的解释。这些社会构建理论无疑增进了我们对性的复杂性的理解，并成为社会科学研究的一个重要部分。然而，一些社会科学家似乎已经不加批判地接受了当代女权主义者、同性恋和其他少数民族的那些更加激进的意识形态。由于互联网的存在，性在政治方面开始出现一些可靠的讨论。

通常，这些激进观点的支持似乎更感兴趣如何促进自已所属团体的有限利益，他们经常联合那些相信自己的观点以及需求被忽视的人，试图发动政治运动，进而使他们能成为一个设定社会规范和权利的组织，以反对那些被视为统治敌人的团体。建立在反色情女权主义和极端保守主义的政治与宗教团体之间的著名联盟是一个最好的例子，他们通过限制他人的性话语和性观点来会削弱互联网上的性表达。尽管他们每个团体反对色情的原因不同，但议程往往集中在其他的一些性相关和性无关的问题上（Klein，1990/1992）。通信规范法（CDA）已经证明了这一点，这样，诸如堕胎、性教育和同性恋权利等信息就会被限制。这些状况，加上人们对于女权主义者和异性否定存在普遍联系的看法，使得今天许多年轻女性拒绝被认定为女权主义者，尽管她们意识到了会因此而获得机遇。

这一促进自身利益、政治权力和权威的目的并没有得到明确认可（尽管有时也会被意识到），由此可能会产生矛盾。因为这些组织经常试图通过从他人手中夺走这些（权益），来构建一个属于自己的社会秩序，而就成了证明他们存在的一种手段。随着反对党的成立，那些无价值的规定就开始被冲击，于是就产生了错误的二分法。如 Money（1995）以天性和教养之争的再现为例对这进行了解释，社会构建主义者提出严格的生物决定论构想，但它的许多支持者可能并未意识到。这些不同的社会构建主义者的政治立场的中心论点，被 Tiefer（1995）对性本能的批判所埋葬。Tiefer 发现，对"性是一种本能"的争论源自于 17 世纪和 18 世纪的政治哲学捍卫革命运动，对它的运用是性学的一种防御措施。但实际上，她并没有认识到今天的社会构建主义者的本质，即他们经常做和他们所批评的对手同样的事情——只尝试去改变那些受支配的人。结果，消除种族主义、性别歧视和异性恋主义等破坏性态度的努力，往往更能成功地刺激盲目反对，而不是削弱他们。这同样表现在一些普遍的谬论中，比如，一直被压迫的少数民族不不可能是种族主义者，以及女性不能参与性骚扰等。在互联网上，这样的争论变成了开放的辩论，所有有兴趣的团体都可以参与进来并做出贡献。

5.3 互联网上的性表达和性信息

性资源几乎存在于所有的网络论坛。除了电子邮件，网络新闻组和万维网是最常用的性资源获得方式。除了两个特定个体之间交换电子邮件获得的非正式性信息，还有漫无目标的"垃圾邮件"（那些无所不在的无用广告就像是互联网瘟疫）和具有针对性的邮件列表、个人对感兴趣的话题特别订阅的电子邮件讨论清单等。前者内容是针对性的产品或服务，例如垃圾邮件或者专业导向的（或其他）讨论和公告。后者的例子包括关注"大学生性控制问题的所有方面"的长滩加州州立大学的"学术性正确的性列表"（ASC-L，http://www.csulb.edu/asc/asc.htm 与 http://groups.yahoo.com/group/asc-l/），和性网站列表服务（各种性研究者发起的小型学术性讨论列表，包括了性学家、生物学家、心理学家、精神病学家、社会学家等，更多有关信息，请参见《性心理：互联网中的真实写照》:http://www.SexQuest.com/SexualHealth/psychsexmirror.html，Nooman，2006）。SSTARGAZE，性治疗与研究协会（SSTAR）的列表服务，是一个仅为其组织成员而运行的例子，其成员都是有临床经验或者对性有研究兴趣的专业人员（http://www.sstarnet.org/）。另一个是美国性教育顾问和性治疗师协会的列表服务，也是仅限于当前的协会成员。其他的则是面向所有的跟性和性别问题有关的学术声明、政治目标、特殊利益等内容，以及这些相互交叉的内容（揭示政治对于在这些职业中的大多数人来说是如何运作的）。这些列表大都能在网上的各种索引中找到，例如 http://www-unix.umbc.edu/korenman/wmst/f_sex.html，它主要专注于大范围的性取向、女权主义和其他（一些非常具体的）女性感兴趣的问题。我们将会在下一章看到类似的内容。互联网具有快速的传播速度，从而有更多可访问的领域，这种性取向材料是这些场所中大量内容的一小部分，因为大多数列表服务（或垃圾邮件）都不是只针对性话题的。

5.3.1 网络新闻组和性心理

互联网上的性表达有很多形式，其中，网络新闻组是表达各种各样的性行为和性兴趣的最直接最开放的论坛，它往往通过新闻阅读器来接入，现在则常常结合电子邮件或直接通过网页进入。新闻组由于其开放性和全世界范围内的可用性而提供了最直接的性产品，占据了互联网色情图片的最高比例（除了商业性网站中的色情图片），而且它们都是免费的。这些产品多以故事形式或者数字图片的形式存在，它们展示了与参与者有关的特定帖子或者问题所进行的讨论等。新闻组是没有人能控制的，他们是由读者发帖制造了自己的新闻组。虽然垃圾邮件已经有效地推出许多性爱相关的新闻组，但这些新闻组几乎没有用于他们的原始目的了了。从理论上讲，由于经过精心设计，他们能最清楚地表达用户的性趣。然而，许多互联网服务提供商（ISPs）支持一些非常露骨的性组织，或者他们需要一个特定的请求来获得使用一些群组的权力，因此一般人很容易接触到很露骨的性材料，这通常是因为这些群组有上百万的用户。然而这只是传闻不是事实，虽然有时这也可能会发生。因此，就出现了各种增值新闻服务，允许用户访问更加完整的、未经审查的新闻组，并且发帖不会像一般的新闻组那样由于大多数新闻服用器的篇幅限制而发帖失效（不可用并且消失）。

与性相关的新闻组的名字通常包括 "alt.sex,"、"alt.binaries.pcitures.erotica," 的字符串，或者那些形式的变体。尽管其他讨论色情形式存在，但本质上会少一些休闲性（见 Harley Hahn 的新闻组的总清单，在 http://www.harley.com/usenet/index.html 有一个全面的新闻组清单）。二进制文件通常用来编码基于文本的消息以促进传输，主要是程序、图像、视频、音响等的数字文件格式，而不是只包含普通数字字符的文本文件，比如那些弥补纯文本的电子邮件、新闻组发帖或者大多数网页。包含在那些字符串中的关键词多是性和色情，在我的未经审查的 ISP 的新闻（组）服务器中使用旧的新闻阅读器在新闻组名字中对这些项目进行搜索，显示1997 年超过了六个月的时间里，只有 4% 多一点的新闻组可用。当这一章的第一版（Noonan，1998d）在 1997 年中期到 1998 年 2 月进行写作时，24704 个新闻组中的 593 个就包含了"性"这个词，而且有 431 个中包含了"色情"，总计 1024个（其中有一打是同时包含这两个词的），占总的 4% 多一点。显然，从 1988 年开始不到 10 年内，带 alt.sex 字符的新闻组已有所增长。应该指出的是，在 1997年总的有 7798 个 alt 层次新闻组，尽管这在最开始只有三个（alt.drugs and alt.rock-n-roll being the other two，Hardy，1993）。

由于垃圾邮件和新闻播报的变化，以及这对互联网领域的临时研究者造成的困难，使得想得到与性相关的新闻组似乎不像 1997—1998 年间那么简单了。2005年中期前后，谷歌（google）发布了测试版新闻组网站（在 http://group.google.com/网页上），他们的目的是提供从 1981 至今的大部分文本新闻组的存档（根据他们的 FAQ—常见问题页面，在 http://www.google.com/googlegroups/help.html）。虽然其声称存档了大约 8.45 亿（可搜索的）文章，但因为它不包含二进制文件（照片等），这就多少有点局限了，在过去的 20 几年中，人们很容易看到包括二进制文件在内的文件，在服务器上常常占用了大量存储空间，更何况个别二进制文件明显大于文本文件。这样，谷歌小组报告，截至 2005 年 11 月，大约有 54000 新闻组存档在网站。回到我自己前面段落使用过的未经审查的 ISP 数据，我发现大约有 1900 个新闻组含有性这个词，并有 400 个包含了色情这个词，这差不多是 1997 年的两倍，并且像 1997 年一样再次占了总数的 4%。由于考虑这个计算涉及两个不同的数据集，没有确定的方法进行比较，我不知道存在的误差有多大。当然，谷歌组织没有任何二进制清单是一个严重的局限。另一个限制是，谷歌站点的历史属性意味着它涵盖了因没有人发贴而最终会消失的群组。

此外，我没有在 ISP 深入研究这个显然相关的 alt.binaries.erotica 帖子，鉴于近年来儿童色情报道分散在互联网各处，我确实注意到这种材料最显眼的名称不复存在于我的 ISP 新闻服务器中。这可能反映了报道宣称取缔这类团体的法律效力使然，尽管也报道说一些人会以新名称再发一次。尽管像 Weis（2004b）所指出的那样，这种色情材料只是色情图片中很小的一部分（P1186），但我不觉得需要谨慎地"为科学而取之"以确定它是流行的，我也没有时间去筛选新闻组排列以确定那里实际上有什么样的内容。不过，我决定调查一个可能是"安全"代表的群组（以防他们"被看"），alt.binaries.erotica.amateur.female，试图理解一群据称是今天纯业余的人也会看的帖子（也就是非阶段式的）。它显示在过去两个月左右的大约 221000 个帖子中，在网页上多数图片是高质量且专业制作的，并且这些图片集大部分作为各种商业色情网站所作的广告（也就是垃圾邮件）似乎经常被重复张贴。大部分主题都是明显针对异性恋男性（目标市场）提供的女性形象（成对的或成群的），还包括少数可能是"真正"的业余爱好者和少数在美国被分类为儿童色情的主题。不过，我不想冒险来更新这一章以指出社会科学家所面临的真正问题，因为这个问题的提出将会引起过多的争议。如果合法的研究人员都不能提出正确的问题，或者不被允许找出和陈述真正的答案是什么（接转 Rind et al.，2000，2001a；Rind & Tromovitch，1997；Rind et al.，1998，2001b），那么我也就真的不想知道如何解决这些问题了。

考虑到上述想法，在迎合不同兴趣的新闻组中，与性有关的新闻组显然只占了较小的比例。这也不足为奇，因为性行为从一个或更多的方面来说，只是可能跟所有人群相关的主题之一。进一步对其他的网络新闻组数据的研究表明，与性相关的新闻组是最受欢迎的（从 2005 年 11 月 12—18 日），当我更新这一节时，我发现那周每天访问排名前 100 的网站平均有 75 个具体网站带有明显的性图片和视频，他们在那周的访问量占了所有网站总数的 53.9%。然而，尽管普遍的电缆和数字用户路线（DSL）连接使下载（将文件从新闻服务器下载到自己的本地计

心理学与互联网：个人、人际和超个人的启示

算机上）图片时间变短，但它还是要花一些时间的，更不用说包含视频数据的大文件了。这样的时间投入使得它并不适合所有人，除了最专注的爱好者之外。除此，还有很多光盘包含了可以用在电脑上的性材料，其中的许多内容来源于新闻组，还可以在线购买或商店购买，这减少了下载的时间，可以说 DVD 视频和交互式内容无处不在。事实上，就像一个报告（Stefanac，1993）所指出的，正如 20 世纪 80 年代性导向的录像带推动了录像机市场的发展一样，色情多媒体光盘可能刺激计算机用户购买光盘驱动器、声卡和高分辨率显示器，最近的 DVD 也是一样。不过，除了已经提到的商业网站外，在互联网的任何领域中，从露骨的色情材料可用性这个方面来说，该网络新闻似乎达到了最高的比例。因为列表服务和博客已经越来越多地接管了许多网络新闻最初的"大众访问"、声明和讨论功能（Caslon analytics，2005），这可能使娱乐性的性定位变得更加明显。

与这章的基本前提一致，考虑到已指出的局限性，材料在网络新闻组中的可用性表现出其多样化，再次反映出性表达的广度和深度。即使是粗略的浏览新闻组的名字，就能发现人类性爱在网络上的多样性。尽管大量的垃圾邮件扭曲了真实的情况，但是从这些新闻组中抽取一些图片也能证实情况确实如此。过去我在探索这个主题的时候，色情作品也常令我目瞪口呆。可以肯定的是，有些作品还是受到了一定程度的限制，大部分作品不能直接的引起性唤起。然而，即使在并不符合自己爱迹图的一些主题里，人们也可能会因获得的刺激图片而感到吃惊。这些垃圾邮件包含去泰国、古巴及其他地方的性观光预告，以及关于电话性爱、三陪服务、视频、性导向材料光盘的广告（这好像是减少了），以及万维网上行为网站的广告和链接（这肯定已经增加了）。

另外，视觉材料的质量有高有低，从美丽艺术的、高质量扫描照片和数码照片（主要是商业行为，作品经常重复地发布），到业余的低质量扫描的和连手机拍照都比不上的数码照片和视频截图（似乎主要来源于"专业的业余爱好者"），再到对各种主题不同质量和长度的数字视频剪辑，内容包括具有传统"魅力"的打枪和手淫的展览，以及异性恋、同性恋和双性恋的活动，特别是肛交和"美容"（对着女人的脸射精）等许多反常性行为和恋物癖，还有奴役、惩戒和施受虐场景。此外，还有易性癖（"女扮男装"）和面向异性的女同性恋。避孕套似乎比过去使用的更加频繁，幻想以及实际强奸和性侵犯的描述也似乎仍然存在。这些材料包括了世界上几乎所有种族和民族的性行为，特别是亚洲的个人、夫妻以及群体。许多人认为性是玩乐，而其他人很明显并不这么认为，甚至还有些人似乎在远离性活动。田园风光和普通工作室与实际的家庭一样被作为性活动的场景。各种的身体类型都包含在了性作品中，比如妊娠或怀孕的女性以及身体残疾的人。尽管，从组名上看老年个体比过去多了，但是年轻人可能依然像10年前那样是最重要的用户，就像大部分"真实情境"那样，这可能是因为更多的新生代已经变得更加适应电脑，同时老年人也开始退休了。当然，这种美的心理学还没有被研究过，但是如果从之前提到过的混沌系统的角度来看的话，它可能会揭示对规范发展和进行干预的方法。

特定材料针对特定的人，包括女性，显然是可能引起性唤醒的，虽然大部分不会引起超越那些特定的爱迹图所包含的意象。有一些材料绝对是淫秽的，只是因为它会通过马赛克或者别的工具覆盖生殖器来设限。误传的照片也出现在那里，比如假冒名人和其他成人裸体，以及由不同的无性照片和性有关的部分的叠加或进行过数字艺术处理的儿童色情照片。特别要注意的是，因为它代表了一个一个与众不同的美国工业社会（它生产了世界上大部分的性导向材料，据 Rose，1997），这一产业起源于日本，包括了众多的奴役和"洛丽塔"（Lolita）图像。男性和女性（儿童）阴部区域的像素失真反映了日本当地法律的奇怪之处，因此，尽管是合法的材料，但在此期间日本的法律和习俗已经改变了。（更多关于性在日本和其他国际文化中的资料，参见在线《性学档案》，2005；Francoeur，1997；Francoeur & Noonan，2001，2004）

建立在美国、日本和其他国际性的许多性导向的"色情"明星新闻组都强调大量的出版杂志侵权。

性材料中被描述的许多人总是一如既往的有吸引力，尽管也有许多是没有的。这中间大多数材料是针对异性恋使用者所描写的女性角色，这种现象可能反映了使用者中绝大多数是异性恋者以及早期的互联网使用是以男性为主的。然而，女同性恋和男同性恋材料，以及双性恋和变性人/变性材料，奴役和有其他癖好的团体的重要数据库的存在，使得它跨越了所有的性取向。图片可以使用常见的电影分级系统来类推，R级（限制级）、X级（儿童不宜）、G级（老少皆宜），也就是为妇女和儿童设置的来自于主流商店目录的图片模式，包括了从各种资源搜索来的名人裸体，无论用于私人的还是公共的目的。也有的是描绘相对非典型的活动，如异性恋拳指性交、兽交、恋童癖和其他不太常见的性变态行为，同时，图像的供应似乎是无限的，对于用户来说"饱和"这种结果并没有出现过，就像人们永远不会满足一样。这可能会使人觉得无聊，导致人们去寻找变化，尽管这个搜索不太可能延伸到一个人的爱迹图之外，例如，儿童色情领域。

有一个在所有领域内都没有被提及的重要问题——当有人偶然发现一张或者几张照片，且被他或她认为是色情的，但这却和他或她所认同的爱迹图不一致时，问题就出现了。例如，如果一个同性恋场景或一个恋童癖的场景引起某个人意想不到的性冲动，这是否意味着，这个人是一个同性恋，或更糟他是一个恋童癖者或一个可能性骚扰孩子的人？不幸的是，这样的问题很少被重视和讨论。但是，在某种意义上，如同技术恐惧者曾经对新的且还在进化的技术的反应一样，互联网在很大程度上仍然是一个未知媒介，这些问题也就为提高这种恐惧提供了助推剂——对恋童癖、跟踪者和其他性捕猎者的恐惧超出了其在线的实际发生率。对这种现象的一种可能解释就是我所说的"自定义爱迹图的不适当性唤醒"（SDLISA），它可能包括恋童癖、施虐狂、同性恋、异性恋，或任何与自己所感知到的理想的性角色不一致的意向或观点，都可能导致性唤醒，这常常在某种程度上困扰着个体。一个常见的表现可以在青少年身上看到——他可能是、也可能不是同性恋——因为同性邂逅而导致的性唤醒，他们可能担心自己是同性恋，不管这是有关性的还是无关性的。自定义爱迹图的不适当性唤醒的概念及其意义（以及其他可能涉及的心理或行为的机制）在此时都没有很好的了解，需要进一步探索。

至于儿童色情，你可能会感到惊讶一些人认为在商店目录里的孩子是色情的观点。一些艺术照片显然不是色情，但在当前美国法律中会被认为是儿童色情，你将不得不怀疑这样严厉的法律是否可能对孩子们在如教育、医疗和与育儿技能等其他领域缺乏帮助而感到内疚。（接转 Leach, 1994）。有些描述显然是性虐待，但许多似乎并非如此。在其他方面，孩子们似乎意识到他们性特征的力量。所描述到的各种情况的复杂性使得我们很容易理解为什么仅仅定义这样一个常见的反应为性虐待——直到我们意识到，在许多方面对于孩子来说我们做的都是很失败的。然而更糟糕的是，许多有儿童照管不良记录的国家，正在采用那些具有争议的美国性爱和裸体标准。我经常把这种对性的关注看成是一个强大的干扰，让政治和社会领导人避免有效地寻找真正的伤害以及他们社会中的不公平现象的根源问题，就像美国的其他问题一样。

人们可能更愿意去讨论是什么会引起一些观察人士参与这样的非法新闻组，因为那些人展示了一些成年人和儿童或儿童和儿童之间的性行为。这种照片的数量似乎很少，并且趋向于成为可用几十年的原材料，包括曾经在美国和其他国家大部分的合法照片。还有就是，孩子们通过互联网遇上恋童癖的可能性是非常低的，尽管这些事件发生时，媒体报道很准确地展现了前面所描述的道德恐慌的特征。目前还没有任何研究如实的检验是儿童是否有更大的可能性会在与网络世界无关的地点被虐待、性侵，因为大多数性捕猎者潜伏在线下。相反，哗众取宠式的灵丹妙药，如无处不在的《梅根法》，促使公众形成一种错觉，即政客们的关注点都集中于陌生人发起的性虐待事件。事实上，大量数据表明，大部分性虐待是由父母犯下的（56%，按 Laudan 的说法，1994），其次则是是由亲戚和熟悉的朋友所犯下的。不过，我怀疑情感虐待儿童是更常见的，而且比公认的其他形式的虐待对孩子的伤害更大。同样，针对几个研究的元分析报告引发了一场争论。他们重新分析了来自以往 59 个大学生的数据发现，儿童性虐待可能不会使所有个体受到心灵创伤，女孩之间的差异要大于男孩，其他研究也有类似的发现（Rind et al., 2000, 2001a；Rind & Tromovitch, 1997；Rind et al., 1998, 2001b）。一份发表在 1998 年《心理学公报》的原始研究引起了公愤，导致了来自美国国会和一个叫美国心理协会（APA）的官方谴责，即未来的任何研究都要考虑到某些公共政策。

对于在线获得性图片，很少有代表性的说法，即如果年轻人决定这么做的时候，无论你怎么努力去阻止都可以找到方法来获取离线的色情材料。例如，《纽约杂志》上的一篇文章就表明，在四个曼哈顿高中，有 65% 的青少年已经看 X 级的电影，然而父母则预估只有 25% 的孩子这样做（Thiel, 2005）。孩子实际的性行为和他们父母估计的情况之间的差异，显然在不同程度上覆盖了提及的 36 种性活动。很多成年人似乎忘记了他们年轻的时候也能够找到这些材料，他们相信，这些材料并没有给他们带来任何明显的危害。事实上，针对暴露于这种材料下的影响，在超过 20 年的文献研究评论中，Davis 和 Bauserman（1993）写到：

> 我们已经看到，人们暴露在 [色情材料] 中，可能会受到影响，但不是必然如此。这种影响受到暴露在这种情形中的人的易感性和暴露情境等各方面因素的制约，尤其是刺激的性质和曝光数量，而影响发生在多种复杂因素的联合作用之下。把态度理论家的语言用在这里，就是说，这种影响起情境动机需求的作用，是一种对情境的需求、刺激的内容特征和其他情境中的说服线索作出处理的能力。（P197）

因此，Davis 和 Bauserman 表明，因为潜在的意识到复杂系统的观点，各种环境倾向于调整色情作品对人们的影响，最明显的反应通常是短期的性冲动和倾向于接受各种异常性行为。倾向于以一种老套的、冷酷的且敌对的信仰和谬论来对待女性，会使人实际表现更多的性侵犯，但是，只在某些情况下这些男性更容易发生暴力行为。他们指出，在反对妇女性侵犯这方面，男性有强烈的社会化（在西方国家），他们倾向于通过取消浏览哪怕只有相对较小比例的色情作品。Diamond和 Uchiyama（1999）进一步的发现表明，日本在过去的 20 多年里，色情材料的合法化与强奸和其他性犯罪的减少相关，这和其他国家的情况一样。

此外，除了这些发现，大多数性犯罪和色情材料无关，尽管大量的人拒绝相信这些数据。这在一定程度上导致了美国现行的法律把在某些情况下使用女人无伤大雅的照片等同于性骚扰。就这些色情内容在其他媒介上，这些发现是否和交互式多媒体应用在 CDs、DVDs 或者万维网的色情作品一样适用。当计算机模拟得到最充分的发挥时，比如在航空航天飞行模拟器经常被用来训练飞行员和执行其他的复杂任务一样，必须考虑到这样的交互技术用于色情娱乐可能促进反社会行为的发生。在虚拟环境中指导和控制其他人的性行为中，不考虑他们的欲望，可能对那些不懂如何去考虑他人的权利和感受的用户有不利影响。在保守的美国社会，这本就是一个大趋势，且似乎还在增长。

对性的好奇心和性的诱惑力可以称为"禁用的珍宝"，这并没有成为那些非法的或者更多典型的色情新闻组具有吸引力的因素。尽管它已经指出，一个 X 级或其他成人评级会不利于一些影片在经济上的成功，类似的评级表明色情内容（例音乐或多媒体 CDs 中的）就可以显著地提高销量（Stefanac，1993）。这一现象使得色情文学，尤其是儿童色情文学很具有吸引力。在新闻组可能也是这样的，政府通过参与进来并限制获得这种材料来禁止他们。尽管他们并非有意地操纵这些，从而为执法和法律行业提供工作或提供免费的广告，来帮助区分什么产品可能是不伦不类，然而，政府在关注着他们（回想一下营销格言，即使是负面宣传对一个产品来说都可能是有好处的）。这可以刺激好奇心，可以简单地鼓励人们去寻找它。可以说就是如此，一旦有了兴趣和路径，就可能断断续续地强化"淘宝"行为，就像在新闻组广告里偶然的具有性爱吸引力的图片一样。虽然现在我们有一个爱迹图的概念，来帮助我了解是什么让一些性相关的东西对一个人产生吸引力，但是如同限制访问的作用一样，是什么原因让爱迹图更多的包含在内以使得图片更有吸引力，至今还是令人捉摸不透的。尽管如此，新闻组里的性可以概念化为对生活的一种比喻：在所有错误的地方，或者在如此多的男人／女人中，用如此少的时间来寻找爱。

5.3.2 万维网上的性多样性

在过去的几年中，许多作家指出性是互联网上搜索最多的话题（Cooper，1997b，2002；Cooper & Griffin-Shelley，2004），这个断言直到现在仍然成立。当然，我们在这里所指的是，对于万维网来说，它提供了已经超越色情的更广泛的信息和服务。尽管他们也是可用的，但通常需要一个付费的信用卡来证明法定年龄。大多数这样的网站也需要对这种要求做出积极的回应。例如，一个人是否在当地达到了合法年龄，以及观看这种材料在当地是否合法，并且要确认他不是试图欺骗运营商的执法官员。由于经济和法律的原因，他们几乎总是给出许多警告，特别是商业网站，其运营商似乎是更愿意把他们的客户限制在成年人。超文本链接例如迪斯尼（Disney）网站，通常提供给那些他们不愿意（或没有法律允许）来查看色情材料的人。这里面隐含的信念就是假定观众是可信任的，这样就能进行严格评估并避免法律责任。他们常常往返于这些显式照片库和网络新闻组，许多这种网站（在这一点上，尽管大多数照片库和新闻组似乎是网站买的或者本身制作的）拥有尖端技术，例如现场视频和音频输入，允许观众与脱衣模特或跳舞模特互动，表演各种性行为。再者，正如前面提到的，表演者的行动指引可能会对这些观众的性态度（特别是对女性和男性的态度）产生影响，这仍然是日常社交互动中需要被评估的事情。因此批准恰当的对策（不应该包括简单的禁止他们），这可能会成为一个培养尊重和考虑性别的一般社会化项目，即使在今天，整个美国社会许多无性领域的人际互动中依然很缺乏这种实践。重要的是要记住，快乐和色情不应该妨碍这种尊重，尽管常常在某些"性教育"项目中出现这类信息，经历这些情感是一个事实上缺乏尊重的表现（尤其是自尊），特别是对于女孩而言。拒绝这样的信息，要经常进行内部斗争并提供战胜它的舞台，这是家长、教师、心理健康专家、媒体和整个社会义不容辞的责任。

网站还为个人提供了"实时"互动的聊天室（或者只是聊天）技术和即时消息（IM）——用会议技术软件通过键盘键入文本消息，如 AOL（美国在线）、MSN（微软网络）或者雅虎（Yahoo）即时信使（或通过老的但仍可用的一些称为 ICQ 或网间实时聊天 IRC 技术）。许多新技术也提供音频聊天，AOL 的即时通讯就像更老的"视讯会议"这一视频会议软件一样，用摄象机（或摄像头）提供有声音和视频的聊天。聊天会发生在互联网上的各种地点，而且经常表现为知名作家、运动员、或名人"交谈"的形式，一般仅使用文本消息，但和他们的听众则更频繁地使用同步视频和音频。聊天室也通常也用于观众们参与讨论的非正式性聊天。然而网络新闻组在本质上是更容易归档的，就像在图书馆里你可以选择想访问的报纸，而聊天更多地涉及到时间发生的同步性：它发生时，一个人必须在现场来参与。即时消息类似于在线时与"好友列表"中的人发生的一个"对话"，它是配置好友列表后程序自动通知用户的。相反，新闻组、专题通信服务和论坛是异步的：一个人发布一个消息，其他人可以在任何时间阅读和回复，即使楼主已经离线。

这些功能使得网络性爱的实践变得流行，网络性爱是通过电脑与其他同时在线的人进行的信息交换，这些信息涉及隐性和显现的色情或性幻想。这个词虽然已经不再新鲜，但事实上，正如 van der Leun（1995）所指出的，"自从人们接受了想象这一天赋以来，网络性爱一直在进行着……只是简单而古老的性幻想被新的电子化产品所控制而已"。Worthington（1996）指出，在对一个名为"神童"的在线平台的调查中（一个原始的专有网络，与美国在线类似但比它更早），52%的被调查者表示他们曾有过网络性爱，其中 36% 的人说他们曾经达到过高潮，而25% 的人说他们曾假装高潮。最近，Cooper 和 Griffin-Shelley（2004）指出，有20%—33% 的人使用互联网进行在线的性活动。这突显出一个事实，即在许多性幻想中，如果身体不卷入，参与者的腺体就会卷入。就像 Worthington 在网上描述的，"胺多酚去哪里，附属物也会随之而去"。它还强调了一个事实，虽然对很多美国人来说是一件很难以公开承认的事，但自慰与网络性爱的联系是非常密切的，就如同它与性幻想有着密切的联系一样，在出现显性的色情材料时，这种联系尤为密切。对于一些人来说，阅读其他人的亲密自白，可以用来启动性幻想和性唤醒，就像言情小说通常被认为是面向女性的色情。

像电话性爱一样，网络性爱是一种比喻两个或者更多的人之间的性谈话，它包括也可以不包括他们中一些人同步或后续的自慰活动，就像上文提到的那样。这在一些文献中得到了支持，即虽然少有证据支持但仍可以把它看做是另一种形式的"性生活"。"真正的性爱"本身在性学家和其他人眼中仍然是一个有争议的问题，他们中的许多人坚持它包括所有类型的性行为，但常见的表达却是"做爱"。当然，有许多活动是性行为，但"做爱"通常被理解为发生性关系，虽然就某些活动

（比如肛交）来说，会一直让人觉得有些混乱。网络性爱调情的发生率在公众以及心理健康和法律专家中引发了一个疑问，即这样的活动是否是通奸或欺骗。早在1996年法院就接受了这样一个案例，当时有很多媒体报道过（例如 Worthington，1996）。尽管其他人使用网络性爱（甚至电话性爱）来描述他们在做什么，我仍然很难将它定义为做爱。事实上，当一个客人出现在 MSN 中时，我愿意被问的一个问题就是有哪些会员将参加到这次的聊天中来。"网络性爱比真实性爱要好吗？"这个问题还是经常出现在那些关于哪类性爱更好的讨论之中。可以澄清的是嫉妒的本质，想象的调情（虚拟亲密）与外面情人之间的实际亲密行为有同样大的影响力。虽然有人可能会问，网络性爱可能会形成短暂的关系，是否这也和线下的许多关系不同？已经有很多文章也写到许多婚姻和其他忠诚关系，是由网络会面发展而来的（Miller，1998）。专业的婚介交友网站（例如 eHarmony.com）就声称，他们比其他服务促成了更多的婚姻，并在他们的网站上展示了众多客户评价来证明他们的说法。

许多心理学家也开始进入网络性爱的世界，推测其对参与者和伴侣的影响，包括阐明强迫类在线性行为的治疗选择。Cooper（2002）和 Cooperand Griffin-shelley（2004）几乎写了最全面的治疗性和互联网的方法，广泛地定义了网络性活动（OSA）的概念，即"使用互联网的任何涉及性爱的活动（包括文本、音频和图像文件），无论其基于下述哪种目的：休闲娱乐、探索、支持、教育、商业以及努力去获得和保护炮友或爱侣等"（Cooper & Griffin-shelley，2004，P1290）。网络性爱（"基于计算机"）是在线性活动的一个子集。他们还定义了两个有争议的在线性活动概念：在线性问题（OSP）和在线性强迫（OSC），后者是前者的一个子集。在线性问题包括所有在线性爱可能发生的困难，包括"消极的金融、法律、职业、关系和/或个人休闲"。在线性强迫意味着"过度"的在线性行为，这些行为"妨碍到工作、社会和休闲等人类生活的各个维度。此外，有迹像表明，已经丧失了对调节活动和/或减少不良后果能力的控制"（P1291）。他们推测，这些活动和问题一直由他们所谓的互联网"三A级引擎"来驱动：可访问性、可购性和匿名（或者更准确地说是许多人认为的匿名的感觉）。他们认为，在线性爱是"下一个性革命"（Cooper & Griffin-Shelley，2002，2004，P1290），笔者对这一断言表示赞同。

在某种程度上，网络性爱的吸引力是可以理解的。通过互联网来交流很容易，而且具有可访问性、安全性、相对便宜的特点，同时也可以是令人兴奋的。对一个面对面的邂逅来说，情感内容的交互是可控的，例如有些人喜欢自慰活动，因为他们避免了麻烦的面对面关系。在这种背景下，匿名往往是重要的，虽然个人的外貌、社会特征或社会地位或其他确切方面的细节将被省略、夸张或伪造（比如年龄和性别），但这往往是不够的。Suler（2005）对感知到的匿名性的去抑制"效应"进行了一个简短的概述，许多用户认为匿名是这种效应的最重要因素，即人们会做或说那些他们在其他情况下不会做的事情。Goldsborough（1996）指出，实际上有证据表明有些人已经把电脑作为了自己的延伸。这放大了 McLuhan（1964）的论点：媒体是我们感官的延伸器（也见 Norde，1969）。有趣的是，我们注意到正是他创造了"地球村"这个术语，并且他的想法开始被重新重视。通信理论家们开始认识到他的预测正在被互联网的发展所证实。McLuhan 的观点已经被应用于 Francoeur 和 Francoeur 所涉及到的性风格中。同理，Hamman（1996）使用电子人理论考虑将计算机作为性假体，应用在他 AOL 在线聊天室的网络性爱研究中的多重自我的实验。

一般来说，无论是看色情图片、阅读色情故事，还是参与网络性爱，自慰是性背景下和互联网使用关系最紧密的性行为。当然，对于许多美国人来说自慰是高问题行为，尤其是对许多高度认同正统的或轻微修正过的各种宗教传统的人（接转 Francoeur 和 Perper 的讨论，1997，2004）来说，他们的世界观由连续的态度、价值观和对应的行为（有性的或无性的）组成，这在前面已经论述过。我一直相信，性的色情成分可以触发某些人极为强烈的负面情绪，这大概是因为许多人在体验它时的一种无力感。自慰在两性中都可能被污染，由于这与色情的联系可能否定了它生产的潜力。在曾经被赞扬和诋毁的后现代美国文化以及在一些社会科学圈子中，和更多的男性性行为密切相关给自慰行为增加了心理负担。对自慰的恐惧和道德上的反对一样，可能是那些因素中的致病源，尽管 Money（1985）已经清楚地注意到了一些著名的早期美国健康从业者的反性主义者认为自慰对身心不利，因此他们反对自慰。

网页上除了用于娱乐的性活动，性的"严肃"面（无论是肯定性还是否定性）比新闻组有更充分的描述。这些大量的信息包括诸如避孕和堕胎、性无能、性道德宗教观、性卫生统计和异性恋、同性恋者、双性恋者以及两性间的利益和生活方式。一些针对专业兴趣，其他的则是写给该知情的公众或两者都有。互联网的最初目的是为了促进世界各地的研究人员之间的沟通和合作，网络是有关性爱主题的研究、学术和媒体报道的巨大知识库。几乎每一个主要的性卫生组织都存在于网络之上，如美国计划生育联盟（http://www.plannedparenthood.org/）和当地的许多隶属机构，以及美国性信息和教育理事会（http://www.siecus.org/）等其他组织。此外，主要的性资源，如《柏林汉堡大学的马格纳斯·赫希菲尔德性学档案》（http://www2.hu-berlin.de/sexology/）就为性研究者、性顾问和公共政策制定者提供了大量可用的在线文档，包括几个标准参考书的完整文本。事实上，随着《国际性学大百科全书》的出版，作者就备受赞誉，这本书涵盖了62个国家和地区的性态度和性行为，已被张贴在金赛研究所全部的网站上（http://www.kinseyinstitute.org/ccies/），可以在 http://www.SexQuest.com/ SexQuest.html 找到相关链接和更多的性相关网站。

5.4 互联网上关于性的政治、个人及社区方面的解读

之前我们讨论了性对人类的意义、文化价值观的传播方式和人类社会中的性表达冲突。然而，互联网与更为传统的组织活动相比，一个很重要的差异是个体作为一种促进不同观点表达的潜在力量而出现。在美国，目前很容易在网络上发布自己的个人主页，各种博客的出现也与此类似，这使得个人能够表达意见，并提供关于任何话题的新见解。在互联网上，这些网站大致相同，仅靠字词的力量及其发布者所表达出来的观点作为支撑。就博客来说，还依赖于围绕他们发展起来的社区。当然，在任何使用词语的媒介中——口头的或书面的，某一观点的清晰度、意义、内部逻辑及外部支持都被用来加强对它的理解。然后，读者或听众基于自己的经验、教育、性格等来评估论点的说服力，决定拒绝或接受它们，并再次在博客（在较小程度上是社群）上提供自己的意见。在网络上没有编辑装置或审查程序来调节这个过程，或者告诉我们哪些是我们应该听或读的东西。

当然，这可能会导致一些问题。特别是对于权威组织和知名人士而言，任何人都可以相信她/他的看法是有价值的，这强化了对现有权力结构的威胁。权力并不情愿放弃自己，因为权力在当今的竞争性世界中是一种优势，被认为是只有牺牲相当一部分人的权利才能获得的稀缺大宗商品。这一错误的观点能被保留下来，是因为它使政治反对派分裂，从而维持了现状。在这中间，多数人的需求往往被忽略，或被那些社会控制者的利益所操纵（参见 Noonan，1998a，了解这如何影响公共政策，包括对性相关问题的研究方向）。也有人指出，审查性内容，从

而控制人们的性行为，有助于控制他们的其他行为。例如联邦通信委员会（FCC）禁止诗歌《咆哮》在公共电视中播出，它的作者诗人 Allan Ginsberg 说：

> 审查性谈话或性的公共交流是控制民众的一种方法。如果你控制了一种主要情绪的载体，就实现了对其他情绪的控制。打个比方，一旦你牢牢地握住了人类，那么你就在某种意义上对他们进行了控制。（Quoted in Stefanac，1993，P39）

不管是在国内还是国际政治的舞台上，人人参与的民主常常被认为通过预想中无处不在的互联网的即时性才能体现所具有的价值（参见 Katz，1997）。然而，在各种专业人士的领土争端中也经常看到类似的冲突，这些专家要求在他们中间形成专业性的特定领域和特定的意识形态，如那些现在所谓的"政治正确"。在大多数领域，社区已经在互联网上开始发展，有挑战也有支持——或简单地提供这个话题的相关信息，这可能导致网站或者博客陷入一个奇怪的激战中。新闻组聚焦于一个特定事件，或者是社群通过电子邮件，让"用户"辩论并支持关于某事各自的不同观点。在性领域，例如之前提到的《性的学术正确性》社群，就在高校教育者间引发了大量关于"性骚扰的诬告"和在学术界类似观点滥用的讨论。相同的争论也发生在互联网上各种两性问题（就像性健康问题的不同观点）的支持者中，可以通过链接 http://www.SexQuest.com/ SexQuest .html 查看。

与此同时，就像心理学家和其他社会科学家一样，性学家已经开始认真关注由网络和在线沟通引起的性问题（Cooper，1997a）。Cooper（2002）的《性和互联网：临床医生指南》就为心理学家和其他正面临着各种互联网相关性问题的人提供了第一个手册。性健康的成就有目共睹，过去几年的各种研究显示了互联网的潜能，即可通过邮件和互联网聊天室找到艾滋病或性病感染个体性伴侣，并推荐他们进行测试和治疗（疾病防治中心，2003，2004a，b）。

5.4.1 在约会网站遇见潜在伴侣

如果说性推动了互联网技术的发展，那么可以说，在网络上迅猛扩张的在线约会网站扩张推动了性。在这个意义上——在任一性取向中是否有爱——关于性的功能的阐释是最广泛的，从那些寻找伴侣只为了纯粹的愉悦与释放，到婚姻和婴儿，到社会和人际交往，再到减轻孤独或无聊。Ross（2005）为研究人员探索以互联网为媒介的性爱提供了一个框架。而在其他方面，他专注于社会理论和性脚本，希望有助于我们更好地理解网络上的性交互的多样性因为这也是性文化的一部分。Delmonico（2003）提出了在线约会者面临的一些挑战：

> 在互联网上关系是虚拟的，而非像几千年来我们一直做的那样。在网络互动中，我们的感觉经常是丧失或扭曲的，我们通常无法看到、听到、摸到、闻到或"品味"那个试图和其形成关系的个体。有人尝试去获得这些感觉，然而，视频会议和语音聊天这些尝试离取代"真实世界"还很远。更难的是第六感的使用，即我们形成关系时利用的内部直觉，当我们的感官结合我们的经验、期望和欲望，就形成了关于一种关系是"好"或者"坏"的内部感觉。当然这种对于关系的第一印象可能是错误的，但大多数人都知道，如果我们相信这些感觉，他们通常能很好的预测这一关系的未来。也许这就是互联网永远取代不了的东西。（P259）

大多数在线约会服务，例如大受欢迎的默契网（Match.com），似乎它开始的前提假设是两人共有的相似兴趣能极大促进成功的其他因素。当他们订阅服务时，准会员要填写在线资料，包括详细的自我描述和对理想伴侣的各种要求。这些网站似乎满足了数以百万计的注册用户，其专业化服务以集中的兴趣迎合了人们的需求。像 eHarmony.com 这样的一个机构，似乎有最全面的注册流程，即统计匹配成员是基于一个广泛的、用户在线完成的复杂问卷。根据该网站的说法，这一工具基于 eHarmony 的创始人 Neil Clark Warren 博士的研究，是在了解成功婚姻所需的各种特征的基础上开发的。它的关键因素是，该网站面向传统婚姻，并把目标市场定位于寻找这种婚姻的人。他们赞成这种通俗的看法可以帮助一个人找到她/他的灵魂伴侣。eHarmony 所进行的调查表明，通过匹配的婚姻在夫妇满意度上比通过其他方式遇到的对照组夫妇有更高的分数（Carter & Snow, 2004）。一些专业化服务针对不同种族或民族的群体——只要有某种活动或特别兴趣的人，如锻炼或宠物，或者只是想随意约会或发生性行为的人，或者针对许多其他因素。特别要注意的是，网站上也存在一些患有疱疹、人乳头状瘤病毒（HPV）、艾滋病毒/艾滋病（HIV/AIDS）或其他性传播疾病（STDs）的人。在这些网站中，最受欢迎的是 PositiveSingles.com，它允许一个人与其他单身人士联系，他们理解感染这些疾病可能造成潜在拒绝这个问题。这样就可以鼓励诚实的关系，因为许多人有时避免暴露他们有某种疾病，如疱疹和人乳头状瘤病毒。由于完全了解他们搭档的具体需求，这些人可以享受他们想要的亲密。这可以提高他们的自尊心和亲密关系所带来的一般的生活满足感，而这是每个人都有资格享有的。

在 2005 年的夏天，《鬼混》使电视观众对在线约会的世界有了一个粗略的了解（Taylor，2005）。来自美国广播公司（ABC）的一个"真人秀"纪录片，追踪了几名纽约都市女性寻找"白马王子"的网上约会奇遇，它清晰展示了在线约会的考验和磨难与传统形式的约会没有实质不同，女性（男性则在较小程度上）看起来仍坚持这种不切实际的想法，即"在某处"存在着他们唯一的灵魂伴侣——他们的"王子"或者"公主"，只要他们能找到。根据这个节目所说，在美国有4000 万网上交友者都在寻觅着某个人。很明显，高科技对约会过程的介入似乎没有调节不安全感、支持需要、绝望、脆弱、恐惧或者拒绝和失败的体验等，这些问题是每一个有血有肉的真实的人在谈到亲密关系时都会想到的。由于关系的动机动力因素被突显，包括一些女性所观察到的在网络约会中"占据上风"，至少在筛选过程中是这样的。她们享受这样的事情，即她们有自主权，并让追求者处在掌控和支配中。在约会游戏中，性往往被视为给予女性权力的商品和讨价还价的筹码。在这里，我们同样要强调"欺瞒下的约会"，这发生在部分男女身上的谎言和"操纵"抵消了一些夫妻中双方的力量变动，这种现象在传统的约会场景中也经常发生。大多数欺骗似乎并没有恶意，而是试图让对方看到他们除去真实身份和职业之后"真正的自己"。不过，正如传统的第一次见面，每个人似乎都在寻求的底线则是伴随共同兴趣产生的化学反应和火花（性的组成部分，尽管它很少被这样明确地表达）。

第一个全国性网上交友调查是 2005 年秋天由皮尤（Pew）网络与美国生活项目主持的（Madden & Lenhart，2006；summary：http://www.pewinternet.org/PPF/r/177/ report_display.asp），它反映了近年来在线约会日益流行的一些有趣见解。基于这些数据的初步报告也已经发表（Rainie & Madden，2006；summary：http://www.pewinternet.org/PPF/r/173/report_display.asp），它对当代美国的浪漫配对提出了一些额外的见解。特别要注意的一个发现是，大多数年轻的单身男女并不把积极寻找浪漫的伴侣当成是首要的事情，而且那些寻求关系的人中有相当数量的人甚至没有非常频繁的约会。读者看到的这些在线报告，是对互联网用户当前关系确定和伴侣搜寻状态的统计，以及对已婚或确定关系（只有 3% 通过互联网结识）

的用户第一次约会地点的比较数据。然而根据这些报告的结论来看，在线约会网站已经影响了我们在21世纪初的约会方式。

在对网上约会本身的主要研究中，Madden和Lenhart（2006）发现，那些目前单身并在寻找伴侣的人中，有大约2/3都在某种程度上使用过互联网（包括网上约会）进一步发展他们的浪漫兴趣。他们还发现，由于大多数美国人认识尝试网上约会并获得成功的人，从而使得公众对它的态度在最近几年有了重大的转变。然而他们还发现，由于网上个人信息的发布，大多数互联网用户认为网上约会是危险的。尽管如此，多数实际上已经尝试过的人觉得这并不危险。调查中发现，雅虎交友（Yahoo! Personals）和默契网是最流行的约会网站。过半的受访者说他们对网络约会的体验更多是积极的，只有不到1/3的人报告有更多的消极体验（我知道没有可比的离线约会数据来比较他们的体验，尽管趣闻故事表明它们可能是类似的）。一般来说，年轻人似乎做出了最良好的反应。作者指出，尽管与线下约会一样可能会遇到欺骗，大多数人相信很多人隐瞒了自己的婚姻状况，但是欺骗"似乎只是例外而非规则"（P2）。就一般的社会态度而言，网络约会者与互联网用户以及普通美国人都有统计学差异。一个有趣的发现是，15%的美国成年人和43%的网络约会者认识在网上找到长期伴侣的人。

当然，如果他们相信"王子"、"公主"、唯一的灵魂伴侣等概念及类似的神话，那么所有这些就引发了一个问题，即心理学家或评论员在提高夫妻关系的动力这一过程中所扮演的角色是什么。这种关系的生命周期似乎与线下关系遵循相同的发展路径。因此，网络约会只是人们约会的一种新方式，这是一个与陌生人随机约会，这类似于"击中还是错过"的命题吗？毕竟，我们只与我们有接触的人获得比较亲密的关系，如果我们没有遇到他们，就不会有关系，又怎么可能会有失败呢？我一直认为，如果我们告诉年轻人大多数关系不会长久，就是助使他们远离自责及对关系失败的恐惧。当然，关于如何成功地经营一段亲密关系，我们需要学习的东西还有很多。

下面，我们具体探讨一下博客的影响力。博客：网络对话赋予的性权力。

正如前文所述，博客是在线日志的一个近期形式，已在网络世界变得越来越重要，并对现实世界产生了影响。在2004年美国总统大选期间，即时性新闻报道和评论论坛的重要性真正使博客的力量被众人所知。博客上的文字开始经常地抢先于国家电视和其他媒体对基层重大事件的报道。性和其他精神健康领域对这种新技术的采用一直较慢，但是从 2005 年起情况开始发生变化。

博客对性健康和性表达的价值在于个人和社区在网络上获得的权力。通过邮件对博客上的内容进行快速呈现的 RSS（简易供稿）新闻供稿这一新技术似乎已经成为一种必要，它与所谓的"新闻聚合器"程序共同发挥作用，即在新文章或评论出现不久之后，自动搜索网络并从博客（和配置的网站）中收集标题，这使得用户可以在电脑桌面上或标题定制列表中通过滚动屏幕来浏览标题，并且也能在桌面或网络上获取摘要。正如本章前文提到的互联网上性的政治解读，权力动力学可以转变为信息，这些信息享有被挑选出发布到全球范围内热门社区的特权。虽然博客类似于任何其他网页页面，但它的力量来自于使社区对已发布的观点和事件做出公开回应，及可能影响一些结果的多对话技术所蕴含的能力。

在性行为领域，博客有多种用途——用于政治宣传、教育社区建设及情色刺激咨询。下面的博客就是一些个人及社会赋权的应用，它们有这样一种潜力，即把"微不足道"的东西输入到构成网络性爱的混沌系统，进而影响"对初始状态的极端敏感性"，促使在线和离线的性态度和性行为在不同水平出现不同结果，这就像之前提到的蝴蝶效应一样。某些具有特定兴趣的专家和受过教育的"门外汉"可能会触发这些效应。

雅虎的健康专家博客包括"现实揭秘"（http://blogs.health.yahoo.com/experts/sexlevine），它旨在提高性生活质量。这个博客的作者是 Deborah Levine，他是互联网上的一名专栏作家，是互联网性信息服务公司（ISIS）的创始人和董事。ISIS 公司是一个非盈利的组织，专注于在线性健康推动及使用高科技方案预防疾病（http://www.isis-inc.org）。雅虎也有 Leonard DeRogatis 博士的"你的性健康处方"博客（http://blogs.health.yahoo.com/experts/sexderogatis，处理各种医疗问题）、WebMD 专家博客、Louanne Cole-Weston 博士的"性健康：性问题"（http://blogs.webmd.com/sexual-health-sex-matters/）为普通大众提供性健康方面的权威信息及评论，并经常链接到发表在 WebMD.com 的文章上。WebMD 也有很多其他的性相关博客，包括 Terri Wareen 的博客"生殖器疱疹：亲密交谈"（http://blogs.webmd.com/genital-herpes-intimate-conversations/），上面有这种疾病的全部信息，此外还有关于人的健康、怀孕、和其他常规的健康话题。性健康网络专家的博客、性和意义（http://sexualhealth.com/blog/）提供了对媒体报道中时事的评论。他们中的一个编著者 Marty Klein 博士也出版了一个电子版的新闻月刊——《性知识》，也可以在线阅读（http://www.sexualintelligence.org/），但严格来说它不是一个博客，因为读者无法直接评论帖子，不过它提供了新闻、媒体批判、社会评论以及从性的积极方面来表达对政治的看法。这个作者的 SexQues（性探索）博客：性的全球化趋势、混沌系统和未来的种种可能（http:www.SexQuest.com/blog）创建于 2006 年中期。

"迷糊读者"是更加直白的性爱博客（http://www.dazereader.com/weblog.htm），从不同角度关注性文化的新闻和评论，包括众多以性为导向的博客链接，这些链接中许多是关于个人情色冒险和冥想或色情网站和性产业的。Rachyl 的"约会与浪漫"博客（http://www.caije.com/dating-romance-blog/）主要关注单身人士的性问题，这是一个草根博客为这些问题提供建议的的例子。另一个例子则是"吻£博客"（http://www.kissnblog.com/），提供关于匿名单身男女之间挑逗事件的观点。C.D.Oldenburg 的博客（http://www.bycdoldenburg.com/）关注男同性恋、女同性恋、双性恋、变性人 (GLBT) 的新闻和问题。"最好的同志博客"（http://www.bestgayblogs.net/）提供了 GLBT 社区感兴趣的既定博客链接，从官方到个人的都有。同样,女权主义博客——男流媒体的独立性替代（http://femi nistblogs.org/）关注各种女权主义者的利益问题，包括许多与性有关的问题。

5.5 结论

我已经提到，性和互联网对多元化产生了一定的影响——目前互联网还在继续反映着这种多样性。重要的是，对这个领域最权威的界定也没法规定在网络上什么是可用的。由于性的复杂性所蕴含的多种意义（Noonan, 1998a, 2004b），以及最近在性学和整个社会科学中的推进和辩论都主张维持这种多元化，我们必须通过一种积极的方法来确保所有人的性健康，即培养自强，这才是互联网的力量所在。性快感、个人幸福、生活满意度以及个体与他人的内部联结也是复杂性的重要部分。尽管依照儿童的性心理发展水平努力审查和同质化，互联网上的性仍然具有多样性。多种社区已经用它来帮助告知他人自己的性现实。例如，性学家是利用网络的社会科学专家中的一部分，他们利用网络来促进更好的研究，并将研究结果介绍给更多的人。在这种情况下，这些因素对性学来说是好兆头，对于我们整个集体的性健康来说也是如此。

【参考文献】

An adult affair(1997.January 4).*The Economist*,342,Available:http://www.elibrary. com/.

Andrson,P.B.,de Mauro,D. & Noonan,R.J.(Eds.).(1996).*Does anyone still remember when sex was fun?Positive sexuality in the age of AIDS*(3rd ed.).Dubuque,A:Kendall/Hunt Publishing Co.

Archive for Sexology.(2005).*The Magnus Hirschfeld archive for sexology at Humboldt university in Berlin.http://www2.hu-berling.de/sexology/.*

Bancroft,f. &Vukadinovic,Z.(2004,August).*Sexual addiction,sexual compulsivity,sexual inpulsivity,or what?*Toward a theoretical model.*Journal of Sex Research*,41(3),225–234.

Bender,C.,Dix,A.J.,R.hulen,A.(Producers),Bress,E. & Gruber,J.M.(Directors).(2004). *The butterfly effect.Infinifilm:*Beyond the movie:The science and psychology of chaos theory(Feature film extras on DVD).New Line Home Entertainment.

Blackerby,R.F.(1993).*Application of chaos theory to psychological models.*Unpublished doctoral dissertation,University of Texas at Austin.Excerpts available at http:// www.perfstrat.com/rfb/chaostoc.htm.

Bolton,R.(1995).Rethinking anthropology:the study of AIDS.In H.ten Brummelhuis & G.Herdt(Eds.),*Culture and sexual risk:Anthropological perspectives on AIDS*(pp.285–313).Luxembourg:Gordon and Breach.

Carter,S. & Snow,C.(2004,may).Helping singles enter better marriages using predictive models of marital success.Presentation at the 16th Annual Convention of the *American* Psychological Society,May 2004.http://www.eharmony.com/singles/ servlet/about/research.

Caslon Analytics.(2005).*Caslon analytics note:Usenet.*http://www.caslon.com.au/ usenetnote.htm.

CBS News.(2004,September 5).Porn in the U.S.A.60 Minutes.http:www.cbsnews.com/ stories/2003/11/21/*60minutes*/main585049.html.

Centers for Disease Control and Prevention(CDC).(2003,December 19).Internet use and early syphilis infection among men who have sex with men-San Francisco,California,1999–2003.*Morbidity and Mortality Weekly Report(MMWR)*,52(50),1229–1232.Morbidity and Mortality Weekly Report (MMWR),

53(16), 346-347.http://www.cdc.gov/mmwr/preview/mmwrhtml/mm5306a4.htm.

Centers for Disease Control and Prevention(CDC).(2004a,February 20).Using the Internet for partner notification of sexually transmitted diseases-Los Angeles County,Califrina,2003.*Morbidity and Mortality Weekly Report(MMWR)*,53(6),129–131. http://www.cdc.gov/mmwr/preview/mmwrhtml/mm5306a4.htm.

Centers for Disease Control and Prevention(CDC).(2004b,April 30).Notice to readers:Innovative STD prevention programs.http://www.cdc.gov/mmwr/preview/mmwrhtml/mm5316a5.htm.

Clatts,M.C.(1995).Disembodied acts:On the perverse use of sexual categories in the study of high-risk behaviour.In H.ten Brummelhuis & G.Herdt(Eds.),Culture and sexual risk:Anthropological perspectives on AIDS(pp.241–255)Z0.Luxembourg:Gordon and Breach.

Cooper,A.(Ed.).(1997a,June).Special issue:Sexuality and the Internet.Journal of Sex Education and Therapy,22(1),1–92.

Cooper,A.(Chair).(1997b,August).Sexuality and the Internet-Surfing into the next millennium.Symposium conducted at the 105th Annual Conference of the American Psychological Association(APA),August 18,1997,chicago,IL.

Cooper,A.(Ed.).(2002).Sexuality and the Internet:A guidebook for clinicians.New York:Brunner-Routledge.

Cooper,A. &Griffin-Shelley,E.(2002).Introduction.The Internet:The next sexual revolution.In A.Cooper(Ed.),Sex and the Internet:A guidebook for clinicians.New York:Brunner-Routledge.

Cooper,A. &Griffin-Shelley,E.(2004).Online sexual activity.In D.L.Weis & P.B.Koch/R.J.Noonan & R.T.Francoeur(Chap./Update Coords.),United States of America. In R.T.Francoeur & R.J.Noonan(Eds.),Continuum complete international encyclopedia of sexuality(pp.1290–1293).New York:Contunuum International Publishing Group.http:www.kinseyinstitute.org/ccies/us.php#osa.

Davis,C.M. &Bauserman,R.(1993).Exposure to sexually explicit materials:An attitude change perspective.Annual Review of Sex of Sex Reseach,4,121–209.

Delmonico,D.L.(2003,August).Cybersex:changing the way we relate.Sexual and Relationship Therapy,18(3),259–260.

Diamond,M. &Uchiyama,a.(1999).Pornography,rape,and sex crimes in Japan.International Journal of Law and Psychiatry,22(1),1–22.http://www.hawaii.edu/PCSS/online_artcls/pornography/prngrphy_rape_jp.html.

di Mauro,D.(1995a).Executive summary:Sexuality research in the United States:An assessment of the social and behavioral sciences.New York:Sexuality Reserch Assessment Project,Social Sciences Research Council.

di Mauro,D.(1995b).Sexuality research in the United States:An assessment of the social and behavioral sciences.New York:Sexuality Reserch Assessment Project,Social Sciences Research Council.

Fienberg,H.(2000,June 3).A cyberepidemic may just be a cybermarketing strategy. Washington,DC:Statistical Assessment Service,http://www.stats.org/record.jsp?-type=oped&ID=56.

Fogel,A. & Lyra,M.C.D.P.(1997).Dynamics of development in relationships.In F.Masterpasqua & P.A.Perna,Eds.,The psychological meaning of chaos:Translating theory into practice(pp.75–94).Washington,DC:American Psychological Association.

Francoeur,A.K. & Francoeur,R.T.(1974).Hot   cool sex:Cultures in conflict.New York:Harcourt Brace Jovanovich.

Francoeur,R.T.(1984).Becoming a sexual person:A brief deition.New York:John Wiley & Sons

Francoeur R.T.(Ed.).(1997).International encyclopedia of sexuality(Vols.1–3).New York:Continuum Publishing Co.http://www2.hu-berlin.de/sexology/IES/xmain. html.

Francoeur,R.T. & Noonan,R.J.(Eds.).(2001).International encyclopedia of sexuality(Vol.4).New York:Continuum International Publishing Group.http://www2. hu-berlin.de/sexology/IES/xmain.html.

Francoeur,R.T. & Noonan,R.J.(Eds.).(2004).Continuum complete international encyclopedia of sexuality.New York and London:Comtinuum International Publishing Group.

Francoeur,R.T. & Noonan,R.J.(Eds.).(2006–2007).Continuum complete international encyclopedia of sexuality.New York and London:Continuum Publishing Group. http://www.kinseyinstitute.org/ccies/.

Francoeur,R.T. & Perper,T.(1997).General character and ramifications of American religious perspectives on sexuality.In R.T.Francoeur(Ed.),International encyclopedia of sexuality(Vol.3,pp.1392–1403).New York:Continuum.

Francoeur,R.T. & Perper,T.(2004).General character and ramifications of American religious perspectives on sexuality.In D.L.Wei & P.B.Koch/R.J.Noonan & R.T. Francoeur (Chap./Update Coords), United States of America. In R.T. Francoeur

& R.J. Noonan(Eds.),Continuum complete international encyclopedia of sexuality(pp.1139–1144).New York:Contunuum International Publishing Group.http://www.kinseyinstitute.org/ccies/us.php#relig.

Fumento,M.(1990).The myth of heterosexual ADIS.New York:Basic Books(A New Republic Book).

Gleick,J.(1988).Chaos:Making a new science.New York;Penguin Books.

Glick,I.D.,Clarkin,J.F. & Kessler,D.R.(1987).Marital and family therapy(3rd ed.).New York:Grune & Stratton.

Goldsborough,R.(1996,June 20).The lure of cyberporn.Personal Computing.http://www.elibrary.com/.

Greenspan,R.(2003,September 25).Porn pages reach 260 million.ClickZ Network/Stats:Traffic Patterns.http://www.clickz.com/stats/sectors/traffic_patterns/article.php/3083001.

Hamman,R.B.(1996).Cyborgasms:Cybersex amongst multiple-selves and cyborgs in the narrow-bandwidth space of America Onling chat rooms.Master's thesis,University of Essex,Colchester,UK.http://www.socio.demon.co.uk/Cyborgasms.html.

Hansen,E.(2004,December 30).XXX,on a small screen near you.CNET News.com.http://news.com.com/XXX,+on+a+small+screen+near+you/2100-1039_3-5502413.html.

Hardy,H.E.(1993).The history of the Net.Master's thesis,Grand Valley State University,Allendale,MI.http://www.eff.org/Net_culture/net.history.txt.

Henkin,W.A.(1991/1996).The myth of sexual addiction.In R.T.Francoeur(Ed.),Taking sides:Clashing views on controversial issues in human sexuality(5th ed.,pp.56–75).Guilford,CT:Dushkin.

Hirsh,L.(2002,August 23).Is porn still the hidden king of e-commerce?E-Commerce Times.http://www.ecommercetimes.com/story/19133.html.

Katz,J.(1997,December).The Netizen:The digital citizen.Wired,5.12,68–82,274–275.

Kirkendall,L.A.(1984).Family options,governments,and the social milieu:Viewed from the twentyfist century.In L.A.Kirkendall & A.E.Gravatt(Eds.),Marriage and the family in the year 2020(pp.247–267).Buffalo,NY:Prometheus Books.

Klein,M.(1990/1992).Censorship and the fear of sexuality.In O.Pocs(Ed.),Annual editions:Human sexuality 92/93(17th ed.,pp.32–35).Guilford,CT:Dushkin Publishing Group.Reprinted from The Humanist,July/August 1990.

Klein,M.(2000,March).The myth of sexual addiction.Sexual Intelligence,1.http://www.sexed.org/newsletters/issue01.html#myth.

Kohl,J.V. & Francoeur,R.T.(1995).The scent of Eros:Mysteries of odor in human sexuality.New York Continuum.

Laudan,L.(1994).The book of risks:Fascinating facts about the chances we take every day.New York:Wiley.

Lawrence,R.J.(1989).The poisioning of Eros:Sexual values in conflict.New York:Augustine Moore Press.

Leach,P.(1994).Children first:What our society must do-and is not doing-for our children today.New York:Alfred A.Knopf.

Leun,G.van der.(1995,March 1).Behavior:Twilight zone of the id.Today online sex is as wild and far ranging as the human imagination.Time.http://www.elibrary.com/.

Libby,R.W. & Whitehurst,R.N.(Eds.).(1977).Marriage and alternatives:Exploring intimate relationships.Glenview,IL:Scott,Foresman and Co.

Lyman,J.(2005,October 21).Will iPod be eye for porn?MacNeusWorld.http://www.mancnewsworld.com/story/46892.html.

Macklin,E.D. & Rubin,R.H.(Eds.).(1983).Contemporary families and alternative lifestyles:Handbook on research and theory.Beverly Hills,CA:Sage Publication.

Madden,M. & Lenart,A.(2006).Online dating Washington,DC:Pew Internet & American Life Project.http://pewinternet.org/pdfs/PIP_Online_Dating.pdf.

Masterpasqua,F. & Perna,P.A.Eds.).(1997).The psychological meaning of chaos:Translating theory into practice.Washington,DC:American Psychological Association.

McLuhan,M.(1994).Understanding media:The extensions of man.New York: McGraw-Hill.

Miller,J.G.(1991).Applications of living systems theory to life in space.In A.A.Harrison,Y.A.Clearwater & C.P.McKay(Eds.),From Antarctica to outer space:Life in isolation and confinement(pp.177–197).NewYork:Springer-Verlag.

Miller,L.(1998,February 13).Wired love advisors help link up singles on line.USA Today,pp.12D.http://www.elibrary.com.

Money,J.(1985).The destroying angle;Sex,fitness,   food in the legacy of degeneracy theory:Graham crackers,Kellogg's corn flakes,   American health history.Buffalo,NY:Prometheus.

Money,J.(1986a).Lovingmaps:Clinical concepts of sexual/erotic health and pathology-,paraphilia,and gender transposition in childhood,adolescence,and maturity.New York:Irvington.

Money,J.(1986b).Venuses penuses:Sexology,sexosophy,and exigency theory.Buffalo,NY:Prometheus.

Money,J.(1995).Gendermaps:Social constructionism,feminism,and sexosophical history,New York:Continuum.

Money,J. & Lamacz,M.(1989).Vandalized lovemaps:Paraphilic outcome of seven cases in pediatric sexology.Buffalo,NY:Prometheus Books.

Moore,M.(1994).Introducing the Internet.In Sams Publishing,The Internet unleashed. Indianapolis,IN:Sams Publishing/Prentice Hall Computer Publishing.

Morford,M.(2005,October 21).Harness iPod's dollar power-Porn on the go.San Francisco Chronicle(Datebook/SFGate.com). http://www.sfgate.com/cgi-bin/article. cgi?f=/c/a/2005/10/21/DDGLFFB16K1.DTL.

Murstein,B.I.(1974).Love,sex,and marriage through the agesNew York: Springer.

National Research Council,Panel on Monitoring the Social Impact of the AIDS Epidemic.(1993).The social impact of AIDS in the United States.Washington,DC:National Academy Press.

Noonan,R.J.(1979).Evolving marriage:The new sexualities in perspective.Paper presented at the IV World Congress of Sexology,December 17,1979,Mexico City. http://www. SexQuest.com/SexualHealth/evolvmarriage.html.

Noonan,R.J.(1996a).New directions,new hope for sexuality:On the cutting edge of sane sex.In P.B.Anderson,D.de.Mauro, & R.J. Noonan (Eds.),Does anyone still remember when sex was fun?Positive sexuality in the age of AIDS(3rd ed.,pp.144–221). Dubuque,IA:Kendall/Hunt Publishing Co.

Noonan,R.J.(1997a).The impacts of the AIDS on our perception of sexuality.In R.T. Francoeur(Ed.),Internaitonl Encyclopedia of Sexuality(Vol.3,pp.1622–1625).New York:Continuum.http://www.kinseyinstitute.org/ccies/us.php#percept.

Noonan,R.J.(1997b,August).Realizing sexual potential through the World Wide Web. In A.Cooper(Chair),Sexuality and the Internet-surfing into the next millennium. Symposium conducted at the 105th Annual Conference of the American Psychological Association(APA),August 18,1997,Chicago,IL.

Noonan,R.J.(1998a).A philosophical inquiry into the role of sexology in space life sciences research and human factors considerations for extended spaceflight.Doctoral disseration,New York University,UMI publication number 9832759,http://www.SexQuest.com/SexualHealth/rinoonandiss-abstact.html.

Noonan,R.J.(1998b).The impacts of the AIDS on our perception of sexuality.In R.T.Francoeur(Ed.),Sexuality in America:Understanding our sexual values and behavior(pp.248–251).New York:Continuum.

Noonan,R.J.(1998c,November).The social construction of sexual harassment and heterophobia.In R.J.Noonan(Chair),Alt.sex.conference Ⅱ :A follow-up symposium on controversial unaddressed issues.Symposium conducted during the 1998 Joint Annual Meeting of the Society for the Scientific Study of Sexuality(SSSS) and the American Association of Sex Educators,Counselors,and Therapists(AASECT),November 13,1998,Los Angeles,CA.

Noonan,R.J.(1998d).The psychology of sex:A mirror from the Internet.In J.Gackenbach,(Ed.),Psychology and the Internet:Intrapersonal,interpersonal,and transpersonal implications,143–168.New York:Academic Press.

Noonan,R.J.(2001a,November).Web resources for sex researchers:The state of the art,now and in the future[book reviews(web reviews)].Journal of Sex Research,38(4),348–351.

Noonan,R.J.(2001b,December).The JSR website review companion page.http://www.SexQuest.com/SexualHealth/ JSRwebsite-reviews.html.

Noonan,R.J.(2004a).Heteropphobia:The evolution of an idea.In D.L.Weis & P.B.Koch/R.J.Noonan & R.T.Francoeur(Chap./Update Coords),United States of America.In R.T.Francoeur & R.J.Noonan(Eds.),Continuum complete international encyclopedia of sexuality(pp.1167–1168).New York:Continuum International Publishing Group.http://www.kinseyinstitute.org/ccies/us.php#heterophobia.

Noonan,R.J.(2004b).Outer space and Antarctica:Sexuality factors in extreme environments.In R.T.Francoeur & R.J.Noonan(Eds.),Continuum complete international encyclopedia of sexuality(pp.795–812).New York:Continuum International Publishing Group.http://www.kinseyinstitute.org/ccies/aq.php.

Noonan,R.J.(2004c).Sexuality and American popular culture.In D.L.Weis & P.B.Koch/R.J.Noonan & R.T.Francoeur(Chap./Update Coords),United States of America.In R.T.Francoeur & R.J.Noonan(Eds.),Continuum complete international encyclopedia of sexuality(pp.1286–1287).New York:Continuum International Publishing Group.http://www.kinseyinstitute.org/ccies/aq.php#popculture.

Noonan,R.J.(2004d).Sexuality and terrorism in the United States.In D.L.Weis &

P.B.Koch/R.J.Noonan & R.T.Francoeur(Chap./Update Coords),United States of America.In R.T.Francoeur & R.J.Noonan(Eds.),Continuum complete international encyclopedia of sexuality(pp.1137-1139).New York:Continuum International Publishing Group.http://www.kinseyinstitute.org/ccies/aq.php#errorism.

Noonan,R.J.(2005a,July).Lessons from a decade of cross-cultural sexual research in 60 countries:Summary and future directions.In R.T.Francoeur,S.G.Frayser & R.J.Noonan(Chair),Lessons from a decade of cross-cultural sexual research in 60 countries.Symposium conducted by the Society for the Scientific Study of Sexuality(SSSS)during the ⅩⅦ World Congress of Sexology,July 14,2005,Montreal,Quebev,Canada.

Noonan,R.J.(2005b,November).Ethics and issues in teaching about culturally sensitive sexual topics:Lessons from The Complete International Encyclopedia of Sexuality.Continuing Education session presented at the 2005 Conference of the Eastern and Midcontinent Regions of the Society for the Scietific Study of Sexuality(SSSS),November 6,2005,Athaanta,GA.

Noonan,R.J.(2006,July).The psychology of sex:A mirror from the Internet companion page.http://www.SexQuest.com/SexualHealth/psychsexmirror.html.

Noonan,R.J. & Britton,P.O.(1996,November).Sex In cyberspace:Trends and implications for sexology.Roundtable presentation at the 39th Annual Meeting of the Society for the Scientific Study of of Sexuality(SSSS),November 15,1996,Houston,TX.

Norden,E.(1969,March).The Playboy Interview:Marshall McLuhan.Playboy.http://www.mcluhanmedia.com/mmclpb01.html.

Office of the Surgeon General.(2001).The Surgeon General's call to action to promote sexual health and responsible sexual behavior 2001.Rockville,MD:Office of the Surgeon General.

O'Neill,N. & O'Neill,G.(1972).Open marriage:A new life style for couples.New York:M.Evans and Company.

Patai,D.(1996).The feminist turn against men.Partisan Review/4,63(3),580–594.

Patai,D.(1996).Heterophobia:Sexual harassment and the future of feminism.Lantham,MD:Rowman & Littlefield PubLishers.

Patai,D. & Koertge,N.(1994).Professing feminism:Cautionary tales from the strange world of women's studies.NY:BasicBooks(A New Republic Book).

Perna,P.A. & Masterpasqua,F.(1997).Introduction.In Masterpasqua,F. & Perna,P.

A.(Eds.).The psychological meaning of chaos:Translating theory into practice. Washington,DC:American Psychological Association.

Pike,M.A.(1995).How the World Wide Web works.In M.A.Pike,Special edition:Using the Internet(2nded.,pp.677–691).Indianapolis,IN:Que Corporation.

Planned Parenthood Federation of America(2003, April).The health benefits of sexual expression(White paper).New York:Katherine Dexter McCormick Library,Author,in cooperation with the Society for the Scietific Study of Sexuality.

Prescott,J.W.(1977).Phylogenetic and ontogenetic aspects of human affectional development.In R.Gemme & C.C.Wheeler,Progress in Sexology:selected Papers from the Proceedings of the 1976 International Congress of Sexology(pp.431–457).New York:Plenum Press.

Prescott,J.W.(1983,May,4).Developmental origins of violence:Psychobiological,cross-cultural and religious perspectives.Invited address presented at the 136th Annual Meeting of the American Psychiatric Association,New York,NY.

Rainie,L. &Madden,M.(2006,Feberuary).Not looking for love:The state of romance in America.Washington,DC:Pew Internet & American Life Project.http://www.pew-internet.org/pdfs/PIP_Romance_in_America_feb06.pdf.

Reiss,I.L.(1990).An end to shame:Shaping our next sexual revolution.Buffalo,NY:Prometheus Books.

Rind,B.,Bauserman,R. & Tromovitch,P.(2000).Science versus orthodoxy:Anatomy of the congressional condemnation of a scientific article and reflections on remedies for future ideological attacks.Applied and Preventive Psychology,9,211–226.

Rind,B.,Bauserman,R. & Tromovitch,P.(2001a,July/August).The condemned meta-analysis on child sexual abuse:good science and long-overdue skepticism.Skeptical Inquirer,25,68–72.

Rind,B. & Tromovitch,P.(1997).A meta-analytic review of findings from national samples on psychological correlates of child sexual abuse.Journal of Sex Research,34(3),237–255.

Rind,B.,Tromovitch,P. & Bauserman,R.(1998).A meta-analytic examination of assumed properties of child sexual abuse using college samples.Psychological Bulletin,124(1),22–53.

Rind,B.,Tromovitch,P. & Bauserman,R.(2001b).The validity and appropriateness of methods,analyses,and conclusions in Rind et al.(1998):A rebuttal of victimological critique from Ondersma et al.(2001)and Dallam et al.(2001).Psychological Bulletin,127(6),734–758.

Rose,F.(1997,December).Sex sells.Wired,5,12,218–224,276–284.

Ross,M.W.(2005).Typing,doing,and being:Sexuality and the Internet.Journal of sex re-
search,42(4),342–352.

Satcher,D.(2005,July 15).Promoting sexual health:A vision for the future. "State-of-
the-art-lecture" at the ⅩⅦ World Congress of Sexology,Montréal,Canada.

Schnarch,D.M.(1991).Constructing the sexual crucible:An integration of sexual and
marital therapy.New York:W.W.Norton & Company.

Schnarch,D.(1997).Sex,intimacy,and the Internet.Journal of Sex Education and Thera-
py,22(1),15–20.

Simons,J.(1996,August 19).The Web's dirty secret.US News & World Report,pp.,51–52.
http://www.elibrary.com/.

Stefanac,S.(1993,April).Sex and the new media.New Media,3(4),38–45.

Suler,J.R.(2005,July).The psychology of cyberspace.Lawrenceville,NJ:Author,Rider
University.http://www.rider.edu/~suler/psycyber/psycyber.html.

Taylor,B.(Producer).(2005,July-August).Hooking up(Television 5-part documen-
tary).Philadelphia:American Broadcasting Company/ABC 6.(Broadcast:July
14,21,28,August 4,11,2005).http://www.abcnews.go.com/Technogogy/ Hooking
up/.

Tharp,P.(2005,November 4).The naked "i":New XXX is sleaze in pod:Porn firms
rush to sell minismut.New York Post,pp.1,3.http://www.nypost.com/news/nation-
alnews/53963.html.

Thayer,N.S.T.et al.(1987,March).Report of the Task Force on Changing Patterns of Sex-
uality and Family life.The Voice.Newark,NJ:Episcopal Diocese of Northern New
Jersey.

Thiel,S.(2005,November 21).Everything you don't want to know about your kid's sex
life:An expanded version of the 100-teen-vs-100-parent promiscuity poll.New
York Magazine.http://www.newyukmetro.com/lifestyle/sex/annual/2005/15079/
index.html.

Tiefer,L.(1995).Sex is not a natural act and other essays.Boulder,CO:Westview Press.

USA Today Tech Report.(1997,May 20). "Adult" sites drive many Web innovations.
USA Today,pp.07D.http://www.elibrary.com/.

Weber,T.E.(1997,May 20).The X files:For those who scoff at Internet commerce,here's a hot market.Raking in millions,sex sites use old-fashiond porn and cutting-edge tech:Lessons for the mainsream.The Wall Street Journal,pp.A1.

Weis,D.L.(2004a).Demograhic challenges and a sketch of diversity,change,and social conflict.In D.L.Weis & P.B.Koch/R.J.Noonan & R.T.Francoeur(Chap./Update Coords.),United States of America.in R.J.Noonan & R.T.Francoeur(Eds.),continuum complete international encyclopedia of sexuality(pp.1128–1133).New York:- Continuum International Publishing Group.http://www.kinseyinstitute.org/ccies/ us.php#demog.

Weis,D.L.(2004b).Interpersonal heterosexual behaviors:Childhood sexuality.In D.L. Weis & P.B.Koch/R.J.Noonan & R.T.Francoeur(Chap./Update Coords.),United States of America.In R.J.Noonan & R.T.Francoeur(Eds.),continuum complete international encyclopedia of sexuality(pp.1180–1187).New York:Continuum International Publishing Group.http://www.kinseyinstitute.org/ccies/us.php#Children.

Wikipedia.(2005).The ARPANET and nuclear attacks.In ARPANET.http://en.wikipedia.org/wiki/ ARPANET.

Wilkins,J.(1997,September 19).Protecting our children from internet smut:Moral duty or moral panic?The Hunanist,57.http//www.elibrary.com/.

Working Group on a New View of Women's Sexual Problems.(2000,November 15).A new view of women's sexual problems.Electronic Journal of Human Sexuality,3. http://www.ejhs.org/volume3/newview.htm.

Worthington,C.(1996,October 6).Making love in cyberspace.Independent on Sunday. http//www.elibrary.com/.

6 网络成瘾：真的存在吗？

劳拉·维迪安托（Laura Widyanto）

马克·格里菲恩（Mark Griffiths）

诺丁汉特伦特大学心理学系，诺丁汉（英国）

根据一些学者的说法，互联网过度使用是一种病理性或成瘾性行为，也就是人们常说的"科技成瘾"（如 Griffiths, 1996a, 1998）。"科技成瘾"是一种涉及人机交互的非药物成瘾行为。这类成瘾的形成可以是被动的（如看电视），也可以是主动的（如玩网络游戏），通常具有"诱发性"和强化成瘾倾向的特征（Griffiths, 1995）。作为成瘾行为的一种（Marks, 1990），"科技成瘾"具有问题突显、情绪改变、行为偏差、回避、冲突和复发等"成瘾行为"的核心症状（见 Griffiths, 1996b）。本章针对网络成瘾及其派生术语（如网络成瘾障碍、病理性互联网使用、过度网络使用、强迫性互联网使用）的研究进行回顾，同时对"网络成瘾在多大程度上是存在？"这一问题进行了评估。在本章节中所使用的术语大多可以互换，但均与原研究者保持一致。

Young（1999a）认为，网络成瘾是一个广义的概念，涵盖了许多行为和冲动控制的问题。她把这些行为分为具体的五类：（1）网络性成瘾（Cyber-sexual addiction）：为了获取网路色情信息的强迫性网络使用行为；（2）网络关系成瘾（Cyber-relational addiction）：过度卷入网络虚拟的人际关系之中；（3）冲动性上网（Net compulsions）：强迫性地进行在线赌博、购物或其他交易；（4）信息过载（Information overload）：毫无目的进行网上浏览，或搜索信息；（5）网络游戏成瘾（Computer addiction）：强迫性地玩网络游戏（Doom, Myst, Solitaire et al.）。

然而，Griffiths（2000a）认为，许多"过度使用者"并不是"成瘾者"，过度使用网络（行为）只是充当了诱发其他成瘾行为的媒介而已。

因此，有必要对"沉迷网络"（addictions to the Internet）和"依赖网络"（addictions on the Internet）进行区分。本章节将会对这些内容进行更深入地探讨。

目前关于过度使用互联网的文献日趋增多。这些文献粗略的划分为以下五类：

关于网络过度使用者与正常使用者差异的研究；

关于易于过度使用互联网的群体（主要是指学生）的研究；

关于过度使用互联网者的心理测量学研究；

关于互联网过度使用的个案研究，包括个案治疗；

过度使用互联网与其他行为（如精神问题、抑郁、自尊）之间的关系研究。

尽管围绕着过度使用互联网的研究逐渐增多，但这些研究的关注点和验证方法都各不相同，以至于采用任何一种元分析方法都难以进行分析。目前，大多数研究都存在着样本量过小以及研究对象局限于某一个亚群体（如学生）的问题。这主要是因为对"成瘾"和"网络成瘾"的操作化定义缺乏共识，因此不同研究的数据比较是没有意义的。本章将会对前人研究的要点进行具体阐述。

6.1 "网络成瘾"和"过度使用互联网"的研究及其比较

6.1.1 网络成瘾的早期研究

Young（1996a）是最早对过度使用互联网行为进行实证研究的人，她在研究中对互联网使用能否导致成瘾，以及不合理使用的成瘾程度之间的关系进行了论述。由于病理性赌博和病理性互联网使用的本质最为接近，因此，根据《精神疾病诊断及统计手册》（DSM-IV），病理性互联网使用在病理性赌博的诊断标准上发展出一套由八个项目构成的问卷。8 个项目中有超过 5 个回答"是"的人被定义为"上网成瘾者"（即网络依赖者）。在一个由 496 名所参与的调查中发现，绝大多数的被试都是"网络依赖者"（有 396 名）。其中，大多数人都是女性（占 60%）。

研究发现，相比于非网络依赖者，网络依赖者花费更多的时间上网（38.5 小时 / 周），并且使用更多的的互动功能，比如聊天室和论坛。同时，网络依赖者由

于过度使用网络而导致家庭、社会和职业生活中出现了不同的问题。由此，Young
得出的结论是：（1）互联网的交互式功能越齐全，就越具有使人成瘾的潜能；（2）
自我报告的结果显示，正常使用者很少出现网络使用的负面效应，而网络依赖者
在现实生活的许多方面（包括健康、职业、社会交往和经济）都出现了问题。

然而，这个研究有很多局限性，例如，样本量相对较小。而且，网络依赖者
和非依赖者在很多方面的差异均未以任何方式进行匹配。同时，Young 采用刊登
广告的方式招募"狂热的网络使用者"参与研究，这也会使她的结果出现偏差。
Young 的研究隐含了这样一种假设：过度使用互联网类似于病理性互联网使用，因
此，把病理性互联网使用的诊断标准作为过度使用互联网行为的操作性定义是可
信且有效的。尽管 Young 的研究存在方法上的缺陷，但不可否认的是，她开辟了
学术研究的一个崭新领域。

Egger 和 Rauterberg（1996）进行了一项类似于 Young 的在线问卷调查，他们
对于成瘾的划分单纯依靠被试的自我报告，即被试是否"感到成瘾"。通过在线
调查，他们回收了 450 份问卷，其中 84% 的是男性。他们得出的结论与 Young 相
似，即那些自我报告为"成瘾"的被试出现了明显的互联网使用负面效应，比如，
由于大量时间花费在网上而招致朋友和家人的埋怨、对上网抱有某种期待，以及
因过度使用互联网而产生的负罪感。和 Young 的研究一样，Egger 和 Rauterberg 的
研究也存在方法上的局限性，例如，被试大多是瑞士男性（注：被试的选择显然
不具有代表性）。

Brenner（1997）发展了一套由 32 个（对／错）二分项目组成的测量工具——
"网络及相关成瘾行为调查（IRABI）"，这些项目用以评估过度的网络使用体验与
DSM-IV 中的物质滥用是否有共同之处。563 名被试中大多数是男性（73%），他们
每周的平均网络使用时间为 19 小时。由于 32 个项目均与总分存在着中等程度的相
关，因此使用这些项目测量某些独立变量是可以信任的。结果还发现，尽管年长的
使用者也花费大量的时间上网，但相比于年轻的使用者，他们体验到更少的问题，
而且不存在性别差异。但是数据显示出，许多使用者在网络角色扮演中会体验到更
多问题。Brenner 认为，数据呈现偏态分布和那些体验到严重问题的偏差子群体是
保持一致的。他同时声称，也有证据证明（注：过度使用网络者的）忍耐力、回避
和（网络）渴求的存在。这个研究存在的主要局限性在于，（注：我们）并不清楚
构成 IRABI 项目的各类行为是否涵盖了成瘾的真实特征（Griffiths，1998）。

Greenfield（1999）针对 17251 名被试进行了一个更大规模的在线调查研究——

虚拟成瘾调查（VAS）。样本主要是平均年龄在 33 岁的高加索白人（占 82%）中的男性（占 71%）。VAS 包括人口学变量（如年龄、出生地、教育背景）、描述性信息（如使用频率和时间、具体的使用功能）和临床症状（如去抑制化、时间感消失、在线行为）。并且，DSM-IV 中病理性赌博诊断的 10 个修订项目也包括在内。大约 6% 的被试符合网络使用成瘾模式的诊断标准。初步的事后分析表明，使得互联网产生吸引力的几个组成变量分别是：

(1) 强烈的亲密关系（样本总量的 41%，依赖者总数的 75%）；

(2) 去抑制化（样本总量的 43%，依赖者总数的 80%）；

(3) 隔阂消除（样本总量的 39%，依赖者总数的 83%）；

(4) 超越时间限制（样本中的大多数回答"有时"，而依赖者回答"总是"）；

(5) 失去控制（样本总量的 8%，依赖者总数的 46%）。

另一个研究领域关注的是网络成瘾与其他形式的成瘾（包括药物成瘾）是否具有相同特征。早期的分析发现，诸如全神贯注的上网（58%）、多次削减上网行为而失败（68 %）、试图削减上网行为而感到坐卧不安（79%），这些症状和 Greenfield 提出的忍耐力和回避症状是一致的。尽管该研究的样本容量相当大，但也只是进行了一个非常初步的分析，因此需要谨慎地对结果做出解释。

6.1.2 易于过度使用互联网群体的研究

还有许多研究强调了过度的互联网使用给青少年群体所带来的危害。青少年被认为是最易于过度使用网络的群体，他们容易被网络的可得性和时间灵活性所吸引以致增加了过度使用网络的潜在风险（Moore，1995）。比如，Scherer（1997）对德克萨斯大学的 531 名学生进行的研究发现，有 381 名学生每周至少使用网络一次。此后对这些人做进一步调查中发现，基于与药物依赖相类似的诊断标准，有 49 名学生（13%）被划分为"网络依赖"（71% 的男性、29% 的女性）。依赖者每周上网的平均时间为 11 小时，而非依赖者每周上网的平均时间为 8 小时，并且依赖者使用（网络）互动式同步应用程序是非依赖者的三倍。然而，这个研究的主要问题在于依赖者每周的上网时间仅仅为 11 小时（相当于每天 1 个多小时），这很难用"过度使用"或"成瘾"来定义（Greenfield，1999）。之后，Morahan-Martin 和 Schumacher（2000）进行了一项类似的在线研究，他们采用一个由 13 个项目构成的问卷——"病理性互联网使用"（Pathological Internet Use，PIU），该测评工具用以评估网络使用带来的各类问题（如学业、工作和人际关系问题，忍耐力症状以及情绪改变）。那些在 4 个或更多的项目上回答"是"的人即被定义为"病理性互联网使用者"。研究者招募了 277 名大学生网络使用者进行测试，其中 8% 被认为是病理性使用者。由于男性更倾向于使用技术复杂的网站，且每周的上网时间平均为 8.5 小时，因此，他们更可能成为病理性互联网使用者。研究还发现，病理性使用者常常在网络上结识新人一起玩交互式游戏以获得情感支持。他们也更容易出现社交抑制。但是，尽管研究者认为在相对较短的上网时间内出现问题正是病理性的前兆，每周上网的平均时间为 8.5 小时也似乎同样地不能称之为使用过度。此外，PIU 的构成项目与 Brenner 的 IRABI 是很相似的，如 Brenner 的研究结果是用真实的成瘾标准去测量网络成瘾，而仍旧没有证实网络成瘾是否真的存在。

Anderson（1999）收集了美国和欧洲的一些综合型的 1302 个调查数据（男女各半），这些被试每天使用网络的平均时间是 100 分钟，其中 6% 被认为是高使用者（每天约 400 分钟）。也就是说，依据 DSM-IV 药物依赖的诊断标准，把被试分为依赖者和非依赖者。那些在 7 个标准中达到 3 个及以上的人被划分为依赖者。Anderson 报告的比例较高的依赖者（9.8%）大多都是来自自然科学专业。106 名依赖者中，男性占 93%，他们每天的上网时间平均是 229 分钟，而非依赖者则是 73 分钟。并且，高使用者的被试报告出现更多的消极使用结果。

Kubey 等人（2001）采用一套由 43 各项目构成的问卷调查了美国罗格斯大学的 576 名学生。其调查内容包括网络使用、学习习惯、学业表现和人格特质。在网络依赖程度的测量中，采用了李克特的 5 点计分法，让被试对一些陈述句进行回答，如"同意"或"不同意"。那些选择"同意"或"非常同意"的人被定义为"网络依赖"。在 572 个有效答复中，有 381 名（66%）是 18-45 岁的女性，其平均年龄是 20.25 岁。53（9.3%）名参与者被划分为"网络依赖者"，而且男性居多。虽然年龄不是主要的影响因素，但一年级的大学生却占了依赖者的 37.7%。依赖者报告出由于使用网络而出现的学业问题是非依赖者四倍，而且他们感到更为"孤独"。在网络使用的项目中，那些出现学业问题的依赖者使用同步式应用程序（MUDs 和 IRC/ 聊天工具）是非依赖者的九倍。研究者认为，对常常感到孤单的人（尤其是初次远离家人的大学生）而言，这类同步应用程序是个很重要的宣泄方式，这使他们能够与家人和朋友保持联系，随时可以聊天，而其他媒介都不能提供这样的机会。

Kennedy-Souza（1998），Chou（2001），Tsai 和 Lin（2003），Chin-Chung 和 Sunny（2003），Nalwa 和 Anand（2003），以及 Kaltiala-Heino 等人（2004）的研究，都只是调查了学生群体中非常小的一部分，而针对成年人的研究却很少。这种方法的局限性限制了结论的解释力。至此，从以上所讨论的研究中不难发现，这些"流行"的研究大部分都存在共同的缺陷。他们的研究被试都是易得的、自愿参与研究的人，因此，很难在不同群体之间进行比较。此外，在诊断标准上，一些研究并未采用有效的成瘾诊断标准（如回避症状、问题突显、忍耐力下降或再度堕落），而另一些研究则假设过度使用互联网和其他行为成瘾（如赌博成瘾）是类似的，因此导致定义成瘾的分数线过低而增加了成瘾的比例。这些问题正如 Griffiths（2000a）得出的结论：（1）使用的测量工具不严格；（2）测量的问题没有考虑时间维度；（3）研究结果过高地估计了问题的发生率；（4）研究没有考虑互联网使用的社会背景（比如，一些因从事与互联网相关的工作或与一些距离遥远的人保持某种在线关系而必须常常使用网络的人。）。

除了对网络成瘾进行直接研究，值得注意的是还出现了许多相关研究，它们主要探讨了一般网络使用（包括严重使用者）与心理幸福感的关系（如 Kraut et al.，1982，2002；Wastlund et al.，2001；Jackson et al.，2003）。然而，这些研究均没有得出一致的结论，也没有对网络成瘾进行具体探讨和检验。

6.2 过度使用互联网的心理测量学研究

从早期的研究中可以发现，许多不同的诊断标准被用于研究网络成瘾，其中最通用的是由 Young 提出的标准，随后被其他研究者们广泛使用。Young 的问卷由 8 个项目构成，由 DSM-IV 病理性赌博的诊断标准修订而成（见表 6-1）。依据病理性赌博的诊断数目，她主张判定为网络成瘾的条目参考值为 5 个，并且最后 2 条中有着额外的标准。然而，即使设定了较为严格的参考值，仍发现有 80% 的参与者被划分为网络依赖者。

Beard 和 Wolf（2001）在考虑到自我报告的客观性和可靠性的基础上，试图对 Young 提出的诊断标准进行修订。其原因在于以下三点：一些项目很容易就能做出是与否的回答，它们无法反映出被试的判断力，因此诊断的准确性将会受到影响；其次，一些项目的表述过于含糊不清，例如，一些术语亟待澄清（如"全神贯注"

的意思）；最后，他们质疑病理性赌博的诊断标准是否能够准确地适用于定义网络成瘾。因此，Beard 和 Wolf 提出了修订后的诊断标准（见 6-2），他们建议这五个标准全部用于诊断，才能准确地预测一个人的日常生活功能。而且，其余三个标准中的至少一个需用于诊断，这些标准可以预测了个人的应对性和功能性能力。

表 6-1　Young（1996）提出的网络成瘾的诊断标准

上网时你是否感到全神贯注（回想以前的上网经历或对今后的上网行为进行估计）？

你是否感到需要增加上网时间以实现满足？

你是否曾多次尝试控制、削减甚至停止使用网络但却失败呢？

当尝试不再使用互联网时，你是否感到焦躁、喜怒无常、沮丧或者易怒呢？

你是否上网时间超过上网前的预期呢？

网络是否曾导致你失去一些重要的人际关系、工作以及教育或者工作机会？

你是否曾对家人或其他人撒谎以隐瞒你沉浸网络的程度？

你是否把互联网作为逃避问题或者缓解不良情绪的途径？

Pratare 等人（1999）提出了另一个用于诊断网络成瘾的标准。他们采用因素分析的方法来检验网络成瘾的可能结构。研究调查了 341 名俄克拉荷马州立大学的大学生，其中男生 163 名，女生 178 名，平均年龄 22.8 岁。该测量问卷由 93 个项目构成，其中的 19 个用于测量人口学特征和网络使用问题，其余的 74 个为"是否"二分项目。因素分析抽取了两个主要因素和两个次要因素。这四个因素分别是：

（1）　因素 1 关注的是严重的互联网使用者的问题性行为，通过测量网络使用者孤独感、社会隔离、满意度以及其他负面结果来获取该因素的特征；

（2）　因素 2 关注的是一般的电脑科技，尤其是互联网的可用性及其使用量；

（3）　因素 3 关注的是影响互联网使用的两个不同的结构因素，即性满足和害羞 / 内向；

（4）　因素 4 关注的则是互联网使用不存在像一般科技使用过程的厌恶和无趣问题。

研究数据表明，一些个体由于使用互联网而表现出明显类似于强迫症的症状。

相比于面对面的交往，他们更喜欢在线沟通。尽管这个研究使用了更具有统计说服力的测量工具，但抽取的一些因素似乎不能作为一般成瘾的预测成分。

表 6-2　网络成瘾的诊断标准（Beard & Wolf，2001）

下面的 5 题必做：

　上网时会全神贯注（回想以前的上网经历或对今后的上网行为进行估计）

　需要增加上网时间以实现满足

　有过尝试控制、削减甚至停止使用网络但却失败的经历

　当尝试不再使用互联网时，会感到焦躁、喜怒无常、沮丧或者易怒

　上网时间会超过上网前的预期

下面的题目至少做一题：

　网络曾导致失去一些重要的人际关系，工作以及教育或者工作机会

　曾对家人或其他人撒谎以隐瞒你沉浸网络的程度

　把互联网作为逃避问题或者缓解不良情绪的途径

　　近来，Shapira 等人（2003）修订了问题性互联网使用的分类和诊断标准。同时 Black 等人（1999）指出，网络成瘾障碍似乎伴随着其他高度并发性心理障碍，因此，需要一种特别的标准去评估互联网滥用这一特殊障碍的有效性。Shapira 等人讨论了 Glasser（1976）提出的"积极成瘾"的概念。然而，由于"积极成瘾"的标准缺少已建立的关于成瘾的构成成分，比如忍耐力和回避（Greenfield，1996b），因而遭到质疑。而且，在网络依赖（问卷）的项目中，"出现负面结果"被认为是随着上网时间的增加而增多。网络依赖通常被认为是一种行为成瘾，其测量标准常常是基于对经典成瘾模型的修订而建立的。但是，问卷测量的有效性和临床实用性却遭到了质疑（Holden，2001）。其他的研究也同样认为，问题性互联网使用可能与 DSM-Ⅳ 冲动控制障碍的特征有关（Shapira et al.，2000；Treuer et al.，2001）。

　　然而，病理性互联网使用（Pathological Internet Use，PIU）和互联网成瘾症（Internet Addiction Disorder，IAD）也遭到一些研究者的质疑。Mitchell（2000）并不认为这些测量能进行独立的诊断，因为仍不清楚成瘾是否是独自发展而成，抑

或它是受到潜在的并发性疾病诱发而成。因此，几乎不能区分出这两种形式中哪一种首先发展出来的，尤其是涉及到网络是如何融入人们生活中时，这种区分就更难了。所以，建立一个较为清晰的（网瘾）发展/形成模式也是很困难的。除此之外，病理性互联网使用者的行为模式存在多样化，很难被统一，唯一通用的观点就是考察病理性互联网使用与其生理和心理反应之间的关系。比如，一些人可能有躁狂发作的问题，一些人可能因为自身特征把互联网当做购物或赌博的媒介。一旦这些因素起作用，这些人就会被评估为纯粹成瘾性和冲动性的网络使用者。

近年来，Shapira 等人（2003）在一些实证研究的基础上（2003）提出问题性互联网使用可以被概念化为一种冲动控制障碍。尽管这种分类具有异质性，但他们认为这些特定的症状可以随着时间推移有助于临床诊断。因此，综合 DSM IV-TR 和冲动性购物研究中用以诊断冲动控制障碍类型的标准，Shapira 等人提出了广义上的问题性互联网使用诊断标准（见表 6-3）。

诊断标准由三个简单的临床表现构成，可以用来区分这种"症状"的复杂成因。Shapira 等人从弗罗里达州北部数据库中心获取了一批数据进行调查，所有的参与者均为严重使用网络的大学生（即平均每周上网时间为 15 个小时并且至少连续两个月的上网时间为 45 个小时的学生）。一个人符合三个临床表现中的 2 个及 2 个以上症状，则被诊断为问题性使用者。

表 6-3　问题性互联网使用的诊断标准（Shapira et al., 2003）

下列情况之一即可表明互联网使用的不适应性专注：
不可抗拒地专注于上网；
比预期时间更过度地使用互联网；
由于使用互联网引起了社会、工作或其他方面的损失；
在轻度狂躁和狂躁期依然过度地使用互联网，并且不能被 Axis I 解释。

同样，Rotunda 等人（2003）采用了类似的测量工具——"互联网使用调查问卷"。该问卷由三个正式成分构成：（1）人口学数据和互联网功能使用；（2）互联网使用带来的负面反应和体验；（3）参与者的人格发展与心理特征。其中，成分（2）与（3）的几个项目依据的是 DSM-IV 中诊断病理性赌博、药物依赖和

某些人格障碍（如精神分裂症）的标准。本次调查的样本为 393 人，女性 53.6%（n=210），男性 46.4%（n=182）；年龄分布在 18—81 岁，平均年龄为 27.6 岁；平均每天的上网时间为 3.3 小时，其中有 1 小时是为个人自由使用（其余时间则用于处理工作相关的事情）；最普通的网络使用就是收发电子邮件、为获取信息和新闻而进行的网上冲浪和在线聊天。结果发现：（1）18% 参与者专注于网络；（2）25% 参与者在线时常感到兴奋或精神愉悦；（3）34% 参与者试图逃避现实问题；（4）22.6% 的参与者在网络上比本人表现得更加社会化。报告中的负面结果还包括使用时间超过预期以及失去时间感。

因素分析提取四个主要因素，因素 1 被归为"专注于网络"（如过度沉浸于网络、时间管理的失败），因素 2 被归为"负面结果"（如由于上时间上网而与家人产生矛盾、出现压力或问题性行为），因素 3 是"睡眠障碍"（如睡眠紊乱），因素 4 是"欺骗行为"（如在线欺骗他人、隐瞒上网时间）。确定网络使用问题是建立在因素 1 和 2 的分析上，即"专注于网络"和"负面结果"，而不是网络使用频率。据此，研究者推测"频繁使用既是过度的、病理性或成瘾性"的结论具有潜在的误导性，因为忽略了与行为发生有关的环境或人格倾向性因素。

6.3 过度使用互联网与某些心理特征之间的相关研究

已有的研究发现，病理性互联网使用的发生和一些心理障碍有关（Black et al.，1999；Shapira et al.，2000）。Griffiths（2000a）假设，大多数情况下互联网似乎扮演着过度使用行为（发生）的媒介，即只是作为这些行为发生的载体。换句话说，互联网只是扮演着中间者的角色，并不是导致问题产生的原因（Shaffer et al.，2000）。与 IAD 有关的其他因素还有人格特质、自尊和其他心理障碍。

Young 和 Rodgers（1998）使用 16PF 检验了那些网络依赖个体的人格特质，结果发现，网络使用依赖者在自我依赖（如独自一人使用互联网并不会感到被隔离，这可能是因为网络的交互式功能）、情绪敏感性和反应性（如沉迷于网络的各种信息和数据库）、警觉性、较低的自我封闭和非从众性特点这几个方面上的得分较高。这个研究的结论似乎表明，具有某些人格特质的个体更容易发展为 PIU。Xuanhui 和 Gonggu（2001）通过检验网络成瘾和 16PF 之间存在的关系，也得出类似的结论。

Armstrong 等人（2000）采用"问题相关量表"（Internet Related Problem Scale，IRPS），探讨了感觉寻求和低自尊能在多大程度上预测网络使用的严重程度。IRPS 有 20 个项目，涵盖了诸如忍耐力、渴求、网络使用的负面影响等因素。结果显示，自尊比冲动性能够更好地预测网络成瘾。低自尊者的上网时间往往更多，而且在 IRPS 上的得分更高。尽管这个研究得出了比较有趣的结果，但由于样本量较小（n=50），因此对结果的解释需谨慎。此外，Armstrong 等人指出，这 20 个项目虽然囊括了九个不同的问题症状，却没有拿出任何统计证据，因此，未来的研究需要进一步对这些项目是否真的能够预测研究者所提出的不同症状进行探讨。还有其他一些研究探讨了网络成瘾和自尊之间的关系，也发现了类似的结果（如 Widyanto & McMurran，2004），但是，由于样本量过小使得结论的推广相当困难。

其实，Lavin 等人于 1999 年就已经探讨了感觉寻求和网络依赖之间的关系。在 342 名大学生被试中，有 43 名被认为是网络依赖者，余下的 299 名则为非依赖者。然而，依赖者在感觉寻求量表上的得分却比较低，这与他们的假设相矛盾。研究者的解释是，依赖者在网上更善于交际，这没有达到传统概念所定义的感觉寻求的程度。感觉寻求的传统形式包括身体活动，比如高空跳伞以及其他诱发兴奋的活动，然而，网络使用者在他们的感觉寻求中往往有着较少的身体活动。感觉寻求量表可能更多的触及到身体方面的感觉寻求，而较少的涉及非身体（即心理）的感觉寻求。

Petrie 和 Gunn（1998）探讨了网络成瘾、性别、年龄、抑郁和内倾性之间的关系，其中的关键问题是，被试是否认为自己是成瘾/非成瘾。在 445 名被试（几乎男女各半）中，有近于一半（46%）的被试认为自己对网络上瘾了，这组就被称为自我定义成瘾组（Self-Defined Addicts，SDAs）。但是，研究没有发现 SDAs 组与非 SDAs 组在性别和年龄上的显著差异。该研究采用了'网络使用 - 态度量表"（Internet Use and Attitudes Scale，IUAS)，它由 16 个具有最高因素符合的问题组成（Internet Use and Attitudes Scale，IUAS）。参与者在该量表上的得分分布在 5—61 分之间，分数越高表明个体的网络使用量较多，使用态度越积极。SDAs 组（mean=35.6）的得分显著高于非 SDAs 组（mean=20.9），并且 SDAs 在抑郁水平和内倾性上的得分更高。这个研究的缺陷在于，成瘾的标准是自我定义的，而不是正式评估得出的。

Shapira 等人在 2000 年采用面对面的标准化精神鉴定方法，用以识别病理性互联网使用者的行为特征、家庭精神病史和伴随疾病。20 名被试参与研究，11 名男性，9 名女性，平均年龄 36 岁。研究中与互联网使用有关的问题主要有社交障碍（19 人）、明显的行为压力（12 人）、职业困扰（8 人）、经济困难（8 人）和法律问题（2 人）。结果发现，每个参与者的问题性网络使用均符合 DSM-IV 中非典型性冲动控制障碍的标准，然而，只有三名被试的情况符合 DSM-IV 中强迫冲动障碍的标准。但是所有被试都至少符合 DSM-IV Axis I 中某一个时间点的诊断。这个研究的局限性在于样本量过小，缺少控制组，以及过高估计精神病尤其是双向障碍。

近来，Mathy 和 Cooper（2003）分别在五个领域内检验了网络使用的持久性和频率：过去的心理健康辅导、近期的心理健康辅导、自杀意图，以及过去与近期的行为困扰。结果发现，网络使用频率与"过去的心理健康辅导和自杀意图"存在相关，尤其是那些承认每周上网时间显著增多的被试。而网络使用的持久性则与"过去与近期的行为困扰"存在相关。那些承认过去及近来出现酗酒、吸毒、赌博、饮食及性紊乱等行为问题的被试也可能成为新生网民。

Black 等人（1999）试图对 21 名强迫性网络使用者在人口学、临床症状和精神伴随疾病方面的特点进行检验。这些网络使用者报告每周有 7—60 小时（平均每周 27 小时）是用在不必要的网络使用上。近 50% 被试符合药物滥用（38%）、情绪改变（33%）、焦虑（19%）和精神障碍（14%）等流行障碍的标准。近 25%的被试存在普遍的抑郁障碍（抑郁症或心境恶劣障碍）。结果还显示，8 名（38%）被试患有至少一种问题障碍，最常见的是冲动性购买（19%）、赌博（10%）、纵火狂（10%）和冲动性行为（10%）。3 名被试报告在儿童期遭遇过身体虐待，2 名报告在儿童期遭遇过性虐待。结果还发现，11 名被试出现了至少一种人格障碍，最为常见的就是边缘人格（24%）、自恋人格（19%）和反社会人格（19%）。也许是由于这个特殊研究的敏感性而选择了很小的样本量，因此，对于结果的解释必须谨慎。随后有研究探讨了网络成瘾和害羞（Chak & Leung，2004）、注意缺陷多动症（Yoo et al.，2004）之间的可能关系。

基于以上的研究可以总结出，似乎是某一类的人格特质、伴随疾病和其他心理特征，综合在一起使得个体倾向于发展为网络过度使用障碍。然而，以上这些研究都是横向研究，因此无法知晓这些因素是过度使用行为的前因还是后果。因此，还需要更多的纵向研究。除此之外，由于该领域的许多研究中都存在方法的局限性和被试选择量小的缺陷，因此，亟需一些针对更大规模的、同年龄群体的重复研究。

6.4 网络成瘾的个案研究

Griffiths（2000a,b）曾提及个案研究对探讨网络成瘾问题的重要性。Griffiths 本人对于网络成瘾的研究旨在解决以下三个重要问题:(1)什么是成瘾? (2)网络成瘾真的存在吗? (3)如果存在,人们又是对什么上瘾? 他采纳了成瘾行为的操作性定义,认为成瘾包括六个核心成分:行为突变、情绪改变、忍耐力、回避症状、冲突和复发。依据这些标准,Griffiths 断言,网络成瘾只发生在极小的人群中,并且大多数过度使用网络的个体只是把网络当做一种行为选择的媒介。他同时也宣称,Young（1999a）对于网络成瘾的分类并不是网络成瘾的真正类型,因为大多行为的发生也是借助于网络这一媒介以满足其他非网络成瘾行为活动。总之,Griffiths 认为至今的大多研究都没有指出网络成瘾仅仅存在于极小一部分人群中, 因此, 他认为个案研究可能有助于发现网络成瘾是否真的存在, 甚至是非典型的案例。

Griffiths 概括了在 6 个月的时间里 5 个过度使用者的个案研究。他得出的结论是,五个案例中只有两个是标准的"成瘾者"。简言之,这两个个案研究（Gary 和 Jamie,青少年男性）都强调,被试视互联网为生活中最重要的事情,以至于忽视了生活中其他一切重要的事情。他们提高了自己长时间上网的耐受性。

其他的网络过度使用者的个案研究中, Griffiths 认为, 这些被试把网络当做应对和消除其他缺陷（如现实生活中缺少社会支持、低自尊和生理缺陷）的工具。Griffiths 也观察到一个很有意思的现象, 这些被试使用网络主要是为了社会交往。他由此推测, 由于网络的虚拟现实性特点, 使用者能够沉浸于和另一社会人的交往之中, 使得他们自我感觉变得良好, 这也是一种巨大的心理回报（Griffiths, 2000）。

Young 强调了一个案例,案主是一位 43 岁的家庭主妇。之所以选择这个特殊的案例是因为, 这与刻板印象中那些年轻而又精通电脑的男性成瘾者相反,这位曾经有着美好家庭也无精神病史和成瘾史的妇女并不精通电脑技术。尽管她认为自己是"互联网恐惧症和文盲",但在电脑服务者为她安装了菜单驱动和使用方便的浏览器之后她变得能够轻松使用网络。起初的 3 个月里, 她每周花几小时在不同的聊天室, 后来她说自己的上网时间增至每周 60 小时。她预期上网 2 小时,而实际上网时间常常比预期的长很多, 甚至一次上网就能达到 14 小时。她对现实的社交活动开始回避，停止做家务以便有更多时间上网，每当不能上网时就会感到抑郁、焦虑、烦躁。

但她否认这种行为是不正常的，也不认为是个问题。尽管她的丈夫反对她上网，女儿抱怨她忽视她们，但她仍拒绝寻求治疗，也不肯减少上网时间。在恋上电脑的 1 年里，她疏远了女儿和丈夫。在 6 个月之后的一次咨询中，她突然意识到自己失去了家庭，并且在没有任何治疗性干预的情况下成功地减少了上网时间 Young 说若没有介入，她不可能彻底摆脱网络，也不可能重新建立和家人的关系。这个案例也说明，某些风险因素，如网络的某些功能和在线带来的兴奋体验度，可能和网络成瘾的发展有关。

Black 等人（1999）也总结了两个案例研究。第一个案例是一个 47 岁的男子，每天上网时间为 12—18 小时。他有 3 台笔记本电脑，负债购买相关用具。尽管已是 3 个孩子的父亲，他仍坦诚自己发展了几次浪漫的网恋。他曾因"电脑黑客"的身份而几次被捕，他与家人在一起的时间极少，还说因为使用网络而感到生活力不从心。第二个案例是一个 42 岁的离婚男子，他说自己想整天都呆在网上。他承认每周花 30 小时上网，其中大部分时间用在聊天室结识新朋友，以及与潜在的搭档约会，他已经和网上认识的几个女性约会过。尽管他的父母埋怨他网络成瘾，他却不曾有减少上网的念头。尽管这些行为是过度的，而且第一个案例也产生了适应不良的负面结果，但是，这似乎不是成瘾，而是为了某些功利性的目的（如参与在线交流）。此外，这两个案例中没有出现成瘾的核心症状，比如情绪改变、持续的渴求、以及回避症状。

更有趣的是，Leon 和 Rotunda（2000）报告了两个相反的案例。案例中的两个人都是大学生，每日上网时间都是 8 个多小时且都不主动寻求治疗。第一个案例是 Neil，一个 27 岁的白人男性。起初，他的大学同学都认为他性格外向且善于社交。大三的时候，他发现了一个叫"红色警戒"的网络游戏，就是这个游戏代替了他的社交活动。为了能够在线和另一"优秀搭档"组合，他改变了自己的睡眠节律。他说自己除了两门课之外逃了其他全部课程，每周花 50 小时上网。朋友们都说自从迷恋网络以来，他的性格变得爱发脾气，且极度敏感。最后，他停止了所有的社交活动，疯狂地逃课，成绩一塌糊涂，白天呼呼大睡，晚上却精神百倍地玩游戏。他宁愿不吃饭也要用生活费买一个更快的调制解调器，对他而言，链接速度至关重要，一旦游戏掉线几次他就会变得不安和生气。由于过度的上网和对于上网行为的一度撒谎，他被室友赶出了宿舍。这一切的改变只发生在 Neil 玩网络游戏的 1 年时间里。

第二个案例是一个 25 岁的亚洲留学生 Wu Quon，初到北美的他几乎没有朋友。他说是因为文化差异而导致的不适应，身边也没有亚洲朋友。他买了一台笔记本电脑，以便和全球各地的朋友联系、浏览本国的新闻、收听亚洲的无线广播。为了保持和在中国的朋友及家人的联系，他使用网络多人聊天工具。他说自己每天上网 8 小时，网络占据了除学习和大学生活之外的全部时光。通过互联网，他每天都能和远方的家人及朋友联系，这解除了他的抑郁情绪和思乡之情。他说自己并没有对网络上瘾，网络只是他日常生活的一个重要组成部分，但他也承认自己一旦下线便会感到不舒服，因为和家里失去了联系，这使他感觉自己像是被隔离了一样。尽管如此，他认为自己的上网体验是积极的。

Leon 和 Rotunda 得出的结论是，两个案例中似乎只有 Neil 发展为网络成瘾，过度使用网络导致他的个人和职业生活出现了种种问题。而且，Neil 的症状符合分裂型人格障碍和昼夜节律紊乱的诊断标准，这些都是因为他过度使用互联网造成的。相反，Wu Quon 的网络使用行为消除了他的思乡之情，上网使他感到自己是一个开心的、有用的人，尽管这可能导致他将来在现实生活中被隔离。总之，Leon 和 Rotunda 认为，把频繁使用互联网看做是过度的、病理性或成瘾的行为显得过于简单，也忽视了行为发生的情境和人格倾向性因素的作用。Griffiths（2000a）则认为，Neil 属于网络游戏成瘾，而非一般意义上的网络成瘾，网络只是被用来满足他玩游戏的欲望。然而，游戏日趋网络化，网络的逼真性可能促使游戏使用者过度投入，导致一些人的成瘾倾向增加。最后值得一提的是，还有一些文献报告了非正常的网络使用行为的个案研究（如 Catalano et al.，1999），但这些文献和过度使用网络或网络成瘾几乎没有太大关系。

网络成瘾的另一个间接指标可能存在于一些个案研究的治疗性报告。大多数 IAD 的辅导采用的是认知—行为取向疗法，尽管这些解释通常包括一些常识性的观点（如 Orzack & Orzack，1999；Young et al.，1999a，1999b；Hall & Parsons，2001；Yu & Zhao，2004）。这些辅导都表明，所有接受治疗的人都不是完全成瘾的，尽管他们也感受到过度使用网络带来的问题。Young 等人（1999）对一些辅导对象是问题性使用者的治疗师进行了一项调查选取的样本包括 23 名女性和 12 名男性，平均的临床实践经验为 14 年。他们报告说在过去的 1 年里，所有的治疗对象（2—50 人）中能被定义为网络成瘾的平均案例是 9 例。这些个案更可能抱怨成瘾之前的那些直接而冲动的上网行为及其负面结果，而不是精神疾病。几乎所有的治疗师（95%）都感到冲动性网络使用问题（compulsive internet use，CIU）比实际的案例数量要多。

通过整体上对个案研究的分析，可以看出只存在一部分个体是网络成瘾或过度使用网络者。在之前的案例中，过度使用几乎总会引起某种程度的适应不良行为。然而，适应不良行为本身并不表明就是成瘾，尽管 Young 和 Griffiths 报告的一些案例中存有与传统成瘾行为相似的迹象或症状。显然，我们需要更多的个案研究，尤其是能为消除负面影响提供深刻见解的临床研究。

6.5 网络过度使用行为为何会发生

以上所讨论的大多数研究似乎都缺少理论依据，奇怪的是，尽管这个领域已经出现了很多研究，但极少有研究者试图建立网络成瘾的理论模型。Davis（2001）在"认知—行为"取向理论基础之上，提出了病理性互联网使用的病因模型。该模型的主要假设是，PIU 是应对增强或维持适应不良行为的不正确认知造成的，这个模型强调了个体不正确的想法或认知是导致异常行为的主要原因。Davis 认为，PIU 的认知症状可能先于个体的情绪和行为症状，或导致其情绪和行为症状的改变，而不是相反的过程。和抑郁的认知模型假设相似，PIU 病因模型强调相关的适应不良行为。

Davis 阐述了 Abramson 等人（1989）提出的"必要性、充分性和促进性因素"的概念。"必要性因素"是使症状得以发生的某些病因，"充分性因素"是保证症状发生的某些病因。"促进性因素"是能够增加症状发生的概率的某些病因，它既不是充分条件也不是必要条件。Abramson 也区分了"近端原因和远端原因"，一个病因链会引发一系列症状的出现，一些病因朝向链的尾（即近端原因），而另一些病因则朝向链的首（即远端原因）。以 PIU 为例，Davis 认为远端原因就是指潜在的心理因素（如抑郁、社交焦虑或依赖症），而近端原因是指出现的适应不良行为(如对自我和世界的负面评价）。这篇文献旨在介绍适应不良的认知是 PIU 相关症状的近端充分性原因。

PIU 的远端促进性因素是在压力性体质框架内进行阐述的，然而异常行为的发生也可能是由易感体质或生活事件（压力）引发的。在 PIU 的"认知—行为"

模型中，潜在的心理因素被看做是易感染性因素，许多研究已证明了抑郁、社交焦虑等心理障碍和药物滥用之间存在的关系（Kraut et al.，1998）。该模型表明，心理病理性因素是 PIU 发生的远端必要性原因，也就是说，心理病理性因素先于 PIU 相关症状。然而，本质上心理病理性因素不一定会引发 PIU 症状，但却是病因的一个必要组成部分。

该模型假设，尽管基本的心理病理性因素可能更易于诱发 PIU，但 PIU 的相关症状也可能由其他的特殊原因所引发，因此需要区别对待和治疗（不同的病症）。其实，这个模型中的压力源是互联网，或者互联网的某一具体功能。虽然追溯个体的互联网史比较困难，但个体应用互联网的某一功能带来的（身心）体验却更易于检验，比如一个人第一次在网上拍卖或发现网络色情材料时的体验。

这类功能被看做是诱发 PIU 产生的远端必要性原因。本质上，这种使用并不会导致 PIU 相关症状的产生，然而作为一种促进性因素，这类事件是诱发 PIU 的催化剂。这关键在于，这类事件起到了强化作用（也就是操作性条件反射，积极地反应强化了行为的持续性）。该模型还认为，如调制解调器连接的声音或敲打键盘的感觉就是一种条件发射，因此，这类二级强化物相当于扮演诱发 PIU 和维持相关症状的情境线索。

"认知—行为"模型的核心在于，把不良适应行为的出现看做是 PIU 发生的近端充分性原因。适应不良的认知因素可被分解为两个子类型：关于自我和世界的知觉。关于自我的想法受沉思型认知风格引导。那些沉思型倾向的个体体验 PIU 严重性和持久性的程度更高，如已有研究发现，沉思型认知风格更可能增强或维持问题症状，部分通过阻碍工具性行为（如采取措施）和问题解决来实现。其他的认知扭曲包括自我怀疑、低的自我效能感或消极的自我评价，这些认知因素影响着个体的行为方式，其中一些会导致具体的或普遍的 PIU。具体的 PIU 指的是互联网某一具体功能的过度使用或滥用，它常被看做是与使用互联网有关的、已存在的心理病理性特征的结果（如冲动性赌博可能引发网络赌博，尤其是当心理需要和即时强化之间的联系变得更强的时候，最终表现出具体 PIU 的症状）。然而需要明确的是，不是每一个冲动性赌博者都会表现出 PIU 症状。

另一方面，普遍的 PIU 包括花费过度的时间漫无目的上网，或只为了消磨时间。个体的社会背景，尤其是缺少社会支持或体验社会隔离是普遍 PIU 产生的关键因素。患有一般 PIU 的个体问题更为严重，一旦脱离网络他们就感觉无法生活一样。

在 Davis 模型的基础之上，Caplan（2003）进一步指出，问题性心理素质导致了个体发生过度的和冲动的网络社交行为，反过来又会使问题的严重性增加。Caplan 提出的理论得到了实证支持，其主要观点有以下三个：

个体的心理社会问题（如抑郁感或孤独感）会使他们对自己的社交能力产生更多的负性知觉；

相比于面对面的交往，他们更喜欢基于互联网的交往（简称 CM），这是因为 CM 沟通具有更少的威胁性，在虚拟的网络情境中会显得自己更有能力；

这种偏好反过来导致了他们过度地、强制性地使用 CM 沟通，这又使他们的问题变得更为糟糕，并增加了学习、工作或家庭中的新问题。

在 Caplan（2003）的研究中，被试是 386 名大学生（279 名女生、116 名男生），年龄分布在 18—57 岁之间（平均年龄 20 岁）。该研究采用了 "Caplan 一般问题性互联网使用量表"（Generalized Pathological Internet Use Scale，GPIUS），这是一个测量 PIU 认知和行为症状，以及伴随的消极结果的自评量表。GPIUS 有七个分量表组成，分别是情绪改变、知觉到的社交好处、知觉到的社会控制、回避、冲动、过度使用网络和消极结果，还包括抑郁和孤独感量表。

研究发现，抑郁和孤独感能够显著的预测个体对网络社交行为的偏好，这两个因素占总变异的 19%。同时，个体偏好网络社交也能显著地预测他们在病理性互联网使用和消极结果上的得分。数据还表明，过度使用是消极结果的最差预测指标，而偏好网络社交、冲动使用和回避则是消极结果的最好预测指标。整体而言，没有发现孤独感和抑郁对消极结果的较大且独立的效应。这个研究的结果似乎支持了这样一个假设，即个体对网络社交的偏好是诱发问题性互联网使用产生的关键性促进因素。

Caplan 指出了两个出乎意料的结果。首先，孤独感比抑郁能够更显著的预测问题性互联网使用。一方面，他认为孤独感是理论上更重要的潜变量，因为孤独者对自己的社交能力和沟通技能有更多的负面知觉。另一方面，生活环境的巨大改变和诱发抑郁的社会生活事件（如创伤经历）可能没有多大关系。其次，互联网使用带来的情绪改变并不能很好的预测消极后果。如 Caplan 曾指出的，在许多不同的情境下，个体可借助互联网改变情绪，使用不同的网络功能也确实使得情绪发生不同的改变。举个例子，在线的网络游戏比较有趣、刺激，浏览新闻也比较放松，因此，本质上和偏好社交网络、过度和冲动使用、以及体验心理回避带来的消极后果不同的是，使用网络改变情绪并不必然的导致消极反应。

这个研究的局限性表现在以下三个方面。首先，需要更多的实证证据进一步说明具体 CM 交往的特性是如何导致对网络社交的偏好。其次，样本量较小，数据不能很好的代表问题性互联网使用的程度（如在 1—5 的量表评分中，偏好的中位数为 1.28；大部分被试并非不喜欢面对面的交往）。最后，研究没有考虑个体实际的社交技能和自我报告的交流偏好对问题性互联网使用形成的作用，尽管理论强调了个体知觉到的社交能力的作用。

6.6 结语

"网络成瘾"、"网络成瘾障碍"、"病理性互联网使用"、"问题性互联网使用"、"过度使用互联网"和"冲动性网络使用"这些标签几乎是描述同一个概念。也就是说，个体如此地沉迷于互联网以至于忽视了生活中的其他活动。目前，由于这个领域进行的大部分研究结果显示了不同程度的差异和冲突，因此，若眼下使用统一的概念似乎还为时过早。

Griffiths（2000a）认为，过度使用网络的大部分人并没有对互联网本身上瘾，而只是把网络作为一种满足其他上瘾行为的媒介。Griffiths（2000a）也认为，有必要对"沉迷网络"（addictions to the Internet）和"依赖网络"（addictions on the Internet）进行区分。他还列举了网络赌博成瘾和网络游戏成瘾的例子，借以说明互联网只是表现出网络成瘾者选择进行其他成瘾行为的"场所"。然而，还有一些观察发现，由于网络的匿名性、非面对面接触、以及去抑制化的特点，个人只可能选择在互联网上完成一些行为，如网络性爱和网络骚扰（Griffiths，2000c，2001）。

与此相反，一些个案研究的结果却报告了对互联网本身产生的成瘾行为（如Young，1999b；Griffiths，2000b），这些案例中的大多数人使用互联网的某一功能，比如聊天室或多人在线游戏，而这些功能是其他媒介所不具备的。这些人更像是沉迷于互联网，因为他们通过使用互联网的特殊功能以参与到这些活动中来。尽管目前的这些研究存在很多差异，但也有一些共同的发现。最明显的就是，过度使用互联网带来的消极后果（如忽视工作和社交生活、关系破裂、失去控制等），这和体验过其他成瘾行为带来的后果相差无几。总之，如果说网络成瘾确实存在，那么它也只是影响了网民群体中相对较少的人群。然而，这些人究竟因互联网的什么成瘾，这依旧不清楚。我们所清楚的是，未来仍需要进行更多的研究。

【参考文献】

Abramson,L.Y.,Metalsky,G.I. & Alloy,L.B.(1989).Hopelessness Depression:A theory-based subtype of depression.*Psychological Review,96*,358–372.

Anderson,K.J.(1999,August).Internet use among college students:Should we be concerned?Paper presented at the annual meeting of the American Psychological Association,Bsoton.

Armstrong,L.,Phillips,J.G. & Saling,L.L.(2000).Potential determinants of heavier internet usage.*International Journal of Human-Computer Studies*,53,537–550.

Beard,K., &Wolf, E. (2001). Modification in the proposed diagnostic criteria of Internet addiction. Cyberpsychology and Behavior, 4, 377-383.

Black,D.,Belsare,G. & Schlosser,S.(1999).Clinical features,psychiatric comorbidity, and health-related quality of life in persons reporting compulsive computer use behavior. Journal of Clinical Psychiatry,60,839–843.

Brenner,V.(1997).Psychology of Computer Use:XLVII.Parameters of Internet use,abuse,and addiction:The first 90 days of the Internet Usage Survey.Psychological Reports,80,879–882.

Caplan,S.E.(2002).Problematic Internet Use and psychosocial well-being:Development of a theory-based cognition-behavioral measurement instrument.Computers in Human Behavior,18,553–575.

Caplan,S.E.(2003).Preference for online social interaction:A theory of problematic Internet use and psychosocial well-being.Communication Research,30,625–648.

Catalano,G.,Catalano,M.,Embi,C. & Frankel,R.(1999).Delusions about the Internet. Southern Medical Journal,92,609–610.

Chak,K. & Leung,L.(2004).Shyness and locus of control as predictors of Internet addiction and Internet use.CyberPsychology and Behavior,7,559–570.

Chin-Chung,T. & Sunny,L.(2003).Internet addiction of adolescent in Taiwan:An interview study.CyberPsychology and Behavior,6,649–552.

Chou,C.(2001).Internet heavy use and addiction among Taiwanese college students:An online interactive study.CyberPsychology and Behavior,4,573–585.

Davis,R.(2001).A cognitive-behavior model of Pathological Internet Use.Computers in

Human Behavior,17,187–195.

Egger,O. & Rauterberg,M.(1996).Internet behavior and addiction.Retrieved October 14,2005,form the Swiss Federal Institute of Technology,Zurich:http:// www.idem-ployee.id.tue.nl/g.w.m.rauterberg/ibq/res.htm.

Glasser,W.(1976).Positive addictions.New York:Harper & Row.

Greenfield,D.N.(1999).Psychological characteristics of compulsive Internet use:A preliminary analysis.CyberPsychology and Behavior,2,403–412.

Griffiths,M.D.(1995).Technological addictions.Clinical Psychology Forum,76,14–19.

Griffiths,M.D.(1996a).Internet addiction:An issue for clinical psychology?Clinical Psychology Forum,97,32–36.

Griffiths,M.D.(1996b).Behavioural addictions:An issue for everybody?Journal of Workplace Learning,8(3),19–25.

Griffiths,M.D.(1998).Internet additions:Does it really exist?In J.Gackenbach(Ed.),Psychology and the internet:Intrapersonal,interpersonal,and transpersonal applications(pp.61–75).New York: Academic Press.

Griffiths,M.D.(2000a).Internet addiction-Time to be taken seriously?Addiction Research,8,413–418.

Griffiths,M.D.(2000b).Does internet and computer "addiction" exist?Some case study evidence.CyberPsychology and Behavior,3,211–218.

Griffiths,M.D.(2000c).Excessive internet use:Impications for sexual behavior.CyberPsychology and Behavior,3,537–552.

Griffiths,M.D.(2001).Sex on the Internet:Observations and implications for sex addiction.Journal of Sex Research,38,333–342.

Hall,A.S. & Parsons,J.(2001).Internet addiction:College student case study using best practices in cognitive behavior therapy.Journal of Mental Health Counselling,23,312–327.

Holden, C. (2001). "Behavioral" addictions:Do they exist? Science, 294, 5544.

Jackson, L. A., Von Eye, A., Biocca, F.A., Barbatsis, G., Fitzgerald, H.E., &Zhao, Y. (2003). Personality, cognitive style, demographic characteristics, and Internet use-Finding from the HomeNetToo project. Swiss Journal of Psychology, 62, 79-90.

Kaltiala-Heino,R.,Lintonen,T. & Rimpela,A.(2004).Internet addiction?Potentially problematic use of the internet in a population of 12—18 year-old adolescents.

Addiction Research and Theory,12,89—96.

Kennedy-Souza,B.(1998).Internet addiction disorder.Interpersonal Computing and Technology:An Electronic Journal for the 21st Century,6(1–2).Available at: http://www.emoderators.com/ipct-j/1998/n1-2/kennedy-souza.html.

Kraut,R.,Patterson,M.,Landmark,V.,Kiesler,S.,Mukophadhyay,T. & Scherlis,W.(1998). Internet paradox:A social technology that reduces social involvement and psychological well-being?American Psychologist,53,1017–1031.

Kraut,R.,Kiesler,S.,Boneva,B.,Cummings,J.,Helgeson,V. & Crawford,A.(2002).Internet paradox revisited.Journal of Social Issues,58,49–74.

Kubey,R.W.,Lavin,M.J. & Barrows,J.R.(2001).Internet use and collegiate academic performance decrements:Early findings.Journal of Communication,51,366–382.

Lavin,M.,Marvin,K.,McLarney,A.,Nola,V. & Scott,L.(1999).Sensation seeking and collegiate vulnerability to internet dependence.CyberPsychology and Behavior,2,425–430.

Leon,D. & Rotunda,R.(2000).Contrasting case studies of frequent internet use:Is it pathological or adaptive?Journal of College Student Psychotherapy,14,9–17.

Marks,I.(1990).Non-chemical(behaviourial)addictions.British Journal of Addiction,85,1389–1394.

Mathy,R. & Cooper,A.(2003).The duration and frequency of internet use in a nonclinical sample:Suicidality,behavioural problems,and treatment histories.Psychotherapy:Theory,Research,Practice,Training,40,125–135.

Mitchell,P.(2000).Internet addiction:Genuine diagnosis or not?The Lancet,355,632–633.

Moore,D.(1995).The Emporor's virtual clothes:The naked truth about the internet culture.Chapel Hill,North Carolina:Alogonquin.

Morahan-Martin,J. & Schumacher,P.(2000).Incidents and correlates of pathological internet use among college students.Computers in Human Behavior,16,13–29.

Nalwa,K. & Anand,A.P.(2003).Internet addiction in students:A cause of concern.CyberPsychology and Behavior,6,653–656.

Orzack,H. & Orzack,D.(1999).Treatment of computer addicts with complex co-morbid psychiatric disorders.CyberPsychology and Behavior,2,465–473.

Petrie,H. & Gunn,D.(1998,December).Internet "addiction":The effects of sex,age,-depression and introversion.Paper presented at the British Psychological Society London Conference,London.

Pratarelli,M.,Browne,B. & Johnson,K.(1999).The bits and bytes of computer/internet addiction:A factor analytic approach.Behavior Research Methods,Instruments and Computers,31,305–314.

Rotunda,R.J.,Kass,S.J.,Sutton,M.A. & Leon,D.T.(2003).Internet use and misuse:Preliminary findings from a new assessment instrument.Behavior Modification,27,484–504.

Scherer,K.(1997).College life on-line:Healthy and unhealthy internet use.Journal of College Student Development,38,655–665.

Shaffer,H.,Hall,M. & Vander Bilt,J.(2000). "Computer addiction":A critical consideration.American Journal of Orthopsychiatry,70,162–168.

Shapira,N.,Goldsmith,T.,Keck,P.Jr.,Khosla,D. & McElroy,S.(2000).Psychiatric features of individuals with problematic internet use.Journal of Affective Disorders,57,267–272.

Shapira,N.,Lessig,M.,Goldsmith,T.,Szabo,S.,Lazoritz,M.,Gold,M. & Stein,D.(2003). Problematic internet use:Proposed classification and diagnostic criteria.Depression and Anxiety,17,207–216.

Tsai,C-C. & Lin,S.S.J.(2001).Internet addiction of adolescents in Taiwan:An interview study.CyberPsychology and Behavior,4,649–652.

Wästlund,E.,Norlander,T. & Archer,T.(2001).Internet blues revisited:Replication and extension for an internet paradox study.CyberPsychology and Behavior,4,385–391.

Widyanto,L. & McMurran,M.(2004).The psychometric properties of the internet addiction test.Cyber Psychology and Behavior,7,443–450.

Xuanhui, L., & Gonggu, Y. (2001). Internet addiction disorder, online behavior and personality. *Chinese Mental Health Journal,* 15, 281-283.

Yoo,H.J.,Cho,S.C.,Ha,J.,Yune,S.K.,Kim,S.J.,Hwang,J.,Chung,A.,Sung,Y.H. & Lyoo,I. K.(2004).Attention deficit hyperactivity symptoms and internet addiction.Psychiatry & Clinical Neurosciences,58,487–494.

Young,K.(1996a).Internet addiction:The emergence of a new clinical disorder.CyberPsychology and Behavior,3,237–244.

Young,K.(1996b).Psychology of computer use:XL.Addictive use of the internet:A case that breaks the stereotype.Psychological Reports,79,899–902.

Young,K.(1999a).The research and controversy surrounding internet addiction.CyberPsychology and Behavior,2,381–383.

Young,K.(1999b).Internet addiction:Symptoms,evaluation and treatment.In

L.VandeCreek & T.Jackson(Eds.),Innovations in clinical practice:A source book,17(pp.19–31).Sarasota,Florida:Professional Resource Press.

Young,K.,Pistner,M.,O'Mara,J. & Buchanan,J.(1999).Cyber disorders:The mental health concern for the new millennium.CyberPsychology and Behavior,2,475–479.

Young, K., & Rodgers, R. (1998, August). *Internet addiction: Personality traits associated with its development.* Paper presented at the 69th annual meeting of the Eastern Psychological Association.

Yu,Z.F. & Zhao,Z.(2004).A report on treating internet addiction disorder with cognitive behavior therapy.International *Journal of Psychology, 39, 407.*

7 回顾工作、社区及学习中基于计算机的交流

卡罗琳·海顿维特（Caroline Haythornthwaite）

安娜·尼尔森（Anna L.Nielsen）

图书馆和信息科学研究生院

伊利诺伊大学厄本－香槟分校

香槟，伊利诺伊州

7.1 简介

众所周知，"基于计算机的交流"（computer-mediated communication，CMC）这种方式所具有的实用性和适宜性仍存有广泛的争议。反对 CMC 的人强调，环境中线索的减少不益于人们在人际间建立信任、亲密的友谊或复杂的关系。同时，赞同 CMC 的人又为人们可以从网络之外的身体、人、身份和性别等线索中解脱出来而欢庆（如 Turkle，1995；对于 CMC 争论的综述文章见 Culnan & Markus，1987；Haythornthwaite et al.，1998；Herring，2002）。最近，争议转移到社会层面，但仍集中在原来的两点上。一种人认为网络上的时间是从真实关系中的时间剥离出来的；而另一种人则赞美网络关系和社区的好处（如 Nie，2001；Kraut et al.，1998；有关互联网争论的综述性文章见 Boase & Wellman，2005；DiMaggio et al.，2001；Haythornthwaite & Wellman，2002；Wellman et al.，1996）。

正如有些学者已注意到的，CMC 和互联网已经无情地、大跨步地走进了我们的日常生活，不管感觉到的或实际的结果如何，它们都在我们的生活中占据了位置，成为我们交流模式中一种基本的如影随形的一部分（Wellman & Haythornthwaite，2002；Bakardjieva & Smith，2001）。它们深植于我们的生活中，

不可或缺，甚至很普通和平凡（Howard & Jones，2003；Hoffman et al.，2004；Herring，2004；Graham，2004）。这种技术已不再是什么新鲜的玩意儿了，它成为社会的一种半透明物（Bruce & Hogan，1998；Erickson et al.，2002）。但是，正是技术的这种无所不在、乏味及居家性，才使得我们有必要去研究它们。斯塔尔"呼吁人们对乏味的事情进行研究"（Star，1999，P377），虽然指的是从最基本的技术层面进行探讨，但对于当前日常使用到乏味的媒介（如电子邮件）及我们生活中出现的互联网都是非常重要的（Silverstone，1999）。

CMC 的使用已经有 20 多年了，是时候来回顾和重温 CMC 理论和实证研究，审视其不断被认为理所当然的一些作用。CMC 和互联网的联系是如此的紧密，所以我们在讨论的时候很难将两者分割开来。尽管在这个章节中我们会时而意指其中一个，时而指向两者，但要明白其实两者在当前阶段是不可分离的。由于有价值的综合性综述和合集已经存在（包括那些先前标注过的），以下就不提供对以往工作的详尽的总结了。但有关 CMC 和互联网 [1] 的争论还是被提及，以试图找寻解决冲突的方法及就 CMC 的新的普及性提出新的问题。

7.2 回顾 CMC 和互联网争议

如前所注，计算机媒介和互联网对社会交往的影响力争议的区分还是很清晰的（参见表 7-1）。支持和反对 CMC 的争论集中于环境中"减少的线索"（Culman & Markus，1987；Short et al.，1976），如交流的信息缩减为只互换短信，而没有额外的声音线索、面部表情、身体姿态及个人外貌等信息。从不好的一面看来，CMC 由于缺乏足够的线索导致其不适于传递确切的交流线索，如一个讽刺性评论伴随一个微笑。在线交流阻碍了信息得以明确地传递，也不能通过其他的交流线索验证信息的意义，这会导致人们在与他人进行交往或发生关系时缺乏信任，个体不得不更努力以使别人能更好地理解自己，也不得不与交流者及在网上群成员之间创造并采纳约定俗成的交流方式（Clark & Brennan，1991；DeSanctis & Poole，

---

[1] 关于以计算机为媒介的交流方式（CMC）的争论早在互联网出现之前就开始了。首先围绕基于文本的 CMC 所带来的陌生感效应，如电子邮件的相对匿名所导致的"中伤"行为，关于互联网及网上其他各方面行为的争论重新被提起，范围从网络聊天室到网页浏览都有所涉及。因为这些不是同类的（CMC 仅仅只是互联网的一个方面），且由于对互联网的讨论追随CMC 的讨论好多年了，因此在这里有必要区分 CMC 和互联网。

1994），这个过程比面对面交流更花时间和精力（Walther，1995；Haythornthwaite et al.，2000）。这一系列的批评认为，本质上 CMC 不能提供充分的、建构稳固及亲密关系所需的交流环境（这里的争论主要指的是靠接触得以维持的工作和友情的关系，而不是亲属关系，人们对后者的交往期待明显不同）。不管是开始一段新的关系还是继续一段旧的关系，都需要信任、自我表露、相互之间分享式理解及最终的亲密工作和友谊关系。

表 7–1 支持和反对以计算机为媒介的交流（CMC）的意见

反对 CMC	支持 CMC
贫乏的交流	丰富的交流
基本文本、线索减少、交流环境贫瘠（Daft & Lengel，1986）	情绪和首字母缩写（McLaughlin et al.，1995），语言线索（Herring，2002）
不适合情绪性的、表达性的、复杂的交流（Daft & Lengel，1986）	对小组进行定义的类别和行为规则（Bregman & Haythornthwaite，2003；DeSanctis & Poole，1994；Orlikowski & Yates，1994；McLaughlin, et al.，1995）
需要花费更长时间建立关系（Walther，1995）	人际间的自我揭示，情绪支持；共享历史；在线社区（如 Baym，2000；Haythornthwaite et al.，2000；Hearner & Nielsen，2004）
解体的结果	整合的结果
反社会性暴露（Lea et al.，1992），无关个体行为（如 Dibbell，1996）	与迥异的人建立联系；带动边缘的玩家，穿越时间和空间（Sproull & Kiesler，1991）
减少社会卷入度（Nie，2001）；被本地关系所遗弃（Kraut et al.，1998）	维持甚至分散的关系（LaRose et al.，2001；Hampton & Wellman，2002）

有些交流者在网络交流过程中利用线索的匮乏和身份的隐密性，在网络上用中伤性的语言进行随意谩骂与攻击（flaming）。还有一些人则扮演在线"托儿"（trolls）的角色，故意破坏网络社区交流，发无关主题或煽动网络中他人的情绪。

当一个人不必和他所讨厌的人面对时，便很容易在网络上形成破坏性和反社会行为，但同时自身的个人细节也会被暴露，自己也会陷于幻想的行为中。支持 CMC 的人承认环境线索的减少，但发现这是个优势。由于缺乏面对面的交流，减少的线索可以增加参与度及平等的相互对待，个体能够在网上通过基于文本的交流受到评判，从而释放由于面对面交流所带来的和社会地位相关联的效应。异步 CMC 允许人们在发帖子之前进行思考，给予他们时间进行论证或回答一个问题，及在发一个有可能引起敌意反应的帖子前进行再三思考。匿名的 CMC 为在线的自我和下线的自我提供了一种屏障，为人们在网络中展现一个不同的自我提供了可能性。

那些发现线索减少、匿名 CMC 效果良好的人可能认为社会线索得以重新发现并不是一件好事，如能够辨识出交谈者性别的语言线索（Herring，1996，1999，2002），然后这些社会线索会重新介入在线的交流，如情绪图标、缩写及电子邮件地址类信息等（McLaughlin et al.，1995）。CMC 不会，也可能永远不会，像我们原先想的那样不提供任何线索，因此也不会像我们想的那样无法维持人际间关系。许多研究显示，网络社区的成员对他们在 CMC 环境下建立并感受到了很强的人际间关系，且能够再现离线社会的某些特性，如提出职责职能和礼节规范，维护行为上的规则及创建共享历史等（Haythornthwaite et al.，2000；Baym，2002；Baym，2000；McLaughlin et al.，1995；Hearne & Nielsen，2004）。

反对 CMC 的声音重新占据了互联网的讨论，CMC 没有足够丰富的信息资源得以支撑亲密的人际间关系，因此那些在互联网上耗掉大量时间的人正在失去从这些关系中获益的机会。当个体把时间花在网络上与陌生人或其他地区的人打交道时，基于地理位置形成的社区就会受到破坏。他们花在网络上的时间使得他们减少了对所居住社区的支持和时间投入，这导致当地社区社会资本的丧失及国民性"独自打保龄球"（bowling alone）现象的出现（Putnam，2000）。研究者从那些与当地人特别是呆在家里的人交往减少的上网人群中找到了对于网络使用瓦解效应的支持。

支持 CMC 和互联网的人指出本地关系的形成也许是不太可能的，而且基于家庭观念的观点会忽略跨距离存在的真实关系及它给个体带来的好处。早期 CMC 研究就指出，组织机构有可能在城区和边远地区的办公室之间采用电子邮件交流的方式把边远地带的工人囊括进来（Sproull & Kiesler，1991），学术性的在线网络变成志趣相投的学者进行国际间接触和信息交换的主流平台（Walsh & Bayma，1996；Walsh et al.，2000；Nissenbaum & Price，2004）。当与社区建立关系时，其他好处随之增加。最近的研究发现，在校的学生能够通过电子邮件与家人进行联系从而获得诸多便利（LaRose et al.，2001）;那些从一个社区搬到另一个社区的人能够和老邻居保持联系（Hampton & Wellman，2002）;在英国的手足口病爆发期间，生活在隔绝农场的农民们尽管不能到其他城镇、市场或邻近农场，但能够通过网络和其他地区及世界各地的人们保持联系（Hagar & Haythornthwaite，2005）。

得益于旅游和 CMC 的支持，人们并不会太多地选择独自打保龄球，相反人们会更多地与个人交际网络中居于不同地理位置的人一起打保龄球（Wellman et al.，1996）。地理上形成的社区现在也开始通过信息和交流的技术使社区得到正常运转，而不会把网络看成社区存在的潜在竞争对手。这个变化特点早些时候就被"自由网"（freenets）捕捉到了，现在更广泛地被社区信息学（community informatics，见社区信息学杂志，http://ci-journal.net/index.php）的研究者们称为"社区网络新举措"（community networking initiatives）。

这些争论之所以分成了两派，其原因在于 CMC 的形式、用户及使用太多时候被当做一个单独的实体。在一种情况下发现的适用于一群人的东西，感觉对其他所有人也一样适用。这一点就大众新闻和乌托邦/反乌托邦讨论来说再真实不过，但就当前 CMC 的研究却不是这样，不过仍发现有观点在谈到"那个互联网"时，好像网络是个磐石般的客体，人们以一种且是唯一的一种方式在和"那个网络"打交流，并通过"那个网络"和其他人打交道。磐石观（monolithic view）忽视是谁在使用互联网、为了什么目的、在什么时间和地点、来自于或针对何种文化情境、和谁、为了何种任务、交往的情况和结果如何等。

CMC 的研究呈现出两种趋势。

第一，一些最近的研究为用户和互联网的使用进行了解绑，阐明了在线用户之间的区别而不是在线和离线之间的区别。这些研究区分在线交际活动、信息查询、关系维持、工作、学习及娱乐的区别，并检测社会关系和通过网络交流的方式得以维持的世界。

第二个主要的趋势，是将在线和离线看做一个整体的两个部分，寻找在线和离线服务于某个共同目的的交集，如联系朋友和家庭或保持（地理）社区的信息交流和联系。对比那些想要将互联网分解成更小单位的研究，如用户类别或媒体类型，这种方法针对的是 CMC 和互联网活动如何深入到生活的各个方面，使之融入到各个选民中，成为一种隐形的基础设施及想当然的生活的一部分而不易为人们所察觉（Bruce & Hogan，1998；Star，1999）。

接下来的部分，我们将探讨 CMC 和互联网的两个主要趋势下的具体研究实例，以及互联网作为渗透或整合工作和家庭的规范，而渗入到日常生活的方式。

7.2.1 为用户和他们的网络活动解绑

像 CMC 和互联网已经不仅限于基于工作交流一种方式,对在用户间可能会发现的差异及他们在何种情境下使用 CMC 的研究也是这样。有关计算机使用、CMC及互联网的研究始于计算有多少人拥有一台计算机,多少人利用计算机来发送电子邮件或上网。不同社会其经济水平及人口分布的差异是明显的,早期用户的特征为年轻、白人、男性、经济社会地位高、居住在发达国家。尽管现在能够上网的范围更广了,但近期的研究显示,当审视互联网的使用时,有比网络便利性更重要的东西。因此,当处于不同社会经济水平的个体,其上网便利性的差异在减小时,那些上网时间的多少或网上活动的本质等方面仍将把用户区分开来,这一点我们在以后会讨论。用户的其他方面特质也正在被考虑,如上网年限之间的差异怎样影响网络的使用、个体心理和适应者特点怎样在网络的使用和使用结果方面起作用。

随着越来越多的资源被放到网络中,这么多有关商务、教育及其他信息在网络上张贴出来,并得到经营和管理,有些人会问,为什么互联网的使用仍存在人口和地域性的差异?有些研究者从网络的内容、及这些内容对个体生活来说是否有趣及有意义上找到答案。因此,焦点从“谁”在使用互联网转向他们在互联网上使用“什么”,这样必然导致“还有谁”在使用网络的疑问,由此也存在 CMC和互联网的用户上网时拥有什么样的交流伙伴的问题。一旦考虑到网络中人与人之间及人群中的网络使用问题,人际间的动态关系、小组互动及社会网络将共同起到影响作用,为 CMC 和互联网的使用提供深刻的观点,这一点马上会谈到。

下一小节首先从个体性格和在线内容的有用性方面描述当前研究如何解绑用户和他们的在线活动,其次将从小组和网络的角度考虑互联网使用的影响,并从基于社会网络纽带的角度考虑媒体使用,以帮助调解由新媒介的影响而产生的矛盾性结果。

7.3 CMC 和互联网的用户

直到最近,人们还想当然地认为那些早些时候开始使用 CMC 和互联网的人是后来用户的模范,但他们忽略了第一批用户是怎样逐步建构起早期改革适应者的基本面貌的：他们是更具国际视野的人，社会活动更活跃、有更高收入和教育水平（Nie et al.，2002；Rogers，1995）。早期的用户大部分也具有年轻、富有、白种人、男性的特征。，这导致互联网的社会影响可能会反映用户的一些特征而不是互联网的自身特性，这一点值得我们注意（Nie，2001；Howard et al.，2002；Kavanauth & Patterson，2002）。Nie（2001）观察到，网络联系存在于那些已经建立很好联系的人群中，即那些富有的、社交活跃、供得起计算机并能上网的、在社交圈子里有相似联络关系而可以相互来往的人士（亦见 Kavanaugh & Patterson，2002）。外向的人也比内向的人有更好的网络联系（Kraut et al.，2002），对于工作关系紧密或友情深厚的人（Haythornthwaite & Wellman，1998；Haythornthwaite，2001，2002）以及其他一些很明显已建立良好关系的个人和成对伙伴的也是这样。当后来的网络适应者及那些来自于新的和不同人口区的用户导致上网人数增加时，接下来 CMC 和互联网的发展走向有可能有很大不同，但有可能还是那些能最大程度利用技术所产生机会的人们能够保持良好的关系。

现在形形色色的用户正在不断增加，研究也开始区分每个群体的优劣面及到底是哪些人在上网。研究主要集中在传统的人口学测量指标怎样影响到网络的使用，如性别、种族及社会经济地位，同时关注回答现在所谓的"数字鸿沟"（digital divide，NTIA，2000，2002）。美国的结果显示，那些上网的人现在大致平均地分布在男女之间，但不同性别的人们在网上做的事情却不同。男人做更多和工作有关的事情，搜索有关体育、政治、金融信息和新闻、网上购物、期货交易、网上拍卖、访问政府网站、下载音乐等；女人则看更多有关健康和宗教的信息、研究新的工作机会及玩游戏（Howard，2002），女人也更多地和家人在网上交流，帮助其和家人建立互联网联系（Boneva & Kraut，2002；Kazmer & Haythornthwaite，2002）。

数据显示，美国白人仍比其他少数族裔有更高的上网率，而非裔美国人和西裔美国人的使用人数正在上升。然而，后两种人群的在线时间更少一些（Howard et al.，2002），且当把老年人一起算进去时，老年人应该算是上网最少的一群人（Madden & Rainie，2003）。霍华德等人发现，尽管在美国总的上网人数所显示的性别和种族上的差异正在消失，然而上网时间的差异仍然很明显，少数族裔比白人上网时间少，也没那么频繁（Howard et al.，2002）。根据前面所述，这种差异可能是由于所感觉到的实用性所导致，但也可能是社会交往持续性地维持在一般水平上的一种表现。如先前所述，社会经济地位高的人群能更早地意识到一些变革，他们相互联络以打听新鲜事物，并足够开明地去接纳它们。另外，当这些人在网上联络时，他们更倾向于找到一个像他们一样的群体中关键的一部分人以及他们感兴趣的一些资源（Markus，1990）。

许多其他的研究开始着手于通过不同的方法和不同的侧重点来调查 CMC 和网络。下面简要地列出了各种不同研究关注的领域：以英语为母语及不以英语为母语的人们（如 Warshauer，2000）；民族、种族、和文化背景（Kolko et al.，2000）；农村和城市的参与者（Hagar & Haythornthwaite，2005）；儿童和青少年（Livingstone，2002；Livingstone & Bober，2005）；正值工作年龄的成年人和退休人员（Anderson & Tracey，2002；Nie & Erbring，UCLA CCP，2000）；使用成员的网上时间和网上活动（Nie & Erbring，2000；UCLA CCP，2000；Wellman & Haythornthwaite，2002）；网龄（Howard et al.，2002；LaRose et al.，2001）；年龄与人生阶段（Anderson & Tracey，2002；Livingstone，2002；Livingstone & Bober，2005）；流派与语言的使用（Bregman & Haythornthwaite，2003；Cherny，1999；Crystal，2001；Herring，1999；Kolko et al.，2000；Orlikowski & Yates，1994）。

7.3.1 在线的内容与作用

新的研究比较关注技术、CMC 及网络等刚刚被接触时的环境条件，特别是在线内容的关联及与 CMC 各种潜在的和实际的用户及互联网的联系。如卡兹和赖斯的研究发现，虽然网络的使用在性别、年龄、家庭收入、学历和种族等因素上存在差异，但当控制了对网络的意识后，这些差异就消失了，这表明问题不在于是否能上网，而在于人们是否能感受到它的用处（Katz & Rice，2002b）。如他们所说的：

虽然访问互联网会受到技术与资金上的困扰，且难以解决，但这还不是上网的最大障碍。最大的障碍主要存在于文化知觉领域，即网络有可能带来什么及网上活动的本质（Katz & Rice，2002b，P99）。

互联网如果想要吸引人，就必须把一些有意义的技术介绍到人们的生活中去，同时保持内容是实用的、亮眼的，如用母语或文化方言来传播网络资源（Warschauer，2000，2003）。检查内容和网络用户的关系有助于我们更好地理解网络使用的成功或不成功之处，这或许可以解释为什么不同人群和不同地方的人在网络使用上会有不同。

7.3.2 团体、网络、与社区

斯皮尔斯等人、华沙及德桑克蒂斯和普尔等诸多研究者的研究都指出，就 CMC 的使用来说，团体环境是非常重要的（Spears et al.，2001；Warschauer，2003；DeSanctis & Poole，1994）。德桑克蒂斯和普尔通过适应性结构（adaptive structuration）这一概念强调了团体如何建构自己的规范，如创建交流的标准并通过实际的使用来巩固，及关注媒体上登载的他人谈论的观点等。斯皮尔斯等人指出，团体关注的不同内容（即哪些内容对团体成员来说是"显著"的）影响着规范的选择（Spears et al.，2001)。然而两组研究人员均指出，正是由于团体间的差异，一个团体中的交流方式不一定会出现在另一个团体中。

CMC 的使用也可以通过交流者之间的联系得以区分开来。网络使用上存在的差异和 CMC 的影响实际上就是看谁在和谁对话（如陌生人之间、家人之间、朋友之间、同事之间）及交流者的社交网络。一些以研究者或学生为样本的研究已经探讨过这个问题（Haythornthwaite & Wellman，1998；Koku et al.，2001；Haythornthwaite，2001，2002；LaRose et al.，2001）。也有些大数量样本的研究，如在线群组和组织的网络使用（如 Kling，1996；Spears et al.，2001；Orlikowski et al.，1995）、有信息与交流技术支持的不同地区的社区（如 Gurstein，2000；Keeble & Loader，2001；Cohill & Kavanaugh，2000；Turow & Kavanaugh，2003）、虚拟的社区（如 Baym，2000；Cherny，1999；Haythornthwaite et al.，2000；Haythornthwaite，印刷中；Jankowski，2002；Kendall，2002；Reid，1995）及在线学习社区（如 Haythornthwaite & Kazmer，2004；Renninger & Shumar，2002）。

7.3.3 社交网络

社交网络的研究通过观察谁与谁交流来讨论 CMC 的使用（Garton et al.，1997），这个观点与其他那些通过不同媒介直接关注人们在网上与其他人做些什么的研究截然不同。网络的相互连通性而不是群组或用户的集合才是研究的对象。这些研究考虑了网络使用的环境、群组活动、结构及媒体使用等因素（如 Haythornthwaite，2002；Haythornthwaite et al.，1998；Wellman et al.，1996）。

一些研究社交网络中媒体使用情况的研究结果表明，CMC 的使用情况与网络使用情况的矛盾性结果可以通过进一步探讨各种媒介所支撑的关系类型来解决

（Haythornthwaite，2002，2005）。网络研究发现，交流者间不同强度的关系纽带会导致媒体的使用情况有所不同。然而，这里所说的不同不是用户使用了"什么样"的媒介，而是使用了"多少"媒介。那些有着强关系纽带的人们比那些弱关系纽带的人们更多地利用了媒介的便利性来交流（Haythornthwaite & Wellman，1998；Haythornthwaite，2001，2002；Koku et al.，2001）。另外，交流者似乎是用同一种方式将媒介增加到系统中。那些关系纽带薄弱的且只使用一两种媒介来交流的人们总是使用相同的媒介；而关系紧密的人群，尽管也是用的这些媒介，但会在此基础上增添一些更私人化的、不同步的媒介交流方式（Haythornthwaite，2002，2005）。

尽管有争论说，相对于面对面这种丰富的媒介方式，CMC 通过电邮这种单调贫乏的媒介所传递的到底是些什么样的"信息"？相对于在家或办公室等有丰富背景的环境来说，互联网在网上维持的是什么样的"关系"类别？但是这些争论并未认识到，我们既通过网上也通过网下的方式来发送"各种各样"的信息并维持不同程度的关系。我们维持着一些强的关系，以各种可能的方式谈论着各种事情；我们还维持着许多弱的联系，只在少数事情上通过一种普通的交流方式进行互动。网络的视角使得我们超越了小团体的视角，以至到现在关于媒介的使用出现的是全或无的统计结果，没有捕获到我们所维持的不同关系纽带中网络使用的多样性。

尽管人们对 CMC 的作用及在线交往与离线活动之间的关系有了进一步的了解，但仍然很少有研究探讨多个媒体使用的问题。随着每一种新的 CMC 得以应用，它会在个体交流的体系中占据一定的位置，并与现有的媒介共存。然而，许多研究仍只测量一种媒介，如电子邮件、博客或即时通信。关注使用多种方式进行交流是了解每一种媒介在个体、群组和社区的交流行为中所起作用的基础。一般来说，使用多种媒介是对媒介的补充，以保持媒介的多样性。在这种情况下，一种交流方式被认为适合于即时的、有感情投入的交流（通常认为是面对面的交流），而另一种则更像一种信息交流的工具，如通过电邮的方式安排会议。早期的一些文章试图就即时反馈和线索的信息能力等方面，从丰富程度（最丰富到最贫乏）的角度来测量媒介，且考虑并探测什么样的交流用什么样的媒介方式（Daft & Lengel，1986；Trevino et al.，1990；Rice，1992；Rice & Shook，1990）。最近的一些研究对多种媒介的使用有不同的看法，它们不像以前的研究那样通过组织或者组织化的群组（如管理者）来探测媒介的使用情况，而是通过单个成对的交流者。这个研究显示，联系越紧密，使用的交流媒介就更多，即成对的交流会使媒介"增多"

而不是用一种媒介"替代"另一种。这种情况在同地区研究者（Haythornthwaite & Wellman，1998）、网上学习者（Haythornthwaite，2001）及各地科学家们（KoKu et al.，2001）中均存在。

7.3.4 基于关系纽带的媒介使用观点

有一种关于媒介的观点是基于人际间纽带关系的，它帮助重新调和早期结果中的分歧。如果我们就网络关系纽带来重新看待那些支持或反对 CMC 的观点，我们可以明显地发现，反对 CMC 的论点很明显地认为 CMC 不能传递情绪性或复杂的想法，或者说 CMC 不能传递足够的线索来维持工作或友情程度很强的关系。而认为 CMC 能提供丰富交流方式的则认为，CMC 具有维持强关系纽带的能力。CMC 交流已然具有丰富性，是源于交流者持续性地引导，通过他们不断建构更强大人际间关系和社区范围内关系纽带的方式，这包括引入和采纳微妙网络语言，如情绪符号和缩略词、当地社会语言使用规范和谈话内容等。随着规范和习俗的逐步建立，为了符合桑克蒂斯和普尔提出的适应性结构理论，交流的丰富性被认为是参与者间的互动造成的（DeSanctis & Poole，1994）。那些常常交流的和那些想建立和／或维持关系的人们，他们很有可能想着法子来传递他们的信息，或通过新创的语言的变化形式，或使用多种渠道的方式，来达到传递的目的。因此，媒介的使用及使用习惯构建了人与人之间的关系纽带，及至整个人际网络的纽带。

另一方面，我们发现 CMC 和网络的广泛连通性为薄弱的人际关系提供了很好的支持，如使我们有机会接触那些在我们身边小社会圈子之外的人，同时使我们从陌生人那儿获得建议，并与主体活动保持联系（Constant et al.，1996）。然而当人际交流转移到网上或确实从一种媒介转移到另一种媒介，那种人际关联较弱的联系最可能会被冲淡，因为这是他们唯一的接触方式。因此，任何改变对较为薄弱的联系来说都是致命的，而我们从中也找到一定的答案，解释为什么 CMC 和网络的使用可以被中断。（关于这个主题的更多信息请查看 Haythornthwaite，2002，2005）

7.4 线上与线下的整合

研究的第二大趋势是探讨线上和线下交流与关系的整合。这个研究部分是源于我们认识到 CMC 和网络已成为日常生活中的一种例行程序，而不是由于占据了另一个存在的空间。与日常生活分离的现象，如网络空间、网络世界及线上社区等，已被当做日常生活的一部分。即时发送信息从年轻人的聊天活动方式变成商业圈的工具（Cho et al.，2005；Quan-Haase et al.，2005）；线上社区从编程员领域转移到实习商业社区；电子邮件从商业工具变成人际间交流的工具。综合性研究显示，当我们要看看到底发生了什么时，我们看到，尽管结果有时很令人意外（如网上社区的活力、网恋婚姻等），CMC 和网络更常用于处理一些常规性的工作（Katz & Rice，2002a）。

7.4.1 线上与线下间的切换

最近，许多研究者都特别关注于交流世界的交集，包括一个皮尤基金会（Pew Foundation）的大研究项目（Fallows，2004），该研究测量的是人们如何"将网下与网上世界的活动联系起来"（Piii）。除了卡兹和赖斯以及前面所谈到的华沙的研究，还有一系列其他研究者也提到并回答了关于这种整合方法的问题（Katz & Rice，2002a，2002b；Warschauer，2003）。

海松斯维特和威尔曼讨论了网络的使用为何不再至上而下发着"炫目的光芒"，而是"（我们）正从一个视网络为怪物的世界变成一个网络为日常生活中平常一部分的世界。越来越明显的是，网络是一个非常重要的东西，而非特别的东西"（Haythornthwaite & Wellman，2002，P4）。其他的 CMC 研究人员追随着一个相似的主题，如赫林的《由鲜为人知到人人皆知》的文章（Herring，2004）。而霍华德和琼斯使我们关注于"新的交流工具是如何成为我们生活的一部分，及我们的生活如何成为新媒介的一部分的"（Howard & Jones，2003，P2）。这个新的媒介会"迅速且深入地成为我们组织和机构的一部分"（P2）。最后作者总结说，我们与其把开头字母为小写的"网络"看成是理解互联网背景的新隐喻，不如将其看成开头字母为大写的、脱离了独立状态并建构起关联的"网络"。

琼斯呼吁我们要关注网络隐喻及其联结性，与此类似，卡兹默和海松斯维特及海松斯维特和夏甲呼吁我们关注斯特劳斯提出的"社会性世界"的概念，而不是线上和线下世界的区别（Kazmer & Haythornthwaite，2001；Kazmer，2002；Haythornthwaite & Hagar，2004；Strauss，1978）。社会性世界由共享活动、空间、技术及谁和谁相互交流组成，这种观点使我们关注于共享的活动，寻找活动者与活动结合的意义，而不只是考虑活动的某个方面，把它看做是单独交流的方式。

7.4.2 家用情况

随着 CMC 和网络走出办公室和教室，人们发现它们即刻融入了新的环境。目前研究者在观测互联网的家用趋势，测试计算机的购买和家用情况，以及网络的家用情况（见 Cummings & Kraut，2002；Kraut et al.，2002；Kraut，Kiesler et al.，1998；Kraut et al.，1998；Kiesler et al.，2000；Silverstone & Haddon，1996；Lally，2002）。其他一些研究则关注于网络与家庭活动的交叉，如撒拉夫研究了当网络工作者把办公室移到家庭空间时，工作是怎么在家里得到安排的（Salaff，2002）；海松斯维特和卡兹默则关注学习者如何将网上教育和线下家庭或工作空间的教育和职责融合起来（Haythornthwaite & Kazmer，2002）。卡兹默进一步指出，网上学习对于那些处在和谐工作环境中的人可能更适用，如图书馆科学学生已经在社区图书馆这种非专业工作环境中工作了（Kazmer，出版中）。

7.4.3 成长的局限

随着 CMC 与网络使用的增多，更新的发展趋势表明这些技术可以以更多其他的方式影响人们的日常生活。如先前指出的，最大的一个改变就是在网上消耗的时间。问题是，对于有经验的用户来说，一周 16 个多小时的上网时间是从哪里来的？（Nie，2001）目前，我们没有一个确切的答案，但随着上网时间的增加（假如一直持续增加的话），它可能会导致我们对自身注意力的分配发生显著改变。前面已经说过，一天"24/7"的概念正在分解成工作中和工作外小时单元时间，无所不在的网络访问意味着无所不在的网络可访问性，这方面的管理工作对于高频度网络访问用户来说有可能成为下一个大挑战。

网上诈骗和垃圾信息，特别是通过电子邮件产生的垃圾信息，其新的发展趋势正在阻碍网络的正常工作。美国皮尤互联网研究中心（Pew Internet）以及美国人生活项目（American Life Project）报告说，25% 的电子邮件用户认为垃圾邮件降低了他们电子邮件的使用率，其中 60% 的用户报告垃圾邮件在很大程度上降低了他们对电子邮件的使用率；52% 的用户认为垃圾邮件从整体上降低了他们对电子邮件的信任；70% 的电子邮件用户认为垃圾邮件使他们觉得上网很不愉快或者很烦（Fallows，2004）。尽管这个问题从目前来看毫无任何改善，但政府与有关管理部门的介入可能是唯一解决这种网络攻击的方法（至少在美国是这样）。大多数当前使用的办法是技术上的而非管理上的。

管理与控制体现在在线交流的其他方面，主要指向公共场合对互联网的访问。由于担心网络被用于反社会和犯罪行为，美国制定了公众上网的相关法律。美国儿童互联网保护法规定，互联网过滤装置必须安装在图书馆电脑终端，这是图书馆获得联邦基金的一个条件（不论图书馆接不接受过滤的概念），而且美国爱国者法案允许联邦特工访问图书馆使用记录以及公共终端和商用终端的历史使用记录（Doyle，2002）。

7.5 总结

以上我们对 CMC 和网络研究的回顾表明，我们对网上交流如何改变人们的交流方式及人们如何维持社会关系等问题进行了强烈的关注。在早期对 CMC 的争论中，网络既扩大了网上联络的使用，同时也扩大了我们对网络如何影响社区家庭和社会关系的关注，因此这实际上探触到了一个长期争论的问题，即随着每一轮新的移民潮、城市化及技术的变革所带来的社区消失的问题。我们消耗时间的方式决定了一些注定要发生的变化（有经验的网络用户在线时长为 16 小时以上）、在哪里使用这种技术（家用率在增加）、在哪里可以找到我们（任何地方通过手机或无线通讯）以及何时上网（当全球式联络跨越了时区，且当居家和移动网络扩展了工作时段）。我们未来的挑战在于管理和平衡我们在生活中对 24/7 式访问需求的首要性，包括家庭、社区（当地或网上的）、工作及教育。

虽然早期研究趋于将 CMC 和网络看成完全一致的概念，但这些技术侵入到日常生活中这多方面及这么多人身上，且拥有这么多不同的目的，那么这种侵入就导致了对更多细致工作的需求。到目前为止，研究的两个主要趋势体现了这种需求：（1）那些将用户、他们的活动及背景解绑的研究，探讨了同一社区用户及不同社区之间网络使用的一致性和特异性；（2）那些探测 CMC 和网络在日常生活中的整合的研究。这些观点相互补充。日常生活的观察使得我们看到了线上与线下生活的交叉与重叠，然而细致的活动分解提醒我们哪些网络用户分别在线上和在线下，他们在那里都做些什么。目前，我们对于网络还没有熟悉到对它熟视无睹的程度。有一种理所当然的观点是，网络允许资源的转移和线上互动，而没有考虑到谁或什么被落下了，因此有必要继续以上两个方面的研究。

以上两种观点都指出关于 CMC 和互联网使用的重要的新问题。总之，我们建议下一代研究者最好研究以下几个问题，而不是研究什么在网上可做、什么不可做。

（1）我们将怎样把 CMC 和网络整合到日常生活中？

（2）资源从哪里转移到网上并且不会再以其他形式呈现？怎样创造一个信息媒介的网络世界？

（3）随着网络变成必需，它对机构和组织的影响和要求是什么？当工作变成随时随地时，怎样衡量工作量？

（4）不同的文化怎样去适应网络？还是网络文化反过来适应人类文化？

（5）即将到来的、出生在数字化时代的一代怎样驱导网络的使用、规范、对访问权限和使用的期望？

【参考文献】

Anderson,B. & Tracey,K.(2002).Digital Living:The Impact(or Otherwise)of the Internet on Everyday Life.In B.Wellman & C.Haythornthwaite(Eds.),*The Internet in everyday life*(pp.139–163).Oxford.UK:Blackwell.

Bakardjieva,M. & Smith,R.(2001).The Internet in everyday life Computer networking from the sandpoint of the domestic user.*New Media and Society*,3(1),67–83.

Baym,N.K.(2000).Tune in,log on:Soaps,fandom,and online community.Thousand Oaks,CA:Sage.

Baym,N.K.(2002).Interpersonal life online.In L.A.Lievrouw & S.Livingstone(Eds.).The handbook of new media(pp.62–76).Thousand Oaks,CA:Sage.

Boase,J. & Wellman,B.(2005).Personal relationships:On and off the Internet.In D.Perlman & A.L.Vangelisti(Eds.),Handbook of personal relationships(pp.709–723).Oxford,UK:Blackwell.

Boneva,B. & Kraut,R.(2002).Email,gender,and personal relationships.In B.Wellman & C.Haythornthwaite(Eds.).The Internet in everyday life(pp.372–403).Oxford.UK:-Blackwell.

Bregman,A. & Haythornthwaite,C.(2003).Radicals of presentation:Visibility,relation,and co-presence in persistent conversation.New Media and Society,5(1),117–140.

Bruce,B.C. & Hogan,M.P.(1998).The disappearance of technology:Toward an ecological model of literacy.In D.Reinking,M.McKenna,L.Labbo & R.Kieffer(Eds.),Handbook of literacy and technology:Transformations in a post-typographic world(pp.269–281).Hillsdale,NJ:Erlbaum.

Cherny,L.(1999).*Conversation and community:Chat in a virtual world*.Stanford,-CA:CSLI Publications.

Cho,H-K,Trier.M. & Kim,E.(2005).Evaluating instant messaging in developing working relationships.Journal of Computer Mediated Communication.Retrieved September,17,2005,http://jcmc.indiana.edu/voll0/issue4/cho. html.

Clark,H.H. & Brennan,S.E.(1991).Grounding in communication.In L.B.Resnick,J.M .Levine & S.D.Teasley(Eds.),Perspectives on socially shared cognition(pp.127–149).Washington,DC:American Psychological Association.

Cohill,A.M. & Kavanaugh,A.L.(2000).Community networks:Lessons from Blacksburg,Virginia(2nd ed.).Boston,MA:Artech House.

Constant,D.,Kiesler,S.B. & Sproull,L.S.(1996).The kindness of strangers:The usefulness of electronic weak ties for technical advice.Organization Science,7(2),119–135.

Crystal,D.(2001).Language and the Internet.Cambridge,UK:Cambridge University Press.

Culnan,M.J. & Markus,M.L.(1987).Information technologies.In F.M.Jablin,L.L.Putnam,K.H.Roberts & L.W.Porter(Eds.),Handbook of organizational communication:An interdisciplinary perspective(pp.420–443).Newbury Park,CA:Sage.

Cummings,J. & Kraut,R.(2002).Domesticating computers and the Internet.The Information Society,18(3),221–232.

Daft,R.L. & Lengel,R.H.(1986).Organizational information requirements,media richness,and structural design.Management Science,32(5),554–571.

DeSanctis,G.,and Poole,M.S.(1994).Capturing the complexity in advanced technology use:Adaptive structuration theory.Organization Science,5(2),121–147.

Dibbell,J.(1996).Taboo,consensus,and the challenge of democracy in an electronic forum.In R.Kling(Ed.),Computerization and Controversy(pp.553–568).San Diego,-CA:Academic Press.

DiMaggio,P.,Hargittai,E.,Neuman,W.R. & Robinson,J.P.(2001).Social implications of the Internet.Annual Review of Sociology,27,307–336.

Doyle,C.(2002).The USA Patriot Act:A sketch.CRS Report for Congress Research Service:The Library of Congress.Retrieved September 17,2005,http://www.fas.org/

irp/crs/RS21203. pdf.

Erickson,T.,Halverson,C.,Kellogg,W.A.,Laff,M. & Wolf,T.(2002).Social translu-
cence:Designing social infrastructures that make collective activity visible.Com-
munications of the ACM,45(4).40–44.

Fallows,D.(2004).The Internet and daily life.Pew Internet and American Life Project.
Retrieved September 17,2005,from (http ://www.pewinternet.org/PPF/r/131/re-
port_display.asp).

Fallows,D.(2003).Spam:How It Is Hurting Email and Degrading Life on the Internet.
Pew Internet and American Life Project.http://www.pewinternet.org/pdfs/PIP_
Spam_Report.pdf.

Garton,L.,Haythornthwaite,C. & Wellman,B.(1997).Studying online social networks.
Journal of Computer-Mediated Communication,3(1).Retrieved September
17,2005,from (http://www.ascusc.org/jcmc/vol3/issuel/garton.html).

Graham,S.(2004).Beyond the "dazzling light":From dreams of transcendence to
the "remediation" of urban life——A research manifesto.New Media & Socie-
ty,6(1),16–25.

Gurstein,M.(2000).Community informatics:Enabling communities with information
and communications technologies.Hershey,PA:Idea Group Publishing.

Hagar,C. & Haythornthwaite,C.(2005).Crisis,farming & community.Journal of Com-
munity Informatics,1(3).Retrieved September 17,2005,http//:ci-journal.net/view-
article.php?id=89&layout=html.

Hampton,K. & Wellman,B.(2002).The not so global village of Netville.In B.Wellman &
C.Haythornthwaite(Eds.),The Internet in everyday life(pp.345–371).Oxford,UK:-
Blackwell.

Haythornthwaite,C.(2001).Exploring multiplexity:Social network structures in a com-
puter-supported distance learning class.The Information Society,17(3),211–226.

Haythornthwaite,C.(2002).Strong,weak and latent ties and the impact of new media.The
Information Society,78(5),385–401.

Haythornthwaite,C.(2005).Social networks and Internet connectivity effects. Informa-
tion,Communication,and Society,8(2),125–147.

Haythornthwaite,C.(in press).Social networks and online community.In A.Joinson,K.
McKenna,U.Reips & T.Postmes(Eds.),Oxford handbook of Internet psychology.
Oxford,UK:Oxford University Press.

Haythornthwaite,C. & Hagar,C.(2004).The social worlds of the web.Annual Review of Information Science and Technology.39,311–346.

Haythornthwaite,C. & Kazmer,M.M.(2002).Bringing the Internet home:Adult distance learners and their Internet,home,and work worlds.In B.Wellman & C.Haythornthwaite(Eds.),The Internet in everyday life(pp.431–463).Oxford,UK:Blackwell.

Haythornthwaite,C. & Kazmer,M.M.(Eds.)(2004).Leaming,culture,and community in online education:Research and practice.New York:Peter Lang.

Haythornthwaite,C.,Kazmer,M.M.,Robins,J. & Shoemaker,S.(2000).Community development among distance learners:Temporal and technological dimensions. Journal of Computer-Mediated Communication,6(1).http ://www.ascusc.org/jcmc/vol6/issue1/haythornthwaite.html.

Haythornthwaite,C. & Wellman,B.(1998).Work,friendship,and media use for information exchange in a networked organization.Journal of the American Society for information Science.49(12),1101–1114.

Haythornthwaite,C. & Wellman,B.(2002).The Internet in everyday life:An introduction.In B.Wellman & C.Haythornthwaite(Eds.),The Internet in everyday life(pp.3–41).Oxford,UK:Blackwell.

Haythornthwaite,C.,Wellman,B. & Garton,1.(1998).Work and community via computer-mediated communication.In J.Gackenbach(Ed.).Psychology and the Internet(pp.199–226).San Diego,CA:Academic Press.

Hearne,B. & Nielsen,A.(2004).Catch a cyber by the tale:Online orality and the lore of a distributed learning community.In C.Haythornthwaite & M.M.Kazmer(Eds.),Learning,culture and community in online education:Research and practice(pp.59–87).New York:Peter Lang.

Herring,S.C.(1996).Gender and democracy in computer-mediated communication. In R.Kling(Ed.),Cornputerization and controversy.(2nd Ed.)(pp.476–489).San Diego,CA:Academic Press.

Herring,S.C.(1999).The rhetorical dynamics of gender harassment on-line.The Information Society,15(3),151–167.

Herring,S.C.(2002).Computer-mediated communication on the Internet.Annual Review of Information Science and Technology,36.109–168.

Herring,S.C.(2004).Slouching toward the ordinary:Current trends in computer-mediated communication.New Media & Society,6(1),26–36.

Hoffman,D.L.,Novak,T.P. & Venkatesh,A.(July,2004).Has the Internet become indispensable?Communications of the ACM.47(7):37–42.

Howard,P. & Jones,S.(Eds.)(2003).Society online.London:Sage.

Howard,P.,Rainie,L. & Jones,S.(2002).Days and nights on the Internet.In B.Wellman & C.Haythornthwaite(Eds.),The Internet in everyday life(pp.45–73).Oxford,UK:-Blackwell.

Jankowski,N.W.(2002).Creating communities with media:Histories,theories,and scientific investigations.In L.A.Lievrouw & S.Livingstone(Eds.),The handbook of new media(pp.34–49).Thousand Oaks,CA:Sage.

Katz,J.E. & Rice,R.(2002a).Syntopia:Access,civic involvement,and social interaction on the net.In B.Wellman & C.Haythornthwaite(Eds.),The Internet in everyday life(pp.114–138).Oxford.UK:Blackwell.

Katz,J.E. & Rice,R.E.(2002b).Social consequences of Internet use:Access,involvement,and expression.Cambridge.MA:MIT Press.

Kavanaugh,A. & Patterson,S.(2002).The impact of computer networks on social capital and community involvement in Blacksburg.In B.Wellman & C.Haythornthwaite(Eds.).The Internet in everyday life(pp.325–344).Oxford,UK:Blackwell.

Kazmer,M.M.(2002).Disengagement from intrinsically transient social worlds:The case of a distance learning community.Unpublished doctoral dissertation.University of Illinois at Urbana Champaign.

Kazmer,M.M.(in press).Beyond C U L8R:Disengaging from online social worlds.New Media and Society.

Kazmer,M.M. & Haythornthwaite,C.(2001).Juggling multiple social worlds:Distance students on and offline.American Behavioral Scientist,45(3),510–529.

Keeble,L. & Loader,B.D.(Eds.)(2001).Community informatics:Shaping computer-mediated social relations.New York:Routledge.

Kendall,1.(2002).Hanging out in the virtual pub:Masculinities and relationships online.Berkeley,CA:University of California Press.

Kiesler,S.,Lundmark,V.,Zdaniuk,B. & Kraut,R.E.(2000).Troubles with the Internet:The dynamics of help at home.Human Computer Interaction,15,323–351.

Kling,R.(Ed.).(1996).Computerization and controversy:Value conflicts and social choices(2nd edition.),San Diego,CA:Academic Press.

Koku,E.,Nazer,N. & Wellman,B.(2001).Netting scholars:Online and offline.American

Behavioral Scientist,44(10),1752–1774.

Kolko,B.E.,Nakamura,L. & Rodman,G.B.(Eds.).(2000).Race in cyberspace.New York:Routledge.

Kraut,R.,Kiesler,S.,Boneva,B.,Cummings,J.,Helgeson,V. & Crawford,A.(2002).Internet paradox revisited.Journal of Social Issues,58(1),49–74.

Kraut,R.,Kiesler,S.,Mukhopadhyay,T.,Scherilis,W. & Patterson,V.L.(1998).Social impact of the Internet.Communications of the ACM,41(12),21–22.

Kraut,R.,Patterson,V.L.,Kiesler,S.,Mukhopadhyay,T. & Scherms,W.(1998).Internet paradox:A social technology that reduces social involvement and psychological well-being?American Psychologist,53(9),1017–1031.

Lally,E.(2002).At home with computers.Oxford,UK:Berg.

LaRose,R.,Eastin,M.S. & Gregg,J.(2001).Reformulating the Internet paradox:Social cognitive explanations of Internet use and depression.Journal of Online Behavior,1(2).Retrieved June 17,2005,http://wwwbehavior.net/JOB/vln2/paradox.html.

Lea,M.,O'Shea,T.,Fung,P. & Spears,R.(1992)."Flaming" in computer-mediated communication:Observations,explanations,implications.In M.Lea(Ed.).Contexts of Computer-Mediated Communication(pp.89–112).New York:Harvester Wheatsheaf.

Livingstone,S.(2002).Young people and new media:Childhood and the changing media environment.Thousand Oaks,CA:Sage.

Livingstone,S. & Bober,M.(2005).UK children go online:Final report of key project findings.UK:Economic and Social Research Council.Retrieved May 31,2006,from (http://news.bbc.co.uk/l/shared/bsp/hi/pdfs/28_04_05childrenonline.pdf).

Madden,M. & Rainie,L.(2003).America's online pursuits:The changing picture of who's online and what they do.Pew Internet and American Life Project.Retrieved June 17,2005,from (http://www.pewinternet.org/pdfs/PIP_Online_Pursuits_FinaI. PDF).

Markus,M.L.(1990).Toward a "critical mass" theory of interactive media.In J.Fulk & C.W.Steinfield(Eds.).Organizations and communication technology(pp.194–218). Newbury Park,CA:Sage.

McLaughlin,M.L.,Osborne,K.K. & Smith,C.B.(1995).Standards of conduct on Usenet. In S.G.Jones(Ed.),CyberSociety:Computer-mediated communication and community(pp.90–111). Thousand Oaks,CA:Sage.

NTIA(2002).A nation online.National Telecommunications and Information Agency,U.

S.Commerce Department.Retrieved September 17,2005,http://www.ntia.doc.gov/ntiahome/dn/index.html.

NTIA(2000).Falling through the net:Toward digital inclusion.National Telecommunications and Information Administration,U.S.Commerce Department.Retrieved September 17,2005,http://www.ntia.doc.gov/ntiahome/digitaldivide/.

Nie,N.H.(2001).Sociability,interpersonal relations,and the Internet:Reconciling conflicting findings.American Behavioral Scientist,45(3),420–435.

Nie,N.H. & Erbring,L.(February 17,2000).Internet and society:A preliminary report.Stanford Institute for the Quantitative Study of Society(SIQSS),Stanford University,and InterSurvey.Retrieved September 17,2005,http ://www.stanford.edu/group/siqss/.

Nie,N.H.,Hillygus,D.S. & Erbring,L.(2002).Internet use.interpersonal relations,and sociability:A time diary study.In B.Wellman & C.Haythornthwaite(Eds.),The Internet in everyday life(pp.215–243).Oxford,UK:Blackwell.

Nissenbaum,H. & Price,M.E.(2004).Academy and the Internet.New York:Peter Lang.

Orlikowski,W.J. & Yates,J.(1994).Genre repertoire:The structuring of communicative practices in organizations.Administrative Science Quarterly,39.541–574.

Orlikowski,W.J.,Yates,J.,Okamura,K. & Fujimoto,M.(1995).Shaping electronic communication:The metastructuring of technology in the context of use.Organization Science,6(4),423–444.

Putnam,R.D.(2000).Bowling alone:The collapse and revival of American community.New York:Simon & Schuster.

Quan-Haase,A.,Cothrel,J. & Wellman,B.(2005).Instant messaging for collaboration:A case study of a high-tech firm.Journal of Computer Mediated Communication.Retrieved September 17,2005,http://jcmc.indiana.edu/vollO/issue4/quan-haase.html.

Reid,E.(1995).Virtual worlds:Culture and imagination.In S.G.Jones(Ed.),CyberSociety:Computer-mediated communication and community(pp.164–183).Thousand Oaks,CA:Sage.

Renninger,A. & Shumar,W.(Eds.)(2002).Building virtual communities:Learning and change in cyberspace.Cambridge.UK:Cambridge University Press.

Rheingold,H.(2003).Smart mobs:The next social revolution.New York:Perseus Books.

Rice,R.E.(1992).Task analyzability,use of new media,and effectiveness:A multi-site exploration of media richness.Organization Science,3(4),475–500.

心理学与互联网：个人、人际和超个人的启示

Rice,R.E. & Shook,D.E.(1990).Relationships of job categories and organizational levels to use of communication channels,including electronic mail:A meta-analysis and extension.Journal of Management Studies,27(2),195–229.

Rogers,E.M.(1995).Diffusion of innovations(4th Ed.).New York:The Free Press.

Salaff,J.(2002).Where home is the office:The new form of flexible work.In B.Wellman & C.Haythornthwaite(Eds.),The Internet in everyday life(pp.464–495).Oxford,UK:-Blackwell.

Short,J.,Williams,E. & Christie,B.(1976).The social psychology of telecommunications.London:John Wiley & Sons.

Silverstone,R.(1999).Why study the media?l London:Sage.

Silverstone,R. & Haddon,L.(1996).Design and the domestication of information and communication technologies:Technical change and everyday life.In R.Mansell & R.Silverstone(Eds.),Communication by design:The politics of information and communication technologies(pp.44–74).Oxford:Oxford University Press.

Spears,R.,Lea,M. & Postmes,T.(2001).Social psychological theories of computer-mediated communication:Social pain or social gain?In W.P.Robinson & H.Giles(Eds.),New handbook of language and social psychology(pp.601–623).Chichester;Wiley.

Sproull,L. & Kiesler,S.(1991).Connections:New Ways of Working in the Networked Organization.Cambridge,MA:MIT Press.

Star,S.L.(1999).The ethnography of infrastructure.American Behavioral Scientist,43(3).377–391.

Strauss,A.L.(1978).A social world perspective.Studies in Symbolic Interactions,1,119–128.

Trevino,L.K.,Daft,R.L. & Lengel,R.H.(1990).Understanding managers' media choice:A symbolic interactionist perspective.In J.Fulk & C.W.Steinfield(Eds.).Organizations and communication technology(pp.71–94).Newbury Park,CA:Sage.

Turkle,S.(1995).Life on the screen:Identity in the age of the Internet.New York:Simon & Schuster.

Turow,J. & Kavanaugh,A.1.(2003).The wired homestead:An MIT sourcebook on the Internet and the family.Cambridge,MA:MIT Press.

UCLA Center for Communication Policy(2000).The UCLA Internet report:Surveying the digital future.Retrieved May 31.2006,http://digitalcenter.org/pdf/InternetReportYearOne.

Walsh,J. & Bayma,T.(1996).Computer networks and scientific work.Social Studies of Science,26,661–703.

Walsh,J.P.,Kucker,S.,Maloney,N.G.,and Gabbay,S.(2000).Connecting minds:Computer-mediated communication and scientific work.Journal of the American Society for Information Science,52(14),1295–1305.

Walther,J.B.(1995).Relational aspects of computer-mediated communication:Experimental observations over time.Organization Science,6(2),186–203.

Warschauer,M.(2000).Language,identity,and the Internet.In B.E.Kolko,L.Nakamura & G.B.Rodman(Eds.),Race in cyberspace(pp.151–170).New York:Routledge.

Warschauer,M.(2003).Technology and social inclusion.Cambridge,MA:MIT Press.

Wellman,B. & Haythornthwaite,C.(Eds.).(2002).The Internet in everyday life.Oxford,UK:Blackwell.

Wellman,B.,Salaff,J.,Dimitrova,D.,Garton,L.,Gulia,M. & Haythornthwaite,C.(1996). Computer networks as social networks:Collaborative work,telework,and virtual community.Annual Review of Sociology,22,213–238.

8 虚拟社会：驱动力、行业设置与安排、启示

康拉德·沙约（Conrad Shayo）

信息和决策科学系

加利福尼亚州立大学，圣贝纳迪诺市

圣贝纳迪诺市，加利福尼亚

洛恩·奥夫曼（Lorne Olfman）艾丽西亚·艾锐伯瑞（Alicia Iriberri）

马吉德·奈白瑞 Margid Igbaria

信息系统和技术学院

克莱尔蒙特研究生大学

克莱尔蒙特，加利福尼亚

8.1 简介

在过去的 10 年中，"虚拟"这个词已成为社会生活方式的一个普通修饰词，指的是人们不必为了创造产品和服务或维持重要社会关系而面对面地生活、会面或工作。有专门的文献记录了这些新的社会形式，如虚拟公司、虚拟组织、虚拟团体、虚拟图书室、虚拟教室及相关行业如电子贸易、电子商务、远程办公、基于计算机的协同工作（CSCW）、远程教育、远程会议、远程医疗、远程销售及远程民主等。相关文献中的普遍观点是，信息技术（IT）[1]产生的深远影响及其迅速被广大个体、群体、组织和社团所采纳的事实导致了"虚拟社会"的繁荣。尽管计算机网络常常被当做虚拟社会的塑造者和促成者，但其他形式的信息和沟通技

---

[1] 信息技术包括各种计算机软硬件、工作站、计算机网络、机器人及智能芯片。

术，包括纸质邮件、电话和传真等，也在连接和建立人与群体的关系中发挥了重要的作用（Woolgar，2002）。尽管有些文献称赞"虚拟社会生活"中这些新的形式的灵活性及不断增强的可能性，但仍有重要关键性的实证研究来探讨这种虚拟社会的特殊形式所导致的可能损失。

在这一章中，我们探讨了虚拟社会发展背后的驱动力，讨论了在个人、群体、组织及社团层面的行业设置与安排。我们还探讨了人们是怎样生活和工作在面对面社会关系中，及广泛分布的虚拟行业设置和安排相互交织的社会中的。我们的讨论将根据图 8-1 中所呈现的虚拟社会模型来进行。

图 8-1 描述的是一个包涵了关于虚拟社会完整层次关系的发展模型，总结了驱动力和行业安排两个元素，即该框架中的关键组成成分。该章由此特意做如下安排：首先讨论包括了全球经济、政策、政治、有见识群体及信息技术基础设施的驱动力；其次，探讨在个人、群体、组织和团体层面上现有行业的设置与安排；最后，探究虚拟社会给人们的生活和工作所带来的困境与启示。

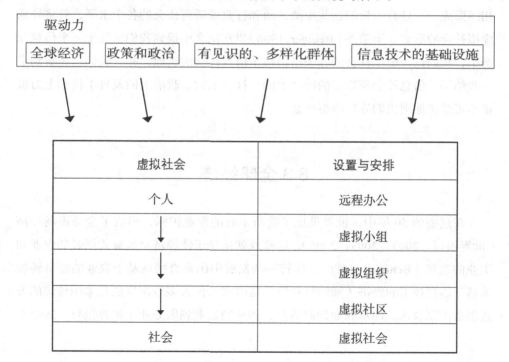

图 8-1 虚拟社会的框架

8.2 驱动力

虚拟社会超越了城市、州、国家及洲际的范围，并代表了与变革运动相反的缓慢进化的历程。尽管信息技术（IT）是虚拟社会最主要的推动力，其他一些因素也起到一些作用，具体来说就是经济的、政治的、文化的及社会的力量（Agres et al., 1998）。这一部分在一个较为有限的程度上讨论了这些宏观因素，指出把我们推向虚拟社会的驱动力。正如图 8-1 所示，最后一个层次的驱动力因素包括全球经济、政策与政治、有见识且多样化人群及信息技术的基础设施，这些因素为最终实现虚拟社会持续创造必要的条件。当前虚拟工作场所的设置与安排和所谓的"虚拟"行业包括远程办公（在个人水平上）、虚拟团队（在群体水平上）、虚拟公司（在组织水平上）及虚拟社团（在社团水平上）等，其他设置与行业正在相继形成。一旦有大量的这些虚拟活动和行业渗透到社会的各个水平，就将导致虚拟社会的形成。毕莱杰（Beniger, 1986）[1]在论文中提到我们正处于一个信息社会中，我们认为虚拟社会的种子已根植于信息社会的腹地，并且我们已经看到了一些结果。信息社会所带动的经济上的、社会上的、政治上的及科学技术上力量正不可避免地把我们导向虚拟社会。

8.3 全球经济

在过去的 50 年中，世界见证了前所未有的商业扩张，形成了全球市场经济（世界银行，2003，2003，2005），这些成就是基于使经济呈螺旋式增长的农业和工业的改革（Beniger，1986）。尽管一些发展中国家直接从基于农业的经济转换为基于信息技术的经济（如约旦和巴拿马国家），但大多数国家还是采用传统的方式创造国家收入，即从农业到制造业，再从制造业到服务业（世界银行，2003）。

---

[1] 在美国，信息社会在 20 世纪 50 年代中期开始出现，那时候超过 50% 的劳动者都从事于信息和与服务有关的活动。信息社会还有其它术语称谓，如后工业社会（Bell，1973）、知识经济（Drucker，1969）、有线传输社会（Martin，1978）或信用社会（Collins，1979）。

世界国内生产总值（GDP）在 2003 年预期能达到 52 万亿美金，这是自第二次世界大战结束后大于 140% 的增长。

在过去的 10 年中，贸易自由主义的抬头伴随着管制的解除、冷战的结束、私有化、自由市场、外包、低关税及工业化国家更趋于民主和平等的系统，为贸易和投资提供了新的机会。国际贸易关税在 1995—2005 年之间不断下降，中低收入经济贸易则继续史无前例的增长。在此期间，东南亚国家平均每年经济增长高达 7.5%，其中中国和印度处于领先地位。与此同时，中高收入经济以每年 2.0%—3.5% 速度增长（世界银行，2005）。

戴维的研究发现，国家间收入不平等的减少趋势对产品和服务有着不断增长的高效需求，有利于跨国和多国公司增加对发展中国家和工业化国家直接的私人国外投资（David，1997）。大部分投资资金用于远程交流、保险、金融、能源、计算机及旅游服务。的确，尽管发展中国家间的直接资金流入在 2004 年比在 2003 年下降了 14%，全球对发展中国家的直接投资急增 40%，达到了 2330 亿美元（UNCTAD，2005）。与此同时，全球中低收入国家的贸易和投资在其国内生产总值中所占的比重从 33.4% 增长至 51.8%，相反高收入国家只增长 5.3%。这些迹象表明，发展中国家正逐渐削弱发达国家在人均实际收入这一领域的主导地位（Krugman，2000）。根据世界银行项目的估计，世界 GDP 在未来 20 年里可增长到 65 多万亿（世界银行，2004）。

在全球范围内进行商业外包活动已经成为商业和政府办事的一个重要趋势。有些公司在全球范围内有极其大量的创造自身价值的活动。公司在超越国内范围朝着顶级市场前进的过程中十分欣赏这种全球化的眼光和视野。本土和全球化的竞争迫使公司找到成长的机会并增加他们产品和服务的市场份额。现在的口号是"想法全球化，但行动本土化"！公司有时会常规性地将工作的一部分，如一项提案或一个设计想法，外包给跨时区和国家的人去做，以此可保证全天候有人在做这件事。其他一些公司则将全部的生意外包到海外。随着金钱在全球范围的流通逐步变成事实，地区性商业区如北美自由贸易协议（NAFTA）、欧盟（E.U.）、东南亚同盟（ASEAN）的不断发展，工作和贸易的界限变得更加透明。

此外，国家政府和跨国公司对信息技术（IT）基础设施的新投资使得贸易模式和组织控制形式呈现多样化，以操纵多国无缝衔接。例如，北美自由贸易协议、欧盟及东南亚同盟商贸集团中可靠且强劲的信息技术基础建设已显著减少了合作和运输的成本，同时大多数国家正致力于提升本国的信息技术基础设施。全球贸易可以使他们更高效地与全球的客户、供货商及合作伙伴更直接地进行联系，如耐克公司将他们大多数创造价值的活动分配给全球的供货商和商业伙伴们，而在美国则仅专注于产品设计、市场营销和售后服务。美国的产品设计师与亚洲及其他地方的承包商通过复杂精细的信息技术网络和计算机集成制造（CIM）系统紧密联系起来。计算机化的控制和协调系统监控着每一个创造价值的活动，这种能力使得价格设定、供需平衡及一双双的运动鞋在全球零售商出口处的分布控制得以成为可能。其他组织如通用汽车、丰田汽车和柯达，都有相似的全球布局。

工业发展公司（IDC）预计网上买家的人均消费到 2008 年底会达到人均 800 美元（IDC，2004—2008）。仅在美国，互联网总体零售额，即商对户（B2C）销售额将会超过 1300 亿美元。就商对商（B2B）而言，高德纳咨询公司预计，商对商模式通过互联网电子数据交换（EDI）、电子市场、外联网及其他卖方驱动所进行的购买行为将从 2001 年的 9190 亿美元增长至 2005 年的 8.5 万亿美元（高德纳咨询公司，出版发行，2001）。

全球为致力于通过加强自由贸易政策的方式使经济操作规范化，创建强有力的远程通信基础设施，改变支付和资金的性质，提升全球货币本位制和政策，采用通用的商务语言，这些都是引领我们走向虚拟工作场所，并最终形成虚拟社会的因素。

8.4 政策和政治

世界贸易伙伴对政府在信息技术领域实施过程中的作用有着不同的看法（Fagerberg et al.，2004）。政府、企业及用户关注所有权、使用权和信息的分布。政府通过建造和维持国家经济支柱并帮助其他国家、为其提供出路的方式来强调远程通信在国家和商业基础设施中的重要作用。然而，有少数政府仍然将信息技术政策看成国家科技政策的一部分，大多数政府已经意识到要将科学政策和信息技术政策区别对待（Metcalfe，1995）。

在 20 世纪 80 年代早期，新加坡政府于 1980 年启动并建立了第一个正规的信息技术政策；在 1986 年政得以扩充，提出把通讯基础设置作为新国家信息技术政策的重要组成元素。1992 年，新加坡国家计算机委员会发布了 IT2000 计划，结果是在 1998 年创立了新加坡合一网（Singapore One），即世界上第一家遍布全国范围的宽带网络。当今这个网络覆盖了 99% 的面积并且与亚太所有主要城市直接链接。

1993 年 9 月，美国政府引入了国家信息基础设施启动计划（NIII），主要是将企业、政府部门、研究者、教育者和大众通过远程通信网络联系起来，以便随时随地可以获取大量数据信息。个人和组织将会获得教育资源、医疗数据及政府信息，还能够进行电子商务交易。然而，科学与技术政策办公室继续协调国内总体研究和发展活动，执行国家信息基础设施启动计划的职责就分配给不同的政府部门，如能源部门和商务部门。每一个部门都在国家信息基础设施启动计划之下发展出其特有的信息政策（IT21，1999），如通过双启动（Two Initiative）互联网，教育部门要求美国的每个学校都加入这个网络。互联网的渗入就像美国人口从 2001年的 54% 增加到 2005 年的 68%，到 2007 年预计将有多达 70% 的美国工作者都能接触到互联网。

在美国国家信息基础设施启动计划的激励下，欧盟在同一年里启动了欧洲信息社会计划项目。"班格曼报告"（Bangemann Report）细致描绘了欧盟的信息技术前景，其主要目的是缩小欧洲和美国之间的差距，并保持欧洲企业的国际竞争力（Anttiroiko，2001）。欧盟的每个成员开始着手这项启动计划，也意味着明确地承诺创建一个全球化的市场，如丹麦政府正强行在全国推行虚拟工作场合。为完成这一目标，政府规划了一个科技蓝图，包括 75% 的家庭在 2000 年之前装有个人电脑和无线猫，由此预计在 2005 年之前，约有 20% 的丹麦劳动力将由远程工作者组成（Jensen，2000）。

尽管就世界范围来说，政府所推行创建的虚拟国家社区还尚未形成，但有些国家致力于建设虚拟社区的政策承诺还是颇为瞩目的，因为政府应该担当起创造时代变化的重责。

8.5 开明的和多样化的人群

通过劳动部门的统计数据（Fullerton & Toossi，2001），美国的劳动力正变得越来越多样化。富勒顿和托斯认为到 2010 年，美国劳动力市场上 48% 将是女性，13% 是非洲裔美国人，6% 是亚洲人，13% 是西班牙裔（Fullerton & Toossi，2001）。同时还预计到 2050 年底，一半的美国人将由非洲裔美国人、亚洲人、西班牙裔和本土美国人组成（Fernandez，1991），甚至工作的性质也将得以改变，那些专业化、技术化及销售行业的工作将会得到最快的增长（Horrigan，2004）。

从全球层面来看，世界 29% 的 GDP 是由美国产生的，且 64% 的 GDP 集中在北美、日本和西欧，这意味着全球 14% 的人口创造和消耗了 64% 的全球财富。然而预计在未来 20 年里，全球收入的不均衡将会急剧减少，随之出现的发展中国家和工业化国家将会创造和消耗至少 50% 的全球财富（David，1997）。发展的核心是全球各族裔投身于全球化生产和经营的能力，这涉及信息、通信和交通技术等行业。越来越便利的、提供国内和国际事件不同看法的信息有可能会使人们变得更有见识，从而允许他们在参与本国和国际社会活动时成为完全的知情者。

这些技术的使用要求个人掌握电脑和信息的基本技能。计算机技能包括知道计算机能做什么和不能做什么、了解计算机术语和流行语、掌握编程和打字的技能。信息读写基本知识包括了解哪些信息是做某些决定时必需的，什么时候、什么人需要什么信息，什么时候计算机应该或不应该用来获取信息，不同类型信息的来源，怎样证实和保护信息安全。那些国民具有电脑和信息知识的国家在实施虚拟工作时会有暂时的优势，然而，这种优势会随着其他国家国民电脑和信息知识的增加而消失。

人们应该在年轻的时候接触并了解信息技术以便更有效的学习和适应改变。学校的课程正安排在低年级开设计算机课，使得儿童在其性格形成期就接触信息技术，使他们能够利用信息来丰富他们的未来。不仅如此，教育和培训产业都在努力使基于计算机的学习游戏和模拟仿真在他们的产品设计中得以发挥作用，从而平衡年轻人在计算机游戏中已经获得的兴趣和经验。有些学习游戏和模拟仿真被开发成为基于个人的系统，而另一些则是基于团队开发的，以培养他们的团队技能。新一代计算机和信息知识拥有者将会掌握在虚拟工作场合的必备交往技能。

一个虚拟社会的发展依靠人们理解、接纳并应用新的虚拟社会文化的产物。一些研究表明，拥有连接网络的个人电脑，是互联网使用的必要非充分条件。为了吸引新的用户，给他们提供相关的他人是怎样从互联网获益的说明和例子是很重要的（Liff et al.，2002）。

另外，虚拟社会的发展将会帮助双方都工作的家长和单亲家庭平衡儿童的需要和家庭的责任与义务。工作通常可以在家里就得以完成，在特定情况下，甚至可以在正常工作时段的指定的天数里完成。确切的说，工作的父母会更容易在他们的职业抱负和他们所期望的高质量抚养孩子的时间上达到平衡。此外，现在越来越多的人通过远距离网上课程来参加大学培训和证书培训，而不是亲临实际的课堂（Simonson et al.，2002）。

正如表 8-1 中所呈现的，在过去的五年里（2000—2005）互联网使用率显著地增长，五个增长最快的地区是中东、拉丁美洲／加勒比海地区、非洲、亚洲和欧洲。在这五年里，全球互联网使用率增长了 160%。发达国家仍具有最高的增长率：北美（68%）、欧洲（36.8%）、澳洲（49.2%）。

因此有必要在全球虚拟社会范围内增强所有潜在玩家的计算机认证和信息知识能力，这应该是国家政府、全球贸易及个体的责任。所有赌注的参与者都要接受一个变化的社会规则，这个新的社会形式更适合那些对有着良好计算机技术、拥有信息知识、愿意接受工作过程改变、以及能够很好地协调社会和生理影响的人。工人们不得不接受由公司提供工作保障的日子已经一去不复返了。

8.5.1 信息技术的基础设施

虚拟社会的兴趣和发展进一步受到信息技术的更新及随后在其基础设施上的投入的促进。在国家和全球范围内对商品和服务需求的不断增长，已经导致更快更可靠的信息加工和远程通信的需求增长。毕莱杰（Beniger，1986）如是说：

（信息）技术似乎自动引发技术的产生……且物质的创新和能源加工创造了信息加工和交流上的进一步需求（P434）。

远程通信和网络技术的发展以及硬件和软件花费的减少所带来的挑战也不小。组织间信息系统（IOS）允许计算机网络跨越组织界限加工数据和分享信息（Applegate et al., 2002）。组织间信息系统是通过减弱价值链的活动来扩大组织间关系的，同时维持一种可控的可协调的环境。耐克公司就是一个很好的例子，信息技术使得每一个组织通过组织间信息系统连接起来以集中于自身的核心竞争力（但许多跨国和多国组织现在一般都有多个核心竞争力，如通用公司）。耐克公司决定主要集中于产品设计、销售和市场营销及服务作为其核心竞争力，其结果就是一个拥有全球经济优势的公司只是本地一个小公司的虚拟组织。

技术本身并不能保证虚拟社会的到来，它只是一个使动者和塑造者。数字技术可以将文字、声音、图片和动作转换成计算机语言。数据的编码，包括文本和数字以及多媒体的数字化的编辑，都让我们节约了更多的时间，且不用束缚于某个地点。多媒体标准的出现及后来的分布式计算和局域网，均为数字集合注入了新鲜的力量。大量支撑技术已经出现，包括互联网／内联网／外联网，并在电子邮件、组件、视像会议、工作流水线、数据管理、数据储存等方面显得更为突出，从而提高了网络的能力。

表 8-1　2005 年 7 月 23 日世界互联网使用和人口数据（IWS，2005）

世界地区	人口	占世界人口的比例	互联网使用，最新数据	使用率的增长 2000—2005	人口%	世界使用者%
非洲	896721874	14.0%	16174600	258.3%	1.8%	1.7%
亚洲	3622994130	56.4%	323756956	183.2%	8.9%	34.5%
欧洲	731018523	11.4%	269036096	161.0%	36.8%	28.7%
中东	260814179	4.1%	21770700	311.9%	8.3%	2.3%
北美	328387059	5.1%	223392807	106.7%	68.0%	23.8%
拉丁美洲	546723509	8.5%	68130804	277.1%	12.5%	7.3%
澳洲	33443448	0.5%	16448966	115.9%	49.2%	1.8%
世界总体	6420102722	100.0%	983710929	160.0%	14.6%	100.0%

注：该表见原书 195 页。

在 20 世纪 90 年代，互联网从仅仅支持科学和研究转变成为支撑商务的一套工具。互联网领跑全球的各种增长，它本身的增长也是惊人的，其使用者数量的增长率也呈指数变化。如相比较 1991 年的 46%，在 1995 年，185 个联合国成员中有 148（86%）个国家有互联网服务（Chon，1996）。到 2004 年底，几乎所有的国家（209）都有互联网服务（ITU，2003），且超过 290 万元的全球生意有局域网地址（Verisign，2004）。

如果要在虚拟互联网（或互联网的第二代）上做生意，相互间的交流是必要的。电邮是这种人际交互的基础，而且花费不大就能获得，但简单的发文本信息又是不够的。多媒体应用将增加在虚拟世界中获取组件、视像会议、数据管理、及数据存储的收益。而网络基础设施则是使这一技术得以实现，并拥有更高带宽、安全性和可靠性的基础。。

互联网电子贸易正在取代传统电子贸易，后者依赖于附加价值和私人信息网络，而这两者都相当昂贵且提供的关系有限。传统的电子贸易工具，如电子数据交换机（EDI）、传真机、符号技术、条形码、企业内部邮件、文件传送技术等，均被扩增升级或在某些情况下被互联网取代（Pyle，1996）。互联网技术（网络、计算机、软件等）在能力和功能上继续增强，新技术为虚拟社会提供了很多可能，它使得个人、群体、社团、组织及社会在其他群体内相互交换信息、做生意、参加新闻团体的讨论、发布电子信息。新技术使人们在人际交往和做生意上的创新成为可能，它是创造虚拟社会的重要元素。

信息技术的新发展也促进了虚拟社会的发展。当前虚拟社会表现出的可能形式有远程办公、虚拟团队、虚拟公司、虚拟图书馆、虚拟博物馆、远程医疗、电子政府等，这些形式的潜在收益似乎都能超越其成本。随着当前这些行业变得根深蒂固，它们将被逐步接受为标准的行业，从而塑造出未来的虚拟社会。未来分布式网络、分布式数据库、宽带、存储及网络安全的发展进展将会继续影响虚拟社会的发展。

8.6 现存的行业设置与安排

在这一部分，我们将谈论四种虚拟社会的行业设置与安排：远程办公、虚拟团队、虚拟组织及虚拟社区。

8.6.1 远程办公

美国电话电报公司（AT&T）在 2003 年 7 月做了一个全球远程办公的调查，发现全球大约 80% 的公司将会让他们的员工在未来两年采用远程办公，这是 54% 的增长。受调查的公司也期望对远程工作在物质和资金上增加 32% 的支持（Hodson，2005）。调查还发现，全球范围内远程办公增长的主要推动力有：（1）连接到偏远地区的更好的网络；（2）更好的通信设备；（3）生意运作的全球化。预计到 2008 年，大约有 1 亿人每月至少有一次远程办公，其中美国的比例是最高的。

国际远程办公联盟和委员会发布的调查结果表明，至少有 2400 万美国人（约

20%的劳动力）在家远程办公，这比1997年在家远程办公的数量增加了100%（ITAC，2004）。远程办公者平均40.2岁，年薪平均5.1万美元，60%已经结婚，46%在家有孩子。依照美国运输部门的数据，美国的远程办公者数量到2020年预计可达到5千万。

远程办公的想法源于工作可以随着人而动而不是人随工作动的理念。20年前，这意味着人们可以在家里远程办公而不是亲自跑到办公室去。但是随着最近信息和通信技术的发展，可以允许人们在其他偏远地方工作，如本地中心活动区、酒店房间内、有网络的咖啡馆，他们还可以在培训期间或有客户的前提下工作。也就是说，远程办公的一般定义包含了任何形式的远离办公室的工作，并使用了信息和远程交流技术（DTI，2003）。

远程办公的发展归因于三类受益者的需求：雇员、组织机构及社会。

首先，家庭结构的实质性改变使得雇员们需要更灵活的工作安排。如传统家庭中一个工作的丈夫和一个待在家妻子的比例在全美家庭中下降至10%（Schepp，1990）。夫妻双方都工作的家庭、有学龄儿童的家庭、家里有更大孩子的家庭及家里有一方配偶无工作或老人需要赡养的，都可能因为需要试图完成工作者、配偶及父母等多个角色而增加工作与家庭的冲突。远程通信提供了灵活的工作安排，使得雇员可以减少时间损耗和没有产出的任务，如通勤至工作场地，同时也为什么时候在哪里完成工作提供了便利。

态度的转变也导致了对更加灵活工作选择的需要。20世纪80年代和90年代的自私和物质主义，使得人们更关注自己并对家庭投入更多时间（Wright，1993；Eckersley，2004）。雇员们寻找那些能让他们生活得更舒适、能参与更放松活动、且拥有家庭时间的工作，他们更关心生活品质，寻求那些能实现他们愿望的工作安排。因此，远程工作的安排可以使个人更轻松的实现工作和生活的平衡。

其次，由于人口分布的变化，组织机构需要做出相应的改变以吸引和留住员工。下一代的雇员规模将会比现在的更小。富有经验和训练有素的老员工退休后，年轻的雇员由于在数量和规模上储备不够，会引起员工的短缺，因此灵活的工作选择有必要成为员工招募和质量的保证。

成本减少和生产力提高的压力也正推动组织机构去适应远程办公计划（Vega，2003）。远程办公人员能更高效的工作，且一旦工作在家里（至少部分时间在家里）开展起来，他们的家庭生活会变得更好。此外，远程办公的成本比传统办公的成本更加低廉。

最后，社会对环境意识的需求是灵活工作安排需要的第三个因素。在美国，远程办公帮助组织机构应对净化空气法案（1997）和美国残疾人法案（1990）的规定和要求。净化空气法案要求大公司减少日通勤所产生的汽车尾气量，而允许员工在家办公帮助组织机构遵从这一法案。美国残疾人法案要求组织机构为残疾雇员提供合理的办公环境以使他们更好地工作，允许在生理上有残疾的人们能够远程工作或服务于各组织机构也有助于遵从这一规定。灵活的工作安排也为一个组织机构在灾难来临时提供了应急方案。最近的气候问题和其他困扰美国东海岸的灾难要求员工们去考虑其他可选的工作安排。科学家们预计，如果我们不减少全球温室气体污染，在下个世纪全球的平均气温将升高华氏 2 度到 8 度，这很可能会引起海岸洪水泛滥、与炎热有关的死亡、或与肺有关的疾病（Houghton，2004）。

随着公众对环境关注的持续增加，个体和各组织机构都试图做出对环境有利的决定。远程办公减少了通勤上班的人数，因此为减少交通拥挤和空气污染做出了贡献（Choo et al.，2002），也减少了患肺病、心脏疾病、神经疾病及职业病的概率，由此为提升健康水平做出了贡献（Yoganathan & Rom，2001）。

总的来说，公司似乎采用提高生产力和降低成本的方法来证明使用远程办公是正确的，而不是将条律或预防灾害作为其依据。公司还列举计算机技术的新进展来表明远程办公使信息技术的经理们能够远距离的支持远程工作者，并排解远程工作者家中计算机及其他技术故障（Vega，2003）。那些雇主们获取了更大的生产力，尽管有疾病和家庭危机，但并未造成任何延缓或损耗任何时间；尽管劳动力市场很大，但改进的雇佣方式解决了这一问题；而在交通、停车、服务费等方面雇主们提供更低补贴以达到较低损耗。雇员们则获益于更少工作打扰、无交通困难、更多个人安全感、更好地处理家庭事务的能力、对儿童或老人照看工作的减少。对于社会或社团来说，他们所支付的税收更少了，通过减少汽车服务成本、道路维护和尾气排放且无需建设和维护其他的交通方式获取了更多的健康。（Vega，2003）。总之，所有的收益都转化成更少的交易和调节成本来保证公司长期的发展和收益。

8.6.2 虚拟团队

虚拟团队被定义为不受距离、时间或组织性边界的限制，使用电子合作技术和其他技术以减少旅途奔波和设备损耗、较少项目日程安排、更高决策时间和交流效率的特定的运作小组（Mittleman & Briggs，1998）。虚拟团队分为七种基本类型（Mittleman & Briggs，1998）。

（1）基于网络工作的团队：相互之间通过合作以实现同一共同目标的多个个体。

（2）平行小组执行一般组织机构不想或者不具备完成条件的特别作业、任务或动能的多个个体。

（3）项目或产品开发小组：在通常会延伸的既定时间内为用户或顾客执行项目的小组。

（4）工作或产品小组：执行常规工作的小组，通常只具有一种功能，如会计、金融、培训或研发。

（5）服务小组：在境内或境外催生的小组，主要提供某些特别服务，如顾客支持服务或前台答疑服务。

（6）管理小组：经理们碰头要么是因为一些紧急的管理上的问题需要商议和决策，要么作为特别指导委员会进行管理和操作。

（7）行动小组：个体间的合作以迅速提出应对方法，通常针对紧急情景。

似乎有两个因素在影响着组织机构采用虚拟团队。首先，使得组织机构结构从传统等级式框架向分布式操作的改变，从而造成将多功能的专门技术整合在一起解决问题的需求。此外，组织机构意识到他们能够获得专门的技术，这些技术在当地的维护成本非常昂贵，那超出了组织机构的能力。其次，网络、计算机和通信技术的发展使得我们开发出能支持跨时间和地域举办会议的方法（参见驱动力部分的技术讨论）。

一个团队也可以被看成一个"工作小组"。用社会技术系统的术语来说，小组既可以被视为同时拥有技术和社会系统的成分。技术系统指的是工作过程和在过程中衍生出来的与任务完成有关的目标。社会系统指的是组织过程和能让组织更高效运转的工作质量和生活目标。为了实现这些所有的目标，对小组就有一些要求。摘自曼德维瓦拉和欧夫曼的表 8-2 从技术和社会系统层面指出了这些需要（Mandviwalla & Olfman，1994）。

小组执行许多子任务以实现总目标，而且通过多种工作方法来实现这些子任务。子任务通常嵌套在复杂任务的多个不同层次。为了更好地展示这一点，我们来看一整套高层次、最终引导小组完成总任务的子任务。以一个负责开发新产品的团队为例，它必须完成市场调查、设计多种备选方案、做市场测试等。每一个在高层面的子任务都需要采取不同的工作方法，包括调查问卷的设计、数据的收集和分析、工程等。

表 8–2　团队 / 小组的必要条件

技术系统	社会系统
多个小组任务	团队的发展
多种工作方式	相互之间的轮换方式
	可渗透的团队界限
	可调节的团队内容
	多重行为特征

在整个工作过程中，团队必须维持它的社会功能。随着小组成员学会团队合作，他们在逐渐地进步，这要求成员之间可以通过多样的方法进行交流。他们必须能够分享文件，也能用书面的、口头的和可视化的方式去交流。在整个团队生涯的过程中，由于需要特别技能或其他行为因素，不同的成员可能加入或者离开（如有人决定接受一份新工作）。此外，小组成员必须得到支持以很好地适应团队的任务，且考虑到不同的成员的需要及团队所制定的目标，团队必须能够掌控整个过程。

在这些要求所描绘的团队工作中，其复杂性由于虚拟概念的涉入而加深。此外，在团队合作的过程中时间和空间方面的多样性也增添了团队或小组概念复杂性。

8.6.3 时间和地点的概念

约翰森借鉴德桑克蒂斯和盖勒普（Desanctis & Gallupe，1987）的工作成果，提出了时间和地点这两个维度（Johansen，1988）。时间维度指的是一个会议的同时性，即要么是同时的（所有的参与者都同时参与），要么是不同时的（发生在不同的时间）。地点维度指的是会议的实际发生地点，即要么在同一地点（一个房间的任意位置），要么在不同的地方（组员在两个或多个房间）。不同的地点可以是沿着一个走廊、在同一建筑物的不同楼层、在同一都市的不同建筑物里或者在全球范围内的不同位置（如在车里、飞机上、另一个国家）。

同时 / 同地点的会议是最传统的，而且通常指的是面对面的会议。为了开会，每一个人必须在同一个时间段内待在同一个房间内，或者选择放宽一个或两个"同一个"的限制，则会议的形式就会以不同的面貌呈现出来。

同步 / 异步的会议包括了不同地方的参会者（通常来自于不同的地点），所有参与者的行为和／或语言文字在产生时就可以看得见或者听得见。当然，如果会议的地点是在不同的时区，与会者将不会在同一个时钟时间参加会议。

不同时／同一地点的会议表明参与者在同一地点工作，但他们都为同一工作做贡献，且采用限制"外来人"参与和使用单一储备成员的方式来统一小组工作流程的。不同时／异地会议在此基础上发展成允许在任何时候、任意地点进行工作上的交流。

一个虚拟的团队很有可能使用部分或所有的方法来做生意，他们可能在刚开始时召开一个同时的会议（很有可能是面对面的），然后，随着子任务的完成，会议焦点主要集中于不同时的交流。在某些关键时刻，同时的交流可能会被采用来保证所有参与者的最高水平的交流。

8.6.4 虚拟团队技术

随着远程会议的出现，虚拟团队正变为现实。远程会议使得团队通过音频在不同的地方进行同时交流，然而，这些团队必须在会议开始之前就准备好纸质的内容相同的文件（或通过"隔空传递"的方式向异地转发传真文件）。仅仅通过音频方式召开的会议，很多潜在的信息会被缩减，而且如果是安排麦克风对话的话，效果可能会更差。视像会议丰富了会议的多样性，但是高成本和低品质的传送减少了对这个技术的需要。随着所有技术的发展，传送的品质得到了提升，但是成本仍然很高。

到 20 世纪 70 年代后期，团队可以通过计算机召开会议的想法在那时得以实现（Hiltz & Turoff, 1978）。计算机会议主要是想通过提供一个信息交换的结构化论坛来探索不同时／异地会议的可能性。事实上，这个结构保留了异步会议时协助小组交流的最关键性的方式之一，在现在互联网交流工具中具体表现为电邮、聊天室、公告板及专题通信服务等。现在这些技术用来服务于远程教学和虚拟社区而不是组织机构中的虚拟团队。

在 20 世纪 80 年代，更复杂精细的计算机基础技术形式发展起来，这种技术开发了时间和地点的每一种结合的可能性。秘鲁的本塔纳（Ventana）团队系统被设计成能创建一个电子会议房间来强化对面对面的会议支持的系统，其特点是可以进行匿名交流并支持多个团体的活动，如思想撞击和投票。后来它被用来支持其他形式的会议，尤其是那些同时却又分开的会议。另一个从用户数量的角度来说可能对团队合作和虚拟团队影响最大的软件包是卢特斯公司开发的群体软件（Lotus Notes），它通过能存储多媒体交流的"数据库"提供了复杂的不同时会议支持。

团队可以利用计算机技术来提升他们的工作和团体合作的理念，就是所谓的"基于计算机支持的合作工作"（CSCW）。那些支持这些活动的产品就是通常所说的"组件"。组件不仅能安排各类会议，而且还能支持不同工作任务的一系列流程文件，建立组织记忆来支持未来的任务（Coleman，1997；Khoshafian & Buckwitz，1995）。

同步组件包括：（1）一个台式机和实时数据会议；（2）电子会议系统；（3）电子展示；（4）视像会议；（5）电话会议（Coleman，1997）。

台式机和实时数据会议：这包括通过个人电脑互动、普通文件的交换和储存、及额外设备如电子聊天、白板、台式机等方式进行的人际互动。

网络聊天/即时信息：允许组员通过打字的方式进行对话。

白板：允许组员查看共享文件、在电脑上通过流程图表达想法、查看其他参与者的批注和评论。

多点—多媒体技术：包括与聊天有关的全部动作视频、白板、音频连接等，允许组员们看见和听到其他组员，并创造和编辑静态框架文件或图像。

电子会议系统（EMS）：在面对面情境中使用，以增加团队商议和决策的效率。电子会议系统有不同的复杂性，简单的有投票或选举系统，其中每个投票人都使用无线数据输入键盘来投票（投影系统可以处理和显示结果）；复杂的有计算机辅助系统，即每个参与者使用笔记本电脑把信息输入到一个中心显示屏。

电子展示：基于计算机的白板允许组员们在电脑显示器上展示共享的白板。

视频会议：包括三个技术的联合，即台式机视频、特殊视频设备、放映墙。台式机视频允许声音和画面的交流，还常常包括分享文件的功能。视频设备包括视频工具和传输全动作视频的高宽带网络。放映墙是一直开放的共享的声音和画面。人们从一个地方的大厅、会议室、办公室可以连续地看见和听见其他地方的组员穿过大厅、在会议室工作、及坐在办公桌前等情景。

音频会议：个人间相互交流时会使用传统的通讯设施，如 H.323 视像会议协议，或是互联网之声条款（Voice over Internet Protocol，VoIP），就是一种涉及三个或更多参与者的多媒体的电话会议。

非同步会议组件：包括（1）电子邮件；（2）小组日历和日程安排；（3）公告板和网页；（4）非实时的共享和会议；（5）工作流水线的应用。

电子邮件：带有电子附件的书书信，可以通过网络从一个计算机传到另一个计算机。

小组日历和日程安排：建立日历包括在每个人的日历中作出操纵信息；日程安排则包括信息的商谈和交流、会议及其他需要在个人日历中进行协调的项目。

公告板和网页：是指张贴信息和想法的共享工作空间，展示并编辑文件，并为不需及时得到回复的问题提供非实时讨论。公告板或者网页是所有的组员和相关人员都可以获得的。

非实时数据库的共享和商讨：共享的数据库系统经常接收大范围数据，包括多媒体信息。信息常常分布在整个机构的服务器上，每个小组成员可以自由地搜索数据库并将信息传输到个人数据库。

合作记事本：允许在一个共享的记事本上进行编写，以利于合作性记事本的撰写和文件分享管理，及多个用户的编辑评论。

工作流水线的应用：允许涉及一系列步骤的商业过程进行重复性设计和操作。对于那些从事集成线工作、服务行业、生产行业及从事操作性或业务流程再设计任务的小组来说很有用。

随着网络宽带的增长，那些通过文本、音频及视频等获得全面补充的技术支持会很快登上每一位工作人员的台式电脑或便携式电脑桌面上，这只会增加在全球范围内组织机构中执行操作的虚拟团队的数量。

8.6.5 虚拟组织

组织的目的是让成员们充分有效地调用手头资源并协调各方努力实现组织的目标。组织是通过一个框架来实现他们的目标的，这个框架可以定义为不同方式的总和，它将劳动者（人）和其他资源（技术、资金装备、数据库等）分为不同的作业（过程），并在他们之间实现协调（Mintzberg，1979）。传统的方式是，组织管理者采用一种层次递进的框架，框架各层次间的命令、控制及交流清晰有条理，以协调人和其它资源加工的最佳任务分配方案。然而，工业上的动态竞争力，包括全球竞争、策略联盟、重新设计、流行的管理技术如整体质量管理和合理精简和瘦身等，所有这些都强制地将当前可支配的稀少资源进行一种动态的分配。信息技术跨越距离和时间的能力为人们提供了更多的供选择的资源。

换一种方式来表述这个问题的话，可以是这样：来自一个组织（如互联网服务提供商、旅行社、造车厂）的对产品和服务（信息、旅游、汽车）的需求必须通过可获得资源（计算机网络、数据库、技术人员、信息技术、原材料、资金装备）的分配和协调得到满足（Mowshowitz，1997）。假设互联网服务提供商是一个跨国组织，其总部在加拿大的英属哥伦比亚，但在全球都有业务。一个相对集中的指令、控制或交流结构可能适宜于加拿大西部互联网服务提供商用以分配和协调它的资源以满足服务的需求，但一个分散的指令、控制、或交流结构则可能更适合向南非或澳洲提供相同的服务。同样的情况也可能发生在旅行社或者造车厂。一个虚拟的组织机构可以提供最佳的、灵活的资源配置以满足需求，只要将客户的需求、满足需求的资源、资源分配的决定者按照逻辑进行合理的分离就可以了（Mowshowitz，1997）。一个虚拟的组织框架将会给互联网服务供应商提供满足客户随时随地需要的敏捷性和灵活性，或者说在一个虚拟的社会，组织框架要达到客户要求并完成所要求的任务。

在一个技术和经济环境多变的情况下，组织间的竞争必须是机敏的、灵活的、随机应变的、没有边界限制的（Eichinger & Ulrich，1995)，这在虚拟的组织模式下是可以实现的。有关组织理论的文献把机敏的、灵活的、随机应变的、动态的组织形式界定为"模糊"模型，它与易碎的、机械化的形式完全不同。模糊结构适合那些需要处理不确定情况的组织（Buchanan & Boddy，1992）。虚拟社会中技术和商业环境的动态本质偏爱这种"模糊"组织结构，虚拟组织结构也符合"模糊"框架的标准（Donaldson & Preston，1995）。

根据莫修维兹的研究，虚拟组织中所需的资源最佳分配过程会影响管理性决策及与员工、外部组织、供应商和社区相关的管理。资源分配的灵活性"偏爱基于外部而不是内部协议的暂时性关系"（Mowshowitz，1997，P37）。暂时性关系的倾向意味着一个虚拟团队必须有高度的信任、与员工有更短期的合同、使用更多的远程工作者、把不属于组织机构核心竞争力的任务外包给外部组织、为了获取成本的效应从一个供货商到另一个进行转换的能力。

这些特征会由组织机构管理的当地社区对虚拟组织管理行为产生负面的感知。然而，当我们拥有的虚拟组织数达到一个关键的量并朝着虚拟社会发展以后，这种感觉和知觉就会减少。

8.6.6 虚拟社区

虚拟社区由人们的需要和技术的相互作用而产生。当网络的普遍存在与信息结构和计算机的储存能力结合在一起时，一种新的交流媒介就此有了产生的可能。

虚拟社区经常被用来描述 CMC 的多种不同形式，特别是那些大群体中长期的基于文字的谈话。他们是一群可能会也可能不会面对面开会的群体，也是通过计算机网络媒体和公告板交换想法和消息的人群。当我们观察网络日志或者"爱情联系"团体时，活动的范围是广大的。人们聊天、争论，他们交换想法和八卦，他们做计划、交朋友甚至相爱，他们做相聚时面对面做的一切事情，但是通过使用电脑，他们在分隔的时间和地点做这些事情。在电子交往过程中，人们并不了解其他人，这使得新的交流形式成为可能。

这一部分探讨了虚拟社区的三种安排与行业设置，它们是电子民主、虚拟博物馆和网络日志。电子民主指的是选民进一步参与他们社区的政治和管理并表达兴趣的方式；虚拟博物馆是使用家庭电脑连接到有大量绘画、雕塑、素描、印刷品、建筑物、照片、影片及视频的收藏而不考虑地点或时间的问题；网络日志（或博客）是个人的网上日记，包含了个人对产品、人、公司或热点问题的看法。其他行业设置，如虚拟游戏、虚拟拍卖、虚拟旅游、虚拟课堂或虚拟性行为等则并不包括在这一章节内。

8.6.7 电子民主

信息的迅速演变及交流方式的新的潜力，尤其是前所未有的全球远程通信和信息网络激增，以及全球社群社会的发展趋势将会对不同的社会现象，如工作、社会生活、娱乐、教育和民主等产生深远影响（Becker & Slaton，2000）。

电子民主是人们运用计算机网络技术，相关的硬件、软件、服务和技术来理解的一个术语（Keskinen，1995）。电子民主给社会所带来的最大改变是保证了政策决策是和人的态度和愿望一致的。电子民主具有通过建立社会价值结构和设计未来来促进个人和团体发展的潜能（Koumirov，1994）。

电子民主的发展是由三种选民的需求导致的，分别是：（1）市民（或选民）；（2）候选人；（3）公众的声音和与未来领导者交流的社会需要。首先，更多的市民或选民的参与到信息革命中引起了他们对政府角色感知的实质性变化。在现在社会，市民们想从"被统治"状态转变成"自治"状态，他们想要积极地参与到政治活动中而不是仅仅作为统治者的附属物，他们想要更多的权利、权威和对自己生活的控制。普通市民能在决定他们想要生活的社会中发挥重要作用，他们在社会政治决策中起到积极的作用，以使他们的生活更为美好并能更好地管理自己的事情。他们能参与日程安排、计划并做出决策，他们要求把权利交还到他们自己手中。现在，技术也可以给他们权利，它推动了一个直接参与和直接民主的新形式——电子民主。

市民们能够使用信息技术分享有关他们前途的争端和优先要处理的事情，并对社区、国家或行星际社会所面临的决定性发展趋势和选择有所了解。信息技术能提供文件和调查报告，使人们深入了解他们所面对的挑战。一个充满活力和民主的社会在一个开放和民主的环境中才会更加繁荣（Elgin，1994）。日益增加的信息化时代的市民会对更加直接的民主提出强烈的需求。

另外，市民们也需要了解其他人对一些事情的争端和优先要处理的事情的想法和感受。当一个群体了解了其他人对某个关键事件的想法时，他们能行动起来组成一个目标和行动单一的大的团体。

通过选举而产生领导的方式是对电子民主要求的第二大支持。由于电子通信方式及社会变化和需求的可得性，被选出的领导需要意识到可能瓦解他们政治权利的关键性政治变革，他们应该知道下一代市民更加明智、聪明、热情，他们应该知道市民们能够而且应该在社会政治的决策中发挥积极的作用。被选举的人也应该使用信息技术与市民、同僚、政府机关交流，这样他们能更明确得说服、协商、聆听和回答问题以满足相关者的愿望。一个例子是上两届美国总统选举，总统候选人建立了虚拟社区来招揽资金支持和召集更多的支持者。

在 2000 年美国选举中，约翰·麦凯恩（640 万美元）和比尔·布拉德利（100万美元）均成功通过网上募集到资金，这表明互联网是潜在的组织基层活动、筹集资金、赢得选举的有力工具。在 2004 年总统选举活动中，使用网络的总统竞争者都取得了不同程度的成功。霍华德·迪安有效地运用网络募集资金、组织当地的网络会面、写博客、让草根活动家在恰当的时候做出他们的决定（Cornfield，2004）。到 2003 年 9 月，霍华德·迪安募集了 2540 万美元，在所有候选者中排第一位。尽管迪安最后输给了约翰·克里议员，但政治分析家一致认为，迪安给网上竞选活动（ibid）带来了变革。克里议员继续采用迪安的募集资金策略，并从网上募集了 2600 万美元，而乔治·布什总统只募集到 400 万美元。在 2004 年总统竞选中采用的不同策略太多了，不能在这里一一详述。更多的互联网对公民社会的政治革新潜在作用的文章可以参见谢恩的文章（Shane，2004）。

选民们的希望能够推动总统候选人采用电子民主。电子民主也改善了选民和候选人间的关系，减少了统治者与被统治者之间的差距。选民们可以在网络上与候选人交流，举办每周或每月一次的会议，这些会议能够建立公众和候选人之间的责任和义务。选民们还可以通过给当权者提意见的方式给候选人定期的反馈。举办电子会议有可能为选民提供一个论坛，围绕核心事件和热门话题建构工作舆论（Elgin，1994）。在这里，候选人会见选民向他们解释或者辩护其议程和政策，这可能保证选民们感觉到自己参与、涉入、投入于决策中，并对社会及其未来负有责任。

满足表达公共意见和与未来总统候选人进行交流的社会需求是对实现电子民主作出的第三大贡献。为了拥有更可持续的未来，政府需要增加他们对电子民主基础设施的投资来提高电子民主需要的通信水平和质量。更快、更便宜、更多样、更互动的交流方式可以增加市民们参与到民主进程中的可能性，从而表达他们的意见和选出"正确的"领导者。本地的信息网络应该设计成提升市民参与的模式，以使他们耗费很少甚至不需耗费什么就能给政府提供信息并与之交流。这还有可能会增加市民们对其它社区活动的兴趣，由此可加强社区间相互的联系，增加社区管理的参与度。然而，这有可能会迫使我们现在所知道的政府改变其所担当的角色（Shane，2004）。

对于未来来说，也许一个更为戏剧化的改变将会是政府运作过程的一次转变。传统的方法是，利用代议政府，以便人们可以选举出他们认为会有效执行政府规则、代表他们利益的那些代表团。在这种背景情况下，选举出来的代表代表的是选举他们的人民，然而在一个虚拟社会中，则可能不再需要这些代表，因为人们能够虚拟的完成政府职责（例如虚拟投票）。尽管我们能预见全球贸易电子会议的增长，但我们仍期待通过简化政府和政治竞争的分布使之有更大的影响。

对于那些想对候选人、政府政策或规则做出知情选择的市民来说，电子民主使得他们可以从政府数据库中提取相关信息（Koumirov，1994；Shane，2004）。市民们能参与更全面且实质性的讨论，而不仅仅是听一些简短的广告或声音字节，他们还能对候选人和事件进行电子投票。当然，这得在有出版和言论自由的前提下才能做到，而在这一点上许多国家仍需要继续努力。

然而，还有几个问题需要我们回答。（1）网络的连接：广泛的网络联机是必须的。正如表8-1所示，全球还有许多地区没有网络的连接，让每个人都能在家或社区的某个位置获得网络连接是很必要的，至少一个人应该有一个无线设备（如手机）可以连接网络。（2）安全和隐私：不安全的传输是快速增长的电子民主的主要威胁，这里的安全包括授权、诚实、准确性和机密性。我们需要验证参与者的身份以保证传输信息的真实性。市民们还需要确保信息是保密的，只有参与者才知道内容。个体还需要拥有受到保护的"匿名"。（3）协调机制：系统应该确保不同的观点都会得以呈现，并附有公正的信息评价和自动协商。

有好几个国家已经启动测试电子民主的计划。在1996年11月,荷兰北布拉班特省做了一个实验,以检测公共讨论的网络软件的适用性。他们邀请了100个居民和组织来讨论地区土地的使用情况。他们使用一个基于网络的应用技术来讨论这个问题,允许他们进行适度的讨论、周期性地进行民意调查、选举（Jankowski et al.,1997）。挪威本土电信公司泰利诺研发部门（Telenor Research and Development）为支援本地的政治家开发了一种通信系统，这个系统允许被选举的人之间及与其他政府官员打电话、举行电话会议、使用电子邮件通信、分享文件等（Ytterstad et al.，1996）。

8.6.8 虚拟博物馆

虚拟博物馆可以让使用者用其个人电脑在网络虚拟三维空间里漫游并探索不同文物的数字化图像。使用者可以使用一个鼠标或者操纵杆四处移动，主要目的是让博物馆为参观者提供友好的接触方式。主页上的索引介绍了收藏品中值得一看的作品，需要了解更多详细信息的访问者可以进一步选择某些特别的具体选项以做更多探索式了解。虚拟博物馆包括交互式数据库，该数据库依据不同的科目搜集了很多作品，如艺术、科技、历史、动物学、音乐、建筑学和生物学。虚拟图书馆为人们无需考虑距离和时间问题就能走近大量收藏品提供了新的方法，这些收藏品包括绘画、雕塑、素描、印刷品、建筑物、照片、影片和视频。博物馆的虚拟图书馆（the Virtual Library of Museum，VLMP，2005）包括全世界博物馆网址的链接列表，仅仅是北美地区就有400多个博物馆网址的链接。

例如，如果你想访问纽约的大都市艺术博物馆的网址，网页的索引就会提供你一个正在展出的博物馆的综述。当你选择了一个特定的收藏系列，你还可以选择你想要访问的楼层，然后一份参观的楼层计划就提供给你了，供你选择你要看的图片。该网址还会给你提供多个其他有特色的链接，如网上礼物店和书店、各种教育资源、有特别展出的日历及其他的博物馆活动。对有些收藏品还可提供RealAudio、WAV 和 AU 格式的音频说明，其他收藏品对某些选择性的信息提供了可用 QuickTime 播放的短片。

法国文化部部长已经帮助创建了一个包含了来自法国艺术博物馆的 130000 副绘画所组成的虚拟博物馆。这个项目最初始于 25 年前，且基本上是基于文字形式呈现的一个项目。到 1994 年，网页被加入进来，使得游客们可以看到图片并虚拟地游览不同的收藏品。人们可以用博物馆内作品的数字或复制件来发展他们自己的私人收藏或是用在课堂上，但禁止进行任何盈利或商业性质的散播。游客们可以用英语或法语观看博物馆的收藏品。根据马诺尼的研究，在现实生活中，法律的限制或绘画和雕塑的糟糕的外观条件使得不太可能将所有的作品在同一位置展出（Mannoni，1997）。

波士顿计算机博物馆允许人们实时地游览博物馆（O'Rourke，1996）。主页的索引要求你填写一个快速调查来证实你的游客身份，这会让你与博物馆中的其他游客通过"还有谁在那里"来交流。你以虚拟的方式与他人交谈，几乎可以感觉到他好像就在那儿似的。你还可以用虚拟的方式学习一个台式计算机如何组装的或设计你自己的机器人。当你的手指熟练到能在键盘上跳舞、整个人可以沉浸在微处理器中或通过网络可以控制一个机器人时，这就是在这个博物馆待着的下一个最美好的事情了（O'Rourke，1996）。

然而也有不足之处，当前的技术还不能提供一个完整的美学体验，所提供的有关收藏品的信息有可能对于严谨的学术工作而言不够详细，学者想要得到更为细致的信息只有等待，可以说仅有门外汉能受益于现有的技术。这意味着很多图像需要扫描成数字化的形式以满足学者的需要。而且有关知识产权的法律使得情况变得更为复杂，大的视频和音频文件的带宽频繁出现问题，这意味着博物馆设备的真正价值仍待建立。

8.6.9 网络日志

网络日志（即博客）是网络使用者人数增长最快的领域，它们是虚拟社会的最好诠释。博客不仅仅是个人日记而且是严肃的政治和文化辩论、科学意见和社会评论。

"部落格们"（Bloggers），作者一般都这么称呼自己，创造了个人网上日志，这些日志包含有关自己的信息、对产品的意见、人、公司、政治或其他热点问题，他们与其他博友分享他们的网上日志。例如，在 2004 年美国总统竞选期间，正是网络博友组织指出乔治·布什总统在越战期间在国家护卫队的军事服务文件是假的（BGD，2004）。

根据一份皮尤互联网和美国生活项目在 2005 年 1 月的调查，27% 的互联网使用者说他们读博客，这比 2004 年的调查结果提升了 58%。调查还发现，互联网上有超过 800 万博客，每天还有 35000 个新博客出现。采用全球化的角度，博客使全世界的使用者分享他们的意见和经历。

博客们的组织渐渐被政治家和公司之类的机构认真地对待。忽视博客们分享的关于一个政治候选人或一个特殊商品的负面看法会造成巨大的损失，尤其是评论得不到及时的回应的时候，在这些博客广泛的影响下，结果可能是政治家输掉竞选，公司失去顾客或供货商。

像通用汽车和微软这些公司已经建立起了他们自己的公司博客。通用公司旗下的一个公司决策部门，也是一家媒体分析和商业情报公司，由鲍勃·卢茨经营的"通用快车道"博客，平均每天有 4500 个访客，每篇文章有 60 多条评论（BICR1，2005）。通用公司的博客提供了公司产品、新设计之类的信息，并回应其他博友的负面评论。微软也创建了名叫"第九频道"的博客，来缓和其他博友对其负面的评价和提供有关新产品、设计、未来计划和趋势的信息。其他公司如全球最大的网络多媒体软件公司"大媒体"（Macromedia）、美国 IBM 国际商务机器公司、企业网络产品的全球领先供应商思科公司（CISCO）、福特汽车公司（FORD）等，都已经建立了他们自己的博客（Abram，2005）。

8.7 虚拟社会的困境和启示

巧的是在驱动力刚被发现时，虚拟社会的降临对政府、研究者、教育者、商人、个体和社会都产生了深远的启示。

8.7.1 全球政策和经济

众所周知，驱动虚拟社会的最主要的活动之一是互联网电子商务的兴起。互联网坚持一个开放的文化氛围，信息在这里得到自由地交换，且不用对交易作任何解释。这种环境自从互联网刚被引进时就存在了，但是商业化和全球化的不断增长使得这其开放性变得低效了，而且平衡开放和市场有效性的政策很难形成（Greenstein，2000）。

8.7.2 政治和政策

上网的权力，主要是审核制度和知识产权，对于全球商业来说正变成一件越来越重要的政治事件。安全、隐私以及创造交易货币化的方法也成为国家、商业和全球服务使用者仔细审查的内容。

尽管许多国家已经采取了国家政策支持全球化，但和上网权力，尤其是审查制度和知识产权等问题有关的事情还需从国际的层面上去解决。例如美国著作权法有 20 年的历史，但有人说它不适用于电子世界的事物（Ficsor，2002），不适宜或者不公平的使用可能阻碍电子商务的发展。一些国家通过自己的方法来解决这一问题，但是解决方案必须跨越国际界限。全球的政府需要执行那些可促进电子化分布和数据传播的国际法律和政策，同时也保护数据的制造者。他们还需解决数据流进流出时产生的穿越不同国境的问题。

网络安全和隐私仍然很难实现。在一次核事故后，研究者们开始设计互联网以共享电子信息，而安全问题并非设计约束。网络的广泛使用和互联网的不断入侵揭露了其中严重的安全漏洞，如猖狂的从服务商和银行那里盗窃密码、从银行偷取资金及身份盗窃（Lininger & Wines，2005）。

毕玛尼（Bhimani）认为解决安全和隐私问题需要五个基本要求：（1）保证交易双方的保密性；（2）鉴定交流双方的真实性；（3）提供数据的完整性；（4）提供双方的未来不可否认性；（5）假如有必要的话，将交易的部分信息隐藏，不让对方或者多方查阅。对数据进行加密从而保证其私密性，真实性、数据的整合性及不可否认性则通过数字化印签和公用密匙证书来得以保证。尽管不同的政府和商业部门已经建立了他们自己的数据加密标准和隐私条款，仍需在一个全球的水平上去解决这这些问题。全球远程通信联盟（ITU）应该采用支持网络安全和隐私的国际条款，并且承担起将国家政府和工业联合起来的责任。

我们还需要一个全球性的政策来管理货币交换的方法。电子支付的状态还没有被清晰地规范，仍存在一些技术和制度上的问题（Panurach，1996）。不安全性，主要是匿名性，是技术上的主要问题。有几个制度上的限制包括：

（1）能够轻易阻碍电子支付行为的政府法规；

（2）来自金融机构的抵制，主要是由于采用了这些新的支付技术而导致投资额的减少；

（3）来自那些不得不采纳新方法的客户的抵制。

8.8 开明的和多样化的人群

目前的事实是，全世界的人都变得越来越计算机化和信息化。然而，只有人们能确保交易的安全性和私密性，他们才会运用信息技术。有关雇员的监控技术（目前在美国，任何使用公司财产如电脑或手机所做的交流名义上都归属于公司）、获取并纠正信息的权力、授权使用某人信息的权利等事宜仍萦绕在个人、商业和政府的心头。尽管在不久的将来还不太能想象通用法律会从个人权力到隐私都起到保护作用，但这仍是虚拟社会需要处理的问题。

此外，人们越来越抵制那些对他们的行为产生负面影响的技术。虚拟意味着更少的身体接触，虚拟社会给人们带来的社会和心理方面难以预料的复杂结果越来越明显。由于我们将 1/3 的时间用来工作，与虚拟组织性结构有关的、被重新设计的工作场所的重要性应该得到检验。例如，许多年前，携带一个寻呼机是一种身份的象征，一台寻呼机证明这个人有着重要的知识或者技能或者与重要人物有着联系。现在，许多人将传呼机视为他们的老板用来随时随地检查他们的束缚，公司提供的手机也是同样的道理。当人们上班不再朝八晚五，或者远程工作的合约要求某人在较尴尬的时间工作时，研究者就需要检验这些技术在人们身上使用的效应了。

人类行为作为虚拟社会的驱动力再怎么强调都不过分。多数人具有社会属性并通过与他人的交往获得满足。研究者们需要研究这些被改变的社会策划的效应，也就是说暂时的工作合约、非人性化、最少量的面对面交流、超负荷信息，以及人们如何抵制推动我们进入虚拟社会的力量。

自从计算机技术的出现为虚拟社会奠定基础以来，教育的进程就没有多少变化（Alavi et al., 1995）。教育的新方法有可能改变人们学习的方式，但在考虑了学习模型和教学方法后，现在的研究仍未能全面揭示出技术对教育成果的效用（Leidner & Jarvenpaa, 1995）。当前创造学习客体经济的努力是朝着正确的方向迈出的一步（Shayo & Olfman, 2006），但未来研究应集中讨论教育投放问题，将现有学习理论加以应用，以促进人们对技术在学习中效用的理解。还需要评估教育是否负有单独的对个人的责任，抑或组织和个人的教育有混合的效应。

最理想的情况是，一个虚拟组织应当可以完善与有技能的工作者之间的临时合约，这些工人在全世界任何地方都留有记录。这种合约应当是有价值的而且应该不考虑国家、种族、宗教或者性别的因素。合约为组织和具信息技术素养的劳动者提供了极大的机会，同时还为财富在懂技术和不懂技术的人群中的分布带来启示。一个国家的政府应该建立政策在国家范围内保障财富分配，并为所有的公民贯彻积极措施提供平等的机会（Rosecrance，2000）。

8.9 信息技术及其基础设施

尽管信息技术提供了更快的信息传送途径，但这得合理地将工作从不同的工作过程中分离开来，并为完成这些工作提供必要的资源，这使得管理者可以灵活地将关注点放在客观有效地完成工作需要上。正如前面所说的，在工作过程中灵活地分配资源（如工人、时间、硬件、软件等）促成了虚拟的组织结构，虚拟的组织结构反过来也会促成短期劳动合约、远程办公、短期供货商合约和外包。在现有组织安排的合约一般具有长期性质的情况下，很自然会有员工、供货商和劳工团体会产生怨恨。例如最近通用公司和美国汽车工会（June，1998）的罢工就是将不满集中在工作外包上。这种怨恨对自然出现的虚拟组织影响的研究还比较少。

虚拟组织面临的另一个挑战是怎样减少转换成本和合约成本以及怎样处理暂时联盟及合作关系以保护公司的机密，例如特殊配方或者营销策略。这两个问题是可怕的，因为很少或几乎没有研究可供公司借鉴。然而，当我们逐步向虚拟社会转型时，虚拟组织必须解决这一问题。各个组织有可能制定极其严厉和苛刻的保密协议以至于无法实施。

从微观水平来看，个人应该有终生学习和将知识应用到新情形的能力。随着技术的改变，掌握和使用新技术的能力仍然是需要的（Scharmer，2001）。个人和组织能够学习和应用新技术的比例可能成为虚拟社会唯一可持续的竞争优势（Teece，2001）。正如野中裕次郎和蒂斯所提倡的，跨学科学习将被用来评估不

断增长的负担对想掌握各种技术且不断学习的人的心理和社会的影响（Nonaka &
Teece，2001）。

8.10 总结和结论

　　这一章为驱动力、困境和即将到来的虚拟社会提供了重要的见解。我们定义
并讨论了主要驱动力和揭示了相关问题和复杂度，我们需要进一步探讨和检验这
些虚拟社会的驱动力和事件之间的关联。图 8-1 所提供的框架旨在将我们的知识
组织起来并明确"虚拟社会"现象的界限。本章节所讲述的内容可被看作虚拟社
会的特殊例子。随着我们进入更为虚拟的社会，我们希望这一章突出了所涉及的
议题和复杂性，并促进了在该背景下有关驱动力、事件、困境及虚拟社会前景等
问题的研究。

【参考文献】

Abram,C.(2005).*Big list of corporate blogs*.Retrieved from the Web November 5,2005.
　　http://www.chrisabraham.com/2005/06big_list_of_cor.html.

Agres,C.,Edberg,D. & Igbaria,M.(1998).Transformation to virtual society:Forces and
　　issues.The Information Society,14(2),71–82.

Alavi,M.,Wheeler,B.C. & Valacich,J.S.(1995).Using IT to reengineer business edu-
　　cation:An exploratory investigation of collaborative telelearning.MIS Quarter-
　　ly,19(3),293–312.

Anttiroiko,A.V.(2001).Toward the European information society.Communications of
　　the ACM,44(1),31–35.

Applegate,L.M.,Austin,R.D. & McFarlan,F.W.(2002).Corporate information systems-
　　management:Texts and cases,6th Ed, Boston: McGraw-Hill

Becker,T.D.(1997).True tele-democracy.(TAN+N and You):Retrieved from the Web
　　August 2,2005.hppts://fp.auburn.edu/tann/tann2/editor.html.

Becker,T.D. & Slaton,C.D.(2000).The future of teledemocracy:Visions and theories-ac-
　　tion experiments-global practices.Westport, CT:Praeger Publishers.

Becker,T.D. & Slaton,C.D.(2000).The future of democracy.Westport,CT:Praeger Publishers.

Bell,D.(1976).The coming of the post-industrial society:A venture in social forecasting. New York:Basic Colophon.

Beniger,J.(1986).The control revolution:Technological and economic origins of the information society.Cambridge,MA:Harvard University Press.

BGD(2004).Bush Guard Documents Forged.Retrieved from the Web November 5,2005.http://www.littlegreenfootballs.com/weblog/?entry=12526_Bush_Guard_Documents-_Forged.

Bhimani,A.(1996).Securing the commercial Internet.Communications of the ACM,39(6),29–,35.

BICR1(2005).Blogging and Its Impact on Corporate Reputation.Retrieved from the Web November 5,2005.http://www.cymfony.com/files/pdf/res_blogging.pdf.

Buchanan,D. & Boddy,D.(1992).The expertise of the change agent.public performance, and backstage activity. New York: Prentice Hall.

Campbell,S.(1997).Will telemedicine become as common as the stethoscope?Health Care Strategic Management,15(4),1,20.

Chon,K.(1996).Internet inroads.Communications of the ACM,39(6),59–60.

Choo,S.,Mokhtarian,P.L. & Salomon,I.(2002).Does telecommuting reduce vehicle-miles traveled?An aggregate time series analysis for the US.Retrieved from the Web August 2,2005.http://www.its.berkeley.edu/publications/ITSReviewonline/spring2003/trb2003/choo-telecomuting.pdf.

Coleman,D.(1997).Groupware:The changing environment.In D.Coleman(Ed.),Group-Ware:Collaborative strategies for LANs and Intranets.Upper Saddle River,NJ:-Prentice Hall.

Collins,R.(1979).The credential society:An historical sociology of education and stratification.New York:Academic Press.

Cornfield,M.(2004).The Internet and Campaign 2004:A Look Back at the Campaigners.Retrieved from the Web November 5,2005.http://www.pewinternet.org/pdfs/Cornfield_commentary.pdf.

David,G.(1997).Technological change,globalization,and productivity.Speech delivered to C-SPAN on December 26.George David,CEO for United Technologies Corporation.

DeSanctis,G. & Gallupe,R.B.(1987).A foundation for the study of group decision support systems.Management science,33(5),589–609.

Donaldson,T. & Preston,L.E.(1995).The stakeholder theory of the corporation:Concepts,evidence,and implications.Academy of Management Review,20(1):65–91.

Druker,P.(1969).The age of discontinuity.New York:Harper and Row.

DTI(2003).Department of Trade and Industry(DTI)Telework guidance.(September 2003),Retrieved from the Web November 5,2005.http://www.dti.gov.uk/er/individual/telework. pdf.

Eckersley,R.(2004).A new world view struggles to emerge.The Futurist,38(5),20.

Eichinger,B. & Ulrich,D.(1995).Are you future agile?Human Resource Planning,18(4),30–41.

Elgin,D.(1994).The awakening earth:Global communications and the social brain.Morrow,New York.Retrieved from the Web August 2,2005.https://fp.auburn.edu/tann/tann2/elgin.html.

Fagerberg,J.,Mowery,D.C. & Nelson,R.R.(Eds.).(2004).The Oxford handbook of innovation.New York:Oxford University Press

Fernandez,J.P.(1991).Managing a diverse work force.Lexington,MA:Lexington Books.

Ficsor,M.(2002).The Law of Copyright and the Internet:The 1996 Wipo Treaties,Their Interpretation,and Implementation.New York:Oxford University Press.

Fullerton,H.N. & Toossi,M.(2001).Labor force projections to 2012:The graying of the U.S. workforce.Monthly Labor Review,127(2),Bureau of Labor Statistics,The U.S. Department of Labor.

Garmer Consulting(2001).Worldwide business-to-business internet commerce to reach $8.5 trillion in 2005.Retrieved from the Web August 2,2005.http://www.gartner.com/5_about/press_room/pr20010313a.html.

Greenstein,S.(2000).Commercialization of the Internet:The Interaction of Public Policy and Private Choices or Why Introducing the Market Worked so Well.Working Paper #0010,The Center for the Study of Industrial Organization,Northwestern University.Retrieved from the Web November 5,2005.http://www.csio.econ.northwestern.edu/Papers/2000/CSIO-WP-0010.pdf.

Hiltz,S.R. & Turoff,M.(1978).The network nation:Human communication via computer.Reading,MA:Addison-Wesley.

Hodson,N.(2005).Statistics:Telework Statistics Jul-05 and Information Society Statistics.Retrieved from the Web November 5,2005.http://www.noelhodson.com/

心理学与互联网：个人、人际和超个人的启示

index_files/teleworkstatistics.htm#_Toc90872859.

Horrigan,M.(2004,February).Employment projections to 2012:Concepts and context. Monthly Labor Review,127(2),Bureau of Labor Statistics,The U.S. Department of Labor.

Houghton, j.(2004). Global Warming: The complete briefing. New York, NY: Cambridge University Press.

ITAC Press Release(2004,September 2).Work at home grows in past year by 7.5% in U.S.:Use of broadband for work at home grows by 84%.Retrieved from the Web August 2,2005,http://www.workingfromanywhere.org/news/pr090204.htm.

IT21(1999).Information Technology for the Twenty-First Century:A Bold Investment into America's Future.Retrieved from the Web November 5,2005.http://www.ni-trd.gov/pitac/it2/initiative.pdf.

ITU World Telecommunications Development Reprot 2003:Access Indicators for the Information Society.World Summit of the Information Society,Geneva 2002. Retrieved from the Web November 5,2005.http://www.itu.int/ITU-D/ict/publications/wtdr_03/material/WTDR2003Sum_e.pdf.

Jankowski,N.,Leeuwis,C.,Martin,P.,Noordhof,M. & van Rossum,J.(1997).Tele-democracy in the province:An experiment with Internet-based software and public debate.Paper prepared for Euricom Colloquium June 19–21.Retrieved from the Web November 5,2005.http://www.socsci.kun.nl/maw/cw/publications/tdinprov.html.

Johansen,R.(1988).Groupware:Computer support for business teams.New York:Free Press.

Jensen,T.F.(2000).Electronic commerce and telework trends:Conditions for the development of new ways of working and electronic commerce in Denmark.Retrieved from the Web November 5,2005.http://www.ecatt.com/country/denmark/natreport.pdf.

Keskinen,A.(1995).Introduction to Tele-democracy and Information Networks.In A.Keskinen(Ed.),Tele-democracy——On societal impacts of information networks.Helsinki,Finland:Painatuskaskus.Retrieved from the Web August 2,2005. https://fp.auburn.edu/tann2/auli.html.

Khoshafian,S. & Buckiewicz,M.(1995).Introduction to groupware,workflow,and workgroup computing.New York:Wiley & Sons.

Koumirov,V.(1994).Teledemocracy.Retrieved from the Web November 5,2005.http:// www.tml.tkk.fi/Opinnot/Tik-110.501/1996/seminars/works/koumirov/netsec.

html.

Krugman,P.(2000).Can America stay on top?The Journal of Economic Perspectives,14(1),169–175.

Leidner,D.E. & Jarvenpaa,S.L.(1995).The use of information technology to enhance management school education:A theoretical view.MIS quarterly,19(3),265–291.

Liff,S.,Steward,F. & Watts,P.(2002).New public places for internet access:Networks for practice-based learning and social inclusion.In S.Woolgar(Ed.).Virtual society?Thechnology,Cyberbole,Reality.Oxford:Oxford University Press,pp.78–98.

Lininger,R. & Wines,R.D.(2005).Phishing:Cutting the Identity Theft identity theft line:Indianapolis,Indiana:John Wiley & Sons.

Mandviwalla,M. & Olfman,L.(1994).What do groups need?A proposed set of generic groupware requirements.ACM Transactions on Computer-Human Interaction(TOCHI),1(3),245–268.

Mannoni,B.(1997).A virtual museum.Communications of the ACM,40(9),61–62.

Martin,J.(1978).The wired society.Englewood Cliffs,NJ:Prentice-Hall.

Metcalfe,S.(1995).The economic foundations of technology policy:Equilibrium and evolutionary perspectives.In P.Stoneman(Ed.),Handbook of the economics of innovation and technological change(pp.409–512).Oxford,UK:Blackwell.

Mintzberg,H.(1979).The structuring of organizations Englewood Cliffs,NJ:Prentice-Hall.

Mittleman,D.D. & Briggs,B.O.(1998).Communication technology for teams:Electronic collaboration.In E.Sunderstrom and Associates(Eds.),Supporting Work Team work team effectiveness:Best practices for fostering high-performance(pp.246–270).San Francisco,CA:Jossey-Bass.

Minton,S.,Opitz,E.,Orozco,J.,Chang,F.,Frantzen,S.J.,Koch,G.,Coughlin,M.,Copeland,T.G. & Toncheva,A.(2004).Worldwide IT Spending 2004–2008 Forecast:The Worldwide Black Book,IDC Report #32321.

Mowshowitz,A.(1997).Virtual organization.Communications of the ACM,40(9),30–37.

Nonaka,I. & Teece,D.J.(2001).Research directions for knowledge management.In I.Nonaka & D.Teece(Eds.).Managing industrial knowledge:Creation,transfer and utilization(pp.330–335).Thousand Oaks,CA:Sage Publications.

O'Rourke,J.(1996).Virtual museum:Computers on computer.Rural Telecommunications,15(5),10.

Panurach,P.(1996).Money in electronic commerce:Digital cash,electronic fund transfer,and e-cash.Communications of the ACM,39(6),50.

Pyle,R.(1996).Commerce and the Internet.Communications of the ACM,39(6),23.

Rosecrance,R.N.(2000).The rise of the virtual state:Wealth and power in the coming century:New York: Basic Books.

Scharmer,C.O.(2001).Self-transcending knowledge:organizing around emerging realities.In I.Nonaka & D.Teece(Eds.),Managing industrial knowledge:Creation,transfer and utilization.(pp.68–90).Thousand Oaks, CA: Sage Publications.

Shane,P.M.(2004).Democracy online:The prospects for political renewal through the Internet:New York:Routledge.

Shayo,C. & Olfman,L.(2006).The learning objects economy:What remains to be done?In D.Galletta & P.Zhang(Eds.).Human-Computer Interaction and Management Information Systems:Applications,Advances in Management Information Systems,Volume 5.Armonk,NY:M.E.Sharpe,Inc.

Simonson,M.,Smaldino,S.E.,Albright,M.J. & Zvacek,S.(2002).Teaching and learning at a distance:Foundation of distance education.2nd Ed.,New York:Prentice Hall.

Schepp,B.(1990).The telecommuter's handbook:How to work for a salary without ever leaving the house.New York:Pharos Books.

Teece,D.J.(2001).Strategies for managing knowledge assets:The role of firm structure and context.In I. Nonaka & D. Teece (Eds.),Managing industrial knowledge: Creation, transfer and utilization (pp.125-144). Thousand Oaks, CA: Sage Publications.

UNCTAD World Investment Report 2005 (WIR 05): Transnational Corporations and the Internationalization of R&D. United Nations New York and Geneva. Retrieved from the Web November 5,2005. (http://www.unctad.org/en/docs/wir2005_en.pdf)

Vega,G.(2003).Managing teleworkers and telecommuting strategies.Westport,CT:Praeger Publishers.

Verisign,Inc.(2004).The domain name industry brief.2(3).Retrieved from the Web November 5,2005.http://www.verisign.com/stellent/groups/public/documents/newsletter/031399.pdf.

VLMP(2005).Virtual Library Museum Pages.Retrieved from the Web November 5,2005.http://vlmp.icom.museum/.

Woolgar,S.(2002).Five rules of virtuality.In S.Woolgar(Ed.),Virtual society?Technology,cyberbole, reality.New York,NY:Oxford University Press.

World Bank(2003).World Development Indicators 2003.Retrieved from the Web November 5,2005.http://www.worldbank.org/data/wdi2003/index.htm.

World Bank(2004).World Development Indicators 2004.Retrieved from the Web October 19, 2005.http://www.worldbank.org/data/wdi2005/.

World Bank(2005). World Development Indicators 2005. Retrieved from the Web November 5, 2005.(http://www.worldbank.org/data/wdi2005/) Wright,P.C. (1993). Telecommuting and employee effectiveness:Career and managerial issues.International Journal of Career Management,54-9.

Yoganathan,D. & Rom,W.N.(2001).Medical aspects of global warming.American Journal of Industrial Medicine,40(2),199–210.

Ytterstad,P.,Akselsen,S.,Svendsen,G. & Watson,R.T.(1996).Tele-democracy:Using information technology to enhance political work.Retrieved from the Web November 5, 2005. (http://www.misq.org/discovery/articles96/article1/)

9 网络自助和支持团体：
基于文本互助的赞成和反对意见

汤姆·金（Storm A.King）
东隆美多市，马萨诸塞州
丹尼尔·莫瑞吉（Danielle Moreggi）
心理学系，纽黑文大学
康涅狄克州，纽黑文市

9.1 引言

网络是混乱无序的，没人能支配它，没人能控制它，也没有哪一个政府能够通过施加政治权威来驾驭它。网络带来的社会变革类型是史无前例的。仅在最近的 10 年内，网络就从专业学者、科技通和绝大部分由男性掌控的领域，转而成为美国的全部商业领域和大多数个人生活不可获取的一部分。网络和以往所有的通讯技术相比，其明显不同在于：网络是一个未受管制的"多到多"的传播范式（broadcasting paradigm）。

有一些机构参与到网络相关的综合研究中，研究的主题是网络使用的社会动态以及基于文本关系的在线心理学特征。皮尤互联网和美国生活项目（PEW）公布了在该网页上多种多样的网络研究的结果。网络研究者协会举行一年一度的国际会议。在会上，研究者可以公布他们关于网络行为的方方面面成果。与此同时进行的还有很多社会科学研究，它们也使得该领域研究者所面临的独特的道德困境愈加清晰。

网络正日渐成为人们生活中的一个重要组成部分。美国最近的一个哈里斯民意测验调查表明，美国成年人中接触网络的人所占的比例从 1998 年的 40% 上升到 2005 年 6 月的 75%。在线的成年人中有 3/4 的人表示，他们使用网络查询健康相关的信息（Harris Interactive，2005）。

使用网络的人发送电子邮件的频率不低于他们使用电话的频率。和常规的通讯邮件相比（现在称为"邮寄信件"），他们明显发送更多电子邮件（Pew，2002）。他们和陌生人在纯文本的虚拟环境中进行社会交往，与此同时，论坛中的人际关系面临着独特而微妙的挑战。对他人进行社会判断所用的常规线索在基于文本的环境中不复存在。对个人和治疗性关系的创造而言，大多数基于文本关系的非同步性特征可能是一种优势，也可能是一种阻碍。然而，在四年前，有 28% 的人报告他们利用网络来接触、访问和参与到网络自助团体中（Pew，2001）。现在，这个比例更高了。成百上千万的人在追求和寻找一个纯文本的同辈支持的方式，而这就在过去的 10—15 年内已经存在并趋于成熟。

个人组织的自助团体吸引了大量的人，这些人想要与那些和他们有同样困境的人分享、学习。网络使得以成百上千的电子邮件或基于网页的纯文本形式的自助讨论成为可能！像这样规模的真实生活中的自助团体，因为没有足够的潜在成员，在任一地理区域内都无法实行，但在网络世界中则是可能的。根据成员的期望，网络自助团体可以这样来定义——成员们能找到那些和他们经历相同困境，具有共同问题的人，如果他们愿意，互相之间还有机会分享经验。

这些在线的论坛中包含着越来越多的当事人，他们正在接受专业的临床心理健康医生的治疗。网络自助团体成员以情感支持的形式参与其中，这与传统的支持网络中的人际动力是不同的。心理健康专家将接待越来越多的使用网络自助治疗的当事人。治疗师必须对基于文本的人际动力学蕴含的风险有着精确的认识，必须对其其潜在的独特的治疗价值有着精确的理解，必须更全面地帮助那些仅以文本形式努力自助的当事人。

9.2 基于文本关系的心理学

以电脑为媒介的交流（computer mediated communication，CMC）这一研究领域可以追溯到第一次使用电脑作为交流工具的时期，在现今发展为家庭用私人电脑（PCs）之前。这个领域早期的研究集中在使用电脑交流的人的小型工作团体上，以及团体一起设计和/或生产商业产品的工作过程上（Kiesler et al., 1984）。在过去的 10 年中，可以联网的、没有额外功能的台式机的价格从高于 2000 美元降到现在的 500 美元左右。网络使用的增长快速又广泛，用来描述网络的语言也在持续进步中。新生词语，比如"网络空间"和"虚拟通讯"被添加到词典中这里所说的"在线"是指一切以电脑为媒介的活动，从非同步的电子邮件的传送、万维网（WWW）的浏览到同步聊天室的参与。目前的在 CMC 领域的研究包括探明在纯文本的关系中的心理和社会因素。

对网络研究的结果进行解释，需要理解并没有"因特网"这个东西。"使用网络"这一术语包含了很大范围的可能的活动，这其中一个宽泛的分类就是基于文本基于网页图文并茂的环境。有人报告说，他们的在线体验取决于他们的目的，以及他们所参与的基于文本的特殊网络环境。相对于旨在帮助癌症康复的邮件清单而言，聊天室里"简单的 20 秒"营造的是一个截然不同的社会心理环境。具有网络团体自助功能的即时聊天室也存在，特别是在提供商的网络上，例如美国在线服务公司（America Online，简称 AOL）。然而，由于限制了参与到这些团体中的在线时间，聊天室的使用远不如非同步的电子邮件列表普及。需要注意的是，同步的和非同步的文字关系中的心理是不尽相同的。因为对同步的基于文本的自助团体的研究较少，这一章节的内容主要集中在非同步的纯文本的网络自助团体的优点和缺点的研究上。

当讨论到对网络自助的优点和缺点时，我们应该知道网络的任何方面都既有积极的影响，又有消极的影响，这取决于个人使用者的动机和他们的参与的整体情境，意识到这一点是非常重要的。有些因素可能既是优点也是缺点，比如匿名。频繁地从私人空间输入信息到纯文本的公共论坛，能增加在线经验，但也会引起一些挑战。

本质上具有会谈性质的文字信息是一种相对较新的现象。长期暴露在书籍和印刷媒体之中，人们发展出对文字的深刻印象，即文字是作者深思熟虑的、并经过仔细斟酌的观点。然而，CMC 纯文本的社会互动，往往是某人"键入了他或她头脑以下"的产品。和作家有目的的文字交流相比，基于文本的交流看上去更加冷漠，没有人情味。在纯文本的环境中，幽默和讽刺尤其难以表达。失去了语音语调和肢体语言来指明语境，讽刺有可能被理解为愤怒和攻击。

人们通过虚拟社区来寻找志同道合的人（Madara et al., 1988）。那些在传统社交里，因为自己被歧视指责进而被排斥的人，通过网络可以找到并且接触他人，这在面对面交往中是不可能的。网络虚拟社区实现了人们归属、信息和支持的需要，也给予团体更多的政治发言权（McKenna & Bargh, 1998）。

在基于文本的交流中，人们对人的社会面貌的感知正在衰退（Sproull & Kiesler, 1984）。触觉反馈的缺乏和在个体自己家中的隐私性带来了不同的社交体验，这使得人们和陌生人的交流更为容易，至少可以一部分归因于这之间较少的人际风险，以及涉及较少的逻辑的和社会成本（Sproull & Faraj, 1995；Wellman, 1996）。那些日常的用来规范人们行为的社会情境的反馈方式正在消失（Kiesler et al., 1984）。人们在和他人相处时更可能感觉舒适，或者相反，和他人相处觉得更具挑战性。和面对面的交流相比较，在网络互动中，年龄的差异、种族群体类型和性别的影响作用更小。

在基于文本的环境中，人与人之间的差异被隐藏起来了，这些差异本来会影响人际关系的形成。这促进了个体作为群体成员的感觉，而这种感觉是个体仅通过 CMC 提供的有限感知形成的。。当个体差异不明显时，集体感就凸显出来了（Postmes et al., 2002）。

参与虚拟通讯是"一种想象的而不是感觉到的经验"（Reid, 1994）。在纯文本的媒介中，人们对印象形成的控制能力提高了，这是因为人们能更好地控制自我暴露的时间和内容（Walther, 1996）。人们依据感知到的群体的相似性和差异性在网上进行相互评判，他们往往会过度归因（Lea & Spears, 1992），根据他们无意识的投射来猜测他人。在他们的脑海中，他们根据所有的任何线索完成线上他人的图像，他们完全没有意识到，这幅画的大部分是根据他们自己的假设和错误归因画出的。

"如果说所有的以电脑为媒介的交流系统都可以对人们行为有一个相同的影响的话，这个影响就是它让使用者受到更少的限制"（Reid, 1994）。从最早的有关基于文字交流的研究中就发现了对行为的限制有越来越少的趋势（Sproull & Kiesler, 1984），这种无限制性增加了自我暴露，也允许人们有着比面对面交流中更深厚的接触方式（Donn & Sherman, 2002）。这种情感交流比在面对面交流中更容易控制（Noonan, 1998），相比面对面的交流而言，人们在这种关系中会更多更快地进行自我暴露。

限制性的减少可能会带来负面的后果。很多在线的社会行为在当地或者现实生活中是不可能发生的，这产生了一种新的心理现象：和面对面交流相比较，人们在网络中自由地表达自己时感受到的限制更少。没有了维护社会秩序的强制性要求，交流也就没有了常规的压力（Huang & Alessi，1996）。在面对面的交流中，人们需要常规的法则来约束行为，而在纯文本的环境中的互动则没有这一要求（Finn & Banach，2000）。在基于文本的环境中，可能导致减少限制的因素有匿名、缺乏视觉线索、非同步通讯、对他人毫无根据的投射、代表不同身份的机会和权威的弱化。

在纯文本的交流中很容易也经常出现误解。在纯文本的环境中，人们对交流进行解释依赖的是在这之前的上下文，引导人们理解对话内容的唯一的线索是附加在信息之外的表情符号。"表情符号"是用来表明使用者心理状态的额外的文本比如可以用 :-) 来表示幽默，用 :-(来表示悲伤，对他人进行判定时没有常见的感觉线索，在判断时会存在很多歪曲的、承载了很多情感的投射（King，1995）。"人们之所以倾向于对他人投射刻板归因，恰恰是因为缺少由媒介传载的个人信息的交流，在 CMC 中去个人化也对此有促进作用，例如"物理隔离"（Walther，1997，P364）。刻板化的认知过程更容易出现在纯文本的环境中。在上下文中情感内容是最难准确定位的。一个研究小组提到了一个网络自助团体成员的误解："最初的信息发送者抱怨：团体成员对早前信息的绝望程度反应太过了。他们将这个信息从上下文情境中拿出来，或是把原来的一个评论错误的理解为个人攻击，而不是单纯观察信息"（Waldron et al.，2000）。

在基于文本的关系中，感觉线索的缺乏和相对的匿名性，为网络社会互动提供了一个可以发挥作用的平台，那些可以说明一个人的身份和职位的日常情境的和视觉的线索不复存在（Kiesler et al.，1984）。和面对面的交流相比，基于文本的互动不能自动提供社会地位的信息，比如年龄、一个人的穿着有多昂贵等。那些可能约束不适当反应的提示线索，如种族、身体语言、面部表情等，在在线交流中毫无作用（Finn & Banach，2000）。

基于文本的关系中存在情绪一致效应（King，1995）。在读到信息的瞬间，人们形成的思维结构所包含的内容远远多于面对面交流中用视觉线索来解释的内容。为了阐明这一效应，我们假设一个成员回应信息"我不同意你所说的"时的情境。依据整体的情境可以对该陈述做出很多种解释。当不再有语音语调时，所有的信息似乎都是模棱两可的。人们使用哪种情境信息来引导他们对人际沟通的理解是无意识的，这时就会用一些他们看来明显的线索。如果这一天过得很愉快，感觉很自信、沉静，他们可以将"不赞同你"作为一个阐述他们观点的机会。如果是同一个人，这一天过得不开心，感觉到愤怒，他们可以将信息解读为对他们正直品格的个人攻击。以那样的心态来看，他们会以一种贬损的评论来回应信息发送者，进而偏离这个群体的主题。这就是一场"火焰战争"是怎样开始的，也就是说，在线讨论退化至一系列的个人攻击（Goode & Johnson，1991）。在火焰战争中，一个中度活跃的虚拟社区可能突然之间变得非常活跃，这就使得日常的信息成倍增加。火焰战争并不是在所有的基于文本的在线交流有同样的发生率。正和人们所预期的一样，争论出现在酒吧中比出现在教堂中的次数要多得多，火焰战争在政治和宗教开放，言论自由的场合出现的次数远多于网络自助团体中。在所有不同的基于文本的团体类型中，火焰战争（根据团体中出现敌意交流的频率来测定）实际上出现在网络团体中的次数是最少的，而这些网络团体中情感支持的信息出现的频率却又是最高的，例如网络自助团体（Preece & Ghozati，2001）。

9.3 自助如同互助

参与自助团体比以往更为普及。有成瘾倾向的 12 类团体，比如匿名戒酒互助团体等，在面对面交流的团体中占有绝大部分比例。事实上，每年有超过 600 万的成年人会接触到成瘾自助团体（Humphreys et al.，2004）。参与成员互相分享经验和勇气，以便他们在遇到常见的问题时能够应付自如。所有的自助互助团体的决定性特征是自我参考，而不是听从权威、指挥、支持、引导。

自助团体的一个主要治疗性因素是他们可以将污名常规化，从而远离由心理问题产生的窘迫（Madara，1999；McKenna & Bargh，1998）。"总的来说，自助团体会提供给个人全新的人际关系角色，而不再是定位于心理不正常"（Levine & Perkins，1987，P248）。Kaufmann（1996）用一种很聚焦的、很特别的的方式谈到了自助团体治疗功能，她称这种治疗效果是"污名的解药"。她说"这些有心理疾病的人们，面临着相似的困境，他们参加自助团体是因为他们之间彼此接纳。如果不这样他们就会被排斥，只有那些有污名的人才会加入进来"（Kaufmann，1996，P12）。

然而，人们往往误解了自助这个术语的含义，认为自助这个词暗指人们参与的仅仅是对自己有帮助的活动，实际上，"自助团体"的特征就是人们相互帮助。研究者比较偏爱互助团体这个说法，因为它能更好地代表真实发生的治疗过程。"互助团体"这一术语还抓住了这些团体另外一个十分重要的要素——助人疗法。

助人疗法是这些团体中的一个重要的治疗理念，即每个人都可以既接受他人的帮助，又帮助他人。Humphreys 和 Rappaport（1994）表示，自助（self-help）和互助团体（mutual-aid groups）在专业的研究文献中可以交换使用，因为在自助成员中，他们更偏好使用自助（self-help）这一词。"支持团体"（support groups）是用来指代由专业的心理健康工作者组织和领导的团体。

每个团体的目的各不相同，因此不能在整体上比较自助团体之间的治疗效果。Humphreys 和 Rappaport（1994）认为，研究者如果更加关注自助团体所带来的非临床性（更难量化）特质变化，会更有裨益。从自助团体成员的角度看，相比抑郁症状的减少或是自尊的提升而言，一个人朋友数量的增加或者一个人世界观的改变会更有现实意义和更大的个人价值，作者提出了一个重要的和网络互助团体有关问题：团体成员关系伤害过别人吗？这个问题在面对面和网络自助团体中都未被强调过。

Jacobs 和 Goodman（1989）这样定义自助团体：自助团体是由成员自己管理的组织，成员们共享着以下观点：他们有着共同的窘境、问题和困惑；他们参与的是旨在相互帮助的活动；费用最少，而且费用是为了维持团体而不是获利。作者指出，自助团体的形式不一，人数各异，而这些不同的团体的共同之处是"自我管理，同质，民主主义思想，非获益的身份"（Jacobs & Goodman，1989，P583）。这些团体的治疗价值源自它们发挥功能的方式，可以使成员的经验常态化。

那些经常感觉到被侮辱被批评（至少是被孤立或者不被理解）的新成员，他们往往发现他们很快地就被团体的成员所接受。有时候一些令人吃惊的经历似乎是认知、情感和行为改变中的非常重要的一步，这对更有效地发挥功能和提高生活质量是必需的（Jacobs & Goodman，1989，P583）。

当团体中成员在助人的同时也接受他人的帮助的时候，这些团体提供的治疗价值就是助人自助。从助人的功能来说，团体成员可以提升自我价值，在治疗行为中有力量。帮助他人，尤其是帮助新成员，可以使人们成为他所在的自助社区中重要的一份子。当和他人分享你所学习的知识时，对知识给予者来说，知识更持久也更有价值了。

由于自助团体能满足人们对同辈支持以及实用信息的需要，所以使得自助团体的成员数量增加（Madara，1997）。对传统的解决情绪失常的医疗模式不满，以及在寻求同辈支持中的常见的去污名化举措，都促进了这一数字的增长。Humphreys（1997）这样表达成员得到的价值：

当拥有传统宗教的成员减少时，总有一些美国人在小团体中找到了精神的重生。尽管互助的自助团体没有 12 步团体那么直接地强调灵性，它们也能使成员的精神生活获益。我们无需独自经历生活的苦难，我们在人类社区中有一席之地，我们有时既给他人提供帮助，也得到来自他人的帮助。这些经验（和智力实现不同）对领悟"提高心理健康"、"更好地应对问题"这些术语而言意义深远（Humphreys，1997，P15）。

9.4 基于文本的互助

网络上有无数的电子邮件和基于网页的自助团体，也确实有这样一个团体是致力于每一个可能的的状况或障碍。一些团体的成员非常活跃，他们一天可以生成 50 条消息甚至更多，而很多团体是一个月才生成 50 条消息。这些列表中的大部分不知名的团体根本就不活跃。这些团体的作用常与社区的作用一样，即发展他们自己的文化和规范（Rhinegold，1993；Waltuer，1996；Wellman，1996）。

在网络社区中，参与者通常按照他们在现实团体中的做法来刻画他们自己的角色。例如，他们中有的人是领导，有的人是专家；有的人与人为善，有的人随时等着应和他人；有的人机智诙谐，有的人尖酸刻薄；有的人是静默观察的潜伏者（Preece & Maloney—Krichmar，2003）。

网络自助团体和面对面团体有着很多共同的治疗性因素，如社会支持、实践信息、共享经验、积极的角色模型、助人自助、权力赋予、专业支持和倡导努力等（Madara，1999）。网络电子邮件支持团体的异步性的本质带来了更多的优点，比如 24 小时有效、选择性参与信息回应、匿名性和隐私性、即时的和（或）延迟的回应、信息传递的记录（Sparks，1992），成员可以为后续的研究保留记录。和面对面交流的成员相比，网络自助团体的成员也更能决定回应哪个主题，或者随时创建一个新的主题。

在一篇题为《谁在说话？疾病支持团体的社会心理学》(Who Talks?The Social Psychology of Illness Support Groups，Davison et al.，2000）的论文中，研究了在参与自助团体中被诊断为患有 20 种最具流行性和死亡性的生理和心理失常的人。他们在美国四个主要的大都市城区中，对网络自助团体和面对面团体进行检验。他们的工作如下：计算出在四个大都市城区中每一个区域内，那些面对面互助团体中存在指定的失常的人的数量；和每一个团体接触，以此来得到他们团体见面的频率以及每个团体的平均出席人数；计算网络公告论坛（在 AOL 和网络中）对在面对面调查中遇到的同样的 20 种疾病的贡献。面对面互助团体的调研结果表明：匿名戒酒互助协会（Alcoholic Anonymous，AA）是目前美国最大也是出现参与人数最多的一个面对面互助团体组织。"在所有的研究条件中，总共是有 12596个团体，包含了所有的研究样本，匿名戒酒互助协会（AA）就组成了 10966 个团体，占团体的 87%。"（P209）根据团体的数量和团体的大小按照顺序排列，在面对面自助团体成员中，失常比例出现最多的依次是酒精成瘾 (alcoholism)、艾滋病 (AIDS)、乳腺癌 (breast cancer)、神经性厌食症 (anorexia)，出现最少的依次是心脏病 (heart disease)、高血压 (hypertension)、偏头痛 (migraine)、溃疡 (ulcer) 和慢性疼痛 (chronic pain)。在自助团体的参与者中，被视为最尴尬最有污名性的疾病占有最高的自助团体参与比例。

该研究关于在线自助团体的结果表明：慢性疲劳综合症 (chronic fatigue syndrome) 在网络团体中的活跃水平最高，而多发性硬化 (multiple sclerosis) 在 AOL中的活跃水平最高。结合网络和 AOL 两者的在线团体的活动来看，居于前四的参与者的失常依次是多发性硬化、慢性疲劳综合症、乳腺癌、神经性厌食症。作者对这个结论的解释是，"对于那些由于残疾而机动性削弱的人而言，虚拟的支持更具吸引力"，这对于那些在物质世界中有着罕见疾病而无法聚会的人尤其适用。在在线团体中，酒精成瘾居于最流行种类的第 11 位。作者假设，面对面的匿名戒酒互助协会（AA）团体的有效性使得在线的匿名戒酒互助协会（AA）看上去像是"可怜的团体经验的替代品"。该研究揭示了这样一种现象：如果人们患有令人尴尬的、社会污名化的或者有损形象的疾病，他们会去寻求和他们情况相似的人的支持。（P213）"在面对面和在线两种情况下，出现最多的自助团体是那些身陷'难以启齿'的问题的团体"（Davison et al.，2000）。

最早发表的在线的自助团体的报告之一是在 1984 年，是国际志愿者中心的一篇时事通讯，文章题名是《交换网络》（Exchange Network）。当时新泽西自助票据交换所（New Jersey Self-Help Clearinghouse）的主任 Ed Madara 写到了在计算机服务中进行的每周在线的基于文本的会议。参与这些会议的都是残疾人，他们通过计算机会议给他人提供情感支持和实用信息。这个团体的组织者听不见也看不见，他使用盲人键盘输入他的信息，一个早期版本的从文字到音频的软件程序帮助他听到团体中其他人的回答。这可能是最早的在线自助团体。Madara 在那时就写到"难以启齿",这在后来证明是非常有预见性的经验（Madara，1984）。

研究者对膝盖受伤人群的在线自助团体中的 500 条信息进行分析，结果发现信息中几乎有 45% 是支持性的。人们发布他们自己的故事，大概包括他们身上所发生的事情和应对伤害的经验。几乎 1/3 的信息属于此种类型，剩下的大部分是真实的信息，是回答团体中提出的问题。在样本中没有敌意的帖子或者回复（Preece，1999）。

通过对饮食失调者在线自助团体的观察，我们发现网络的匿名性对这一团体有着特殊的优势：没有和他人面对面交往，意味着不用担心他人对他或她身体外貌的评价，这给那些过分担忧此类评价的人提供了额外的安全感。作者明确说明，"越是看到在传统的卫生保健上付出的极大代价（往往是无效的），就越能紧迫的抓住在线支持团体治疗优势"（Walstrom，2000，P762）。利用细微水平的自我暴露分析（microlevel discourse analysis）的质性研究方法，在自然条件下设置，作者可以通过文献证明成员所分享的有效的应对策略。作者推断，在线自助团体的虚拟特质可以减少在面对面团体中进食障碍者所遇到的评价焦虑。因此，责任的减少和评价焦虑的减少提高了在线自助团体的参与度，同时也增加了参与者得到的治疗价值（Walstrom，2000）。

一个随机研究报告了基于文本的自助对青少年的价值，这些青少年患有囊胞性纤维症（cystic fibrosis，CF）且在 John Hopkins（约翰·霍普金）囊性纤维化诊所接受治疗（Johnson et al.，2001）。有此类问题的青少年，他们身体的活跃性不可能和他们想要的一样，而且他们常常要待在家里。由于分居在各地，患有囊胞性纤维症（CF）这种罕见疾病的青少年无法在面对面的病友团体中获得支持。研究者创造了一种"高度相互作用的基于网页的支持服务"，它包括了被试向其他人发布信息的板块。此研究的目的是探讨这样一个团体怎样影响青少年对（1）对他们的疾病的认知、（2）对他们的可获得同辈支持的认知、（3）对他们的虚拟的团体支持的有用性评估的认知。在研究的开始，所有的参与者要评估他们对囊胞性纤维症（CF）的了解，评估同辈和囊性纤维化诊所工作人员提供的支持类型的认知。该研究还表明了他们关于作为支持环境所具有的的潜在价值的看法。在长达一年的研究中，研究者在最开始就指定了 1/2 的参与研究的人使用网络资源，并且在五个月后对同一批人进行了再测，相应的对照组的成员则是在研究开始 5 个月后才开始使用网络资源。在一年的研究结束时，两个团体都要再次接受调查。在论坛中，被试用来和他人互动的板块是网站使用最多的部分，结果表明，被试对来自同辈支持的认知显著增加。"这个项目促进的最重要的一件事情就是给参与者提供了一个机会，他们可以结合并讨论传统的青少年问题和那些特殊的囊胞性纤维症（CF）。"（Johnson et al.，2001）

基于文本的网络交流对于失聪的人而言其吸引力是不言而喻的。一项对耳聋人群的网络自助团体的随机样本调查显示，有两个因素可以预测其成员的积极参与行为。一个因素是在现实世界中缺乏社会支持。最活跃的参与者是那些情感上亲密的朋友和家人都很少的人，他们可以从在线的自助团体中找到他们失去的支持，他们也是最有可能在自助团体中存在时间最久的人。在加入团体之前，可预测性的因素是成员的应对能力，那些已经应对的很好、能同时使用现实世界中的专业帮助和其他在线资源、且残疾并不严重的人，他们比其他的成员在团体中要更活跃。对这部分成员而言，在线支持代表的是给他人提供支持的机会，进而产生助人自助的治疗效果。有些成员的家人或者朋友会积极参与到他们的活动中，这些成员表示可以从他们的参与中得到最高水平的情感补偿。作者认为，在一个单一的行为中，让朋友和家人陪同加入到网络自助团体成员中是十分容易而且富有疗效的（Cummings, et al.，2002）。

Walter 和 Boyd（2002）发表了大量的对网络新闻组自助团体 (Usenet self-help group) 的分析。他们从参与调查的 340 个被试的回答中收集数据，这些结论不仅揭示了参与者参加在线团体的原因，也揭示了面对面自助团体的不足。参与者对调查中某些和潜在尴尬相关的条目表示认同，比如如果线下的朋友和家人知道了他们在网络团体中所分享的问题的细节，这会让参与者感觉尴尬。这个研究还发现，参与者认为他们在线的同辈评价比现实世界中的熟人的评价要少。在线自助团体有一个独特的治疗优势：在基于文本的关系中自我暴露时，他们感觉对潜在的尴尬的担忧减少了（Walther & Boyd，2002）。

一项持续两周的对抑郁症网络用户组自助团体进行语义分析的研究显示，"那些倾向于传递支持、接纳和积极情感（比如情感性支持、赞同、幽默）的评论，出现的频率是那些传递消情感（反对 / 消极）的评论的 7 倍"（Salem et al.，1997，P198）。大约有一半的话语传递出了试图帮助他人的信息。和相似的面对面的团体相比，在线团体有较高的自我暴露率，但是结构和团体过程更加非正式。在参与和自我暴露上，男性和女性的比率几乎一样。在数量、种类、信息发布等方面，很意外地没有性别差异。在对这个团体为期两周的研究中，一些成员感觉团体变得太大，他们自己创办了较小的更私人的团体。纯文本支持的网络团体的轻松成立，使得这种小团体在网络上比面对面的团体更为常见，且破坏性也较小。正如其他的自然观察的研究一样，研究者在报告注释的内容时需要采取额外的干预措施。成员们发布的是非常私人化的信息，他们没有想到这些信息可能被发表在学术期刊上（Salem et al., 1997）。

一群研究者表明，网络自助团体消除了很多障碍，包括时间限制、团体的地理距离、成员残疾、成员交流能力的有限性、行程安排问题、罕有的会限制成员交流的疾病问题以及对面对面参与的恐惧问题。在线自助提供了一个更广阔的，形式多样社会支持，也提高了对综合性和多样性的感性认识（Braithwaite et al., 1999）。

一项关于网络自助团体的调查，报告了团体成员感知到的在线团体最独特的价值，比例最高的回复包括：更多的和他人分享经验的机会、服务的便利性以及在自己家中就可以参与的便捷性。几乎有 1/2 的回复者引用"参与者的多样性"作为最有用的因素之一，"通过消除社会地位、地理位置、身体特征、情感禁锢等障碍，网络团体给人们提供了一个用来帮助他们解决特殊问题的交流工具"（Dubin et al., 1997）。一个重要而可靠的发现就是，那些认为在线自助团体有价值的人，频繁地使用在线自助团体作为面对面自助或者专业治疗的补充（King, 1994；Stein, 1997；Dubin et al., 1997）。

在面对面的关系中，个体获得在群体中的地位的方式是通过向他人提供被认为有价值和正确的意见。而在网络中，权威性和合法性的问题并没有那么明确地建立起来。Galegher 等人（1998）研究了在线自助团体成员怎样建立权威性和合法性，他们在三周内比较了三个用户组支持团体和三个用户组业余爱好团体，发现人们对在线自助团体中所发布信息的态度，更多的是参考该信息发起人成为会员所用的时间长度。成员故意的或公开的，至少是在该团体的工作中建立他们自己的权威，以此推论，他们也在相关的回复以及应对策略中建立权威。新来者则通过提出中肯的、重要的问题来建立权威。有一些"突然"发布的问题，它们没有提到发布者参与这个团体的时间，也没有任何可以识别发布者的合法性的信息，这类问题则成为被置之不理的问题中最多的一类。在业余团体中，这些问题都没有关系，增加成员合法性的信息对其他成员而言并不重要，也不会引起在支持性团体中的后果。研究者发现，在支持性团体中，信息的平均长度更长，关于私密细节的自我暴露也更多（Galegher et al., 1998）。

基于文本的自助团体有其特有的缺点，受到负面影响的成员倾向于退出团体，只有"坚定的"成员，即那些没有被偶尔的火焰战争，或者没有在团体过程中被信息过分妨碍的人，才会留下来回答任何的研究问题。这种自我选择过程使得自助团体相关研究的结果存在正向偏差。在网络环境中，很难确定有多少人尝试过基于文本的自助并认为基于文本的自助是没有作用的。

在一篇说明在线自助团体的潜在的负面性的文章里，作者关注了女性从在线团体以及在线治疗寻求帮助的经验。Finn 和 Banach（2000）回顾了以往的文献，报告了纯文本的治疗关系的好处和危害，在独特的潜在危害列表中包括"错误的信息、网络骚扰、隐私丧失、跟踪威胁"（P794）。作者指出，"女性正常成长的社会化经验中尚未包括如何在网络空间中生存"（P792），并总结说这些在线资源的风险和危险也尚未被女性们熟知。

研究记录显示，有些网络团体经历了的高度破坏而被迫解散。Waldron 等人（2000）报告了一个性虐待幸存者的网络团体，他们接收到如此多的和性有关的露骨的广告信息，以至于团体成员选择离去，而不是继续留在那个环境里。研究者们指出，在线自助成员的隐私随时可能受到他人的侵犯，这些人并不是故意去伤害他人，且他们不懂得在线自助参与的微妙之处。当团体成员的真实地址被错误地公布在团体成员面前时，这种侵犯就出现了，而信息发送者原本只是想将电子邮件发给另外一个人（Waldron et al.，2000）。一些研究者对他们在充满火药味的争论中观察到的潜在的危害提出警告。网络自助的电子邮件成为了"不恰当发泄的场地，在这里发泄最多的是那些"无止尽的、没有解决方案的、没有自我反省的无聊重复"（Worotynec，200，P808）。

纯文本的自助团体的一部分功能，在同一时间可能既是优点又是缺点。例如，参与者的数量可能远远多于社区会议空间所能容纳的人数，所有的成员可以随时参与团体活动。和面对面相比，这使得更加有利的多样性交流成为可能，但是同时也有可能使得团体成员置身于过量的信息里。很多在线的自助团体的成员都带着很高的期望参与到活跃的团体中来，结果却发现自己被大量的电子邮件淹没了。在任何一种新的社会尝试中，如果对哪些行为是可接受的规则不清不楚，人们往往会无意识地使用在面对面互动中所知道的准则。例如，在面对面的情境中，忽视社会支持团体中的某个成员一般是不被接受的。然而，当你深陷拥挤的电子邮件列表中时，大部分人不得不忽视掉一部分的信息，以便在有限的时间内，限定在团体中投入。一些人会调整他们的期望，并随意阅读那些他们有时间消化的信息，或者他们觉得这些信息重要时他们才会去回应，其他人则会选择最简单、风险也最小的方式，那就是完全退出。

网络交流的异步性同样的也有优点和缺点。一方面，它使得行程安排更简单，人们可以同时参加不止一个的自助团体。另一方面，它也是很多挫折和误解的源头，因为没有正确的及时的反馈以有效地指导人们对纯文本的交流的理解。

9.5 重复调查的结果

通过重复调查，目前讨论的大量数据被证明是具有效度的。King 在 1994 年最先提到的和在线自助相关的问题再次被 Walther 和 Boyd 提及（调查在 1995 年进行，结果在 2002 年发表），Salem 等也在 1997 年再次进行调查，最后在 2001 年 King 也进行了调查。对比研究结果发现，很多问题的答案都有高度的一致性。

由于各种原因，分享经验的机会和网络自助团体的便捷性对所有调查中的应答者而言都十分重要，正如在面对面情境中不存在的网络团体的可维护性一样。这些研究结果具有高度的一致性，研究发现有一类人出现的比例很高，他们欣赏发消息前谨慎思考其话语（这在面对面环境中是不可能的）的人，也欣赏能在可能不愉快的话题中表达自己想法（这在朋友和家人面前是不可能的）的人。

几乎一半的人（46%）表明他们一度从网络的自助团体中退出，但是到目前为止，仅仅都是因为信息太多。大部分应答者则说到他们的团体中发布的负面信息较少甚至没有。

有趣的是，这个调查略微窥探了"潜伏者"，他们只是阅读自助团体的信息，但是不发布他们自己的信息。潜伏者在团体中只是很小的一部分（不到 10%），和那些积极发布信息的人相比，他们参与团体的时间长短并没有差异。但是，相反地，潜伏者从发布的信息中感知到的支持性更低，和团体的情感联结也更少，他们认为隐私对他们而言更为重要，对社区的归属感则没有那么重要。

回应者知道误解是很容易发生的，在网络上表达情绪得格外留心，这是非常重要的。几乎 75% 的人表示，他们在网络团体中体验的感觉和在面对面团体中得到支持的感觉是不一样的。当然，网络支持团体是支持的一种独特的形式，但是对很多稀有的情况来说，没有什么能够和面对面相提并论。

9.6 网络自助团体的支持和反对

从获益的在线参与者中得到的一致的报告说明，网络自助团体的治疗价值是显而易见的。对大部分应答者而言，基于文本的团体是有效获得同辈支持的唯一形式。参与在线自助的动机和之前报道的参与面对面自助团体的动机一致。和面对面互助的研究有一点一致的发现，就是成员认为其最大的价值在于可以接近那些有着类似困扰担忧的人，这个发现在在线团体中也同样存在。在重复研究以及初始研究中，应答者都报告"接近他人"是最具价值、最有疗效的因素。尽管纯文本的交流也有危害，但是每天仍有数十万人登录网页并输入他们的经历、长处以及对他人的期望。在这里以清单的形式列出了对基于文本的网络互助中的优点和缺点。

在线自助团体和面对面团体的优点：

（1）团体倾向于将问题行为和状况常态化，通过和那些有同样问题和状况并且将之视为正常的人交流之后，那些被排斥、被污名的状况变得可以接受；

（2）通过表露他人的经验和积极的应对策略，成员更有勇气了，这种勇气最初表现为希望，在有效的认知或行为改变中，这种希望是重要的因素；

（3）团体提供角色模型的表露，以及大量的社会互动的机会；

（4）团体倾向于集中在个体内部的力量，而不是集中在人的病理学上（Riessman，1997）。

在线自助团体的独特优点如下：

（1）接触方便。在线自助团体的异步性使得成员可以在一天中的任何一个时间或者一周中的任意一天都可参与。

（2）增加了认识多种人的机会。基于文本的关系特点消除了大部分地位、年龄甚至性别的影响。

（3）住在郊区或者偏远地区的人（在小城镇也同样缺少接触的机会），现在有机会接触之前无法接近的各种自助支持。可以和经历过相似问题或情境的的同辈接触，这在面对面团体中是没法完成的。

（4）接触那些身患疾病且不能参加面对面团体的同伴。

（5）不要求口语流利或公众演讲的能力。在公众面前演讲感觉尴尬的人很容易参加公开的使用打字交流的活动。

（6）可携带性。当搬到一个新的地方时，成员并不需要离开这个团体（Finn & Lavitt，1994；King，1994）。"可能交流会被其他的事情打断，但是不会影响交流的质量。"（Kutrz，1997）

（7）在在线自助团体中，可以通过"反向通道"交流形成关系——在团体论坛中遇到的两个人互相私下发送电子邮件。

在线自助团体和面对面团体共同的缺点

（1）很难接近治疗价值，也很难预测哪个人可能会得到帮助。网络团体和面对面团体一样，都有较强的自我选择倾向，而团体是由成员自己发现价值后组成的。

（2）可能会接收到错误的信息，随之而来引发错误的期望。几乎没有数据提到面对面团体数量的下降趋势，但是这里提到的一些研究文献中却提到了这种错误信息的散布。（Madara，1997；Humphreys，1997）。

9.4.1 在线自助团体特有的缺点

9.4.1.1 技术问题

（1）在线交流的成员受到能否使用电脑以及打字能力的限制，相比出现在一个面对面的聚会中而言，学习如何进入和参与到设计好的在线团体中显得更复杂。

（2）基于文本的关系的本质容易产生误解。当在适当的情境中没有视觉的或听觉的输入，或者不能帮助正确解释文字的时候，人们往往会表现出去抑制、投射和移情的倾向。

（3）高的错误率。在在线自助团体中很少能够对人们发布错误的信息或和主题无关的信息进行控制。

（4）在网络中，个人和团体的隐私并不能完全保障，搜索引擎可以搜索到归档的大部分公开的在线自助团体的文字记录。

（5）没有团体的规则和指导方针。成员之间错误信息的分享，而且不能及时阻止这种行为很让人苦恼（Finn，1999）。

（6）所有电子邮件的使用者都在在线团体中遇到过困难。人们可能成为言语骚扰的对象，可能收到垃圾邮件，或者在一无所知的情况下成为观察对象（Madara，1997）。

9.7 网络支持团体和基于文本的团体治疗

全世界有成百上千的心理健康专家正在尝试通过网络建立一种治疗关系，如使用电子邮件交流，或者加入即时聊天室等，不过通常都是收费的。对 136 个网站进行调查，发现网络治疗往往是收费的，此次调查还揭示了 1/3 的网站所有者并没有心理健康相关的学位或执照（Heinline et al.，2003）。没有一个管理者来监督在线提供的治疗的质量，因此也不能保证提供治疗的专家的能力。"一个处于危机中的，缺乏知情同意的消费者，他还有着长期的心理健康问题，这样的人很容易成为那些没有能力的、不正当的网络咨询服务提供者的目标。"（Sampson et al.，1997）

网络支持团体往往被认为是一种基于文本互助的专业辅助。和那些使用开放的、不加节制的网络自助团体相比较，有帮助的在线治疗的团体是很少见的。这些支持团体环境代表了未充分利用的资源，这些资源对合适的来访者有很强的潜在治疗性。在一个小型的、私密的、有节制的网络支持团体中，基于文本关系的治疗性优势比其弱势更重要。这些网络团体可以由心理健康专业者组织和监管，来作为与当事人面对面治疗的辅助手段，同时对那些需要帮助又不愿意或不能进行面对面治疗的人来说也是最后的求助方法。

治疗师在网络支持团体中，他（她）对当事人承担特有的法律和道德义务。包括最初大量筛选适合这种干预形式的当事人时需考虑其中的一些义务，有一点非常重要，就是在治疗前一定要征求被告知者的同意。治疗师有责任和义务告知潜在的当事人纯文本的治疗关系的优点和缺点，当然还有其他的伦理、法律和道德要求，但没有明确的限定。例如，当有执照的心理健康工作者其执照许可范围通常是在一个州时，他们怎么为其他州或其他国家的人们提供在线服务呢？这一点还不清楚。

基于文本的团体治疗的出现，以及它对部分人群的显而易见的优点，都激励专业行业协会接纳这一新的交流技术。直到得到更多的实证数据，治疗师才能慢慢地进行治疗并在评估他们的团体时互相帮助，以此确保当事人接受高质量的服务。治疗师之间通过电子邮件互相咨询，或者向其他心理健康的专业人员请教的现象越来越普遍。从网络治疗的价值的研究中我们得出了一些结论，这些结论对创建、领导基于文本的互助支持团体的专业人员有一定的指导性。

一些组织机构已经发展出了网络治疗的指导方针，这些指导方针适用于大部分由专业人员领导的网络支持团体的情境中。美国咨询师认证委员会（National Board for Certified Counselors，NBCC）已经为他们所谓的网络技术咨询制定了一套伦理实践准则，其中的一条是"网络咨询师在他们的网站中要提及那些认为不适合网络咨询的问题。尽管目前还没有有结论性的研究，但是这些问题的主题可以以性虐待为首要问题，还包括暴力关系、饮食失调、以及对现实扭曲的精神异常"。

国际社会心理健康在线（The International Society for Mental Health Online）于1997年成立，该机构的成立是为了促进人们对网络信息和国际心理健康社区的了解与使用，这个机构的目标之一就是探索并发展在心理健康工作中对计算机辅助交流的使用方法。国际网络精神健康协会（ISMHO）网站中提到了一套极好的伦理道德指导方针，主要针对在基于文本的环境中当事人的工作。应用到网络支持团体的指导方针之一记录如下：

在线的心理健康服务中另一个特殊的问题是，对当事人而言，咨询师遥不可及。这可能会限制咨询师应对紧急情况的能力。因而在这种情况下，咨询师应当获取当地有资格的（心理）健康工作者（此人已经知道当事人的情况，包括他或她的主治医师）的姓名和电话号码。

基于文本的治疗关系的一个优势是易得性，通过在邮件讨论清单上提供一个文本治疗环境，当事人和治疗师都能在他们最理想的时间安排自己的投入。边界缺失这个因素限制了在众多的开放性网络自助团体中人际间的亲密性。这样的形式组织松散，在其他相关成员不知道的情况下，一些成员频繁的加入和离去。有一个在线支持团体根据成员人数和要求投入的时间提前设定了边界，这个团体的调节防止了能中断开放性网络自助团体的辩论性的战争。当治疗师有能力作一个在每条信息发布给团体之前批准同意的调节者，他们会让成员重新考虑一个带有潜在争议性的信息，这种能力是面对面团体所不具备的。

也没有什么能组织团体成员间互发私人邮件，应该鼓励成员把这种"私下渠道"关系带到团体进程中来。这不完全等同于面对面团体中的情况，应该类似于混乱的面对面团体中两组团体成员互相的窃窃私语。在网络团体中，任何成员可以与另一个成员发送私人消息，这种能同时与个体成员私下交流的便利是在线支持团体的独特优势。

网络自助团体和网络支持团体都有一个可替换的选择。由受过训练的心理健康专业人员所主持的开放的无节制的"自助"团体，它们具有网络互助团体的很多优点，但是只带有网络互助团体的少量不足。主持人在团体讨论中既是管理者也是支持性的影响力量。此种类型的团体是由 Dr.Hsiung 主持的，他发表了一篇有解释性标题的报告《完美搭档：由心理健康专业人员主持的在线自助团体》(The best of both worlds: An online self-help group hosted by a mental health professional, Hsiung, 2000)。和面对面模式的团体治疗不一样，网络的团体的主持集中精力于"怎样使团体中的成员有力量"(P947)。团体是无节制的，但是至少主持人在信息发布之前都浏览过这些信息。如果发布信息的人违反了"即使被冒犯，也请讲文明"规定，主持人有权阻止他们再次发布信息（ P943 ）。

9.8 基于文本的相互救援的研究中的伦理要求

公众网络团体的易得性虽然有引起广泛参与的优势及增加个体得到自身所需帮助的可能性，但同时也有被不当利用的可能。

研究发现，发布在公共网络空间中的大量个人数据信息导致了一种道德困境：人们往往在网上发布非常私人的信息，意在和特殊的团体进行交流，而不是为研究者提供数据。当这些私人的信息出现在杂志上时，当事人会觉得被利用，甚至被侵犯，特别是那些发布到团体中的比较敏感的话题，例如性虐待、艾滋病。

和面对面支持团体中研究者做记录的情况不同，在网络中没有人知道是否有人阅读了他们在线发布的信息，除非你告诉他们。Waskul, 和 Douglass（ 1996 ）强调了这个问题，他们声称，基于文本的网络社会互动从来不是完全公众的或绝对私人化的，它是二者的混合物。在可访问性方面是公众的，但交流的内容是私人的，它需要研究者尊重团体存在、期望以及文本内容的私人性质，尽管它在形式上具有公众特性。自从媒体能够十分迅速的抓住因特网中任何负面或充满争议的话题后，这种需要就变得尤其重要。研究者使用的任何数据一旦通过报纸杂志传播给成千上万的读者，研究就有可能结束了。

9.9 结论

网络自助团体中关于价值的许多研究结论和现实生活中自助团体的研究结论是一致的。接近有同样困扰的人、在他人的自我暴露前表露自己、帮助他人都是在网络自助团体中作为治疗价值的要素起作用的。现存的研究调查数据结合了轶事的观察和个案报告，这些数据表示在线自助团体所得到的好处超过了面对面自助团体所能提供的。这样的团体大多数只存在于网上，致力于讨论一些在面对面自助团体中没有的话题。和面对面的自助团体相比较，在线团体的自我暴露水平更高。在虚拟社区中形成的基于文本的社会支持关系十分真实，而且对参与其中的成员很有价值，这种社会关系往往会促使人们试着去参与面对面的自助团体。

有些人住在偏远地区，有些人因为残疾而行动不便，还有些人情感上无法寻求或不愿寻求面对面的帮助，对这些人而言，在线的自助论坛是他们唯一的能够体验同伴支持的好处的机会。Madara（1999）曾提到过一个由创伤性车祸幸存者组成的团体和一个被追踪的受害者。那些只能躺在病床上的人、患有罕见的疾病的人、没有交通工具的人、因为照顾残疾人而不能离开岗位去参加面对面小组的人，他们现在可以通过在线群体与外界联系，找到与自己相似的人，分享他们的经验、勇气和应对策略（Madara & Mike，1997）。

一个研究报道，在美国有 1700000 人因为残疾而困居在家。除了实际的残疾之外，他们还必须面对抑郁、孤独、社会互动的缺失（Finn，1999）。即使有些残疾人有一些支持他们的亲人和朋友，这和面对面社会支持一样容易起效，但是他们不愿意成为别人的负担。而且他们认为只有切身体验过的人才能真正懂得他们，这一观点让他们没法得到有效的支持（Joinson，2003）。轮班工作者参与面对面自助团体很不容易，因为举行会议的时候他们也许正好要工作，在这种情况下，基于文本的互助是人们可以采用的唯一的办法。

纯文本的治疗关系并不是万用灵丹。基于文本的交流的独特的缺点可能并不明显，特别是对新成员而言。当你只能看到某人写的文字时，你很难知道他是谁，他的动机又是什么。人们很难和一个一无所知的人建立关系。人们在自己构想的影像图片中填充在网上遇到的人的缺失信息，但是他们从来没有完全意识到，这些他们塑造的影像图片很大程度上是基于他们自己的无意识期望，关于他们希望遇到一个什么样的人，以及期望他怎么做。纯文本的交流具有与生俱来的匿名性，当人们利用匿名性的优势来表现他们可能最好的一面时，这些无意识的期望同时也会出现。对这些有选择性的描述以善意的反应，形成了一个反馈循环，创造了网络交流中的"超个人的一面"（Walther，1996）。"超人际互动本身并没有危害，但是它对支持团体的成员，特别是那些心理脆弱的人的影响必须受到人类服务的专业人员和研究者的密切关注"（Waldron et al.，2000）。

对于想要参加基于文本的社会支持网络的人而言，网络提供了大量种类的"邀请自己参与，向所有人开放"的互助团体。当一个人在论坛中的信息被别人引用，或者别人认可了他的贡献，他在那个群体里就会体验到真实的成就感。经常发布短小、有用的和自我暴露的信息似乎是提高在基于文本的团体中的社会地位的途径。在虚拟团体中，得到或失去权利和地位的方式与现实生活中是不同的，这其中确切的机制就是未来的研究需要阐明的众多问题之一。

网络自助团体的基本的治疗要素就是其作为规范化团体的功能，这是一个可以让成员较少地受到污名的过程。互助的经验使他们从一般社会中异常的人转变为团体中正常的一份子，这让个体成员拥有一套独特而有力量的行为方式，而这种规范在专业咨询中不能被复制，只能在相互自我暴露的过程中实施。对一个新成员来说，他们会看到自己之前独自苦苦应付的困难和挑战，而其他的成员在团体的帮助下应对自如，当首次看到这些内隐知识和真实证据时，他们得到的有力的治疗令人感到吃惊。

网络自助团体是有需要的人们可以用来和他人建立有疗效的联结的方式之一，但是，相对于众所周知的基于文本的治疗性论坛的优点而言，它至少有一个缺点。我们在努力理解这种媒体，理解怎样互动和如何通过它来互动，但是很多有趣的研究问题并没有得到解决。例如，相比面对面团体而言，人们更容易参与到网络群体，但他们同样更容易离开团体这一事实会导致怎样的结果呢？不需要像面对面团体中有社交的出席，这减少了分享的焦虑。但是缺少面对面团体中的拥抱、握手及其他身体接触方面的体验，这又会有什么影响呢？在目前研究的基础上，未来的研究将更加详尽，很多基于文本的互助的人际互动的变量需要更进一步的调查研究。

【参考文献】

Braithwaite,D.,Waldron,V. & Finn,J.(1999).Communication of social support in computer mediated self help groups, *Health Communication,11*,123–151.

Cummings,J.N.,Sproull,L. & Kiesler,S.B.(2002).Beyond hearing:Where real world and online support meet.Group Dynamics:Theory,Research and Practice,6(1),78–88.

Davison,K.P.,Pennebaker,J.W. & Dickerson,S.S.(2000).Who talks?The social psychology of illness support gruops.American Psychologist,55(2),205–217.

Donn,J.E. & Sherman,R.C.(2002).Attitudes and practices regarding the formation of romantic relationships on the Internet.CyberPsycology ξ Behavior,5(2),107–123.

Dubin,J.,Simon,V. & Orem,J.(1997).Analysis of survey results.Presented as a paper for New York University School of Social Work,NY.

Finn,J.(1999).An exploration of helping processes in an online self-help group focusing on issues of disability.Health and Social Work,24(3),220–231.

Finn,J. &Banach,M.(2000).Victimization online:The downside of seeking human services for women on the Internet.CyberPsycology ξ Behavior,3(5),785–796.

Finn,J. &Lavitt,M.(1994).Computer-based self-help groups for sexual abuse surviors. Social Work With Groups,17,21–46.

Galegher,J.,Sproull,L. & Kiesler,S.(1998).Legitimacy, authority,and community in electronic support groups.Written Communications,15,439–530.

Goode,J. & Johnson,M.(1991).Putting out the flames:The etiquette and law of email. Online,61–65.

Harris Interactive Inc.(2005).Number of "Cyberchondriacs" -U.S.Adults Who Go Online for Health Information Increases to Estimated 117 Million.The Harris Poll #54,July 15,2005.Retrieved May 20,2005,http://www.harrisinteractive.com/harris_poll/index.asp?PID=584.

Heinline,K.,Welfel,E.,Richmond,E. & Rak,C.(2003).The scope of Web Counseling:A survey of services and compliance with NBCC Standards for the Ethical Practice of WebCounseling.Journal of Counseling and Development,81,61–69.

Hsiung,R.(2000).The best of both worlds:An online self-help group hosted by a mental health professional.CyberPsycology and Behavior,3(6),935–950.

Huang,M. & Alessi,N.E.(1996).The Internet and the future of psychiatry.American

Journal of Psychiatry,153(7),861–869.

Humphreys,K.(1997).Individual and social benefits of mutual aid/self-help groups.Social Policy,27(3),12–20.

Humphreys,K. & Rappaport,J.(1994).Researching self-help/mutual aid groups and organizations:Many roads,one journey.Applied and Preventive Psychology,3,217–231.

Humphreys,K.,Wing,S.,McCarty,D.,Chappel,J.,Gallant,L.,Haberle,B.et al.(2004).Self-help organization for alcohol and drug problems:Towards evidence-based practice and policy.Journal of Substance Abuse Treatment,26(3),151–158.

Jacobs,K. & Goodman,G.(1989).Psychology and self-help groups:Predictions on a partnership.American Psychologist,44(3),536–545.

Johnson,K.,Ravert,R. & Everton,A.(2001).Hopkins teen central:Assessment of an Internet-based support system for children with cystic fibrosis.Pediatrics,107(2),396.

Joinson,A.(1998).Causes and implications of disinhibited behavior on the Internet.In J.Gackenbach(Ed.),Psychology and the Internet:Intrapersonal,interpersonal and transpersonal implications(pp.43–60).San Diego,CA:Academic Press.

Joinson,A.(2003).Understanding the psychology of Internet Behavior.New York:Palgrave MacMillan.

Lea,M. & Spears,R.(1992).Paralanguage and social perception in computer-mediated communication.Journal of Organizational Computing,2,321–341.

Kaufmann,C.L.(1996).The lions den:Social identities and self help groups.The Community Psychologist,29,11–13.

Kiesler,S.,Siegel,J. & McGuire,T.W.(1984).Social psychological aspects of computer-mediated communication.American Psychologist,39(10),1123–1134.

King,S.A.(1994).Analysis of electronic support groups for recovering addicts.Interpersonal Computing and Technology:An Electronic Journal for the 21st Century,2(3),47–56.Retrieved May 20,2005,from http://www.helsinki.fi/science/optek/1994/n3/king.txt.

King,S.A.(1995).Effects of mood states on social judgements in cyberspace:Self focused sad people as the source of flame wars.Retrieved May 20,2005,from http://webpages.charter,net/stormking/mood.html.

Kurtz,L.F.(1997).Self-help and support groups:A handbook for practitioners.Thousand Oaks,CA:Sage Publications.

网络自助和支持团体：基于文本互助的赞成和反对意见

Levine,M. & Perkins, D.V.(1987).Self help groups.In M.Levine,D.V.Perkins,and D.M.Perkins,(Eds.),Principles of community psychology:Perspectives and applications.New York:Oxford University Press.

Madara,E.J.(1984).MASH in its newest and most futuristic form-The computer networks.Exchange Networks,Summer 1984,7–8.

Madara,E.J.(1997).The mutual-aid self-help online revolution.Social Policy,27(3),20–26.

Madara,E.J.(1999).From church basements to world wide web sites:The growth of self-help support groups online.International Journal of Self Help ξ Self Care,1(1),37–48.

Madara,E.J.,Kalafat,J. & Miller,B.N.(1988).The computerized self-help clearinghouse:Using "hightech" to promote "high touch" support networks.Computers in Human Sevices,3(3/4),39–53.

Madara,E.J. & White,B.J.(1997).On-line mutual support:The experience of a self-help clearinghouse.Information ξ Referral,19,91–108.

Mann,C. & Stewart,F.(2000).Internet communication and qualitative research:A handbook for researching online.Thousand Oaks,CA:Sage Publications.

McKenna,K.Y.A. & Bargh,J.A.(1998).Coming out in the age of the Internet:Identity "demarginalization" from virtual group participation.Journal of Personality and Social Psychology,75,681–694.

Noonan,R.J.(1988).The psychology of sex:A mirror from the Internet.In J.Gackenbach(Ed.),Psychology and the Internet:Intrapersonal,interpersonal and transpersonal implications(pp.143–168).San Diego,CA:Academic Press.

Pew.(2001).Online communities:Networks that nurture long-distance relationships and local ties.Pew Internet and American Life Project Survey,October 31,2001. Retrieved July 30,2005,from http://www.pewinternrt.org/reports/toc.asp?Report=47.

Pew.(2002).Counting on the Internet.Pew Internet and American Life Project Survey,- December 29,2002.Retrieved July 30,2005,from http://www.pewinternrt.org/reports/toc.asp?Report=80.

Postmes,T.,Spears,R. & Lea,M.(2002).Inter-group differentiation in computer-mediated communication:Effects of deperdonalization.Group Dynamics,6,3–16.

Preece,J.(1999).Empathic communities:Balancing emotional and facual communication.Interacting with Computers:The Interdisciplinary Journal of Human-Computer Interaction,12,63–77.

Preece,J. & Ghozati,K.(2001).Observations and explorations of empathy online.In R.R.Rica & J.E.Katz(Eds.),The Internet and health communication:Experience and expectations(pp.237–260).Thousand Oaks,CA:Sage Publications.

Preece,J. & Maloney-Krichmar,D.(2003).Online communities.In J.Jacko & Sears,A.(Eds .),Handbook of human-computer interaction(pp.596–620).Mahwah,NJ:Lawrence Erlbaum Associates.

Reid,E.M.(1994).Cultural formations in text-based virtual realities.M.A.Thesis,University of Melbourne.Retrieved May 20,2005,from http://www.ludd.luth.se/mud/aber/articles/cult-form.thesis.html.

Riessman,F.(1997).Ten self-help principles.Social Policy,27(3),6–11.

Rheingold,H.(1993).The virtual community:Homesteading on the electronic frontier. New York:Harper Collins.

Salem,D.A.,Bogat,G.A. &Reid,C.(1997).Mutual help goes on-line.Journal of Community Psychology,25(2),198–207.

Sampson,J.,Kolodinsky,R.W. & Greeno,B.P.(1997).Counseling on the information highway:Future possibilities and potential problems.Journal of Counseling and Development,75,203–211.

Sparks,S.(1992).Exploring electronic social support groups.American Journal of Nursing,Dec,62–65.

Sproull,L. & Kiesler,S.(1984).Encountering an alien culture.Journal of Social Issues,40(3),31–48.

Sproull,L. & Faraj,S.(1995).Atheism,sex,and databases:The Net as a social technology. In B.Kahin & J.Keller(Eds.),Public access to the Internet.Cambridge:MIT Press.

Stein,D.J.(1997).Psychiatry on the Internet:Survey of an OCD mailing list.Psychiatric Bulletin,21,95–98.

Suler,J.(2004).The online disinhibition effect.CyberPsychology and Behavior,7(3),321–326.

Waldron,V.R.,Lavitt,M. & Kelley,D.(2000).The nature and prevention of harm in technology-mediated self-help settings:Three exemplars.In J.Finn & G.Holden(Eds.),Human services online:A new arena for service delivery(pp.267–393). New York:Haworth.

网络自助和支持团体：基于文本互助的赞成和反对意见

Walther,J.B.(1996).Computer-mediated communication:Impersonal,interpersonal,and hyperpersonal interaction.Communication Research,23(1),3–43.

Walther,J.B.(1997).Group and interpersonal effects in international computer-mediated collaboration.Human Communication Research,23(3),342–369.

Walther,J.B. & Boyd,S.(2002).Attraction to computer-mediated social support.In C.A. Lin & D.Atkin(Eds.),Comminication technology and society:Audience adoption and uses(pp.153–188).Cresskill,NJ:Hampton Press.

Walstrom,M.K.(2000). "You know,who's the thinnest?" :Combating surveillance and creating safety in coping with eating disorders online.CyberPsychology ξ Behavior,3(5),761–781.

Waskul,D. & Douglass,M.(1996).Considering the electronic participant:Some potential observations on the ethics of online research.The Information Society,12(2),129–140.

Wellman,B.(1996).An electronic group is virtually a social network.In S.Kiesler(Ed.),Culture of the Internet,(pp.179–205).Mahwah,NJ:Lawrence Erlbaum.

Worotynec,Z.S.(2000).The good,the bad,and the ugly:Listserv as support.CyberPsychology ξ Behavior,3(5),797–810.

10 网络心理医生：扩大范式

琼妮·法利·吉利斯皮（Joanie Farley Gillispie）
美国加利福尼亚大学伯克利分校行为和生物科学系
加利福尼亚州，米尔山谷

10.1 引言

让心理健康行业措手不及的是，几年之内可能会有与面对面的心理咨询一样多的人在网络上寻找专业的咨询（Alleman，2002，P199）。

很多事情都发生在网络空间，这影响着心理健康工作的实践。一些专业人士现在完全通过网络进行在线心理治疗，其他的则开始将电子通讯的某些方面包含到他们的临床实践中。患者想知道的是，线上治疗是否有效，或者他们来找我们是为了了解令人担忧的网络行为。一些经验丰富的临床治疗家坚持认为进行网络心理咨询是不可能的，而另一些人则相信网络取向的精神卫生服务最终将成为医疗保健的一个可行的部分（Fisher & Fried，2003；Grohol，2005；Morahan-Martin，2004）。那么一个专业人士应该做些什么呢？

互联网对心理健康职业和实践的影响有多大？很大。在加州举行的一个有700位专业人士出席的风险管理研讨会中，当问及他们是否看到过有互联网相关问题的患者时，1/3 的人举了手（D. Nickelson，personal communication，Feb. 4，2005）。这些临床治疗家的回答加强了公众的看法，那就是我们中的很多人都在从事不健康的网络行为。但确实如此吗？据估计，68% 的美国成年人每天都在线（Rainie，2005）。在年轻人当中，这个数字跃升至 9/10，他们每天花费 2—10 小时的时间在线进行多任务处理（Roberts et al.，2005）。在网络空间里有如此多的沟通，难怪临床医生估计，他们约 30% 的治疗实践会存在于线专业议题（D. Nickelson，personal communication，Nov. 14，2005），或者是患者对互联网的问题使用（Gillispie & Gackenbach，in press）。

　　针对心理健康临床医生，本章提供了一个关于由互联网的过度使用而产生的专业问题的概述。对于临床医生所感兴趣的几个议题，本章讨论了互联网正在如何改变他们的工作和他们的病人。首先，与任何新的心理学的分支学科一样，在专家们考虑实行在线治疗或者治疗网络问题患者之前，一个对于有关互联网使用的研究的回顾是十分重要的。这个回顾为网络空间中风险管理的重构做好了准备。其次，同时考虑网上临床实践的示例与扩大范式的目标，以便在线上以及线下治疗网络心理问题时，能使患者感觉更加舒适，同时也使心理健康临床医生感到更加能够胜任。

10.2 在线专业议题

10.2.1 扩大范式（我能从中得到什么？请解释！）

　　心理健康行业在网络上研究、测试、沟通和辅导病人、督导、教育、咨询以及开展心理学业务，这是一件好事吗？我们现在有 10 年的数据，进行了大量的讨论，发现了很多的问题，但却只得到了极少的答案。互联网不仅改变了我们的交流方式，而且改变了在网络上的我们。引用 Turkle（2005）的话，"在网络空间里，你的文字就是你的行为，你的文字就是你的身体。而且你对这些由文字表达的行为和由文字表达的身体都是相当发自内心的"（P1）。在冒险进入专业的数字化时代之前，我们需要能够解释"文字—，行为和文字—身体"的互换，因为它们正以光速表现在网络空间的话语中。我们如何看待这种交流方式？它又是如何改变我们和我们的病人的？

　　对于临床医生，进入一个新的领域的首要步骤通常是要合乎道德和法律的要求。在这个时间点，现实生活中针对精神卫生专业人员的道德和法律准则，可以谨慎地运用于网络空间（参见加利福尼亚心理协会的"通信心理学小贴士"，2005）。但适合并不代表完美，当运用心理学理论、法理学和有关行为的假设到浩瀚的网络空间通信中时，问题便存在了。此外，互联网鼓励着各种各样的挑战心理学理论和体系的方式。例如，心理治疗的线下模式在很大程度上依赖于对一个人的发展阶段、身份、从属关系和稳健的现实测试的准确评估，以便进行人工干预。然而线上心理治疗，这些成分是可变的，是高度依赖于技术的干扰或者交互影响的，由于互联网本身的结构，它们甚至完全无法被分类。

Haraway（1991）认为，互联网已经瓦解了社会阶层和政治力量，尤其是性别、种族、性倾向和阶级地位。它敦促我们来分析人机交互作用，即电子人（半人半机械）。

> 一个机器和有机体的混血儿，一个兼具社会现实和虚构的生物……一个同时具有想象与物质现实的浓缩的形象……作为政治工作所需要探索的一部分，改革人士可能会探索界限的超越，有力的融合，以及危险的可能性。（P149–151）

网络上的一切都是由电子人充当媒介来进行传导，这不是人与人之间的对话，而是人—机—人的对话，并且机器正不断改变着它的本性。线上与面对面不同，两者间有不断增加的相似性，同时还有快速增加的差异。首先，每个人都有发言权。其次，没有人负责（Voice Over Internet Protocol，2005）。我们有网络酷儿（cyberqueer）理论，这个理论现在适用于我们所有人。互联网可以预测替代性的性行为，这很容易让异性恋者出现同性恋倾向（Plant，2001）。与在地面上生活的我们一致，网络酷儿（cyberqueer）理论同样适用于我们，因为我们现在可以以任何方式成为我们想要成为的人，幻想与现实中掺杂的冒险或者辛酸都属于常态。每个人都可以在网上说谎或者表达自己的真实身份，这种自由使医生在了解网络空间中的电子人和引导他们（和我们）的精神上变得更加困难。

在观点没有发生根本性转变的情况下，我们不能简单地将心理学（或者就这个问题而言的别的什么问题）上传到网络空间（Practitioners，2005；Grohol，1998；Jones，2000，1998；Turkle，2005）。激进主义从现状出发，挑战现有的认识论和权威：

（1）网络中谁在控制？

（2）临床医生应该在技术上具备怎样的资格？

（3）什么是好的和坏的"网络礼仪"？

（4）网络治疗在哪里进行？

（5） 与线下相比，线上的隐私、保密性和网络匿名是怎样的？

（6） 以下事物在网络中是如何显现的：多样性、文化、身份、关系、性、话语、权力、身体、情感、能力、效能、危害和禁忌？

（7） 我们如何知道关于网络空间中的实践，我们都了解了什么？

10.3 研究概述：从研究到专业实践

从激进主义到实践的路线往往取决于声音和系统本身的激进。

心理学中启发式方法是基础，它以循证实践来提升积极的治疗效果，而循证实践则是从严谨的研究中派生出来的进程（Zane，2005）。然而，从调查专业性问题的在线研究中得到的数据，却尚未在一般临床医生那里得到消化（Alleman，2002；Ritterband et al.，2003），而且现有的研究受方法论问题的限制，缺乏普遍性（Alleman，2002；Kraut et al.，2004；Skinner & Zack，2004），以及电子人之间相互作用的激进性质。幸运的是，有关在线治疗的疗效的证据和专业实践，开始出现在心理学文献和继续教育讲习班中，这个信息应该可以帮助临床医生通过不断增长的网络文化知识、电子人和在线心理学来提高他们的技能（Barnett & Sheetz，2003；Glueckauf et al.，2003；Ragusa & Vande Creek，2003）。

在回顾文献时，有几个问题临床医生应该牢记。网上调查、测试以及基于互联网的实验具有明显的优势（Allman，2002；Lukoff，2005）。更有利的方面是更多的参与者，尤其是特殊人群，如残疾人、老年人，或者由于污名（如毒贩或者性犯罪者）可能无法参加研究的其他团体。此外，更多的研究可在更短的时间内和更低的总体支出下完成。

但也存在不利的地方。基于互联网的研究有负面影响，包括无法立即反馈给被试，过分依赖计算机技术，缺乏推广性，以及线下数据、线上结果和线下治疗的整合的不准确。通常情况下，线上数据存在更多的变异，这可能会导致不准确，但是这些数据和研究仍然被发表出来了。此外，测试的安全性是网络中的一个重大问题，就像任何公开领域的实验都可以被盗版一样（Naglieri et al.，2004）。

然而，使用互联网进行实验和测试正迅速成为一个标准的研究方法（Reips，2000）。例如，基于网络平台的实验，考察针对恐惧症（Farvolden et al.，2004）和抑郁症自救技能（Clark et al., 2004）的、基于网络的行为干预的疗效，结果显示，在减少症状的严重程度和提高治疗的患者依从性上已经取得了可喜的成果。

专业期刊上除了以网络为基础的研究外，还有很多个人和公共的网络故事，它们为分析者提供了素材的同时也增加了公众的焦虑，这在我们看来能够帮助解决这些人的问题。互联网使我们的孩子能够认识和了解来自世界各个角落的人，但他们也有参与网络性行为从而成为了头版新闻人物。不过，他们没有做任何成年人都不会做的事情：网络强迫行为、网络事务、易趣购物狂、网络色情、网络摄像头直播对婴儿的性虐待以及网络赌博等，这些都是头版新闻。令父母们感到震惊的是，孩子与网络的联接要比与他们的社区的联接更多，而法官则想知道，将互联网作为他们实施犯罪的一个辅助手段的那些被定罪的个体，他们是如何被互联网塑造反社会行为的（例如网络恐怖威胁，网络跟踪威胁行为，作为网络色情的消费者的青少年性罪犯，进行儿童色情制品文件共享的恋童癖者）。无论是线上还是线下的，不仅心理健康医生关心如何帮助他们的病人，社会科学家和政策制定者们也同样关注。他们想要开始向公众告知互联网使用中出现的新兴趋势，特别是那些正面的和负面的心理相关因素，而不是等待 30 年才发布关于电视观看的社会和行为效应的信息（Roberts et al., 2005）。

这些数据究竟显示了什么？临床医生需要从本研究中获得什么以帮助他们的病人？10 年前，专家们担心互联网会腐化我们的年轻人、破坏家庭、占用我们所有的时间，然后把我们变成机器人。因此，一个被称为网络成瘾的心理障碍出现了（Young, 2005, 1998, 1996）。早期对在线多长时间算太多的估计是每周 4—10 小时不等。现在，每天 2—10 小时并不一定会导致问题的出现（Rainie, 2005）。根据 Kaiser 互联网调查（Roberts et al., 2005）报告，与网络使用频率相对较低的用户相比，年龄在 8—18 岁之间并被归类为网络过度使用者的青年人，他们花费了更多的时间与家人和朋友在一起，用更多的时间来娱乐和做兼职工作，并且拥有良好的成绩单（P51）。研究人员得出结论，这些结果对"与媒体花费的时间等同于和其他活动花的时间这个太过轻易得出的结论，举起了红旗进行反对"（Rainie & Horrigan, 2005）。在最早的研究中，有一个研究探查了互联网使用中心理的和社会的相关因素，发现 10%—15% 的大学生会由于互联网的过度使用，更可能经历抑郁、社会孤立、适应困难和辍学（Kraut et al., 1998）。然而 8 年后，这些研究结果却被证明并不成立（Kraut et al., 2002；Morahan-Martin & Schumacher, 2003；Nichols & Nickki, 2004；Rainie & Horrigan, 2005；Seaman, 2005）。

10.4 线上—线下的联系

互联网不是灵丹妙药。关于上网习惯是线下心理困扰的一个原因还是结果，意见分歧比比皆是。也有关于网络问题和精神障碍是否能成功通过线上进行治疗的争论，然而有关我们线上习惯的网络研究表明，一些线上的行为的确会对线下生活产生不良后果。网络心理学交流的这三个性质（可访问、匿名性，自主性，Suler，2004，2005），似乎促进了某些线下问题的出现。心理学家 D. Jacobs 是位于加利福尼亚州雷德兰兹的洛马林达大学（Loma Linda University）的名誉教授，同时也是病理性赌博和强迫行为领域的权威，他认为一些特定的病前经历比如：创伤，会使得行为的天平导向病理性网络使用。Jacobs 认为，任何重复的行为，无论线上的或者线下的，都是一种焦虑减少的压力管理策略。他发现，某些线上活动的可访问性和隐私性，如购物，赌博，网络色情，可能会增加一个人成瘾的可能。但 Jacobs 警告，这种"移情"只可能发生在易感个体中（D. Jacobs，personal communication，Oct. 17，2005）。

其他研究者提出，互联网驱动的病理本质上并不存在。Denegri-Knott 和 Taylor（2005）认为，线下的病理只是通过线上表现出来而已，预先存在的，例如其他嗜好、冲动控制障碍和焦虑或情绪障碍等情况，让互联网看起来是这些问题的原因而不是结果。然而，其他人则持不同意见，他们提出，诸如隔离、男女性别和人格类型（如内向），比用一个人线下的心理状态去预测其问题网络行为更为有力（Koch & Pratarelli，2004）。

互联网技术的交互性每年都在增强，它本身就是一个无法抑制的过程，这可能为 Jacobs 提出的关于网络强迫性和冲动控制障碍会导致病理性网络使用的理论，创造出了更多必要的先决条件。Widyanto 和 Griffith 的述评《网络成瘾：它真的存在吗？》解释了网络成瘾的潜在可能来自互联网技术（参见第六章，这个问题）的特殊结构。之前从未有过这么多的东西，可以如此的快速、如此的容易以及融入如此多的现实主义。

互联网的使用打开了我们过剩的潜力（Greenfield，2004），结果便是我们呆在网上的时间更长了，而越是这样，越增加了对线下产生效果的潜在可能性（Martin & Petry，2005；Thornburgh & Lin，2002）。网络活动使我们感觉良好，我们由此进入了一个区域网络，它实际上是一种精神状态，类似于清醒的梦（J. Grackenbach，personal communication，June 7，2006），这便是我们常常发现自己在线时长超过我们之前的计划的原因之一。网上交流产生兴奋感、失控感、亲密感和自主感（Morahan-Martin & Shumacher，2000；Suler，2004），可以抑制或促进线下的积极行为。例如，一个害羞的人可以在网上学习如何与他人沟通，然后将这些新的技巧运用到与人的面对面互动中。或者，那些定期向他人发送充满火药味的电子邮件的人，可能是在加强沟通的负面模式，并且延伸到他线下的交流中。

Beard（2005）和其他人（Grohol，2005；Kaltiala-Heino et al.，2004；Shaw & Gant，2002）对此也表示赞同，要确定是否存在病理性互联网行为是十分复杂的，它取决于心理的情境因素。Beard 要求精神卫生专业人员要主动，"而不是等待危机的发生，然后收拾残局。引入新的技术，并且同时使用心理学来抵消负面影响，可能会减少困难的产生和危机的发展……不管网络成瘾是不是一个真正的'上瘾'，有些人正在逐渐养成有害的对互联网的依赖"（2005，P13）。

10.5 网络性行为与潜在的伤害

对于父母，有孩子的成年人和夫妇以及治疗师而言，网络性行为是互联网带来的担忧。临床医生最终会遇到一个逼近他们当前知识极限的网络性爱问题。网络中的性和在线性行为的影响才刚刚开始在文献中被讨论，这些论述往往倾向轻视线下性行为的社会建构问题，而主要聚焦到网络问题。

心理健康从业人员需要对性文化非常熟悉，而不是假设所有的网络中的性活动都是有问题的。然而数据却表明，三种网络色情活动，即网络绯闻、强迫性的网络性行为和消费网络儿童色情，会增加这些行为在线下表现出来的可能（Quayle & Taylor，2003）。从事强迫性的网络性爱活动的成年人，他们的社会关系较弱，并且更有可能在线下进行不正常的生活方式，但是目前还不清楚到底哪个因素在先（Stack et al.，2004）。最初，男性被认为更多的在网上进行网络色情行为，并且更容易有网络绯闻，但是现在性别差异正在逐渐消失。不过，在网络色情活动中，男性和女性在选择体验的类型上存在差异，男性倾向于为了性唤起而寻求网络色情活动，而女性则是在情感上进行亲密的网络聊天，然后再发展到亲密的性接触（Boies et al.，2004；Subrahmanyam et al.，2004）。一些研究者已经确定，网络心理由匿名性和无法抑制的网络性行为的刺激因素构成（Suller，2005），包括网络跟踪和网络性骚扰。大约30%的这些线上性行为会迁移到线下（Begner，2005；Bell，2001；Cooper，2002；Cooper et al.，2002）。

因为互联网已经成为同时在世界范围内生产和传播儿童色情的首要工具（Bowker & Gray，2004），我们发现，文件共享和下载这些材料，导致了对儿童有性兴趣的成年人在线下进行性犯罪的风险增加（Begner，2005；Freeman-Longo，2000；Quayle & Taylor，2003；Thornberg & Lin，2002)。此外，互联网技术本身也增加了伤害，因为它能使罪犯培养多个受害者。大规模分布的色情材料将儿童绘为似乎能够触发，维持和增加性的唤醒，这便增加了线下的性犯罪（Nichols & Nick，2004）。在一个加州矫正接待中心，多达30%的性罪犯将网络作为他们实施犯罪的一个组成部分（M.R.，personal communication，June 2006）。

今天心理卫生专业人士在帮助有网络相关问题的病人之前，除了知道有害的网络性活动，还必须多多扩展他们的知识，要意识到媒体是如何实现塑造人的性别、身份、关系和行为的，尤其是对于年轻人来说（Lloyd，2002）。成人网络性问题在线上和线下都是具有挑战性，而心理健康专业人士在谈及青少年性行为时尤其感觉受到挑战。虽然我们有一些关于成人的网络性行为数据，但仍然对无论是线上的还是线下的青少年性行为了解甚少（Moser et al.，2004）。在这个国家，向年轻人提出足够的问题以询问他们的性习惯，存在着政治和态度上的障碍，这使得评估网络性活动可能会怎样的影响年轻人的线下发展变得很难。不幸的是，除非临床医生专门去询问，很少有人会全方位地描述他们的性行为（Bridge et al.，2003）。

很少有成年人能够真正地懂得，今天的青年被具有立体环绕声的媒体中的性行为充斥着，并且成为了他们言论与文化中相当大的一部分内容，而将这些融入进他们的日常生活习惯中，就意味着那些线上的性行为也就会完全融入到他们线下的性行为中去。而且很显然的是，这些成年人也没有与孩子在有关性的方面做出足够的讨论。但是，孩子们却不是这样的，他们喜欢谈论性，只不过不与大多数成年人谈罢了。他们通过网络、手机和他们的iPod"勾搭"异性，并已经将他们之前私密的（和往往秘密的）性行为公开，这令教育家和家长们感到震惊。在网上，那些被隐藏的（和潜意识的）性的和社会的信息都可以获得数千倍的提供，它们似乎正在塑造着年轻人的态度以及改变着他们的某些性行为，其影响力甚至超过了直接的在线色情网站（Subrahmanyam sl.，2004）。

虽然在这个国家关于青少年性行为的信息较为缺乏（Moser et al.，2004），但来自世界其他地方的数据却可以帮助医生了解线上的性行为习惯对年轻人线下行为的影响。报告称，年龄在 15—18 岁之间的瑞典青少年因为网络中的色情网站而开始了更多种类型的线下性行为。研究人员还发现，在网上进行色情消费的青少年会在阴道性交时倾向于使用安全套，而这样做只是为了防止怀孕。不幸的是，报告还称，这些青年更可能会由于在网络上观看了直接的肛门性接触而进行无保护的性行为，因为这些场景并没有强调在预防性病方面需要更加安全的性行为（Haggstorn-Nordin et al., 2005）。

希望更多的有关网络色情活动的研究能够将青少年包括其中（Gross, 2004），同时对网络习惯积极正面的一面和围绕着网络色情的感觉论展开调查。例如，以性为目的，对互联网最积极的使用方法之一就是进行性教育（Morahan-Martin, 2004）。诸如美国性知识与教育理事会（SEICUS, org）和广播性学专家 Drdrew 博士（drdrew.com）等的资料交换中心，就可以让孩子们提出有关性和他们的性行为的问题，并得到解答。在这一点上，我们很容易就能根据网络性研究的发现得出结论，即大多数网络色情是有害的。然而研究者却认为，在没有强迫的、暴力的、或者剥削性的网络习惯下，大多数由互联网驱动的行为，包括以性和青年为导向的行为，都代表着个体与他人之间的积极的联系（Cooper & Griffin-Shelley, 2002 ; Noonan, 1998）。

10.6 网络空间中法律和道德问题的风险管理

网络心理医生和网络门诊的责任问题均没有先例。在网络中运用心理学，潜在的利益——风险比给我们对于"做正确的事情"留下了困惑和担忧还要大。显然，我们有法律和道德准则，有保密性和隐私问题，也有专业发展的要求，而维持综合的责任保险范围对于网络空间中的实践操作也是必要的。APA 实践委员会专家 D. Nickelson 和加州心理学委员会临时主席 J. Thomas 承认，在网络空间中推动医护标准这一点上是没有法律条令的（D. Nickelson, personal comunication, November 14, 2005 ; J. Thomas, personal communication, October 20, 2005）。Nickelson 则认为，在关于包含在内的或者单独的网络实践操作标准上，专业的认证机构并没有达成一致。

我们到底在谈论什么呢？甚至连专业术语和能与现实的实践操作区分开来的

参数都缺乏一致性。电子医疗、远程医学、在线咨询，电子疗法是一个混合的系统吗？现在，这些描述均可以交替使用，往往使我们的研究看起来像是在比较苹果和桔子的不同。除了给精神卫生人员提供了少数的指导和具体的在线专业人员指导方针外，最近在互联网语音协议（VOIP）上取得了一些进展，它允许互联网用户在美国联邦通信委员会（FCC）和联邦法规管辖的范围以外进行操作。FFC不控制互联网，便没有办法保障网络上公众任何行为的利益，更不用说治疗了（Voice Over Internet Protocol，2005）。根据加州心理学委员会临时主席 J. Thomas 的观点，尚未有人被起诉不经意间、不知情或者故意地在自己的工作范围外进行操作从而损害了患者在线治疗的交流和沟通。但在一个好争论的和数字化的世界，当没有"如果"时，便成了一个问题。Lessig（2005）假设，对我们所有人来说，所有互联网上关于保密和隐私的法律和道德问题，与目前的状况相比，都需要研究机构和政府投入更多（J. Thomas，personal communication，Oct. 20，2005）。

缺乏网络空间中的指导方针和标准，使得已经与其病人和同事在线沟通了很多的临床医生清醒过来。有些医生可能会继续进行在线治疗或者采用混合的系统，而另一些则会完全避免网络操作，因为他们确信网络心理干预的效果是不理想的，甚至有可能会对治疗起反作用。Alleman（2002）将在线心理学的法学问题总结为将临床医生置于一个双重的约束中：

州与州和地方之间的法律大相径庭，没有为互联网的服务建立保护准则……如果一个专业人士认为，允许实行在线的心理治疗道德的风险太大，他或她就不会尝试去提供。但这样却并不会改变事实，不管怎样，其他专业人士已经得出了一个不同的结论，或者至少影响了一个事实就是，潜在的客户将继续寻找在线咨询……如果道德顾问不在线，那又是谁在线呢？展望未来，我们可能面临的最大的道德风险是，我们将会通过编写规则或执行法律的方式来进行管理，那么有原则的专业人士便被迫将自己从在线服务中排除出去。为那些几乎不通过为其提供的电子技术来寻求帮助的潜在的客户创建这样一个陷阱，是不可能道德的（P204）。

10.7 职业责任

临床医生如何保护网络中的自己？像美国心理学协会保险信托（APAIT）这样主要的专业机构，没有特别包括或者排除在线治疗，将来也不打算这样。APAIT

保险核保主管 Stuart Benas 解释说，一个好的保险政策的目标是"覆盖心理学的实践，如果你的实践是在网上进行，也应该投保"。Benas 补充到，无论你是否为在线专业服务投保了，这与你是否会被起诉是不一样的（S. Benas, personal communication，Oct. 17, 2005）。

当贸易交付的数字方法经常变化时，临床医生如何在没有明确的行业标准的情况下，确保他们在明智地使用互联网？维持基本的硬件和软件升级已经很难了，未来几年，陈旧的技术会终结，由于市场的作用，也将迎来一些新的技术时代。Don Tapscott（2005）在《华尔街日报》中写道，未来 5 年将带来更多的"捆绑式"互联网服务，它编排和连接着我们每天通过高质量的数字技术所使用的数以百计的设备。随着我们对这些捆绑服务越来越依赖，包括临床医生和消费者在内，都将成为更有技术的专家。因此，确保病人的确了解网络通信技术，不单单是临床医生义不容辞的责任。

最近，一篇发表在加州心理协会（CPA）的《实时通讯》简报上的文章，指出了无法在数字化世界中保护病人和心理学家的隐私的责任。从风险管理的角度来看，这是临床医生的一个噩梦，因为网络空间是无法控制的。CPA 的一篇文章讨论了使用"最新的"网络工具来保护个人信息的各种方法。据该文章称，Zaba 搜索引擎可以用来保护你的网上信息，然而在这篇文章交付打印的时候，Zaba 搜索就已经不再运转了。在网络世界，正当你觉得你明白了如何更加明智地使用该系统时，新的服务、网站和信息却正在消失（隐私？什么是隐私？ 2005）。

对隐私和言论自由的社会关注在网络空间中继续被提了出来，正如政府正努力与公众就网上个人权力的保护进行着斗争。2004 年，最高法院推翻了 1998 年儿童网络保护法案，并规定国会不得制定一个计划来保护儿童远离明确的性爱网站，当然这并没有"践踏宪法第一修正案"（"A Law too far"，2004，PB8）。身份盗窃可能成为保持在线状态的临床医生的一个法律困惑。Whittaker（2004）将盗窃一个网络域名或者网络身份的现象称为"域名抢注"（P2）。当网站到期后，无法防止其他人侵夺域名，也无法完全将无辜的网上冲浪者转移到另一个站点。有一个可以采取的措施可以保护网络通信，推荐加密软件和防火墙，但是它们通常很难安装而且昂贵。尽管在专业实践中，网络空间问题可能看起来更像是科幻小说而非科学，Skinner（斯金纳）和 Zack（2004）提出，相比那些在传统的办公室里的风险管理问题，所有这些网上的风险管理问题不再是不可逾越的。

10.8 能力和实践的范围

　　网络中除了技术和责任方面的担忧，治疗师所面临的一个重要难题是，如何在他们这个领域范围内进行实践，而这个领域太新了以至于不能按照基于结果的准则来进行训练。在这一点上，大多数专业组织要依照法律，因为它是确定一个医生的责任和确定在精神卫生电子传输服务中的医护标准的基础。显然，互联网要么作为一种辅助的办公实践，要么作为一种独立的网络体验，对于提供心理健康干预有很大的潜力。多数专业人士错误地认为他们可以将现有的技能转移到网络中去，而不是去熟悉互联网通信结构、网络空间的文化和网络心理学（Gluechauf et al., 2003）。

　　Koocher 和 Morray（2000）在国家总检察长处进行了调查，询问了行政辖区之间在监管电子心理学上是如何的不同。他们的研究结果已经在 2005 年 1 月被加州心理学委员会的时事通讯收录。在通过电子手段从事远程心理健康服务之前，加州心理学委员会对电子心理学提出的建议是，鼓励从业人员：

　　（1）　仔细地评估自己的网络能力，并考虑网络空间中的限制；

　　（2）　向提供专业责任保险服务的专业人员进行咨询，并且取得一个范围扩大到包含了互联网模式的书面认证；

　　（3）　从同事那里获得参考，并为网上治疗的所有患者提供明确的书面指导；

　　（4）　准备好咨询文件和书面计划以防不良事件的发生；

　　（5）　起草保密限制时把电子通讯方式包含在内；

　　（6）　告知患者有关电子服务的特殊局限性；

　　（7）　确保明晰第三方记账，并且区分当面的与虚拟的形式（"Tips for Telepsychology", 2005, P3—5）。

　　正如通讯媒体的历史所描述的那样，即使有一些离散的互联网实践标准，技术的进步也会很快改变网上的互动，足以使这些标准可能不再被使用。谈论双重约束！例如，研究从两年前开始探讨文本交流，但是现在互联网技术已经超越了文字，使交互式音频和图像大幅度增加到文本中。很快，浸入式屏幕便能够使用户将自己嵌入到图像中去，触觉技术也将带来触控的体验。多媒体和不断增加的感官效果，毫无疑问影响着我们与他人在网络上交流的方式，从而形成专业能力指南。不久，如果我们想要在网络空间中进行实践，对于临床问题来说光有专业知识是不够的，我们还需要在技术和计算机科学上进行培训。

一些专业组织已经建立了网上实践的具体指导方针。英国咨询协会为在线咨询提供了心理健康临床医生指南，其中涉及了很多重要的议题，如执业范围、评估客户的适用性、法律和道德的任务、保密性、网上监督以及数据保护和储存问题（英国咨询从业者协会，2005）。美国心理咨询协会是另一个已经为他们所谓的咨询关系的"技术应用"发展出道德指南的组织，其中包括知情同意、网络安全、应急程序以及维护一个网络区域（英国咨询从业者协会，2005）。

然而，独立于现有的专业文献的具体准则还尚未纳入到美国和加拿大的专业机构中。美国心理学协会（APA）特别项目技术总监、心理学家和律师 David Nickelson 称，不管是对医生还是网上消费者，都只存在很少的约束与限制。Nickelson 承认，远程治疗的医生现在经常出于诊断的目的而使用互联网技术，但此时的这个在线治疗是缺乏足够的专业知识或者不被主流所接受的。据 Nickelson 和因网络泡沫破产的其他人（Maheu et al., 2001；Mallen，2004）称，电子治疗并未获得原先预期的市场份额（D. Nickelson, personal communication, Nov. 14, 2005），因此，专业人士需要一个很好的理由以分配时间和资源用于投资新的治疗方法，甚至于在线的治疗方法。目前，存在一些经济上的或专业性的奖励，使医生确信电子心理健康服务是可行的。然而，随着更多的关于在线治疗有效性的研究，"全面、个性化、引人入胜和经验验证的治疗便可以轻易地通过互联网发布"（Ritterband et al.，2003，P528）。Skinner 和 Zack（2004）对第三方支付者提高了一个额外的点。保险公司目前没有任何理由报销或者鼓励网络治疗。但是，只要网络治疗模式最后展示出成本和有效的治疗效果，保险公司将有可能立即转变。

正如保险公司在通过把关机制控制逐渐上升的医疗成本方面进行了投入一样，专业执照委员会也对谁可以实施治疗进行了限制。Skinner 和 Zack（2004）认为，国家授权机构意识到实现网上治疗模式可能最终会威胁到他们自身的存在，因为"非常容易的下一个步骤就是消除网络空间中地区的一个许可制度，进而完全毁灭它们的存在"（P438）。两位作者指出，大多数来自其他国家的治疗师都没有国家限制的、司法的或者临床许可的要求。欧洲、南美洲、非洲和亚洲的国家对向生活在别处的患者提供服务的单独法规要少得多。例如，在网上将一个在津巴布韦的治疗师与一个在伦敦的荣格学派的分析师或者是一个在米兰的家庭系统治疗师连接起来，可能比参加某人在自己的社区举行的办公室聚会更加容易。

那网上治疗在什么地方进行？在线的专业实践操作在法律概念上没有先例，网络空间与地域之间的界限具有渗透性并且多变，专家们甚至对于治疗师在哪里、病人在哪里以及法律体系在哪里，这些最基本的流程都持不同意见。美国心理协会的立场认为，现在有两种观点正在这里上演（APA，2004）。如果法律体系是由政府机构或者委员会决定的，那么临床医生将会受益。如果 etherapy 治疗被认为发生在他们许可的情况下，那么在现实中，风险管理参数将保护专业的关系。另外，无论有没有被许可，消费者想要的是自由地与提供者进行联络。虽然消费者对于这两方面都想要，他们希望能够自由地访问任何治疗提供者，并且希望从国家专业委员会那里获得保护，因为他们所居住的国家应该存在着违反标准的护理（D. Nickelson，personal communication，November 14，2005）。

Derrig-Palumbo 和 Zeine（2005）提出，当 etherapy 被认为发生在允许的状态下时，对咨客的保护就能更好地实现。

治疗师有以下选项和注意事项：（1）必要时治疗师要继续捍卫该疗法实施的地方；（2）只能在你被授权的范围内接待咨客；（3）除了在你被授权的国家，还向其他国家的咨客提供其他的服务，如生活指导（2005，P208—209）。

然而，Thomas 对此并不赞同，并解释道，各州的许可法规意味着治疗师必须在他们被许可的情况下实行面对面的疗法，患者也应该在该州驻留，因此这些参数也应该适用于网上治疗。你能够预见对于那些尤其是在邻近州工作的，或者是在全国各地飞来飞去以作证或度假，却仍然偶尔接触患者的临床医生来说，州与州之间边界问题的混乱吗？

大多数医生都不知道自己的州所涉及的地域界限的法规，并且很多时候都被允许在那些范围外进行工作。例如，在加利福尼亚州有一个规定，该规定允许医生在加州边界之外每年总共或者连续工作 30 天，而像纽约之类的其他州在总共允许的天数上与加州不同。Thomas 提出，在其他州与病人进行网上治疗可能被视为"持有执照的临床医生在州的边界外进行工作"。他认为生活在与其他州接壤的地区的社区医生应该同样获得这些州的许可证（J. Thomas，personal communication，October 20，2005），它可能无法很好地去审查临床医生，然后临床医生会发现，自己正在花更多的时间和金钱去更新和遵守更多的实践要求。

最后，Kraut（2004）表明，未来的司法管辖权问题可以通过国家互惠许可来解决，但是当一些州与其他州相比，要求不同的临界考试分数和不同的培训要求才能获得在其管辖范围内的执业许可时，这似乎是不可能的。总之，我们不能确定在线的专业服务使用了互联网的哪里，或者准确来说，我们应该如何标签和定义网络治疗，最重要的是，授权机构和专业组织对于网络治疗是不是应该采取一种积极主动的、蓄意阻挠，或者观望的立场？正如在线文字、声音和触摸的互动性同步到了其他媒体，从而提高了在线体验，我们可以肯定，在线和离线的问题将继续挑战我们的思想和方法。

10.9 新兴的临床问题：网络空间中的理论

　　和已经讨论过的问题一样，对于网络治疗，我们好像主要关心的是法律和道德问题，而不是临床上的问题。然而正是网络空间中的临床问题引起了临床医生的注意，并且希望将更多的提高在线专业能力，以及使消费者能更加公平合理地获得心理卫生服务。当前的风险管理议题不讨论临床医生的网络心理学知识，以及互联网交流对于提供在线治疗是否足够，大多数只是假设，如果你是一个办公室的主管医师，你就同时是线上的主管医师（Mallen，2004）。有很多的问题，例如我如何才能出于心理健康的目的使用互联网以最好地帮助我的病人？我如何概念化和治疗一个有问题网络习惯的病人？又或者文化、多样性和身份在网络上是如何体现的？但生成的论述却很少。在最简化的水平上，我们是否要在线上、线下或者同时探讨网络问题？

　　网络空间交流的多样性和不同的定义使得对其的概括和解释变得困难。网络提供了什么让我们欢笑并与他人产生共鸣？但也有另外一面，正如异常和"正常"彼此间只距离一次鼠标的点击。互联网促进全球恐怖主义的同时，也促使了用网络摄像头直播遭到性虐待的婴儿和其他非人道的与强迫性的行为。我们在网络中是谁，可能代表也可能不代表我们离线时的身份。社会中的许多人，特别是我们的年轻人，是如此地习惯于媒体效应，以至于在他们对现实的看法中，幻想和现实被等同了起来。而心理健康服务提供者们必须对各种各样的离线问题保持并进，但并不要求心理健康专家接触越来越多的关于我们在网络上代表自己的方式的文献。医生往往无法解释媒体文化或者这种文化是如何影响现实中的行为，尤其对于青少年来说（Taffel，2005），一些学者建议，临床医生应该记录在互联网心理学领域里的自学情况，直到在关于临床医生需要了解网络行为和网络治疗的什么内容上达成了一致，再在网络空间中进行实践。Glueckauf等人（2003）认为，尽管缺乏专业的指导原则和实践模式，互联网健康服务已经是一个可行的选择，尤其对于被剥夺了权利的人而言。他们预测，更多的医生会在网络上展开工作，因为它提供了更多的访问缺医少药的人群的机会，提高了医疗卫生服务的效率，它还具有成本效益，并且由明确的基层服务需求所驱动。

Rider 大学的心理学家和作家 John Suler 提供了一个全面的在线继续教育课程，称之为网络空间中的心理疗法和临床工作。他以一个笑话开始了这门课程：需要多少位心理学家才能进行以电脑为媒介的心理治疗呢？没有，计算机自己就能做到一切！（2005, n.p.）Suler（2005）认为，不熟悉在线问题的临床医生以老式的方式对治疗的未来感到焦虑，并且倾向于低估在线治疗的效果。他所提供的课程所讨论的重要议题有，将网络空间当成一种心理空间分析，比较离线和在线的去抑制效应，以及如何将文本作为精神状态的晴雨表、信息处理和人际交往风格去进行评估。

Derrig-Palumbo 和 Zeine 也是在线形态的支持者，他们提出，"许多认知行为理论都能与在线工作结合从而达到最好的效果"（2005，P31）。他们声称，许多方法如意象治疗、认知行为疗法（CBT）或理性情绪疗法，都可以很方便地在线实施。这个概念"可以缓解许多治疗师对于维护网络中自己的方式和专业身份的担忧"（2005，P31）。作者采访了 CBT 专家 Albert Ellis，Donald Meichenbaum，Aaron Beck 和其他人，询问他们将如何在网络上进行治疗。Ellis 讨论了针对个体、夫妇和青少年的在线理性情绪疗法的基础，他认为，在线与面对面一样。Derrig-Palumbo 和 Zeine 与 Meichenbaum 的访问，为对于患有抑郁或者焦虑的病人进行以心理教育为目的，并且使用网络来治疗提供了有益的想法，但是没有接着再继续讨论如何帮助在屏幕和网站的另一边的病人来确保医生的教育信息是准确的。此外，网络中临床医生和病人之间的移情动力被 Derrig-Palumbo 和 Zeine 解释如下：

> 当坐在前面的是一个监视器而不是来访者时，临床医生需要十分谨慎，不要让他们的反应停留在表面。他们可能会认为"我不必隐藏我的情感，因为她没有在看我也没有坐在我面前"，重要的是要充分意识到，发生在治疗师与来访者面对面时的移情和反移情的问题，同样地也可能发生在在线治疗中（2005，P932）。

然而，其他人则持不同意见，他们并不认为在线的动力与面对面时的一样。网络心理学和互联网技术以一种深刻独特的方式影响着交流（Lloyd，2002）、身份（Subrahmanyam et al.，2004）、个人披露（Suler，2004）和在线治疗关系（McKenna et al.，2002）。Nickovich 等人（2005）提出，在线的移情问题的复杂程度远远超过一个双向的面对面交流，因为交流不断地被计算机所调节。Stolorow 等人（1994）认为，这种动力（例如渠道的、共同构建的、改变的、重建的）由互联网生成，有点类似主体间的经验。此外，Heisenberg 的测不准原理中提出的宏观和微观层面的分析，也是理解网络空间中的动力的有用的方法，也就是说，观察和测量某事物的行为改变了其形式和功能。

在最基本的层面上，当医生想知道如何与病人展开工作时，心理学理论就变成了将病人转化为临床数据的一种启发的方法，然后再组织干预治疗的策略（McWilliams，1994，2004）。Mallen（2004）相信，互联网交流无疑已经达到了足够的数量，至少足够我们可以应用心理学的理论来思考互联网交流的一些论述，但他同时指出，用现有的理论来解释网络空间的前提是这些理论是足够的或者是正确的，这其实是一种误导，导致临床医生只具有"大杂烩"的治疗技能（P74）。根据被引用的研究，一些研究人员确信，病人的个人披露在面对面时比在线时更加诚实，因此在线上无法进行有效地临床评估（Mallen et al.，2003）。然而，Suler 的意见刚好相反，他认为以计算机为媒介的沟通与面对面的接触相比压抑更少，个人信息的披露往往更加诚实（Suler，2004）。在线技术以更容易的方式促进了网络空间中的解读，是不是因为我们更敏感、更少压抑，没有被微妙的当面判断和社会等级的规则所束缚，从而更愿意分享个人信息？这里的关键是，就像他们在办公室里所做的一样，对于医生们关于患者的假设还必须准备好在线的测试，不要假定线上治疗就是好的或者就是坏的。文本不同于面对面的互动，它有一个明显的优势。不管怎样，文本确实提供了一个对话的记录，临床医生和病人可以重新审视、澄清，并根据需要重新构建。网络问题影响着我们的病人，也要求医生增加和重构他们的知识。当互动在线上进行时，临床技能就不仅仅只是转变成数字的形式了。

10.10 网络治疗的疗效

临床医生们怎样去熟悉以达到最佳的网络操作呢？在过去的 5 年里，研究人员研究了基于互联网的心理健康服务，但大多数提供者不知道如何利用这些数据

（Day & Schneider，2002；Fisher & Fried，2003；Gillispie & Gackenbach，2006；Grohol，1998；Mallen，Bay & Green，2003）。虽然有评估在线心理健康网站的准确性和专业化的标准，但大部分所谓的在线治疗或者病人教育是有问题的。有迫切的心理健康需求的消费者所下的赌注很高，因为他们往往不知道如何去判断一个网站是否为合法的。患者通常希望他们的治疗师来回顾他们在互联网上找到的信息（Morahan-Martin，2004）。

国际在线心理卫生协会（ISMHO）是最早的、专门设计来帮助消费者和专业人士调查最科学的、最积极的在线心理健康网站的专业资源之一，它为临床医生和消费者提供了良好的资源和搜索工具。ISMHO 是一个成立于 1997 年的非营利组织，旨在促进在线交流的理解、使用和发展，为国际的心理卫生社区提供信息和技术，它目前有来自很多国家的 200 多名会员。该协会帮助医生成为网络心理问题方面的专家，不管是离线的还是在线的；给成员提供研究、培训和个案分析的机会，并发放了网络实践指南。ISMHO 提供讨论的论坛，临床医生可以咨询互联网的相关专业问题或受益于个案会议的其他专业人士，它还对消费者进行网络治疗的教育培训。属于这个组织的在线治疗网站必须遵守 ISMHO 的使命和互联网心理学的标准。

帮助专业人士与合法的心理健康网站之间的连接的另一种策略，就是相当于寻找一个在线的批准。互联网卫生基金会行为准则（HONcode，2005）是一个在线的客户服务，旨在审查心理健康网站的专业性和准确性。HONcode 于 1995 年建立，就像国际协会的那样，致力于帮助消费者从最可靠和最新的资源中找到心理健康信息。目前，HONcode 网站用 29 种语言提供信息，它列出了所有已知的医院卫生信息网站，将它们作为提供给来自世界上任何地方的消费者的在线资源的一部分。此外，HONcode 专注于他们称作的"跨界对话"的卫生和学术会议，并在 72 个国家为心理健康专业人士和消费者举行个案咨询。任何想要提供在线服务和希望从属于 HONcode 的互联网卫生组织或私人从业者，必须坚持其委员会中来自 17 个国家的卫生专业人员所制定的网站标准。然而，没有一个系统能够来监视或者确保成员对标准的遵守。HONcode 向读者密封了信号，这个特别的网站符合下列法律和道德准则。

（1）职权：区别对待医疗事实和舆论。

（2）相容性：致力于支持与其他卫生服务提供者的面对面关系。

（3）保密性：网站超出法律管辖权的健康信息的隐私权。

（4）　消息来源：明确的引用、准确的链接，并将更新的临床信息显示在页面的底部。

（5）　正当性：涉及治疗的指控需要证据的支持。

（6）　文章作者：网站主管要清楚地呈现 e-mail 地址。

（7）　赞助：对网站的支持要明确地指出，包括所有的商业性和非商业性组织。

（8）　广告中的诚信：如果广告是一种资金来源，它将明确表示，并以不同于由经营网站的组织所创建原始材料的方式来呈现给观众。

然而，这里有一个问题，就像 HONcode 有合法的声誉那样，很少有人知道一般人是如何解释这些批准的。大多数消费者要么不知道这些在线的消费者保护组织，要么不使用它们。不幸的是，有一个重要的问题妨碍了网上健康信息网站的认证，那就是这些可信赖的批准往往"承诺的比实际提供的更多"（Burkell，2004，n.p）。

Marlene Maheu 的电子保健、Pamela Whitten 的远程医疗、Ace Allen 的远程医学（2001）都是为临床医生就在线治疗而写的，作者预测，电信技术的进步将"重塑卫生保健的标准和革新病人所消耗的治疗方式"（P2—4），但是到目前为止，从专业角度来看，这并没有发生。此外，解决潜在的在线临床问题专门提到了治疗师的远程医疗的医学模型和纯文本交流，他们就风险管理对心理健康医生提出的建议是，治疗师要遵守远程医疗法律。但是，这里有另一个对临床医生的双重约束，心理学的各州委员会已经确定在这个时候不包括基于互联网的心理实践（Barnett & Sheetz，2003；美国心理协会，2004）。

Riva（2005）对虚拟现实（VR）的审视探索了在线治疗的疗效，他发现在过去 3 年里，有 371 篇文章显示，对于那些患特定的恐惧症、抑郁症、肥胖症、男性勃起障碍和认知障碍的人，虚拟现实是一种有效的行为和心理治疗的治疗模式。Riva 解释说，对虚拟现实的沉浸协助了改变过程中病人的感官、视觉、情感和认知水平，虚拟现实疗法作为新的学习、认知重组和行为改变的催化剂，是一种强化的经验。

或许有关在线心理学的最好的消息关系到传统上被剥夺权利的人们。最近的研究表明，对于那些恐惧污名与害怕对职业生涯产生负面影响而不愿意参与治疗的，或者是那些无法亲自见面的人来说，网络疗法的有效性可能是最大的。在线治疗似乎对精神创伤和基于压力的情况也有效果，但还需要更多的研究（Andersson et al.，2005）。在线的团体和个人治疗也在下列行为健康问题上显示出积极结果：戒烟、减肥、饮食失调、头痛、恐慌，维持体育锻炼的目标、耳鸣、糖尿病、尿床、癌症后期和心脏病恢复治疗（Ritterband et al.，2003）。Ritterband 和他的同事查阅了基于网站的针对那些首选在自己家中接受帮助的患者的行为治疗模式，他们收到了一个结合了心理教育和交互式 CBT 的在线干预。有趣的是在所有的研究组都显示症状改善的同时，收益显著作为在线治疗的结果甚至被报道可以治疗传统的棘手问题：减肥和创伤患者团体。

最后，Ritterband 和他的同事们承认，发展互联网干预"是一个艰巨的，有时很乏味，总是耗时的过程"（P530）。这需要一个跨学科的方法，但只要一旦完成，该协议可以应用于很多病人。此外，一旦障碍被确定为适合于互联网，干预措施便开始运作，即分解为可测量的成分，然后将评估机制建构到程序中去，这样就可以在用户的治疗成功的基础上进行复习。对于患有衰弱问题，如恐慌、创伤后应激障碍或其他对健康有风险行为的病人，采用多媒体方面的在线治疗同时联合多模式学习策略的力量。互联网疗法都是高度结构化的、个性化的、自我引导的和积极参与的，从而为病人增加意义和疗效。这些国家创造持续的反馈循环，鼓励自我监控和在跟踪治疗收益中更多的病人参与（P531）。

扩大临床范式 [:–C, :–W, (:: () ::)]

[:–C 只是完全难以置信 ; :–W 说谎话 ; (:: ( ) ::) 提供支持]

在这一点上，在线治疗专家可能在违约的情况下发生。随着越来越多的人在网络上进行工作以解决分析机器、技术之间的交互作用中传统的治疗技能障碍，并且人类一定会进化。那些生活在农村的、患有某种恐惧症的、对自己的病情感到耻辱或者经受流动限制的病人，对他们来说开始面对面的治疗存在实际的困难。此外，寻找当地被保险机构认证的临床医生或专家是特别困难的，但是现在无论是在线的还是离线的治疗，都很容易在网上与医生联系。通常情况下，当一个临床医生的认证信息很容易在网上访问到时，保险公司可以接受为一个棘手的问题批准一个疗程。

David Lukoff 在加利福尼亚旧金山的赛布鲁克研究所当教授，他是帮助那些无法从治疗中受惠的心理健康服务提供者达到目标的一个心理学家例子。Lukoff 为那些在阿拉斯加州工作的在线咨询师提供心理健康服务的在线培训。据 Lukoff 称，由于地理、金融和文化壁垒，阿拉斯加的卫生保健提供者们一直以来都承认距离模式的效用（D.Lukoff, personal communication，Nov.16，2005 ）。Lukoff 的案例示范治疗网站（见表10-1）包括：直接链接到评估协议、药物管理抵押品提供者、教育材料、康涅狄格州3000英里外的一所大学的本土支持，以及进入一个12步计划（Lukoff，2005）。

表 10-1　互联网精神卫生

课程 2.1 一个在阿拉斯加的渔夫的双重诊断

处理问题

第 2 课的三个例子涵盖了很多种情况，包括抑郁症、创伤后应激障碍、物质滥用、医学疾病和睡眠障碍。它们通过链接呈现出来，以说明可提供临床课题的互联网资源的范围。这第一个案例关注的是农村精神卫生服务，它是基于我在阿拉斯加的阿留申群岛上，通过互联网对心理健康工作者进行教学研讨会的经验。他们很多都是乡村咨询员，只受过 36 小时的训练，没有受过大学教育，但他们却提供了多种心理健康服务，范围从临终关怀到戒瘾。现在很多人都很积极地使用互联网，以填补其在评估和治疗中所体现出来的训练和信息的差距。

案例

John 是一个 29 岁的男子，他生活在阿拉斯加州国王湾镇的农村。他季节性的在渔船上工作，但在没有捕鱼时，他就滥用酒精。最近，他已经开始使用安非他命。他是一个被双重诊断的病人。在过去两年里，他一直在服用舍曲林治疗抑郁症。他已经被交付到精神健康诊所，因为他已经有了一个肿大的肝脏，被推测与他滥用酒精有关。他表示，他并不认为他的肝脏问题和饮酒之间有联系，并且对他是一个酒鬼产生怀疑，因为他在渔船上工作的时候不喝酒。他是有部分印第安血统的阿留申人，也已经在学习更多的关于他的印第安背景上表现出了兴趣。

处理问题

否认

第一个治疗的目标是说服 John，让他承认他确实有一个与酒精有关的严重的问题，并且他的健康状况正在受到酒精的影响。一个在线互动测试将向 John 证明，他确实符合酒精依赖的标准。

网络资源

练习：把自己当做 John，完成酒精测试，做出的回答要符合有酗酒问题的人（www.health.org）。

这些都是展示给 John 的，连接到来自犹他大学医学院病理学迷你教程的图片的链接。

正常肝小结节型肝硬化肝

这是一个有关物质滥用的小册子，提供来自国家情报交换所的酒精和药物信息，这个可以打印出来给 John。

酒精：你所不知道的可能会伤害你。

嗜酒者匿名互助协会

John 同意参与 12 步计划。然而，在他生活的阿拉斯加小村庄目前没有举办 AA 团体，但 John 住的地方距离诊所一个街区，他非常愿意使用计算机来阅读嗜酒者匿名互助协会的"大书"，并且当他在岸上时加入一个网上 AA 组。

网络资源

嗜酒者匿名互助协会的"大书"

下面是连接到在线 AA 组的链接

About.com>AA 在线会议 > 点灯人（lamplighter）

一个拥有超过 10000 名会员的大型电子邮件 AA 组。

阿留申群岛的根源

John 的恢复可能得益于他增加了控制饮酒的社会支持网络，包括与他的印第安部落重新连接起来。除了寻找当地资源，通过使用互联网搜索印第安部落帮他找到了这些网站。

网络资源

康涅狄格大学的北极圈网站

这个网站包含在阿留申群岛的印第安人的信息。

四个世界人类及社会发展学会。

这四个学会是一个基于北美部落人民的传统教义的组织。

临床教学

网络资源

左洛复的消息在多个网站都可以找到，这你将在第 4 课学到。这里是来自互联网心理健康网站的信息：左洛复（盐酸舍曲林片）。

双重诊断的病人显示出独特的挑战。访问 Kathleen Sciacca 的双重诊断网址：精神疾病、吸毒和酗酒。

资源重点：

音频

网站

文本

测验

尽管给出的例子很全面，在临床处置上也是恰当的，然而临床医生仍然对在线形式是否能够激励病人全身心地投入治疗中表示担忧。最近的一项网络治疗的研究发现，电子形式的交流与传统的线下治疗方法相比，参与的程度更高。Day和 Schneider（2002）进行了一项实验，比较远程治疗与面对面治疗，他们的研究结果表明，患者因为远程模型而更愿意加倍努力和更积极地参与。作者推测，基于文本的、延迟时间的技术需要在将思想转成文本上付出更多的努力。此外，网络隐私和匿名似乎鼓励这组病人进行高水平的自我揭露。最新的数据告诉我们，网络咨询似乎增加了患者的动机和治疗依从性，这反过来可能改变这样一个事实：1/3 线下的新病人在前三个会谈内就会退出（Lober & Satow，1975）。

非正式情况下的咨询可能也会开始改变临床的现状，临床医生开始治疗越来越多的表现出有网络问题的病人，他们自己在实际操作中也开始把互联网作为交流的工具。他们询问像这样的问题：你会在网上展开工作吗？或者网络空间中的护理标准是什么？他们想知道什么时候互联网是适合于病人服务的。例如，正如教育是治疗如此重要的组成部分，病人可能会为了有关诊断、药物治疗或者辅助治疗的信息，期待转介给基于网络的国家、国际或主要的研究机构。进一步的是，如果对他们的健康问题来说是细菌的问题，病人就需要知道实验数据。现在那里已经制定好很多种精神障碍（恐惧症和从其他人那里获得的癌症支持）的有效的在线治疗方案，无论是面对面治疗的辅助还是作为附属治疗，都可能使病人从中获得很大的好处。

下面的情景是临床情况的实际例子，任何心理健康医生在他或她的办公室都可能会遇到，但针对这种现在还没有治疗方案。为了提升对在线的临床和专业问题的知识和技能，在治疗之初，要与同事讨论在线和离线的法律、道德和治疗注意事项。你将如何用网络咨询设计以下的心理干预？

· 针对什么样的病人你会考虑使用混合（在线、离线）模型的治疗？

· 为一对夫妇其中一个伴侣有了网络绯闻的提供治疗，你觉得自己能够胜任吗？

· 一位同事为了清晰度和专业化，想让你审查她的网站，你对使用的营销策略和购买她的书和磁带的直接链接感到不舒服，这是不道德、不专业的吗？或者这是增长你的实践操作的一个合法的方法吗？

·你应该转介病人到网上 12 步计划吗？

·当一个 14 岁的病人告诉你，她通过即时消息从同学那里收到了仇恨邮件，你会说什么？

·一个同事打电话给你，询问如何对一个成年患者提供倾听支持，这个成年患者经常与青少年在 MySpace 上聊天，你会怎么说？

·对于一个承认沉迷于网络色情的病人，你会如何对其的治疗概念化？

·你会通过电子邮件和电话继续治疗一个已经搬到另一个国家的病人吗？

·由于在网络空间没有专业医生，尽管事实上他们的保险人已经在他们的政策上附加了一个不包括基于互联网的实践的标准或法律效力，对于附文，但仍然使用在线和离线治疗系统的同事，你会如何建议？

为我们的病人深入地考虑，是我们应该做的。当有一个网络成分时，我们以新的方式来概念化治疗是义不容辞的责任，网络实践问题使我们有机会挑战离线思维方式的机会。病人的网络问题如事件、骚扰和胁迫当然是可以治愈的，但是在网络空间也可能是特别困难的。问题可能有离线的或在线的成分，也或者两者兼而有之，这可能需要不同的情况构想，因此进行不同的干预。例如，网络事件可能以一种适应的方式去探索不同的性别身份，或者开始认识到在一个人当前的关系中所缺失的东西。相反，网络事件可能是冲动环中的一个部分，然后逐渐扩大并最终在离线时表现出来。

因为不管以积极还是消极的方式，网络空间中的相互作用都不那么受限制，临床医生必须决定，问题网络行为是不是用他们现有的知识和技能系统就可以治疗。可不可以对一个病人的网络行为进行分析或者诊断，如同将健康的幻想投射到网络空间的集体无意识中，从而同时提供线上的和线下的结果？在网上做那些你不会在线下做的事情是社会焦虑的一种释放，还是表达、意义和个人成长的一种安全和创造性的形式？再或者是否是一个人的网络习惯，如果重复的次数足够，这些习惯最终会渗透到线下的生活中去，尤其当互联网技术已经涉及到了我们的生理反应（触觉），同时便携式、嵌入式和 3D 屏幕让我们感觉到进入到了屏幕之中？时间会告诉我们。作为行为和心理健康医生，我们处于有利的地位，在数字化时代，健康的网络行为不只是上传理论和实践到网络空间中去，我们还可以在理解沟通、身份和关系问题上协助我们的专家、公众和我们的病人，一个从业者应该做的是什么呢？我们想知道哪一个应该被排在第一位——在线问题还是网络问题的离线效应？治疗一个有害的网络行为的标题可能是节制、沉浸、现场暴露，或者涉及危害减少策略或结合所有的这些。换句话说，在网络空间中工作或者治疗网络问题的专业人士，将仍然需要评估、咨询、尝试不同的治疗策略，以及不断分析网络人的动态。在线与离线显然是不一样的。平行的权力结构和多重的自我定义了网络文化和网络心理，推动我们超越移情与反移情达到主体间的双螺旋结构的可能性，即使我们对于在线时的自己表现得并不是很专业，但越来越多的病人将会有在线的问题，需要我们的帮助。这只是一个时间问题，数字化时代将需要我们比目前的情况更加了解网络文化。

互联网给了我们一个做健康传播者的机会，来检查我们个人和专业假设的局限性。幸运的是，这种范式的转变迫使我们和我们的行业，变得更加有效：让需要心理学的人更容易得到它，围绕多样性的主题创造出更有意义的讨论。

如果我们选择在线工作或者没有选择，我们仍然生活在线下。我们希望，兴奋、现实和未知的网络空间的互动将改变心理学的系统，这需要一个良好的改革。我们的职业带给我们与其他人之间的联系价值需要得到维护、扩展和增强。

Haraway 的电子人宣言是可以被应用来为临床医生扩大范例的一个理念。

> 现在我们都是机器和生物的混合体(这里有)界限混淆中的乐趣……敦促我们整合在一起……将不相容的东西融合在一起，因为两者都是必要的和真实的……
>
> 我们要接受重构日常生活界限的任务，与他人有部分的连接，与我们所有的部分沟通……本网站图片可以暗示一个走出迷宫的二元论通路，在其中我们已经给自己解释了我们的身体和我们的工具。这同时意味着建立和毁掉机器、身份、类别、关系、空间的故事。虽然都被螺旋式的舞蹈束缚着，我宁愿是一个电子人而不是女神（1991，P30—31）。

让我们一起来分析电子人的螺旋式舞蹈，朝着更加尊重、快乐、真实和可持续的方式来和谐生存。

(411^_^), :-)?

翻译：日本的表情符号和网络用语缩写，表示得到了这个信息？（"电子邮件和即时通讯的表情符号"，2005）。

【参考文献】

A law too far.(2004,June 30).San Francisco Chronicle,PB8.

Allenman,J.R.(2002).Online counseling:The Internet and mental health treatment.Psychotherapy:/Research /Practice /Training,39(2),199–209.

American Counseling Association(2005).American Counseling Association code of ethics.Alexandria,VA.:American Counseling Association.

American Psychological Association(APA).(2004).APA statement on services by telephone,teleconferences,and Internet.Retrieved October 26,2004,http://www.apa.org/ethics.

Andersson,G.,Bergstorm,J.,Carlbring,P. & Lindefors,N.(2005).The use of the Internet in the treatment of anxiety disorders.Current Opinion in Psychiatry,18,73–77.

Barnett,J.E. & Scheetz,K.(2003).Technological advances and telehealth:Ethics,law,and the practice of psychotherapy.Psychotherapy:Therapy,Research,Practice,Training,40(1/2),86–93.

Beard,K.(2005).Internet addiction:A review of current assessment techniques and potential assessment questions.CyberPsychology & Behavior,8,No.1,7–14.

Begner,D.(2005,January 31).The making of a molester.The New York Times Magazine,pp.26,61,

Bell,D.(2001).Cybersexual.In D.Bell & B.Kennedy(Eds).The cyberculture reader(pp.392–395).New York:Routledge.

Boies,S.,Cooper,A. & Osborne,C.(2004).Variations in Internet-related problems and psychosocial functioning in online sexual activities:Implications for social and sexual development of young adults.Cyber Psychology and Behavior,7(2),207–203.

Bowker,A. &Gary,M.(2004).An introduction to the supervision of the cybersex offender.Federal Probation,68,Iss.3,3–6.

Bridge,A.,Bergner,R. & Hesson-Mclnnis,M.(2003).Romantic partner's use of pornography:Its significance for women.Journal of Sex and Marital Therapy,29,1–14.

British Association for Counseling Practitioners.(2005).FYI:Updated best practice in-line THS,WIIFM?PX!Counseling and Psychotherapy Journal,16(4),44.

Burkell,J.(2004).Health information seals of approval:What do they signify?Information,Communication & Society,7(4),491–509.

Clark,G.,Eubanks,D.,Reid,E.,Kelleher,C.,O'Conner,E. & DeBar,L.(2004).Overcoming depression in the Internet(ODIN)(2):A randomized trial of a self-help depression skills pprogram with reminders.Journal of Medical Internet Research,7(1),Article e16.Retrieved November 12,2005,http://www.jmir.org/2005/1/e16/.

Cooper,A.(Ed.).(2002).Sex and the Internet:A guidebook for clinicians.New York:Brunner-Rutledge.

Cooper,A.,Delmonnico,D. & Berg,R.(2002).Cybersex users,abusers,and compulsives:New findings and implications.Sexual Addiction and Compulsivity:Journal of Treatment and prevention,7(1–2),5–30.

Cooper,A. & Griffin-Shelley,E.(2002).Online sexual activity:Continuum complete international encyclopedia of sexuality,pp.1290–1386.New York:Continuum International Publishing Group.

Cooper,J. &Weaver,K.(2003).Gender and computers:Understanding the digital divide. New York:Lawrence Erlbaum.

Day,S. & Schneider,P.(2003).Psychotherapy using distance technology:A comparison of face-to-face,video,and audio treatment.Journal of Counseling Psychology.49(4),499–503.

Denegri-Knott,J. & Taylor,L.(2005).The labeling game:A conceptual exploration of deviance on the Internet.Social Science and Computer Review,23(4),39–47.

Farvolden,P.,Denisoff,E.,Selby,P.,Bagby,M. & Rudy,L.(2004).Usage and longitudinal effectiveness of a web-based self-help cognitive bahavioral therapy program for panic disorder.Journal of Medical Internet Research,7(1),Article e7.Retrieved November 12,2005,http://www.jmir.org/2005/1/e7/.

Fisber,C.B. & Fried,A.L.(2003).Internet-mediated psychological services and the American Psychological Association ethics code.Psychotherapy:Theory,Research,Practice,Training,40(1/2),103–111.

Freeman-Longo,R.(2000).Children,teens,and sex in the Internet.Sexual Addiction and Compulsivity,7,75–90.

Gillispie,J.F. & Gackenbach,J.(in press).Cyber.rules:Negotiating healthy Internet use,A guide for clinicians,educators,and parents.New York:W.W.Norton.

Glueckauf,R.,Pickett,T.,Ketterson,T.,Lomis,J. & Rozensky,R.(2003).Preparation for the delivery of telehealth services:A self-study framework for expansion of practice. Professional Psychology,Research,and Practice,34(2),159–163.

Greenfield,P.(2004).Developmental considerations for determining appropriate Internet use guidelines for children and adolescents.Applied Developmental Psychology,25,51–762.

Grohol,J.(2005).Dr.John Grohol's psych central.Retrieved November 16,2005,http://www.psychcentral.com/.

Gross,E.(2004).Adolescent Internet use:What we expect,what teens report,Journal of Applied Developmental Psychology,25(6),633–649.

Haggstron-Nordin,E.,Hanson,U. & Tyden,T.(2005).Associations between pornography consumption and sexual practices among adolescents in Sweden.International Journal of STD & AIDS,16(2),102–108.

Haraway,D.(1991).A Cyborg manifesto:Science,technology,and socialist-feminism in the late twentieth century.Donna Haraway(Ed.).Simians,cyborgs and women:The reinvention of nature(pp.149–181).New York:Routledge.

HONcode.(2005,April 11,2005).HON code of conduct(HONcode)for medical and health web sites.Retrived April 11,2005,http://www,hon.ch/HONcode/conduct.html.

International Society for Mental Health Online(ISMHO).(2000,Journal 9).Suggested principles for the online provision of mental health services online,Version 3.11. Rtrieved October 10,2005,http://www.ismho.org/suggestions.htm.

International Society for Mental Health Online(ISMHO).(2005).Mission statement of ISMHO.Rtrieved May 13,2005,http://www.ismho.org/mission.htm.

Jones,S.G.(1998).Cybersociety:Revisiting computer-mediated communication and community(pp.185–205).Thousand Oaks,CA:Sage Publications.

Jones,S.G.(2000),Virtual culture:Identity and communications in cyber society.S .Jones(Ed.).Cybersociety 2.0(pp.185–205).Thousand Oaks,CA:Sage Publications.

Kaltiala-Heino,R.,Lintonen,T. & Rimpela,A.(2004).Internet addiction?Potentially problematic use fo the Internet in a population of 12-18-year-old adolescents.Addiction Research and Theory,12(1),89–96.

Koch,W. & Pratarelli,M.(2004).Effects of intro/extraversion and sex on social Internet use:North American Journal of Psychology,6(3),371–382.

Koocher,G. & Morray,E.(2000).Regulation of telepsychology:A survey of State Attorneys General.Professional Psychology Research and Practice,31(5),503–508.

Kraut,R.(2004).Ethical and legal considerations for providers of mental health services online.In R.Kraut,J.Zack & G.Strickler(Eds.),Online counseling:A handbook for mental health professionals(pp.123–144).San Francisco:Elsevier.

Kraut,R.,Zack,J. & Strickler,G.(Eds.).(2004).Online counseling:A handbook for mental health professionals.San Francisco CA:Elsevier.

Kraut,R.,Olson,J.,Banaji,M.,Bruckman,A.,Cohen,J. & Couper,M.(2004).Psychological research online:Report of board of scientific affairs' advisory group on the conduct of research on the Internet.American Psychologist,59(2),105–117.

Kraut,R.,Kiesler,S. & Boneva,B.(2002).Internet paradox revisited. Journal of Social Issues,58(1).49–74.

Kraut,R.,Lundmark,V.,Patterson,M.,Kiesler,S.,Mukipadhyay,T. & Scherlis,W.(1998). Internet paradox:A social technology that reduces social involvement and psychological well-being.American Psychologist,5,1017–1031.

Lessig,L.(2005,May).The second conference on online deliberation:Design,research,and practice.Paper presented at the annual meeting of Stanford University Center for Internet and Society.Stanford,CA.

Lloyd,B,T.(2002).A conceptual framework for examining adolescent identity.Media influence,and social development.Review of General Psychology,6(1),73–91.

Lorber,J. & Satow,R.(1975,July).Dropout rates in mental health centers.Social Work,20(4),308–312.

Lucoff,D.(2005).Navigating the mental health internet,lesson 2.1.Retrieved November 16,2005,http://www.spiritualcompetency.com/nmhi/course_nmhi.asp.

Maheu,M.,Whiteen,P.,Allen,A.(2001).E-health,telehealth,and telemedicine:A guide to start-up and success.New York:Jossey-Bass.

Maheu,M.(2004).Online counseling research.In R.Kraut,J.Zack & G.Strickler(Eds.),Online counseling:A handbook for mental health professionals(pp.69–89).San Francisco:Elsevier.

Maheu,M.,Day,S. & Green,M.(2003).Online versus face-to-face conversations:An examination of relational and discourse variables.Psychotherapy:Theory,Research,Practice,Training,40(1/2),155–163.

Martin,P. & Petry,N.(2005).Are non-substance-related addictions really addictions?American Journal on Addictions,14(1),1 & 3.

Mckenna,K.Y.A.,Green,A.S. & Gleason,M.E.J.(2002).Relationship formation on the Internet:What's the big attraction?Journal of Social Issues,58(1),9–31.

McWilliams,N.(1994).Psychoanalytic diagnosis.New York:Guilford Press.

McWilliams,N.(2004).Psychoanalytic psychotherapy.New York:Guilford Press.

Morahan-Martin,J.(2004).How Internet users find,evaluate,and use online health infor-
mation:A cross-culture review.CyberPsychology & Behavior,7(5),497–510.

Morahan-Martin,J. & Schumacher,P.(2000).Incidence and correlates of pathological
Internet use among college students.Computers in Human Behavior,16,13–29.

Morahan-Martin,J. & Schumacher,P.(2003).Loneliness and social uses of the Internet.
Computers in Human Behavior,19(6),659–671.

Moser,C.,Kleinplatz,P.,Zuccarini,D. & Reiner,W.(2004).Situating unusual child and
adolescent sexual behavior in context.Institute for Advanced Study of Human
Sexuality,13, No.3,569–589.

Naglieri,J.,Drasgow,F.,Schmidt,M.,Handler,L.,Prifitera,L.,Margolis,A. & Ve-
lasquez,R.(2004).Psychological testing on the Internet:New problems,old issues.
American Psychologist,59(3),150–162.

Nichols,L. & Nicki,R.(2004).Development of a psychometrically sound Internet addic-
tion scale:A preliminary step.Psychology of Addictive Behaviors,18(4),381–384.

Nicovich,S.G.,Boller,G.W. & Cornwell,T.B.(2005).Experienced presence within com-
puter-mediated communications:Initial explorations on the effects of gender with
respect to empathy and immersion.Journal of Computer-Mediated Communi-
cations,10(2).Retrieved October 12,2005,http://jcmc,indiana.edu/vol10/issue2/
nicovich.html.

Noonan,R.(1998).The psychology of sex:A mirror of the Internet.In J.Gacken-
bach(Ed.),Psychology and the Internet(pp.143–166).San Diego,CA:Academic
Press.

Plant,S.(2001).Coming across the future.In D.Bell & B.Kennedy(Eds.),The cybercul-
ture reader(pp.225–336).New York:Routledge.

Privacy?What privacy?(2005,August/September).Briefings,No.000.Sacramento:Cali-
fornia Psychological Association.

Quayle,E. & Taylor,M.(2003).Model of problematic Internet use in people with a sexual
interest in children.Cyberpsychology and Behavior,6(1),93–106.

Ragusa,A. & VandeCreek,L.(2003).Suggestions for the ethical practice of online psy-
chotherapy.Psychotherapy,Research and Practice,40(1/2),94–102.

Rainie,L.(2005,November 3).Privacy online:How Americans feel and why they are changing their Internet behaviors.Retrieved November 7,2005,http://www.pewinternet.org/ppt/2005%20-%2011.4.05%20Privacy%20-%20Cong%20Internet%20Caucus.pdf.

Rainie,L. & Horrigan,J.(2005,January 25).A decade of adoption:How the Internet has woven itself into American life.Pew Internet and American Life Project.Retrieved from http://www.pewinternet.org/PPF/r/148/report_display.asp.

Reips,U.(2000).The web experiment method:Advantages,disadvantages,and solutions. In M.H.Birnbaum(Ed.),Psychological experiments on the Internet(pp.89–114).San Diego,CA:Academic Press.

Ritterband,L.,Gonder-Frederick,L.,Cox,D.,Clifton,A.,West,R. & Borowitz,S.(2003). Internet interventions:In review,in use,and into the future.Professional Psychology,Research and Practice,34(5),527–534.

Riva,G.(2005).Virtual reality in psychotherapy:A review.Cyberpsychology & Behavior,8,No.3,220–230.

Roberts,D.,Foehr,U. & Rideout,V.(2005,March).Generation M:Media in the lives of 8-18-year-olds.Menlo Park,CA:Kaiser Family Foundation Study.

Seaman,B.(2005).Binge:What your college student won't tell you.Hoboken,NJ:John Wiley.

Shaw,L. & Gant,L.(2002).In defense of the Internet:The relationship between Internet communication and depression,loneliness,self-esteem,and perceived social support.Cyber Psychology and Behavior,5(2),157–171.

Skinner,A. & Zack,J.(2004).Counseling and the Internet.American Behavior Scientist,48(4),434–446.

"Smileys and Emotions for Email and IM"(2005).Retrieved November 21,2005,http://www.netlingo.com/limenu2.cfm?categary=Chat+Acronym.

Stack,S.,Waserman,I. & Kern,R.(2004).Adult social bonds,and the use of Internet pornography.Social Science Quarterly,85(1),75–89.

Stolorow,R.,Atwood,G. & Brandchaft,B.(1994).The intersubjective perspective.New York:Jason Aronson.

Subrahmanyam,K.,Greenfield,P. & Tynes,B.(2004).Constructing sexuality and identity in an online teen chat room.Applied Developmental Psychology,2,651–666.

Suler,J.(2004).The online disinhibition effect.Cyberpsychology and Behavior,7,321–326.

Suler,J.(2005).The psychology of cyberspace.Retrieved November 16,2005,http://www. rider.edu/~suler/psycyber/psycyber.html.

Taffel,R.(2005).Breaking through to teens.New York:The Guildford Press.

Tapscott,D.(2005,February).The Telephonosaurus.The Wall Street Journal,February 22.Retrieved from http://online.wsj.com/articles/O.SB110902664738560249.html.

Thornburgh,D. & Lin,H.(2002).Youth, pornography,and the Internet.Washington,D-C:National Academy Press.

Tips for telepsychology.(2005,January).Board of Psychology Update,12,2.

Turkle,S.(2005).Digerati:The cyberanalyst.Retrieved February 4,2005,http://www. edge.org/digerati/turkle/.

Voice over Internet protocol.(2005).Federal Communications Commission,Consumer and Governmental Affairs Bureau.Retrieved on November 14,2005,http://www. fcc.gov/voip/.

Whittaker,J.(2004).The cyberspace handbook.New York:Routledge.

Widyanto,L. & Griffiths,M.(2006).Internet addiction:Does it really exist?(Revisited). Jayne Gackenbach(Eds.).Psychology and the Internet:Intrapersonal,Interperson-al,and Transpersonal Implications.2nd.Ed.,New York:Academic Press.

Young,K.(1996,August).Internet addiction:The emergence of a new clinical disorder. Paper presented at the 104th annual meeting of the American Psychological Asso-ciation,Toronto,Canada.

Young,K.(1998).Caught in the Net:How to recognize the signs of Internet addiction and a winning strategy for recovery.New York:John Wiley.

Young,K.(2005).A therapist's guide to assess and treat Internet addiction:An exclusive guide for practitioners.Retrieved July 25,2005,http://secure4.mysecyreorder.ne-tadditction/other/therapist_guide.htm.

Zane,N.(2005,November).Evidenced-based practice in psychology:Challenges for effectively serving ethnic minority populations.The California psycholo-gist,38(6),15–16.

11 从媒介化环境到意识的发展

琼·普雷斯顿（Joan M. Preston）

心理学系，布鲁克大学

圣凯瑟琳，安大略省，加拿大

> "她闭着眼睛坐在那里，仿佛自己置身于仙境之中，她明知道只要自己再次睁开眼睛，所有的一切都将变回到平淡的现实世界。"
>
> ——Lewis Carroll《爱丽丝梦游仙境》（Alice's Adventures in Wonderland）

> "……形状知觉的特质和行动存在于思维的特有行为之中……事实上也是一种媒介，思维自身就发自于那里……"
>
> ——Rudolph Arnheim《视觉思维》（Visual Thinking）

11.1 导言

新媒体借助于软件和技术的进步得到飞速的发展，与此同时，我们界定媒体的方式也在不断地发生改变。电视机被称为"魔法视窗"的时代已经过去了，电影、电子游戏和虚拟现实装置操纵并模仿了人类及其行为与场景，这种场景也就是我们通常所说的"媒介化环境"。为了弄清楚一个扁平的屏幕是如何被看做一个场景，理论家和研究者们试图从 Gibson（1979）的知觉生态理论（ecological theory of perception）中去寻求答案。Gibson 曾提出问题，一个有意识的、具有能动性的有机体是如何在他的生存环境运作的。

根据知觉生态理论（ecological theory of perception），他解释道，我们不仅能感知到自然环境，而且能知觉到静态和动态的画面。当我们看东西的时候，周围的环境会提供视觉和空间的信息，这些对于意识的发展来说是必不可少的。如果我们接受这样一种观点，即思维是以抽象的视觉空间图像为基础，那么媒介就可能在意识发展中发挥着某种作用。基于此，"媒介化环境"能否被创造出来，从而使我们能够超越自我意识达到卓越呢？

传统的感知觉理论中存在的一些问题，在 Gibson 对视知觉的阐述中得到了解决（For a detailed discussion, see Reed, 1998）。Gibson 认为，视觉信息储存在光学列阵（optical array）之中，知觉源于对这些信息的探测，因此，知觉本身既是直接的也是激发性的。在 Gibson 看来，无论什么时候，都会有知觉的信息流（perceptual flow of information）在我们周围。当我们在移动时，光的梯度（gradient）会改变，不同梯度的光信息仅仅适用于特定的点。因此，光信息（optical information）不仅对环境中的客体和事件，还对个体的定位有明确的要求，个体总是存在于环境之中。因为 Gibson 的知觉生态理论（ecological theory of perception）关注的不仅是光显示的导航性及其他行为的功能可见性，也关注环境和感知的动态交互，因此它被虚拟现实（VR）设计师和电子游戏（VG）开发商广泛的接受。他们对理论中的三个问题尤为感兴趣：临场感（presence）、持续性（flow）和真实性（veridicality）。

11.1.1 临场感

Gibson 的临场概念和知觉流都与媒体（特别是虚拟现实）及意识存在联系。在媒体的研究和理论方面，临场感的概念格外重要，因为个体会报告自己在媒体中的卷入、浸濡以及完全的沉浸。临场感以及如何定义它，已经成为不同学术领域众多研究和理论关注的焦点。

临场感（presence）是意识流文学的核心。Hunt（1995）区别了直接意识在两种基本符号认知中的作用，即指向符号与表象符号，分辨出直接意识的作用。他解释道，意识进入到表象思维后，首要是作为感觉意义（felt meanings）来选择和指导我们的思维而不是成为思维的某一部分。在表象符号中，"感觉意义（felt meanings）是符号化媒介的表现方式中一种经验沉浸的结果。它作为一种自发的、强制性的表象出现，是在艺术的表达媒介中得到充分的发展（P42）"。那些接受性强、富有观察力的态度更能促使这种感觉意义的产生。Hunt 进一步解释道，符号认知的两种形式即具象形式和表象形式是结合在一起的。举例来说，声调、手势和语气都是指向性语言，但同时又属于表象形式。艺术在风格形式上都包含指示意向性和共享代码，但是"感觉意义（felt meanings）出现的更加直观和自发，是由于持续沉浸于意识知觉的表层的富有表现力的媒介本身（P42）"。Hunt 还描述了这种临场感是一种罕见的、特别的真实感和清晰感，同时伴随着愉快、自由以及自我释放的感觉。他认为这个至关重要的临场感非常类似于 Maslow（1990）的"高峰体验"（peak experience）和 Csikszentmihalyi（1962）的"沉浸体验"（flow experience）状态。在 Hunt 看来，存在着两种形式的自我意识：第一种自我意识从属于一个操作性条件反射装置，它是个体对于周围环境中可利用的具象信息的反应；第二种自我意识被证明存在于一种"自发表象状态"，这种状态更加直接的与个体的生命意义相联系。我们更乐于体验参与外部还是内部事件的这一倾向性，已经被确定为个体差异或人格的一个维度。（Ashton et al.，2004；McCrae & Costa，1997；Roche & McConkey，1990；Tellegen & Atkinson，1974），这个维度通常被称作"专注"或"经验的开放性"。

Hunt 指出，临场感——开放性是知觉本身的基本结构。研究者发现，积极的超个人经验与高水平的空间分析能力及高水平的平衡有关（Hunt et al.，1992；Spadafora & Hunt，1990），能够影响到空间定向测试与平衡的得分（Gackenbach & Bosveld，1989；Swartz & Seginer，1981）并与空间智能（Cranson et al.，1991）存在相互联系。Hunt（1989）指出，空间能力将会是临场状态充分发展的必要框架，这种临场状态也是基本空间感知结构再生与重组的基础。

随着发展，我们的抽象自我参照能力会演变为空间隐喻能力，并从空间阵列中分离开来。在 Lakoff（1987）看来，这些隐喻包括或存在于他者：中心—外围、高—低、内—外、容器、路径、力量。Lakoff（1987）和 Hunt（1975）都认为，不只是表象，存在感也需要这些抽象的空间隐喻。因此，自我参照能力的提升会给予我们一种体验，即"临场感———个实现的状态而非一个概念"（Hunt，1995）。也就是说，我们的自我体验最终仍是以生态信息为基础，而产生的存在感或临场感也是"真实的"。

如果媒体能够继续促进意识的发展，我们就必须要了解媒介化环境的空间和感知方面。同样的，很明显，除了媒体用户间的个体差异之外，中介事件也会对它们所唤醒的表征符号认知产生不同程度的影响。我们需要明白，哪些视觉信息和表征方式会促进表征能力和"流"。

在无媒介的感知中，临场感也是理所当然存在的。在媒介化感知时，有人提出两种独立的环境是同时产生作用的———一种是参与者自身所处的自然环境，另一种就是媒体所呈现出的环境。

但是，没有多少人同意关于媒介表征的定义 [1]。Lombard 和 Ditton（1997）在回顾这个主题的时候，描述了临场感的六个概念，包括在媒介化环境中无中介感。一般来说，在通信领域，参与者的临场感在媒介化环境下会比在周围物理环境下更容易产生（for example，see Heeter，1992；Sheridan，1992；Slater et al.，1994；Steuer，1995）。目前的研究方向主要集中于临场感的测量问题及其决定因素。自从"网真"（telepresence）这个术语出现以来（e.g.，Minsky，1980），"临场感"已经成为虚拟现实（VR）和远程操作（e.g.，remote manipulation，such as the Canadarm）技术发展的核心，然而，在研究中，调查者通常将对"临场感"程度的测量，操作为被试在其选用的 Likert 类量表上对事件进行评估。这种方式，很难让个体被试理解临场感究竟是什么。

许多因素都有助于临场感的产生，包括媒介环境中丰富的表征信息（若干感觉、大量的信息，等等）、显示功能（比如屏幕大小、视野）、注意力以及将输入信息与当前所关注问题和过往经验相联系的其他心理过程，还有沉浸程度的个体差异。在虚拟现实和电子游戏中类似于沉浸的另一概念是参与（e.g.，Laurel，1991）———主要是指情绪状态和认知成分，这种认知成分会使参与者产生第一人称的感觉。

早期媒体界面装置设计师就将信息和交互性联结起来了（e.g.，Bush，1945），研究者普遍认为，良好的交互性能够增加参与者的临场感（Vorderer，2000），然而交互作用并不能保证带来临场感。Grodal（2000）指出，在电子游戏中，交互性与玩家自身的技能有关。Csikszentmihalyi（1990）和 Turkle（1984）都认为，媒体需要考虑到用户的最佳心理水平和行动能力，才能创造更高的心理卷入体验、代入感和"沉浸体验"。Zahorik 和 Jenison（1998）都赞成这样一种观点，即 Heidegger 和 Gibson 提出的临场感，与个人在环境（自然或虚拟）中获得大力支持的行为有联系。他们接受 Gibson（1979）的提议，从对环境中成功行为的支持这方面来看，知觉具有真实性，同时，他们指出这会促使真实性的确定轨迹偏离主体的心理状态。也就是说，当"至少一个自我行为"在"指定环境中得到大力支持，那么自我临场感一定是真实的"（Zahorik & Jenison，1998，P87）。

[1] 有关媒介化临场感的信息可以浏览相关网页，网址 http://ispr.info/。

11.1.2 真实感

真实的视觉感知依赖于特定环境中的信息。和很多其他观点一样，真实感并不是存在于个体的内部心理状态，而是取决于感知环境中的可用信息。因此，一个媒介化的环境可能会带来高度的真实感体验，这取决于它能够利用到的感知信息。Gibson（1979）认为，当我们使用这些信息成功地指导我们在环境中的行为或表现时，我们会从光阵中直接觉察并感知到生态信息是真实存在的。从这个意义上讲，真实感和临场感是密切相关的。

运动产生的信息比物体表面特征所透露的信息更加丰富。它能详细说明一些结果性特征，如质量、硬度和动作中心。在观察一个实物的时候，不管是我们或者是物体本身发生位移，我们仍会"看到"上述信息。当前条件下，视觉系统发展过程中，动作产生的信息是真实的，因为光学结构决定了这些信息只能由相应的真实事件引发。

我们现在能够用很多设备制造出光学列阵，因此，视知觉的真实性不再能够得到很好的保证。光学定律能够确保媒介化环境中的感知同样能产生基于行动的信息。因此，对于临场感的理解涉及以下三个方面：感知信息保真度效应的研究，呈现给媒介化环境中观众的信息通道的数量或范围，还有其他影响光阵性质的因素，包括显示器的尺寸（e.g., see Preston, 1998; Witmer & Singer, 1998）。

通过自身的"可用性"，成熟的媒体创作活动能够让参与者置身于一个媒介化环境中。一些媒体能够进行视觉定位，诸如第一人称的电子游戏和虚拟现实技术。参与者看上去好像在媒介化环境中移动，光流会指定自我定位（生态自我），不断变化的光的梯度会产生一个视觉路径。因此，一些媒体不仅能提供与自然环境不同的行动空间，也能够产生相似的行动空间。

11.1.3 连续性

在自然环境中，感知信息（除了在几个奇异点）兼具空间连续结构和时间连续结构的特性。在媒介化环境中，除去某些高质量的虚拟环境，这样的空间和时间连续性通常都是有限的。媒介化环境的显示功能，可能会改变或破坏知觉流，可能会影响自我与环境之间的共同感和临场感。例如，所有让用户产生沉浸其中感觉的虚拟现实技术和其他媒介化环境都是第一人称视点（POV），如果我们进入到媒介化环境中并且四处走动，自动视点技术（POV-SM）将密切的描绘我们所看到的景象。

它非常类似于我们生活中的直接知觉。POV-SM 还保留了时间连续性和空间连续性，它可以有效的诱发临场感。但是，许多 non-POV 也能诱发临场感。那么，到底是哪种技术诱发的临场感呢？

Kraft 的研究显示，对于成年观察者来说，当简单的视觉故事中事件结构的两个方面具有空间一致性时（远景和方向连续性），这一视觉故事就可以产生四种叙述方式。如果远景镜头缺失，方向连续性足以指定布局和行动的方向。然而，当方向连续性遭到破坏，尽管远景镜头能够提供周围布局的重要信息，但是对于观察者记住动作流程没有任何作用。Kraft 认为，违反方向连续性规则，会使得观察者为呈现角色的潜在行为作出必要的推断。例如，Quentin Tarantino 的非线性电影《低俗小说》，它故意篡改了方向连续性。

观众能够理解那些基于感知规则的编辑序列，这些规则能够防止意外的似动，只有这些编辑序列遵循连续性规则，才能够保持自身的连贯性和一致性。这表明，即使没有不间断的视觉流，连续性也可以实现视觉叙事。在现实生活中，如果我们围绕某一位置来回走动，我们可能会探查到一些被遮蔽的东西。同样的道理，只要场景编辑能够维持时间和空间的一致感，即使在经过编辑的场景下我们也可以使用知觉结构信息。和 Gibson 的观点一样，Kraft 总结道，电影结构的心理影响很可能是衍生出来的，源自于我们对于真实视觉世界的经验，而不是随意的电影惯例。因为 Gibson 的直接知觉论（direct perception）基于导航技术，所以我们需要关注的是媒介化环境中，来源于运动的视觉信息，其形式有着怎样的性质。似乎正是这些属性对媒介化临场感的体验产生了影响。

11.2 生态知觉

Gibson 在其用来研究空间知觉的方法中，将光阵（刺激列阵）同环境的布局和感知个体区分开来。Reed（1988）指出，这样一来 Gibson 必须彻底地重新思考刺激获取过程的本质，包括完全拒绝刺激的原有概念转而提出基于光学列阵的生态信息概念。在 Gibson 看来，意识并不是主观建构起来的（Reed，1988，P303），而是基于对周围环境信息的察觉。

Gibson 的生态光学理论（ecological optics）提供了一个理解自然环境和媒介化环境的框架。他比较了两者之间的异同，并且解释说，屏幕图像并不能复制移动的物体，但媒体中的可用光信息却可以对物体运动进行详细的说明。和自然环境相似，媒体提供了让生态信息被感知的光阵或环境。

11.2.1Gibson 的理论

Gibson 的知觉理论是以信息为基础的。Reed（1988）指出，Gibson 的理论与那些有着棘手的心理和认知论难题的传统感觉理论形成了鲜明的对比。知觉是"直接"的，因为生态信息指定了其来源。Gibson（1966）认为，视觉信息比如光，寄居在自然而然产生的光阵结构之中。换句话说，知觉不是一种内在过程，也不是基于由刺激引起感觉后转化而成的，而是直接从环境光中获取可用信息。

我们知觉到的是"可见的功能"，是物体、空间和事件三者的功能属性。我们知觉到行为与物体之间的相互作用，这些信息能被观察者察觉到并使用。"功能可见"不是抽象的物理属性，而是一种功能性的生态相关的属性，比如纹理或可操作性。功能可见是主动的提供，而不是被动的适应某种要求（例如即使有东西能够让我们坐下，我们可以继续站着）。一个特定的对象可以具备很多信息，这些能够被意识到外部光学生态信息的观察者检测到。每一种可感知到的功能对于个体来说都有它自己的意义和用途，因此，个体要学会根据自身的行为和需要来区分一个对象的特殊含义。可见的功能不是某种可能性，而是一种真正的客观实际。当然，它也不是主观的。一个特定的对象对于不同的个体来说会产生不同的可见功能，正是因为功能可见性是功能性的，它与个体和环境之间的关系十分密切。

因为我们知觉到事物对行为和行动所提供的可见功能属性，所以知觉是与环境和自我同时存在。换句话说，我们每个人都会在真实世界中知觉到自己。Reed（1988，P280）解释说，知觉的目的是保持观察者与周围环境的接触，环境中充满了能够为知觉提供帮助的信息，就看观察者能否充分感知到这些信息。

Gibson 不再对时间和空间做出区别，而是开始将持续与变化这一对概念看做是存在交互关系的。在一些特征方面，特定部位的布局通常是不变的，如地面、天空和其他事物表面特征，都是一直存在的。Gibson 将事物表面特性（形状、位置、组成、质地、颜色等）的变化看做生态事件。Reed（1988，P286）指出，客体是事物的表面特征集群形成一个拓扑离散实体，这个实体存在的时间很短，并经历自己的特征变化。

尽管地点和对象是不变的，但是信息会随着个体在环境中移动而发生改变。个体的移动会产生一种光学信息的知觉流，每个梯度的知觉流只在一个特点的观察点可见。当我们移动的时候，环境中有关客体和事件的信息也会保留或改变，从而使我们获得一条关于自身所处环境的"视觉路径"。我们继续移动，一些隐藏的对象会变得可见，而之前可见的可能会被遮蔽。

每个观察者都会有一条"视觉路径"，即使个体的视觉路径一直在变化，视觉的所有可能性路径的集合是不变的。Reed（1988）总结道，环境是公共而又稳定的。也就是说，"在这儿能看到什么"和"在动感知觉中能看到什么"之间的转变——相当于所有动物所处环境的布局之间的联系——其实是可见的（P289）。Gibson 提出，因为经验是以意识作为基础的，随着时间的推移，我们可以探索和分享我们的环境。我们能知觉到自己的居住环境，是因为稳定和透视的结构。从一个既定的视点，我们会从可视部分的特定角度看到一个唯一的光阵，其余部分则被遮蔽。当我们移动时，遮蔽关系和透视形式会发生改变，这些变化是光阵透视的结构，是指定运动路径的光流。尽管透视结构发生了改变，光结构却依然恒定不变。透视结构指明我们去哪里，而恒定的结构告诉我们前方有什么。

Gibson 将运动视作由知觉控制的行为，而不是由认知地图来引导，即运动涉及客体的知觉和情境支持。个体适应布局的持久化特性，并且知觉到他们能够到达目的地，只要他们必须通过的嵌套的地方足够开放，而且还能提供不断的表面支持。

当我们沿着一条路径移动，我们经过的对象会从视野中消逝在我们身后，而新的视野会呈现在眼前，先前被隐藏的对象变得可见。每个远景（vista）就是从"这儿"看出去的景色，但视野范围是一个扩展的区域，而不是一个点。远景是串行连接的，一个地方的结束是另一个地方的开端，而且这种关联性是持续的。一个特定远景的不可见部分并非一定看不见，想要找到这些隐蔽的信息，我们必须察觉到可见与不可见之间的连续性。Gibson 指出，无序的环境会提供一个视点的选择，为了找到一个隐藏的地方，我们需要看到接下来有哪些远景需要打开，哪些遮蔽边缘隐藏了目标。

由于我们知觉到持久化环境是由光阵中的恒定结构导致的，这个时候就会产生共享意识，即当我们移动的时候，我们会知觉到自身视点的改变，因而决定了环境的透视结构。在共享意识的背景下，表象进化成一种社会介质。表象是信息选择流程的结果，由创建者或演讲者来呈现，从而使他人意识到一些东西。

表象承认功能可见性，意味着它能被间接感知，人类发展了大量标记表面的方式（写作、画画、油画、电子媒体）和运用声音、手势、声响设备来沟通交流。

Gibson 表示，我们知觉到自身的居住环境，并不是说我们只知觉到个人的视觉路径，而是所有观察者的视觉路径。拥有视点或者视觉路径是一个生态的事实，而不是物理（或心理）事实。一个特殊的视点将会产生一个独特的光阵。运动透视指定了运动的路径，因此透视结构是一种光流，这与传统的知觉理论是相反的，传统的知觉理论认为运动透视指定的是一个视点。每个人的运动都会改变自身光阵的透视结构。尽管透视结构发生了改变，但是光学图象的某些方面仍然存在，这就是恒定结构。Gibson 认为，光阵中的恒定结构指定任何观察者在任何路径上会看到的内容。这种恒定结构用于指定环境自身的独立性。

Gibson 的知觉理论解释了使用透视结构和恒定结构而来的共享意识。当观察者移动的时候，透视结构会指定变化中的环境、变化中的视点。持久化环境是利用光阵的恒定结构被同样的指定给所有观察者，因此，我们可以在分享意识的同时拥有我们自己的视点。知觉同时兼具信息化和社会化特性。我们共同的意识为表象的进化提供了一个背景，包括图片、符号、信号等。我们所有人都能展示信息，并且使这些信息变得对他人可用。然而，Gibson 对基本信息视觉和派生信息视觉做出了区分，这种派生信息也可以说是基于文化习俗的表象信息。当信息指定的功能可用性意义在环境中可用时，这些信息就能够被直接知觉到，表象中的信息则是被间接的知觉。图片、语言、电影和其他媒体在某种程度上来讲，具有部分生态的性质，同时也有部分文化和叙事的性质。Reed（1988）指出，Gibson清楚地表明，"媒介化理解应该与直接理解相结合，一起使用"。对于人类来说，尽管直接知觉是主要的，但是直接知觉和间接知觉、个人意识和社会意识，总是结合在一起的。

11.2.2 生态自我

Neisser（1991）认为，自我认识的来源有很多，它们形成了自我的不同方面。他提出至少有五方面的自我。自我在知觉上给定的两个方面分别是是生态自我和社会自我，这两个方面的自我都始于婴儿期，通过环境的共同知觉，自我伴随环境中的活动一同发展。

人之所以明显不同于环境中的其他"对象"，因为人能够相互凝视、自制手势、互相交谈，等等。有关人际互动的信息包括互惠和每个参与者及其合作伙伴之间行为的偶然性。Neisser 认为，人际知觉很可能是与生俱来的。人际知觉在我们对于媒体的选择上也很重要：历史上最受欢迎的媒体，既不是书籍、电视，也不是电影，而是戏剧。在最新的媒介中，例如 VG，我们看到了由创造者引导的复杂叙事，以及游戏中允许参与者引导的复杂叙事的快速发展，例如"真人秀"栏目。

在 Gibson 看来，生态自我（ecological self）就是居住环境中的自我。1966 年，Gibson 提出有机体通过有意识的运动和行为积极获取信息，不只是关于周围环境，也包括自身的信息。Gibson 通过对个体周围光阵的研究，认为知觉和运动是密不可分的，知觉具有能动性而不是静态的。在他看来，一个移动中的个体，他经过的每一个位置或路径都会产生一个特定的锥形视野区，这个锥形视野区会朝着个体移动的方向延伸，同时在其来的方向收缩，据此来定位环境中的个体。这被称为知觉流（perceptual flow）或流动透视（streaming perspective）。

每当环境中的人或物发生运动时，光阵也会发生相应的变化。运动会导致光流梯度、表面和纹理都发生变化，我们使用这些信息来调整我们的行为。我们知觉到的是"直接生态条件"（immediate ecological situation）——一种包括了环境和自我信息——我们自身的位置及活动。Gibson 坚称（1979，P126），所有的直接知觉都是环境和自我的共生知觉（co-perception）。也就是说，环境光阵中的所有知觉，本质上都是光阵中特定位置的自我知觉。Hunt（2004b）指出，在 Gibson 看来，并没有"这里"或"那里"的概念。周围光阵会折射回来——如同影子一般——生物具有特定形态及速度的生物通过生态自我的精确定位，会体验到这些折射回来的光阵。或就是说，前方开阔的视野和反馈回来的周围环境的流，意味着有一个被生态自我具体化的"洞"。

运动透视不仅会带来对象距离的信息，还会带来个体移动方向的信息。光信息伴随观察者的运动而流动，它同时提供了关于对象、事件和自我三者的信息，所以我们总能知道自己在环境中所处的位置。Gibson 认为，自我知觉是"积极的有意识的自我遇到环境时的一种知觉"（Reed，1988，P233）。

生态自我，即居住环境中的自我，将直接与间接理解的信息汇集到了一起。

因此，个人真实环境中的经验和一个与之相似环境中的经验可能会相互影响。例如，一个电子游戏玩家会使用类似真实生活中的技能、知识和策略来解决游戏中遇到的问题，同时，虚拟现实训练（如飞行训练、减少飞行恐惧）也被寄望于能够用于现实生活事件。

生态自我，无论是在虚拟空间或自然环境中，都有可用的直接理解和媒介化理解。

11.2.3 自然与媒介化环境

Gibson 的理论提供了一个理解媒介的框架，解释了我们如何知觉静止和运动状态下的媒介，以及它们和自然环境的关系。他将环境信息从媒介产物中分离出来，就视觉方面来说，这种媒介产物涉及个体在选择和展示光信息时的光线结构。"功能可见"（Affordance）是可以在环境中被直接知觉到，它们也能在表象中被间接知觉到，艺术家有能力在选择和展示信息时运用到某种方法，能够促进我们对"功能可见"意义的知觉。

Gibson 指出，在移动媒介中，固定结构的展示比透视结构的可用性更重要。例如，电影做剪辑是为了保持固定信息按顺序出现。我们确实需要学习一些编辑处理技术，包括剪切、分解、及时的闪回和闪前、次要情节的交织等等，但是对于幼儿节目我们需要明智地使用更少、更简单类型的编辑。

在媒介化环境中，一些具有明显导航性的设置，与真实环境有着相似之处，但也存在着差异。理论家们已经明确了不同的空间区域，其中一些和运动错觉具有相当大的关联。Cutting 和 Vishton（1995）描述了三个区域，即个人空间、行动空间和远景空间，并确定了它们三者中直觉信息的主要来源。例如，一些形象化的信息来源（遮挡、相对大小和相对密度）不会随着距离而变化。行动空间的圆形区域超越了个人空间，在那里我们能够快速的移动或行动，知觉信息的有效来源是两种形象化来源——遮挡和相对大小。此外还有运动透视、视野高度、双眼视差。在模拟实验中，运动透视的效果能够由特殊摄像机创造出来，而行动空间是典型的动作电子游戏的生态环境。

Cutting 和 Vishton 认为，随着距离的变化，运动透视会消失，所以行人的远景知觉不会受到自身运动的影响。这是因为对于大部分行人而言，只有远景信息的单眼和静态来源是可用的。其中，四种形象化线索非常重要：遮挡、相对大小、视野高度和空气透视。他们指出，在远景空间，那些非常巨大的图像能够最为有效的揭示布局，或欺骗我们的眼睛以便使扩展的布局可见（如油画《波佐的天花板》）。然而，一些媒体远景，例如飞行模拟电子游戏能产生快速的运动速度，使得运动透视成为参与者的一个重要信息来源。

Previc（1998）描述了四个知觉区域，其中的两个区域和下面两个方面有联系：（1）在手臂能够到的地方进行抓取或操纵；（2）阅读，其他复杂形式的感知和视觉媒介下涉及面部知觉的社会交互行为。他描述的超个人功能区（action extrapersonal zone，AcE）是一个360度全方位的区域，其中深度线索（例如线条透视、相对大小）占主要地位。Previc 表示，AcE 的主要空间功能是，在地形上定义的外部空间中，为与之相关的对象进行定位和导航。而另一个区域则是外围超个人功能区（AmE）关心的是，空间定位和"它的运行模式是，通过前意识机制来解释稳定环境下的自我运动"。与 Cutting 和 Vishton 的理论相比，该理论表面的稳定性并不意味着重要的运动过程不会发生。

AmE 的视觉线索对于维持空间定向和姿势控制很重要：水平线索、线条透视和运动序列。那些宽视野信息会对自我运动发出信号。在媒介模拟方面，Previc 指出，运动序列的有效性，已经在由宽视野移动引起的媒体过程和体位变化过程中得到了证实。外部的视觉处理提供了至关重要的输入，对 AmE 躯体感觉（前庭与本体的感受）的输出做了补充，以此来实现有效的姿势控制、空间定位、图像稳定。在模拟飞行和方向旋转的过程中，任何一个感官刺激，都能够诱发姿势变动和空间定位错觉。Previc 指出，在 AmE 中的运动信息包括所有三种类型的角运动（偏摇度、俯仰度、横转度）和一种主要的直线运动（与前行运动相联系的离心扩大运动）。前庭系统是 AmE 中最重要的躯体定向系统，因为它通常为个体提供最可靠有效的惯性信息，这些信息涉及与重力相关的头部朝向，由于本身的不对称性，它可能在建立左右协调框架中占据至关重要的地位。Previc 强调了 AmE 系统的重要性，因为它的整体空间定位能力是知觉系统的基石。他和 Gibson 的观点一样，认为基本的定位系统对于知觉和行为来说是十分重要的。媒体创造者通过模拟 AmE 环境，可能会对意识的发展产生影响。

11.3 媒体生态环境

对于空间和对象的描绘，引发了有关现实、视角以及这些描绘如何与知觉理论相关联的争论。Plato 认为运用虚假表象是不正确的，因为透视的使用会歪曲现实的比例（例如两个同样大小的树，远处的被画成只有近处的一半大小）。

幸运的是，Plato 的观点并没有对艺术产生很大影响，对于大多数的图像制作来说，透视技术仍然处于一个支配地位。一些人相信，模仿是理想的，这样做的目的是使一个图像在技术上表现完美，观察者会产生错觉，无法分辨出图片和现实。其他人则持不同意见。例如，画家 René Magritte 曾画过一个管道，在它下面用法语写到，"这不是一个管道"。在虚拟现实时代到来之前，很难想象模仿的实例。除了极少数时候（例如全息照相和错视画技术），尽管《星舰迷航记》提供了一个未来视角，当今许多的剧院、艺术中心和科技中心也都会提供虚拟现实装置，但我们依然很难接受将一幅图像看做是真实的。。

有关现实主义的假设已经变成了一场争论，到底它描述的是什么东西，这个争论涵盖了众多领域，包括哲学、艺术、心理学和计算机科学。Panofsky（1988）认为，透视是用来传递知识内容的一种象征形式。他说，透视并不能代表视觉本身，它只是看到对象后产生的众多可能性表象中的一种。因此，透视是一个比喻性原则。Gombrich（1993）指出，也许世界可能永远不会看起来像一个图像，但图像经过制作会看起来像世界，因此透视是用来实现模拟设想的表征技术。

前卫艺术可能会采用透视技术，但绝不会对模仿感兴趣。瑞士艺术家 Paul Klee（1973）声称，"图像无法复制所见，图像只是渲染可见"。当代理论家都明白，艺术家 / 摄影师 / 导演 / 游戏设计师做出的选择会对创作产生影响。表征物理现实也许并不是目标，但对情感或其他内容的表征却可能是，例如 Kandinsky 的作品《Composition VIII》（Guggenheim，NY）。

Turner 在不同的光线条件下，绘制了同一幅画面。证据清楚的显示，艺术家们会自主选择他们作品的组成部分。拍摄的情况也是如此，更别说在这个软件时代下出现的数码照片处理和数码电影图像制作。即使照片没有被数字化处理，摄影师仍会选择符合自己目标的方式进行拍摄。

视觉并不是媒介中唯一可用的知觉信息，许多表象能够为听觉或其他知觉系统提供可用信息。视觉影像、音乐、和其他产品特性，例如照明和场面调度，都能够诱发情感，影响视觉关注的焦点。Chion（1990）认为，我们所听到的东西一直在改变我们所看到的内容，因为声音恰巧构成并占用了视觉结构。一些关于电影音乐的研究显示，音乐的特征会直接或间接影响人们对电影的判断（Bolivar et al.，1994；Bullerjahn & Güldenring，1994；Lipscomb & Kendall，1994；Marshall & Cohen，1988；Thayer & Levinson，1983；Vitouch，2001）。音乐的各个方面，例如韵律、节奏以及暂时性的同步，会形成临时的一致性（声音或视觉上），或许还可能决定注意的视觉焦点（Cohen，2000）。Cohen（1999，2000，2005；Cohen & MacMillan，2004）还表示，音乐可以改变心情，可以增加观众的代入感。

当存在视觉歧义的时候，音乐所产生的影响作用会更大，媒体创造者往往会选择符合视觉效果的音乐。Smith（1999）认为，这种声画一致性提高或增强了图像的情感表达效果，即相比于比单独接触音乐或图像，观众感受到的感情更加强烈。

任何媒介都会对创作者提供一定范围的选择。艺术中天分的作用不能被忽视，否则我们都能够画的像 Rembrandt 和 Van Gogh 一样好，或拥有像 Cunningham 和 Annie Leibovitz 一样精湛的拍摄技术。大部分的媒体都是故意如此。虽然导演会通过控制画面提供线索来引导观众领悟其所要传达的信息，但观众通常更乐于通过工具集来剖析视频。媒体的创建者可以通过改变结构的影响引发推断，一个简单的演示就能解释风格或者形式在媒体中所处的地位。我给学生展示了几张"猫"的图片，里面包含了大量的信息（一只由黑白线条所画的具有心形斑点的猫，一只彩色的卡通猫，一只用油彩绘制的十分逼真的猫和一只彩色抽象的猫）。然而，媒体不是由单一形式所构成的。Klee（1973）强调内容是本质的，它是形式发展的动力，但是内容必须要有合适的形式来呈现它。对于 Klee 来说，设计强调分析和合成的过程，不管它是否被称为直觉、无意识的过程或灵感，创造力必须与意识过程保持平衡。Kandinsky（see Knight，2001）将内容比作艺术家灵魂中情感，然后用形式来进行具体体现。他认为，不管什么时候，只要媒体创作需要观众的投入或选择，直觉都是至关重要的，因为在可用的设计解决方案中需要直觉来评估和选择。他还解释道，媒体创作始于内容，但只有当内容创造出形式，才能算上是完美和谐的存在。

11.3.1 图片

鉴于 Gibson 认为信息是独立于接收者和对象的，我们自然会问道，自然发生环境中存在的信息与媒介化表象中所存在的信息有什么异同。Gibson 指出，图片是平面的，相对于环境对象在尺寸上有所缩小，并且还要受到误差和局限性的影响。但是，误差不应该被视作图片和屏幕呈现内容之间的差异。事实上，Gibson 的研究表明，当人们从大量不同的位置和距离进行观察时，图片为观察者提供了足够的信息来执行视—空任务，几乎和他们在观察实际场景的时候一样好。

在 1971 年，Ginbson 将图片定义为"接受了大量的表面处理，使一个观察点上的部分区域的光阵信息可用，这种光阵中包含的许多信息与来自日常环境中外围光阵的信息是相同的"（P277）。正如 Reed（1988）所言，我们不应该只看一张图片的表面内容，更应该关注它想表达的内容。他还说，一张图片在传递可用信息方式上，可能是约定俗成且带有特定文化特色的，然而信息本身却不会带有传统色彩，而是生态的。

当透视被用于静态场景的时候，它能帮助观察者看到场景中某部分的真实空间展现。透视图片针对光阵中被镜头捕获的那一部分，给观察者提供了空间意识。真实感之所以产生，是因为被图片捕捉下来的光阵的某部分，包含了一些真实场景中同样的结构。当然，图片表面所显示的信息并不是真实场景的完整再现。

因为图片和现实可能会展现同样的信息，所以观察者可以体验到"媒体化现实"。因而，图片不可能成为一个真实或自然的环境。此外，图片包含它自身表面信息（例如纹理和画的笔触效果、照片的微粒状态）。尽管艺术家可以决定在画面中展现什么内容，但观察者可能会从不同的角度和距离进行观赏，也可以选择只看图片的表面（例如看画面的布局和排列、画笔笔触的模式、画面展现出的表面纹理）。在艺术画廊，观众可能会充分利用各种各样的信息，而不只是画面，还有用来作画的材料的种类、绘画的风格类型或艺术家所使用的其他媒介以及绘画中各元素的具体运用（层次、画笔种类，笔触类型）。即使是非专业人士，也能很容易的分辨出 Van Gogh 的厚漆笔画和 Renoir 的小笔触画。每家画廊都会呈现其中一种来促进画面产生的效应。在纽约布法罗的 Albright-Knox 艺术画廊，他们选择了一副 Jackson Pollock 巨大的的作品挂在走廊尽头的墙壁上，当你走近这幅画，它会占据你的整个视野，创造出一种身临其境的错觉。

静态的媒介会破坏透视结构和恒定结构，我们所看到的只是艺术家或摄影师选取的特定的视点。在 Gibson 看来，静态介质的透视结构是一种特殊情况下的光流动，我们看到的只是一个点，而不是一条路径。根据 Gibson 的研究（1979，P282-284），用图片来呈现一个场景的透视结构，并不能引发观众的现实错觉，而是诱发一种身处于媒介化世界的存在意识，也就是他一直强调的"非错觉"。图片透视（从一个观察点看到的）不同于平常我们所说的"看"（从一条路径看到的），我们需要通过在环境中移动来提供信息使我们可以"从路径看"。

11.3.2 媒体和移动

在图像表征中，观众容易识别对象或事件，简单的线条画一般都带有一些空间信息，而透视画甚至包含了三维空间信息。也就是说，图片是一种生态空间。随着电影的出现，当个体或对象在屏幕中移动时，媒介化环境提供了更多的空间信息。早期的电影摄像机很重而且是固定好的。早期的导演如 Lumière 兄弟拍摄的是记录现实生活的电影短片，例如在拍摄电影《Arrivée d'un train》（1895）时，他们把摄像机带到巴黎火车站，放置在轨道旁边，拍摄下火车进站、停靠、上下乘客的画面。

随着摄像机和摄像技术的快速发展，电影导演在镜头中融入了更多的空间导向技术。他们可以使用摄像机来摇摆镜头、伸缩镜头、缩放画面，还能以第三人称或第一人称视角来呈现运动画面。在第一人称视角里面，摄像机会向观众展示置身画面当中将会看的内容。自我运动视角在电影、电子游戏和虚拟现实中得到广泛运用，它所呈现的是如果观众置身于电影或媒介化环境中将会看到什么。

不论是在现实环境中还是虚拟环境中，运动都会诱发情绪和躯体反应。Lang（1995）研究了知觉—情感联结后发现，主观判断效价和图片的生理唤醒会引起真实的心理生理反应。研究人员在观察了观众对于电影图片的情绪反应后发现，观众在看到这些图片后会报告一种"模拟症状"，并且在各项任务上后测得分会降低（e.g., Biocca & Rolland, 1998；Cheung et al., 1995；Kellogg & Gillingham, 1986；Kennedy et al., 1993, 1997；Kennedy & Stanney, 1996；Lombard et al., 1995；Reeves & Nass, 1996；Regan & Price, 1994）。一些理论模型假设，个体观看时的情绪和负面影响的出现之间存在直接联系，包括晕动症和后测成绩降低。一些研究人员（e.g., Kennedy et al., 1993）进一步假设，上述症状会导致更糟糕的表现。

最近，研究关注的焦点转移到媒体娱乐及其主要功能上（Bryant & Vorderer, 2006；Zillmann & Vorderer, 2000）。电子游戏中参与者可运动虚拟空间和虚拟现实娱乐在大众中的普及表明，两项技术都取得了积极的结果，对大众产生了心理上的吸引。当用户观看似动的显示器时，他们对于"症状"的解释方式，可能会因为其在自然环境里加工相似的生态信息的方式不同而有所差别。这就是说，生态自我的技能和能力会影响我们对待媒介化信息或自然信息的反应。那些容易适应自然环境中运动经验的参与者，应该也容易适应媒介环境下的表面运动，而且在离开这个环境后更少的表现出不良反应。

11.4 空间和定向

11.4.1 定向

生态自我或知觉自我关注的是环境中的空间和知觉信息，这使得我们不论是在媒介化环境中还是自然环境中，都能够保持良好的方向感，同样也让我们在进入媒介化环境中的时候能够定位自己，在重返真实环境的时候能够再次重新定位。Gibson 关注的是定向对于准确理解环境的重要性。不管是自我运动还是环境中某些对象发生了运动，个体都会进行调整来适应这些变化着的刺激。输入到活跃的探索系统的信息，随着运动的变化产生了更多的信息。Reed（1988）说，Gibson 指出了一个事实，即"没有一个基本官能定位系统（basic orientation system），就不可能有知觉，也不会有动作"（P227）。

在 Gibson 看来，自我知觉或本体感受性是所有知觉系统的一个功能组成成分。因此，我们才能通过各种感觉——视觉、听觉、运动觉等，意识到我们的行为。官能的本体感受性强调"对于观察者与环境之间关系变化结果的意识"和"每一个知觉系统适应不断变化着的刺激的复杂能力"（Reed，1988，P227）。我们有一个"基本定向系统"，它包含了所有的知觉和行动系统，从而使得我们能够保持对自身周围所有动力和平面的定位。运动需要几种类型的定向，包括确定自身方向（例如重力和其它类型的力）、保持平衡和体位的本体感受性。

不论在自然环境还是媒介化环境，缺乏定位能力会破坏知觉的探索和行动，有研究结果表明，被试在进行模拟训练之后，参加空间导航测试的表现明显下降。针对这一问题的解释，通常会归咎于刺激种类和晕动症。然而，参与者在虚拟行动空间中直接理解力的可用性，同样的指向了影响模拟后表现的现实生活因素。因此，我们需要确定相关的现实生活因素，包括参与运动，特别是涉及到 3D 空间、晕船、视觉困难、定向障碍和 3D 娱乐的活动，是不是影响到模拟情绪、症状和表现结果。研究者已经开始了一些调查，一份文献搜索显示了大量有关定向（包括空间的参考结构、空间信息更新和再定位）和定向障碍（包括原因、后果及预防）的新研究。

当我们围着自己旋转或观看某些媒介化事件时，我们可能会迷失方向。Siegel（1979—1980）曾经指出，不管是在现实环境还是模拟环境中，能够导致晕眩的刺激都很难被明确地辨别出是积极的还是消极的。他还说，晃动是产生晕眩的一种方法，它还伴随着对内外部环境创造性的自主探索。

他指出，当晕眩带有负面影响（如自主觉醒）时，往往会掩盖积极的效果（如皮质性觉醒）。当刺激涉及虚拟运动空间中的运动时，一些症状（每一种都反应了不同程度上的空间定位困难）并不一定是负面的。在两种情况下参与者或学认为这些症状是令人愉悦的，第一就是参与者把这个当做一个游戏，具有高空间能力及感知力帮助他们促进自己的定向能力，第二种情况就是参与者会享受现实生活中的类似事件。这些个体可能将这些症状视为运动过程的正常或意料之中的反应。在某种程度上，参与者都会在相似的真实生活事件中遇到困难，运动刺激可能会产生自主唤醒，个体将会感觉到不舒服和丧失方向感，并且出现比之前更差的视后表现。

11.4.2 视点和知觉流

Gibson 用电影来研究自我运动（作为一个飞行员训练项目研究的一部分），还将运动透视确认为一个知觉变量。Gibson（1954，P321）说，针对大部分视野的运动透视分析，"表明在没有任何前庭系统和肌肉官能参与的情况下，观察者的前行运动印象能够在视线上被引发"。他说，观看了"飞机降落在飞机场"的运动影像的观察者报告称，他们产生了自己也在沿着滑行轨道朝向地面上一个可见点移动的体验诱发更多引人注意的运动经验。我们可以通过不同的途径来体验这样的运动，可以借助用于飞行员训练和测试的飞行模拟器，可以通过第一人称视角的飞行模拟游戏和电影，同样还可以依靠虚拟现实技术和电子游戏的应用。1968 年的电影《2001：A Space Odyssey》[1]，开创了技术特效的先河，创造出了"星际之门"和旋转流动的光线来表征太空之旅。

技术和电影艺术的进步，使我们能够更好的模拟自然环境中的知觉经验。第一人称或者视点转化的拍摄方法增加了界面的透明度，因为它模仿了直接知觉的

---

[1] 1968 年的电影《2001：A Space Odyssey》(Stanley Kubrick & Arthur C. Clarke)。更多的信息可以参考互联网电影数据库 http://www.imdb.com/。

空间分量。具体来说，在虚拟仿真，模拟器和运动中，观看者是在空间组合，自动的视点里转换（Preston，1998）。随着导航实现性的增加，模拟一条视野路径，自我运动视角与媒介化环境中的临场感相联系。

Gibson 认为，"功能可见"是指通过有意义的静态和动态图片，以一种部分历史（经验）部分文化（生态的）的方式被间接地知觉到。我们的社会认知过程与社会意识以及个人的认知过程与个人意识是交汇在一起的，媒介化理解力和直接理解力是融合在一起的（Gibson，1976；unpublished，cited by Reed，1988，P307）。生态自我，即居住环境中的自我，将可被直接和间接理解的信息汇集在一起，因此，个体在真实生活环境中的经验与在模拟环境中的经验被认为是能够相互影响的。在一项关于虚拟运动空间的研究中显示（Preston，2005），参与者从"主观视点"的角度体验模拟的环境，也就是说，观察者将会看到他们置身于虚拟运动空间（自我运动视角）中可能看到的一切。因此，有人预计，与现实运动空间相关的因素同在虚拟运动空间中的那些因素一样，会对参与者的解释和反应产生影响。

86 名大学生（45 名男性，41 名女性，平均年龄 20 岁）自愿在一个 2 米多宽的屏幕上观看 10 个自我运动视角的剪辑短片（赛车、火车、跳伞、飞机、雪橇、沙漠越野车、帆板、特技飞行、战斗机和过山车），在看过每个短片之后，被试要报告他们的情绪反应和晕动症的程度，还要完成一份调查问卷以及与测量平衡能力和空间知觉能力有关的前后测测验。问卷还包括一系列的现实生活变量，包括乘坐各种交通工具的愉悦度、参与体育运动的类型和数量以及在现实生活中出现的一些典型不良症状（恶心、视觉困难和平衡困难）。那些平时经常参与运动的被试，在观看完这些剪辑短片后会感到更愉悦并有较高的平衡后测成绩，同时，他们也会获得更高的空间后测得分。而真实环境中会有恶心症状的被试，评定短片有更高的唤醒度和支配性，并报告称其在观看过程中产生了不良反应。那些在现实生活中就存在平衡困难的被试，在观看后会报告更高的情绪反应，在有关知觉和空间的后测中表现得更差。在现实生活中有恶心症状的被试和那些有视觉、平衡困难的被试一样，在空间后测中表现较差。

运动参与情况，现实生活中的不良症状及乘坐交通工具的愉悦度共同为被试提供了能力信息——在自然环境中对事件建立和维持基本方向感的能力。而后测指标则说明了观看第一视角视频后重新定位的能力。那些在现实生活中就具有更好的基础定向能力的被试，倾向于将观察过程中产生的晕动症解释为运动体验意料当中的一部分。他们更多的是享受这种体验，并且在后测任务中表现得更好，这表明他们不仅在虚拟空间中有较好的定位能力，而且回归现实环境中时再定向能力也不错。

在 Gibson 看来，知觉系统具有能动性，它会积极获取有关自身和环境的信息。我们不断的调整自身来适应变化中的刺激，为了在自然环境中发挥作用，为了去感知、行动，个体必须建立和维持对于环境的定向能力。

缺乏定位能力会妨碍直接知觉的探索。当体验到不断变化的光信息时，我们不仅要积极保持定向能力，在交替介入自然环境或真实环境时，还要有较好的再定向能力。Mou 和他的同事（2004）进行了一项关于参与者在增强现实（Augmented Reality，AR）环境中空间校正能力的研究。用来实验的系统将真实环境与计算机模拟产生的虚拟物混合在一起，参与者被要求在移动的增强现实系统中，利用环境稳定性（ESF）或自身稳定性 (BSF) 结构作为参考，来执行各种任务。在 ESF 条件下（当人在移动的时候，对象被固定在一个位置，和现实中情况一样），当参与者转动自己的身体时，他们就能够矫正对象的位置来执行空间任务。这个研究结果表明，空间记忆依赖定向能力。在 BSF 条件下，对象维持与参与者身体的相对位置（例如，一个对象直接呈现在个体的面前，当个体旋转 90° 的时候，这个物体仍然保持在个体面前）。缺乏经验的使用者，最初使用环境稳定性结构来执行空间任务，但是两分钟之后，他们开始变为利用自身稳定性结构。我们有一个"基本定向系统"，它包含了所有的知觉和行动系统，它使得我们即便在面对围绕在我们周围的所有动力和平面的时候，也能够保持对于自身的定位。这项研究表明，在虚拟空间中进行定位对我们来说是多么得容易。

Reed（1988）指出，无论我们的眼睛看向哪里，世界通常不会变得倾斜、晃动或扭曲，相反，我们在其中运动和起伏时，我们所看到的世界是垂直的。在运动的时候，我们使用广角视野来帮助我们顺利通过某个地形，因为水平线索、线条透视和运动流提供了视觉线索，这对于保持空间定位和姿势控制十分重要（Gibson，1966，1979；Previc，1998）。我们持续性的探测环境信息及其变化，用这些来更新我们的空间意识。Reed（1988）认为，知觉的目的是为了从大量的潜在刺激中获取清晰的信息，因此知觉活动是一个选择的过程。在一个陌生情境中，我们会知觉性地探索以获取支持我们行为的相关信息。在自然环境和媒介化环境中，保持自身基本的定向能力（进行持续空间更新），可以促进对于信息的选择能力，充分或成功的知觉就是依赖于此。

11.5 空间和意识

关于思维的潜在本质之争主要有两种观点：思维就好像是逻辑命题（比如 Pylyshyn，1984）、思维基于抽象的视—空图像（比如 Arnheim，1969；Hunt，1995；Lakoff，1987；Johnson，1987；Shepard，1978）。Hunt（1995）解释了 Gibson 的生态知觉理论，特别是关于世界中的自我和知觉流，是如何与意识的发展相联系的。

Gibson 认为，时空就是感受到周围光学列阵的流动，他还将意识视作对于世界中"流"的直接反应。Hunt 指出，Gibson 的直接知觉解释了我们在何地使用了显示的导航功能，以及导航在各梯度光流、表面和纹理方面产生的变化。他还认为，很难想像一个个体在一个光阵中进行定位时，意识不到自己所选模式是与之相关的。Hunt 认为，就如同 Neisser（1976）和 Bartlett（1932）一直坚持认为的那样，"如果自我反射符号认知是基于知觉过程的重组和整合，我们可以期待 Gibson 的流体动力学作为更高级心理过程的组织模板的组成部分，再次出现"（P70）。Hunt（1995）认为，意识是一种涉及方向、选择和无意识过程合成的能力，这种能力确立了一种能够直接重组和再利用知觉结构的智力的深层结构。空间能力是意识充分发展所必须的框架（Hunt，1995，P46）。许多理论家都为我们对于视空基础思想的理解做出了贡献。

Arnheim（1969，1974）认为，抽象视觉图像是语言及非语言概念思维的深层次结构，这种观点是基于他在美学上的工作实践。他说，视觉艺术（不管是自然主义或抽象表现主义）的感受意义是最直接的传达，在图像或背景分化最基础的水平上，通过嵌入绘画中抽象的"视觉动态"或"力量架构"得到及时的传达。通过使用频闪观测仪进行曝光，他还发现，高频振幅无法提供足够的时间来确认一幅画中的指定对象，相反，它最基本的外部结构或表达结构是一个庞视官能模型。在 Arnheim 看来，眼睛看到多少内容，就会感受到相应的"视觉动态"。一些艺术家十分赞同这个观点。Kandinsky（see Knight，2001）认为，内容是内部元素，也即艺术中蕴含的情感，形式是外部元素，是内容的体现。

一些研究显示，形状和情绪存在一定联系。Bang（1991）发现，水平线条倾向于传递稳定和冷静的情绪，垂直线条会使人兴奋和积极向上，对角线则会传递出紧张的情绪。Arnheim 认为，抽象的图标或形象对于科学发现来说十分重要，Shepard（1978）的研究结果表明，物理科学家是在无意识的几何动态图像中思考。Hunt 认为（1995，P174），抽象动态中沟通的匮乏表明了，他们主要反映了感受意义的内部和微基因的过程，较少地涉及传统的、文化的用以参考指引的口述代码。换句话说，几何形状和抽象的画作可能带来更深刻的见解，这都得益于他们无需参照性约束就带有感觉意义。

Arnheim 的分析表明，基本形状传递的是感觉意义，而非详细的知觉现实主义，它对于旨在鼓励意识发展的建构媒体具有重要意义。这个观点与虚拟现实和电子游戏设计师的观点形成鲜明对比，后者更注重现实主义。

玩家还将现实的元素（声音、图像和设置）作为评价电子游戏（Wood et al.，2004）的重要指标，新产品加强了现实元素之后很受欢迎，例如头部光学追踪器，允许玩家轻轻转动头部来环视整个游戏环境。因为显示设备的限制，早期的电子游戏中只有一些简单的形状。随着制图技术的提高和可利用细节的增加，这使得模式识别更加容易。技术的进一步发展，导致更复杂的环境和更复杂的游戏，这些游戏要求玩家在重复玩的过程中，掌握相当多的学习内容。虚拟现实设计师在早期也遇到了显示质量问题，在感官真实性和表现力之间的联结是一个常见假设，并不能在实践中实现。Biocca（1996）表示，为了对表现产生影响，虚拟设计可能会选择性的强调相关线索，更多地模拟我们的想法而不是模拟现实。为了做到这一点，我们需要识别隐喻思维。

Arnheim 表示，只有几何动力学能成为思维的一个主要媒介，这是因为它足够复杂、准确和超速度。Arnheim 宣称，"形状和运动的知觉品质，存在于每一个思维活动之中"（Arnheim，1969，P118）。他继续说道，上述知觉品质就是思维本身发生时的媒介。在 Arnheim 看来，超高速的几何动态图像是所有思维的基础。他提供了很多图片样例，这些样例反映了个体对于抽象言语概念的理解，例如时间。Hunt 指出，那些图片可以证明，语义逻辑关系能够被转换成抽象形式，但是缺乏参考性指引。Arnheim 认为，参考性指引是语言的主要功能，抽象的动态图像反映了感觉意义的内部和微基因过程。也就是说，在他看来，视觉空间隐喻是抽象思维的基础，这个观点被 Lakoff 和 Johnson 进一步发展。

对于 Lakoff（1987）和 Johnson（1987）来说，基本感觉提供了"基本层次结构"（basic level structures）和"图像模式"（image schemas）。这些更抽象的形式

常常发生，使得一些经验模式具体化，包括容器、中心—边缘、上—下，使得平衡概念结构更富有意义。根据 Lakoff（1987）的研究显示，图像模式作为人类经验的自我参照概念的基础，也是外部世界结构表征的基础。

Hunt（1995, P175）指出，Lakoff 和 Johnson 都把图像模式作为模态的而不是联觉的（See Hunt's Ch.7, "Synesthesia：The Inner Face of Thought and Meaning", for a fuller discussion）。Hunt 认为，必须有一个步骤，超越运动中这些结构的表现，用来提升到组织空间隐喻的地位，因为运动结构（path, near-far, etc.）也是非符号化生物的组织行为原则。这个缺失的步骤是，"他们对于符号使用的抽象概念依赖于交叉的翻译和转化功能"。

随着交叉知觉模式的出现，他们将会变得比简单联觉更加复杂，"一方面，将会成为表象语义和语法范围外的基础机构，在另一方面，会伴随出现更多结构复杂的抽象概念思维和自发的表象状态"。Hunt 指出，Arnheim 和其他人认为，如果不是感知空间及光亮度提供的隐喻，意识的开放性概念并不会得到这么大的关注，更别提被当做感觉意义。"空间的开放性组成了最严密的隐喻，它近似于一种分类，即表象自我参照能够完全包含意识、自我和时间。"Hunt（2004a）进一步指出，高度自我意识在意识本身的形式之上，通过来自更抽象的自然性质的联觉隐喻具体化，从而具有可见性。例如，一些个体如果"对他们的运动体现和共鸣适当的开放"，还能思考"光、风、水流、高山和峡谷等"，那么就可以诱发个体处于沉醉状态（Hunt, 2004a, P20）。

Hunt 区别出一种更为客观的经验或存在，例如光的开放空间，其伴随着交叉知觉模式的转化、时间开放性的隐喻。重要的临场感是一种更个人化的经验，不仅出现在一个象征性水平，也是一个涉及光阵中水平视野定位和特定位置的自我定位基础知觉结构。同样，Almaas（1986）区分两个方面的本质：第一，临场—开放性或者"感受超越"，这个更加非个人化和基于空间开放性经验；第二，更加个体化的临场感或"我是……"。他还告诉我们意识是怎样的：它是一种实质，充满了流动物质和外放的空间扩张感充满了流动的物质和外放的空间扩张感。临场感的这两个方面引出了对于媒体创作者来说一个很有趣的话题。个人临场感是一种更表象化的自我参照意识，它隶属于操作性条件反射的范围（Hunt, 1995），在表达符号媒介中，更加非个人的临场感随着自发意象的产生而出现，Arnheim 认为它促进了那些具有几何形状和性质的内容。这种临场感更加的直观，与一种有利于推论的媒体形成联系。

Hunt（1995，P213）认为，临场—开放性"并不是某种心理过程，而是一种存在的事实"。临场—开放性是知觉本身的基本组织，因此，它并不是被创造出来的，而是通过符号自我参照过程揭示出来的。Hunt（1995，P244）总结道：空间、时间、因果关系和自我是由一个单一的生态序列整体共同决定的，它们是其中不可分割的各个方面。这也许能够帮助我们理解媒体创作的任务——就是如何以一种通俗易懂的方式呈现视觉动力学，即时间—空间一致性，也就是 Gibson 提到的那种嵌套空间，在这种嵌套空间中，当我们运动的时候，之前被遮蔽的对象变得可见，一些可见的对象又消失在我们的视线中。

在 Hunt 的时间流探讨中，他指出，众多的心理片段可以合成一个较长时间的感受持续性，这个与 James 提到的"意识流"（streams of consciousness，James，1890）概念相似。有很多媒体技术都能帮我们实现"流"状态、自省状态或一些其他状态，这些状态有助于意识的发展。例如，1996 年的电影《The English Patient》[1]中，生成的声音和视觉编辑效果可能会诱发一些观众的似睡非睡状态。Suedfeld 开发了一种减少环境刺激的技术（REST）取代了对于动作类电子游戏来说常见的高强度刺激技术，这类技术建立了一个封闭的环境，使得情绪的提升和唤醒减少了（Suedfeld et al.，1985—1986）。这种技术增强了系统的创造能力（Suedfeld et al.，1987），产生了更加愉快和强烈的自传式记忆（Suedfeld & Eich，1995）。也许是低强度刺激鼓舞激发了自动意向。

媒体的设计特点被用来实现某些特定效果。对于一些媒介化环境来说，目标必然是模拟的，比如说对于飞行测试的模拟，但是其他的因素导致了各种各样媒体的出现。什么样的选择可能会促进参与者意识的发展呢？完备的现实主义并不能够实现这一目标。几何图形、开放的视野和推论因素被认为能够促进意识的发展。Gibson 指出，导航、定向和嵌套位置都能够支持那些模拟活动。主动探索与电子游戏领域和虚拟现实领域中"流"的发展相联系。然而，这种类型的"流"被描述成一种理想水平的体验，玩家希望维持这种体验（Choi & Kim，2004），

---

[1] 1966 年的电影《English Patient》获得了 9 项奥斯卡奖，最佳音效和电影剪辑奖颁给了 Walter Murch，John Seale 获得最佳摄影奖，Stuart Craig 和 Stephanie McMillan 共同获得最佳艺术指导奖。该片极具视觉冲击力，更多的信息请到网络电影数据库中获得 http://www.imdb.com/。

因此似乎更类似于个人临场感和操作性条件反射。然而，一些电子游戏领域的研究表明，游戏变量与意识发展的水平相联系（Chou & Ting，2003；Gackenbach，personal communication，Nov. 2005；Gackenbach & Preston，1998；Nery & Preston，2005），电子游戏领域已经开发出并利用上生物反馈技术，允许我们通过呼吸和声音等去探索媒体事件（See http: //www.wilddivine.com，for a game designed to elicit a meditative state）。我们需要更多新型媒体，将导航技术从常用的操纵工具如操纵杆中解放出来。我们一旦识别出适当的视觉空间导航隐喻，就能够创造多种多样的媒介化环境，从而为意识的发展提供充足的机会，也给现存的媒体提供原型。

空间和导航都涉及眼动或自我运动。静态图像允许对场景中的某个部分进行视觉探索，因此，即使他们不允许运动，也能够促进意识的发展。Kandinsky 最出名的代表作《Composition 8》，就是由包含透视和遮蔽的几何图形组成的。

当看到这幅画的时候，我的一些学生报告，这幅画指的是音乐和抽象问题解决等。也就是说，这幅画给人们留下了想象的空间。另一些人则很难赋予这幅画意义。抽象的印象派画家为我们提供了丰富、多变的画作，用来探索一种想法，就像 Hunt 曾经提到的（1995）图像模式是联觉的隐喻。有些艺术品旨在代表一种超然的存在 [1]（例如艺术家 Gordon Onslow Ford 的作品，基于他的"线、圆、点"理论，Bogzaran，2003）。如果 Arnheim 的观点是正确的，即基础形状能够传递感觉意义，那么在符号使用方面，有线条和形状构成的图片应该被翻译成或转换为交叉模式。或许正如 Hunt 所说，个体差异在其中起到了作用，那些具有更高经验开放性的个体，或许更善于或更愿意推测抽象刺激的内在含义。1974 年，Stein 采用了一个外形线索测试，由线条图形组成，每幅图对应两种解释。例如，一副线条画是：\\\///，在结尾处有一个评定量表，标记其是代表日出或日落。他观察到，被试对于高级推论性标记的认可意愿在程度上存在着广泛的个体差异。

装置艺术家 Gary Hill 在他 1988 年的作品展上（viewed at Montreal's Musée d'Art Contemporain），创造出一个多样化环境。在一个装置中，漆黑一片，参与者没有任何的视觉信息，也听不到任何声音。参与者会倾向于轻微的摇晃，并将注意力集中到本体信息上。一些参与者在这个装置中，出现了头晕或迷失方向的症状，甚至无法保持平衡状态，最后退出了该装置。另一个装置带有一些电视屏幕，这些电视屏幕被放置成一排，每个电视屏幕上都会出现一条蛇的某一个部位，这条蛇会从一个屏幕向另一个屏幕移动，呈一种缓慢起伏的形状，似乎在对观众

---

[1] 更多信息请参考 http://www.lucidart.org。

进行催眠。图像从一个屏幕上出现到另一个屏幕上（循环往复）的时间和速度都保持一致，它将跨越电视之间的距离，最终，这条蛇的头部、尾巴和身体将会出现在不同的电视屏幕上。这条做着起伏运动的蛇和缓慢行进的序列，似乎诱发出一部分观众的似睡非睡状态，而另一些观众则明显显得很放松。慢节奏通常出现在一些生动的媒体中，这样观众就有充足的时间，从而领悟到更深层次的个人意义。与此相反，快节奏要求观众适应快速变化的知觉信息，这会增加唤醒水平和兴奋程度。叙事结构的程度也很重要，因为较少的结构或仪器装置，涵盖了大量的非线性特性和更多的歧义，引发了观众更多的推论（see Blanchard-Fields et al., 1986）。大众媒体通常使用高度结构化的内容来促进观众理解制片人或导演的意图。

伴随着计算机运行速度的加快、图形软件的升级和其他技术的创新，很多研究者及其团队都能够使用媒体空间和不断发展的巧妙的虚拟环境进行各种实验。

例如，在 Illinois 大学，国家计算机安全协会（NCSA）可视化和虚拟环境团队，发展了 CAVE 技术，这种虚拟研究环境和真实立体功能技术能够实现研究者和数据的交互。随着 2005 年 11 月美国电视剧《Medium》高清 3D 版的播出（所使用技术由 Sensio Montrel 研发），3D 技术的使用已经扩展到电视领域。

Char Davies 创造了一种虚拟空间，这个空间包含了大量由 Gibson 确立的知觉的原则和观念，以及意识流文学中描述的自我意识和意向图式。她的"Osmose"（《渗透》）和"Ephémère"（《蜉蝣》）两部作品，都是根据亲身经历创作出来的（Davies, 2004）。它们被描述成一种自我的"通向一种短暂而具体化的体验模式"。参与者带上一种头盔式的显示器，走过一个虚拟环境，在该虚拟环境中，实时运动追踪基于参与者的呼吸和平衡。

"作为一种颠覆虚拟现实技术'空白空间中棱角分明物体'传统审美的方法"，Davies 使用了半透明和透明的视觉效果，它使个体视线能够同时穿透 20 层。内容和形式都很重要。例如，Klee（1973）将内容比作形式的推动力量，但形式又是其发生、成长及本质的过程导向。Davies 说，她的目的是创造一种全封闭式的通量和流量。在这里，我们用来物化世界的常见知觉线索简单地消失，并且混合着大量不同的色调和亮度，然后融入一个模棱两可的、柔软的、半透明的封闭空间。根据 Davies 的说法，这创造出一个知觉状态，个体能够清楚地意识到自己在居住空间中的具体存在。Hunt（2004a）表示，这类似于高度自我意识，当自然界更多抽象特性在联觉隐喻中得到具体化时，它就会变得可见。

Davies 为了反击媒体对控制的偏见，还设计了虚拟空间。在"Osmose"（《渗透》）和"Ephémère"（《蜉蝣》）的导航操纵中，个体通过呼吸和改变自身重心的方式来改变方向。与传统导航方式和虚拟空间中的交互不同，这种技术依赖于直觉感官的呼吸与平衡过程，来制造身临其境的体验。Davies 认为，手动设备如游戏杆、指针或数据手套，往往会"强化一种仪器化和控制化的姿态来面向全世界"，这是一个重要的设计问题，因为 Hunt 和 Almaas 都将工具集与更多个人的形象性存在相联系，而不是具有表现力的意识的表象性存在。Davies 也指出，用呼吸来控制升降体验，促进了一种令人信服的"流动"感觉，这种感觉往往会唤起一种由分离和非物质化带来的愉悦感，通过让参与者看穿几乎漂浮围绕在我们周围的一切，我们有意放大了参与者的这种愉悦感。

Davies 指出，"代入感的效应就像漂浮在一个世界中，这个世界既不是完全具象（即可见的），也不是完全抽象，而是处于两者之间"。

对于 Davies 来说，《渗透》是一个空间，用来探索自我和世界之间知觉的相互作用，也即当意识处于封闭空间时，可以促进自我意识的一个地方。在《渗透》中遇到的第一个虚拟空间是一个三维定向空间，当沉浸者（immersant）在这个空间里第一次呼吸时，就会感受到它带来的一种如同置身森林当中的清新感觉，这种感觉使我们能够进入到"空间世界"。这些空间主要基于自然界各个方面的隐喻，如空地、森林、树叶、云、池塘、土壤和深海平原，身临其境的参与者借助他们自己的呼吸和平衡周游于其中，或翱翔于在此之间模糊不清的区域。

《蜉蝣》（"Ephémère"）也是作为一种隐喻建立在"自然"中，使用一些反复出现的原型要素，比如根、岩石和河流，但现在原型的内容也囊括了身体器官、血管和骨头。与"Osmose"（《渗透》）不同，"Ephémère"（《蜉蝣》）具有三个层次级别：景观、地球和人体内部组织。不断变化的河流是唯一恒定的，它通过三个领域以及浸入者的呼吸和平衡，提供了一种导航的非线性意义。当沉浸者"跟随河流一起流动，河流还会变成地下河或汇集成一条主流又或是变成脉络般的分布，这种变化也可能是完全相反的"。

Davies（2004）报告说，在 1995—2001 年之间，超过 20000 人已经各自沉浸在虚拟环境"Osmose"（《渗透》）、"Ephémère"（《蜉蝣》）中，许多人体验到一种强化的自我存在意识，并且将这种体验描述成一种愉悦的关系或被意识感觉占据的空间。在经验开放性方面的个体差异提醒我们，临场—开放性是一个维度而不是一个点。那些具有高度经验开放性的个体，他们更喜欢鼓励关注内部事件的刺激条件（see Roche & McConkey，1990；Tellegen & Atkinson，1974），这使得他们更容易接受具有开放性或模棱两可的媒体。

Hunt（1995）认为，意象图式是联觉的隐喻，这种隐喻源于大自然的抽象的性质。但这些并不足以在运动中体现他们，它们需要通过交叉知觉模式来翻译转换成空间隐喻。新兴的交叉知觉模式可能更容易实现移动的视听图像，特别是那些具有开放性视野和几何形状的图像。然而，我们需要开发出更多的媒介化环境，来代表一个连续统一体上的不同点。大众媒体旨在向广大观众传达导演的意图，那些最初不太适应缺乏强大工具集的媒介化情境的个体，在尝试更高的开放性体验之前，可能会从结构化媒体入手。随着科技的进步和媒体创造者寻求表达感受意义方式的创新，尤其是空间具体化环境，我们也许很快就能识别内容和形式，这些内容与形式能够最好地鼓励具有不同技能、能力和媒体偏好的个体其意识的发展。

【参考文献】

Almaas,A.(1986).*Essence.*York Beach,ME:Samuel Weiser.

Arnheim,R.(1969).*Visual thinking.*Berkeley & Los Angeles:University of California Press.

Arnheim,R.(1974).*Art and visual perception.*Berkeley & Los Angeles:University of California Press.

Ashton,M.,Lee,K.,Perugini,M.,Szarota,P.,de Vries,R.,Di Blas,L.,Boies,K. & De Raad,B.(2004).A six-factor structure of personality-descriptive adjectives:Solutions from psycholexical studies in seven languages.Journal of Personality and Social Psychology,86,356–366.

Bang,M.(1991).Picture this:Perception and composition.Boston:Little Brown.

Bartlett,F.(1932).Remembering.Cambridge:Cambridge University Press.

Biocca,F.(1996).Intelligence augmentation:The vision inside virtual reality.In B.Gorayska & J.Mey(Eds.),Cognitive technology:In search of a human interface(pp.59–75),Amsterdam:Elsevier.

Biocca,F. & Rolland,J.(1998).Virtual eyes can rearrange your body.Adaptation to visual displacement in see-through head-mounted displays.Presence,7,262–277.

Blanchard-Fields,F. Coon,R. & Mathews,R.(1986).Inferencing and television:A developmental study.Journal of Youth & Adolescence,15(6),453–459.

Bogzaran,F.(2003).Lucid art and hyperspace lucidity.Dreaming,13,29–42.Available at http://www.lucidart.org.

Bolivar,V.,Cohen,A. & Fentress,J.(1994).Semantic and formal congruency in music and motion pictures:Effects on the interpretation of visual action.Psychomusicology,13,28–59.

Bryant,J. & Vorderer,P.(2006).Psychology of entertainment.Mahwah,NJ:Erlbaum.

Bullerjahn,C. & Güldenring,M.(1994).An empirical investigation of effects of fi lm music using qualitative content analysis.Psychomusicology,13,99–118.

Bush,V.(July,1945).As we may think.The Atlantic Monthly,pp.101–108.CAVE(URL). Available at http://cave.ncsa.uiuc.edu/.

Cheung,B.,Money,K.,Wright,H. & Bateman,W.(1995).Spatial disorientation-implicated accidents in Canadian Forces,1982–92.Aviation,Space and Environmental Medicine,66,579–584.

Chion,M.(1990).Sound on screen(edited & translated by C.Gorbman,1994).New York:Columbia University Press.

Choi,D. & Kim,J.(2004).Why people continue to play online games:In search of critical design factors to increase customer loyalty to online contents.Cyberpsychology & Behavior,7,11–24.

Chou,T.J. & Ting,C.C.(2003).The role of fl ow experience in cyber-game addiction.CyberPsychology & Behavior,6(6),663–675.

Cohen,A.(1999).The functions of music in multimedia:A cognitive approach.In S.Yi(Ed.),Music,mind and science(pp.52–68).Seoul Korea:Seoul National University Press.

Cohen,A.(2000).Film music:Perspectives from cognitive psychology.In J.Buhler,C. Flinn & D.Neumeyer(Eds.),Music and cinema(pp.360–377).Hanover,NH:Wesleyan University Press published by University Press of New England.

Cohen,A.(2005).How music infl uences the interpretation of fi lm and video:Approaches from experimental psychology.In R.A.Kendall & R.W.Savage(Eds.).Selected Reports in Ethnomusicology:Perspectives in Systematic Musicology,12,15–36.

Cohen,A. & MacMillan,K.(2004).Music infl uences absorption in motion pictures.Preprint of article in preparation.

Cranson,R.W.,Orme-Johnson,D.,Gackenbach,J.,Dillbeck,M.C.,Jones,C.H. & Alexander,C.(1991).Transcendental meditation and improved performance on intelligence-related measures:A longitudinal study.Personality and Individual Differences,12,1105–1116.

Cutting,J. & Vishton,P.(1995).Perceiving layout and knowing distances:The integration,relative potency,and contextual use of different information about depth. In W.Epstein & S.Rogers(Eds.),Perception of space and motion(pp.69–117).San Diego,CA:Academic Press.

Csikszentmihalyi,M.(1990).Flow:The psychology of optimal experience.New York:Harper & Row.

Davies,C.(2004).Virtual space.In F.Penz,G.Radick & R.Howell(Eds.),SPACE in science,art,and society(pp.69–104).Cambridge:Cambridge University Press.Available at http://www.immersence.net.

Gackenbach,J. & Bosveld,J.(1989).Control your dreams.New York:Harper & Row.

Gackenbach,J. & Preston,J.M.(1998).Video game play and the development of consciousness.Tucson III:Towards a Science of Consciousness,Tucson.

Gibson,J.J.(1954,1994).The visual perception of objective motion and subjective movement.Psychological Review,61,304–314.Reprinted:Psychological Review,101(2),318–323.

Gibson,J.J.(1971).The information available in pictures.Leonardo,4,27–35.

Gibson,J.J.(1966).The senses considered as perceptual systems.Prospect Hts.,IL:Wavel and Press.

Gibson,J.J.(1979).The ecological approach to visual perception.Boston:Houghton-Miffl in.

Gombrich,E.(1993).Art and Illusion.London:Phaidon.

Grodal,T.(2000).Video games and the pleasure of control.In D.Zillmann & P.Vorderer(Eds.),Media entertainment:The psychology of its appeal(pp.197–214).Mahwah,NJ:Erlbaum.

Hann,J.,Armstrong,K. & Preston,J.M.(2005).Factors in participant enjoyment of apparent-motion media.Canadian Psychological Association Meeting,Montreal.

Heeter,C.(1992).Being There:The subjective experience of presence.Presence,teleoperators & virtual environments,1,262–271.

Hunt,H.T.(1989).The multiplicity of dreams:Memory,imagination,and consciousness. New Haven,CT:Yale University Press.

Hunt,H.T.(1995).On the nature of consciousness.New Haven,CT:Yale University Press.

Hunt,H.T.(2004a).Lives in spirit:Precursors and dilemmas of a secular western mysti-cism.Albany,NY:State University of New York Press.

Hunt,H.T.(2004b).Mysticism,madness,and the nature of spiritual suffering:En-trancing,diminishing,and realizing true ecological self.Lives in Spirit Confer-ence,Brock University,St.Catharines,Ontario,Canada.

Hunt,H.,Gervais,S.,Shearing-Johns,S. & Travis,F.(1992).Transpersonal experiences in childhood:An exploratory empirical study of selected adult groups.Perceptual and Motor Skills,75,1135–1153.

James,W.(1890).The principles of psychology.2 vols.New York:Dover.

Johnson,M.(1987).The body in the mind:The bodily bases of meaning,imagination,and reason.Chicago:University of Chicago Press.

Kellogg,R. & Gillingham,K.(1986).United States Air Force experience with simulator sickness,research,and training.Proceedings of the 30th Annual Meeting of the Human Factors Society,1,427–429.

Kennedy,R.,Berbaum,K. & Lilienthal,M.(1997).Disorientation and postural ataxia fol-lowing flight simulation.Aviation,Space,and Environmental Medicine,68,13–17.

Kennedy,R.,Lane,N.,Berbaum,K. & Lilienthal,M.(1993).Simulator sickness question-naire:An enhanced method for quantifying simulator sickness.The International Journal of Aviation Psychology,3,203–220.

Kennedy,R. & Stanney,K.(1996).Postural instability induced by virtual reality ex-posure:Development of a certifi cation protocol.International Journal of Hu-man-Computer Interaction,8,25–47.

Klee,P.(1973).Pedagogical sketchbook.London:Faber.

Knight,T.(2001).Either/or->And.Proceedings.3rd International Space Syntax Sympo-sium,Atlanta,GA.Available at http://undertow.arch.gatech.edu/homepages/3sss/proceedings.htm.

Kraft,R.,Cantor,P. & Gottdeiner,C.(1991).Light and mind: Understanding the struc-ture of fi lm.In R.Hoffman & D.Palermo(Eds.),Cognition and the symbolic pro-cesses:Applied and ecological perspectives(pp.351–370).Hillsdale,NJ:Erlbaum.

Lakoff,G.(1987).Women,fi re,and dangerous things:What categories reveal about the mind.Chicago:University of Chicago Press.

Lang,P.(1995).The emotion probe.American Psychologist,50,372–385.

Laurel,B.(1991).Computers as theater.Boston:Addison-Wesley.

Lipscomb,S. & Kendall,R.(1994).Perceptual judgment of the relationship between musical and visual components in fi lm.Psychomusicology,13,60–98.

Lombard,M. & Ditton,T.V.(1997).At the heart of it all:The concept of presence.Journal of Computer Mediated Communication,3.

Lombard,M.,Reich,R.,Grabe,M.,Campanella,C. & Ditton,T.(1995).Big TVs,little TVs:The role of screen size in viewer responses to point-of-view movement.Paper presented at the International Communication Association Meeting,Albuquerque,NM.

Marshall,S. & Cohen,A.(1988).Effects of musical soundtracks on attitudes toward animated geometric figures.Music Perception,6,95–112.

Maslow,A.(1962).Towards a psychology of being.Princeton:Van Nostrand.

McCrae,R. & Costa,P.(1997).Conceptions and correlates of openness to experience. In R.Hogan,J.Johnson & S.Briggs(Eds.),Handbook of personality psychology-(pp.825–845).San Diego,CA:Academic Press.

Minsky,M.(1980).Telepresence.Omni,June,45–51.

Mou,W.,Biocca,F.,Owen,C.,Tang,A.,Xiao,F. and Lim,L.(2004).Frames of reference in mobile augmented reality displays.Journal of Experimental Psychology:Applied,10,238–244.

Neisser,U.(1976).Cognition and reality.San Francisco:Freeman.

Neisser,U.(1991).Two perceptually given aspects of the self and their development.Developmental Review,11,197–209.

Nery,R. & Preston,J.M.(2005).Video Games:Psychological Factors and Performance. Paper presented at the Canadian Psychological Association Meeting,Montreal.

Panofsky,E.(1988).Meaning in the visual arts.London:Peter Smith.

Preston,J.M.(1998).From mediated environments to the development of consciousness. In J.Gackenbach(Ed.),Psychology and the Internet:Intrapersonal,interpersonal and transpersonal perspectives(pp.255–291).New York:Academic Press.

Preston,J.M.(2005).Virtual action space:Foreshadowing outcomes in mediate environments.International Communication Association Meeting,New York,NY.

Previc,F.(1998).The neuropsychology of 3-D space.Psychological Bulletin,124(2),123–164.

Pylyshyn,Z.(1984).Computation and cognition:Toward a foundation for cognitive science.Cambridge:MIT Press.

Reed,E.S.(1988).James Gibson and the psychology of perception.New Haven:Yale University Press.

Reeves,B. & Nass,C.(1996).The media equation:How people treat computers,television,and new media like real people and places.Stanford,CA:CSLI Publications;New York:Cambridge University Press.

Regan,E. & Price,K.(1994).The occurrence and severity of side effects of immersion virtual reality.Aviation Space and Environmental Medicine,June,527–530.

Roche,S. & McConkey,K.(1990).Absorption:Nature,assessment,and correlates.Journal of Personality & Social Psychology,59,91–101.Sensio Montreal(URL).Available at http://www.sensio.tv/.

Shepard,R.(1978).Externalization of mental images and the act of creation.In B.Randhawa & W.Coffman(Eds.),Visual learning,thinking,and communication(pp.133–189).New York:Academic Press.

Sheridan,T.B.(1992).Musings on telepresence and virtual presence.Presence,teleoperators & virtual environments,1,120–126.

Siegel,R.(1979–1980).Dizziness as an altered state of consciousness.Journal of Altered States of Consciousness,5,87–104.

Slater,M.,Usoh,M. & Steed,A.(1994).Depth of presence in virtual environments,Presence,teleoperators & virtual environments,3,30–144.

Smith,J.(1999).Movie music as moving music:Emotion,cognition,and the film score. In C.Plantinga & G.Smith(Eds.),Passionate views:Film,cognition,and emotion(pp.146–167).Baltimore,MD:Johns Hopkins University Press.

Spadafora,A. & Hunt,H.(1990).The multiplicity of dreams:Cognitive-affective correlates of lucid,archetypal,and nightmare dreams.Perceptual and Motor Skills,71,627–644.

Stein,M.(1974).Communication and line drawing test.Behavioural Publications Inc.:New York.

Steuer,J.(1995).Defining virtual reality:Dimensions determining telepresence.In F.Biocca & M.R.Levy(Eds.),Communication in the age of virtual reality(pp.33–56). Hillsdale,NJ:Lawrence Erlbaum.

Suedfeld,P.,Ballard,E.J.,Baker-Brown,G. & Borrie,R.A.(1985–1986).Flow of consciousness in restricted environmental stimulation.Imagination,Cognition,and

Personality,5,219–230.

Suedfeld,P.,Metcalfe,J. & Bluck,S.(1987).Enhancement of scientifi c creativity by flotation REST(Restricted Environmental Stimulation Technique).Journal of Environmental Psychology,7,219–231.

Suedfeld,P. & Eich,E.(1995).Autobiographical memory and affect under conditions of reduced environmental stimulation.Journal of Environmental Psychology,15,321–326.

Swartz,P. & Seginer,L.(1981).Response to body rotation and tendency to mystical experience.Perceptual and Motor Skills,53,683–688.

Tellegen,A. & Atkinson,G.(1974).Openness to absorbing and self-altering experiences("absorption"),a trait related to hypnotic susceptibility.Journal of Abnormal Psychology,83,268–277.

Thayer,J. & Levinson,R.(1983).Effects of music on psychophysiological responses to a stressful film.Psychomusicology,3,44–52.

Turkle,S.(1984).The second self:Computers and the human spirit.New York:Simon & Shuster.

Vitouch,O.(2001).When your ear sets the stage:Musical context effects in fi lm perception.Psychology of Music,29,70–83.

Vorderer,P.(2000).Interactive entertainment and beyond.In D.Zillmann & P.Vorderer(Eds.),Media entertainment:The psychology of its appeal(pp.21–36).Mahwah,NJ:Erlbaum.

Witmer,B. & Singer,M.(1998).Measuring presence in virtual environments:A presence questionnaire.Presence,7,225–240.

Wood,R.,Griffi ths,M.,Chappell,D. & Davies,M.(2004).The structural characteristics of video games:A psycho-structural analysis.Cyberpsychology and Behaviour,7,1–10.

Zahorik,P. & Jenison,R.(1998).Presence as being in the world.Presence,7,78–89.

Zillmann,D. & Vorderer,P.(2000).Media entertainment:The psychology of its appeal. Mahwah,NJ:Erlbaum.

12 "全球脑"：
自我组织的互联网智能–集体潜意识的现实化

本·格策尔（Ben Goertzel）

诺沃曼特有限责任公司，国家和本土安全应用研究实验室

弗吉尼亚理工大学，阿林顿（弗吉尼亚州）

12.1 引言

孕育新生命或迎接新生命降临的人，都知道那是一件美好、奇妙而令人兴奋的事情。正如一个个体的诞生，系统（organism）的诞生也是如此：仅仅是对已存在的生物进行变异性的复制，除此之外别无其他。那么，一个全新的智能系统（意识的一个新种类）的诞生，在某些方面对我们自身的扩展与提升能产生多大的作用呢？

"全球脑"是人与数字交互形成的智能网络，涉及各个脑区，其对信息程度与性质的加工方式不同以往。"全球脑"不只是一个梦，但与现实仍有一段距离，它正在点点滴滴之中形成，年复一年。正如所有沉迷于网络的人所知晓的，"全球脑"出现的过程是值得关注的奇迹，并且无时无刻不提供着越来越多的惊喜。

我没有轻率地做出对比，我认为，当今存在的网络类似于幼儿的思维，那些还未学会思考自身，甚至还未将自己与外部世界分离开来的幼儿。在接下来的几十年中，我们将看到这一思维幼芽的发展与成熟。本章的目的就是使人们对即将到来的改革——被称为"互联网"的电子体系的未来史形成一个初步的感知，并使用这一感知描绘与未来相符的蓝图。

这是对新兴的、非人类机体心理学的探索，在这一探索中人类心理学与社会

学以一种奇妙的方式相互作用，平凡的技术成果（如群件、服务器通信软件）与超个人心理学概念（如集体无意识、存在层次）产生碰撞。简要来说，这一探索不仅超越了学科界限，同时也拓宽了人类思维的界限。

12.1.1 网络的未来史

我相信，在接下来的 10 年中，我们会看到网络将逐步进化为一个羽翼丰满、高度自治且全球分布式的智能系统。当这一设想成为现实，我们将看到互联网人工智能网络更深地融入到人们的生活中，进而产生一个协同共生的全球化智能系统，把机器与人类智力融合为一个独立的思维统一体，即"人类—数字"全球脑。

全球网络思维（global web mind）的景象与数字化未来的其他景象有关。例如，许多未来主义者已经描绘了一个与现实相互作用的人工智能实体所构成的未来网络。William Gibson（1994）在他诙谐有趣、意义深远的长篇小说《神经漫游者》中描述的景象最使人记忆深刻。尽管这一合理的观点与我的看法在任何情况下都不冲突，但它还是不同于我在这里强调的看法，即网络自身可以发展为一个全球化的智能系统——"全球脑"。

另外，一些思想者预想在未来人类将把自己全部"下载"计算机中，发展出更少依赖身体的数字化生活。这一观点的支持者中最为著名的便是机器人专家 Hans Moravec（1990）。这种观点与全球网络思维的观点既密切相关又有所不同，以上两种看法以一种奇妙的方式相得益彰。

起初，全球网络思维将作为从根本上区别于人类的实体来存在：我们将通过计算机终端,也可能是更富创造力的接口装置(如虚拟实境体验机)与之产生互动。第一阶段可能要 5—20 年,这也是我目前的主要关注点。"全球脑"的操作与人类行为不断融合，最终会通过身体修改技术或身体淘汰技术产生一个 la Moravec 算子。就算没有这些技术，"全球脑"也会通过更精密的无侵害接口来实现。因此，我猜测不管怎样，"全球脑"都将与全球网络相融合。

我相信，"全球脑"的出现所引起的改变将是巨大的，它可以与工具、语言、文明的出现相媲美。然而，唯一与它们不同的是"全球脑"的发展更为快速。在这种意义上，生活在今天的年轻人是幸运的，他们将成为目睹这一人类文明巨变的第一代，因为这一改变仅需人的一生，而不像之前的改变需要成千上百年。

本章将从不同的标准水平来探讨这些发展。首先，我将讨论思维的本质及复杂系统科学中的智能，复杂系统科学是一个新兴的跨学科知识体系，它为在不同物理基质间进行智能比较提供了一个有力框架（例如大脑和计算机）。其次，为了使互联网智能这一概念更加实体化，我将简要介绍20世纪90年代后期，我在智能公司参与研发的互联网人工智能软件"Webmind"。该软件旨在创建"内部网络大脑"或"网络思维单元"，就像商业及其他公司使用的知识管理系统一样，它把这些内部网络大脑链接到一个"思维团"或全球脑的样机，我也会讨论近来进行的与认知引擎系统相关的工作（Looks et al.，2004）。最后，基于我们经历过的这些相对平凡却又重要的细节，我转向了事物的哲学和超个人层面，探索新兴互联网智能的普遍的人类意义使得这类人工智能软件或其他软件开发成为可能。

12.1.2 思维是一个复杂的系统

我对互联网智能及其与人类智能之间关系的思考是以"思维的心理网络模型"（psynet model of mind）为基础的，这一模型在近五年的一系列专业书籍中均被论及，如《智力的结构》（Goertzel，1993a）、《思维的发展》（Goertzel，1993b）、《混乱的逻辑》（Goertzel，1994）、《从复杂性到创造力》（Goertzel，1997）。依据这一模型，将人工智能试着编入到过去的几代计算机中是根本不可能的，因为这些计算机没有足够的随机存取内存（Random Access Memory，RAM）。作为一个新兴的产物，智能只能从一个巨大而复杂的自组织系统中产生，它不需要依靠任何特别的编程技巧。相反，智能特殊的"核心变化"在于，作为识别项目环境的复杂系统可以转向内部，并在它自身内部识别项目，从而建构出环形或螺旋形的自我认知。但是，处于智能核心地位的这个自组织的自我识别，不能直接复制到简单的逻辑系统中，必须通过一个各部分独立工作而又相互交互的、基于统计学的混沌大系统来形成，并且不能去伪造。

但是目前的计算机，个人电脑主板的RAM高达512MB，工程工作站的RAM高达5GB，数据处理机大约为500MHz，已经能够为人工智能重要的实时自组织及自身的出现提供所需的能量。此外，内部网络及互联网提供的高效的联结将计算机网络转换为大量的分布式机器，这种机器比单个计算机包含更多能量，反映出的大脑的分布式异步变化远远好于一些现代母板或电路板。简言之，我们现在得到了这样的结论：即新兴的智能通过计算机极有可能实现，而下一代智能网络软件将创造这种新的机遇。

12.1.3 集体无意识的具体化

通过计算机实现新兴智能，关键不是一些具体的工程或软件创新。从坏处想，如果市场做出了不良的软件决策，或工程进度减慢，全球网络智能的出现顶多会延缓几年或十几年。新兴智能实现的关键是，这些认知科学家和互联网工程师都参与的自组织进程正在发生。

这个自组织的进程是文化和意识的巨大变化，计算机和通讯技术是现代西方文明的一大成就，它所持有的理性世界观使得先前关注神性崇拜的世界观几近消失。现代西方文明最大的失败是它所带来的广泛传播的反常与异化感，即更大程度的个人化和自由化。也许有人会夸张地说，我们赢得了自由却丧失了灵魂！这一观点不仅仅是讽刺，它也告诉我们：网络技术提供了回归因西方理性主义的出现而形成的统一体的可能性。"全球脑"从异化文化的产品中孕育而来，是全球人类联合体的一种。从带着我们触碰"集体潜意识"的群体精神体验开始发展，我们创造了使集体潜意识以数字形式呈现的技术。

"全球脑"并不仅仅是一种区别于人类本身的新兴人工智能，而是由人类信息与互动引起的一种新兴智能，是贯彻终生的人类交流。我们不仅仅创造了人工智能，也创造了全球人类思维一般模型的人工智能结晶（Crystallization）。这是一次新的冒险，它不仅带我们回到了先前文化模式的精神统一体，也带我们到了所能想象的最前沿。宇宙在前所未有的扩张，不仅是物理方面，还有信息方面。我们看到对宇宙无止境探索的另一种表现将带来新的模式。最后，我将从超个人心理学方面探索互联网智能，并基于原型的存在层次来看待全球脑的出现。

12.2 人工智能和互联网

智能网络一条可能的发展途径是通过人工智能项目的发展及其在互联网上的应用。总的来说，就是一条用设计好的成果提高网络智能的路径，正如网络上的具体装置。在这个领域我投入了大量精力，设计并发展了两个不同的人工智能系统：Webmind（Goertzel，2001）和 Novamente（Looks et al.，2004）。1997—2001年间，Webmind 系统在智能公司中持续发展，这个公司是由我创立的，并且，在2001年四月也就是公司解体之前，我一直在协助管理。Webmind 系统由于其资助来源匮乏而解散，以至于有些部件未能得到充分的应用和测试，因此从未在互联网上使用。2001 年之后，我参与到 Webmind 的发展与 Novamente 的继承之中。然而，在这里我将更多的提及 Webmind，因为它有一个更明确的互联网定位，Novamente 只是能在"网络智能"背景下使用，并不是后续项目的关注点。

Webmind 这一人工智能系统的设计，将智能看做是自组织的、异步分布式且自然发生的，并提供了如何从已有的硬件和软件中实现"全球脑"的具体景象。从用户的感知来看，Webmind 是一个以数字存储信息来发布和回答问题的一般系统，尽管它的使命是处理各种信息，就像眼睛要感受光、耳朵要听声音一样，Webmind 需要恰当的"知觉方式"并用它自身内部的数据结构加工各种类型的信息。其构建风格是大量并行的网络，它是一个由许多不同静态和动态的"中介"（agent）构成的群体，这些中介不停地计算着自己与其他中介之间的关系，并通过这种关系促进代理间的协调工作。不同类型代理的混合以及分配到每一个代理资源的总和，决定了内部网络的呈现结构，增强了系统的智能和功能。

Webmind 被设计用来在功能强大的计算机上高效运行，理想的情况下，能在拥有多重数据处理器和巨大 RAM 的超级计算机上达到达到最佳运行状态。然而，当代计算硬件背景下，在计算机网络上运行 Webmind 是最具有成本效益的，它尖端的"服务器—服务器"通讯方式允许其内部网络结构与计算机网络的连通结构相协调。

Webmind 的设计没有与特殊的编程语言、操作系统、硬件组成相连，然而，Webmind 的实际安装启动是以 Java 编程语言为基础的，并且它的测试大多在 Linux OS 上进行。Webmind 选择 Java 是因为它是跨平台（cross-platform）的，支持穿行于内部网络与互联网之间的简单网络，它牢固的客体取向结构适用于描绘各种代理建立"全球脑"的内部网络。Java 具有开发时间相对较少的实践优势，这对于"全球脑"系统固有的复杂性来说是重要的。然而，Java 的使用也引起了一些较为重要的性能问题，这就是我为什么在最近的大规模人工智能工作中选择了更古老的 C++ 语言。

Webmind 智能的精髓存在于"心理网络"（psynet）代码中的某一部分，心理网络表现为一个在特定方面超过 Webmind 系统的人工认知的逻辑 / 概念模型。一个心理网络是一个信息传送代理的自组织网络，信息通过创建其代理，并入到心理网络。心理网络的结构相对简单，因为其允许系统智能在不同中介的分布式交互中显现，而不是通过具体的推理规则或知识表征结构来体现。心理网络代表了结构的最优化，这一结构要求表征数据项目的有用信息结构需要适应性的出现。简要来说，储存在心理网络中的数据可以在给定的约束条件下发现它们自己的结构，而不是通过死板的、预想的规则建立结构。心理网络包的设计以称为"思维的心理网络模型"的数学理论为基础，这一理论是我在1993—1997年间用四本成系列的书及无数研究论文发展出来的（Goertzel，1993a、b，1994，1996，1997）。

心理网络的中介有三种类型：静态的、相关的、动态的。"静态中介"表征短时数据，在它们持续存在时是稳定的，由心理网络自身保存。"相关中介"对于心理网络不是直接的，是由其他代理提供的，表征该代理与其他代理之间的关系。"动态中介"与"相关中介"很像，但是它们会随时间而频繁地改变，并通过心理网络的"静态中介"来表征关系知识。心理网络支持许多不同类型的"静态中介"，并调整它们适应具体的目标。

"静态中介"通常被称作"节点"（nodes），而"相关中介"通常被称为链接（links），这一专业术语是指通过许多有用路径将心理网络的内部结构与互联网或内联网的外部结构相连接。然而，尽管类似，人们还是没有忽略这样的事实：静态和相关中介要比别的人工智能结构（例如，神经网络）中的节点和链接更为稳固。心理网络的一个节点就像是人脑中的一个神经元，但可能与人脑的神经核团更相似（大脑为了一个简单的目标需要10000—100000个神经元紧密连接）。心理网络节点涵盖了一个很宽的范围，从单个字母到整体文本、数据文件及数据库记录、文本种类、语言种类、数据集合或节点集合在时间上的改变趋势等。抽象地来看，为了适应及自我提升，存在着回应与之交互的其他心理网络的节点和模仿心理网络自身的节点。

涉及到其他节点集合的节点结构有特殊的重要性，这些节点被称为"概念"，它们提供了一个层级结构的心理网络，为最初的联合结构作补充。这种层级与联合结构的超级状态被称为"双网络结构"，对于智能活动和链接模式的出现至关重要。

心理网络中学习产生的五种途径：（1）对存储在独立节点中数据的模式识别，数据通过数据包的路径传出；（2）对节点关系的识别，通过动态中介传出；（3）表达其他节点间关系集合的新节点的创建（概念形成）；（4）以复杂、甚至混乱的模式，围绕心理网络的兴奋性传播，表征自发产生的网络注意的集中；（5）直接自省，心理网络对自身呈现一系列问题。

心理网络的疑问会导致一个新节点的产生，一个"问题节点"又会产生新的动态中介，它游走于心理网络内部并为问题节点生成新的链接。一个问题的答案产生于中介移动过程中呈现出来的关系。问题节点作为未来参考被存储，同时存储的还有一些用户反馈，这些反馈反映了用户主观感知到的问题答案的质量。心理网络的自省过程包括在原有问题的基础上不断地自我提问，还包括一些不良执行的特殊问题。通过这种方式，心理网络能在其已证明有缺陷的领域中持续产生新的知识，并以此弥补不足。

在某种程度上，心理网络最有意思的部分是服务器—服务器交互的机制。一个独立的心理网络可能是一个自动的人工智能系统，然而，在实践方面，更高的智能要通过将心理网络以不同方式连接到一起而获得。在 Webmind 的设计中，心理网络趋向于与在其他 Webmind 服务器上以不同方式运行的心理网络产生互动，这些互动方式有以下四种：（1）它们能访问别的服务器，如同自己是访客；（2）它们能传送中介去访问别的服务器并收集信息；（3）它们能基于常见的标准和别的服务器交换内部过程的细节信息；（4）它们能与同一群组中的其他服务器交换存储片段（sections of memory），使群组作为整体的功能最优化。

各个服务器都有一个列表，在上面列有可与其通过上述任一方式进行互动的其他 Webmind 服务器,能彼此互动的 Webmind 服务器的集合称为一个"Webmind 单元"。Webmind 单元中的元素不太像人类参与的社区，更像是一个大脑的不同脑区或皮层。另外，属于不同组织的 Webmind 服务器通常只能通过前两种方式或只用第一种方式与其他服务器互动。在这里，"社区"互动与"大脑内部"互动之间有一个分级的过程，不同于我们作为人类体验到的个体与社会之间的严格区分。

最后，心理网络的社会性网络在指引其进行自省中扮演了很重要的角色。一个心理网络会对自身评判出的当前最重要问题进行思考（自我质疑）而评判则是通过以下几个关键点：内部再认的趋势、所在社会群体中再认的趋势、用户或其他心理网络认定其有缺陷的趋势。一个心理网络关注另一个心理网络的程度取决于智能规则，它基于自身对该心理网络的经验以及其他心理网络的意见，遵循符合人类社会互动数字模型的运算法则进行决策。

Webmind 的设计一般用来解决许多自带的、从人类事件的流程与组织中分离出来的问题,如"给我寻找有关疯狂的第三世界独裁者（Third-World dictators）的信息；日本当局对美国的股票市场怎么说"。然而，当想到有关该组织过程和结构的同类问题在组织内部被经常提到时，事情往往会变得更加有趣。不使用股票市场，你可以通过公司的各个部门进行生产率的统计；不借助报纸文章，也可以获得公司内部的报告与电子邮件。如果公司的内联网安装了 Webmind，那么与公司有关的文本、数字或其他形式数据之间相互关系的实时问题，就可以通过拥有计算机接口的员工在任何时候发布或回答。Webmind 的智能有意融合了组织的社会智能与员工的个人智能。

使用此类软件的结果是，居于组织内联网不同部分具有的不同心理网络，其社会动态将会逐渐反映使用内联网各部分的个体的社会动态。例如，每个心理网络将对本地存储信息的访问做出最快速有效的反应，但是，在 Webmind 单元内存储的某个心理网络的信息可能会随着时间而变化，这依赖于用户需求和内部的心理网络动态的变化。这样，Webmind 不仅能随时给用户提供所有信息最便捷的接入方式，而且其基于推理和自身理解的设计，有利于在某一方向上达到个人和单元信息的完美配置。一个类似于此的人工智能系统将会比只提供可理解的结构和过程的系统做得更多，在新兴人类和信息化结构的形成中，它将是该过程的参与者。

最后，正如不同人工智能单元在各类组织内交换非私有信息，在增长的共有智能方面，这种类型的人工智能系统将在全球范围内成为人类和信息化结构形成的参与者。这是人工智能令人兴奋的一个新景象，在商业背景下或超越这一背景的情况下，它为我们的问题提供了答案，即人工智能不是作为从人性中分离出来的某种东西，而是作为一种象征符号同人类进行交流。

1997 年我创办智能公司的时候，就理解了这种景象。尽管后来因为经济原因公司解体，但它对我的影响持续到现在。从 20 世纪 90 年代后期开始，互联网得到了戏剧性的发展，但它在分布式智能方面却没有前进多少，我认为这更多的是由于经济原因而非技术原因造成的。我近期的人工智能项目 Novamente，也是建立在一般心理网络理论之上，但最初我们没有把焦点放在互联网上。近期计划是在一个小的局域网中运行 Novamente 系统并获得一个更高水平的智能，然后再处理 Webmind 风格的宽域分布式加工的问题。尽管实现这一目标的恰当路径并不清楚，但是我坚信这种分布式智能网络是互联网的未来。

12.3 哲学与心理学视角下的共生网络智能

现在让我们从即时性和商业性转为前景和哲学性。想象一下几年后的互联网，先进的自组织人工智能系统的主页覆盖了全球成千上万的内部网络，这样的系统将是一个基于自身的独立的智能整体，通过与人类互动把人类工作流程和问答行为融入到自身的智能动态中。它能通过自身智能化自组织过程的指导，把集体社会调查和个体心理调查的过程编排进一个数字化结构中。

关于网络未来发展的这一观点使我们想到了典型的"全球脑"观点，它在1970 年首次出现。例如，在 Russell（1995）的书中关于"全球脑"的章节，计算机和通讯技术只被赋予次要的角色，人类社会到达了一个规模与复杂性的关键"门槛"，跨越了它就进入了真正的智能领域，人类意识将上升到集体意识的更高水平。Russell 假设，超越人类的智能也许能被称为"全球性社会思维"（global societal mind），用以区别本章的中心主题"全球性网络思维"。然而，这两个概念都是"全球脑"这一广泛传播的新兴智能的具体表现。

Russell 将全球脑根植于新时代有意识进行的实践中，他提出，通过调节并提高个体意识的水平，我们将离全球脑的到来越来越近。当人类综合系统有足够的整体意识时，人类自身将进入组织的一个新系统，并将成为一个自动的、自己决定方向的"类大脑"系统。

通常来说，我们可以预想全球性网络思维能通过两种不同方式引起全球性社会思维。首先，从生理上来看，我们可能成为网络的一部分，这可以通过虚拟的"脑接口"或真实的虚拟现实接口将我们自身下载到计算机来实现；也可以通过借助新奇的感觉和发动装置将我们的身体与网络相结合得以实现。想象一下，大脑变成了网站，而调制解调器或电话被直接植入感觉皮层！其次，我们能通过自身行为成为网络的一部分，不借助任何额外的生理联系。至少在人类的某些特殊领域这已经实现了。我们通过网络来执行更多的休息和工作行为，因此我们越来越多的行为模式成为全球脑潜在记忆的一部分。通过 Webmind、Novamente 或其他相似的软件在内部网络中频繁并大量的使用，这一效应极易产生。

全球性社会思维和全球性网络思维并不是完全不同的两个东西。如果全球性网络思维实现了，很明显它将以新的方式将人们链接起来，引起不同种类的更智能化的有组织的社会次序，这是全球脑的一个特点。如果全球性社会思维实现了，像互联网这样的通讯技术将毫无疑问地在它的形成中扮演重要角色，这是全球脑的另一个特点。问题是，是否会有一个智能网络与人类以微妙的方式进行交互，或者是一个结合网络、人类以及它们之间的全部互动的智能社会系统。我们实际上将看到哪种全球性思维？

实际上，在过去几十年关于全球超级体系这一概念的诸多独立发现中，Russell

（1995）书中的观点只是最广为人知的一个。Joel de Rosnay 用 cybionte 或"超有机体"的概念在法国已经出版了几本书，其中最早的一本是 1975 年出版的"Le Macroscope"。Joel de Rosnay 在"L'Homme Symbionte"（de Rosnay，1996）中通过对混沌理论、多媒体技术以及其他新发展的讨论更新了这一概念。Valentin Turchin（1997）在《科学现象》（"The Phenomenon of Science"）上发表了一篇摘要——《改革的控制论》，并用这一理论讨论了新兴的元人类的超生命概念。他的核心概念是"元系统跃迁"（"metasystem transition"），即某一现象的发展进程中整体突变为部分的时期。例如，一个细胞有它自身完整的系统组织，但是当它成为人类有机体的一部分时它就不再完整。在细胞和有机体之间有一个元系统跃迁。计算机和网络之间也存在元系统跃迁，家用个人电脑（PC）是一个整体，但是 2010 年的网络 PC 将完全不同，因为它的大部分软件需要与外界计算机交互，如果不将外部网络考虑进来，它大多数行为都会变得难以理解。很明显，我们已经拥有了类似谷歌（Google）桌面和魔兽世界——在线多人物游戏这样的服务。

目前，人类有自身的控制力和智能，是一个完整的系统，人类社团在组织和自我决定的行为中占据很少的领域。但是，正如 Turchin 所说，转变正在来临，未来将有越来越多的智能记忆、感知，与行为一起作为整体发生在社会层面。Turchin 的观点是先进的变革之一，随着时间的推进，元系统跃迁接连不断的发生，使得控制移交到越来越高的水平。与 Turchin 同时代的最具活力的追随者之一是布鲁塞尔弗里大学的 Francis Heylighen。Heylighen 认为，网络将完成元系统从人类到元人类超有机体的跃迁。他管理的 Principia Cybernetica 网站，包含有卓越的论文网络，涵盖了超级有机体、元系统跃迁、全球脑及相关概念。他与同事 John Bollen 一起，通过使链接结构更具有适应性来研究网络在神经网络行为中更智能化的途径。

12.3.1 "全球脑"研究小组

Heylighen 对有关全球脑的文献做了一个全球性的广泛搜索，并将结果发布在了 Principia Cybernetica 上。最近，Heylighen 用电子邮件发布了一个"全球脑研究小组"的通讯名单（详见 http://pespmc1.vub.ac.be/GBRAIN-L.html），通讯名单上的成员最初仅限于已经在杂志或网上发表与新兴网络智能这一概念相关成果的人，但是现在扩大到了任何有意愿写一些简短的介绍性文章来阐述自己对全球脑的兴趣所在的人（对话的完整记录见 http://www.fmb.mmu.ac.uk:80/majordom/gbrain/）。

这里不讨论网络智能各理论的长处，而是将讨论的焦点转向哲学方面，转向全球脑将会是什么样子以及将如何在个人与集体层面与人类相互作用。

在"全球脑"研究小组的讨论列表上，最突出的问题不是所存在的而是所缺乏的：缺乏对新兴网络智能诸多问题的重要性分歧。认真思考过全球脑的每个人似乎都得出了高度一致的结论，网络将更加自组织化、更加复杂，部分的更高智能将引起整体的更高智能，人类将通过思维下载或虚拟现实，亦或是简单地通过与网络大脑理解技术的持续互动进入网络智能。如此一来，人类社会将以更结构化的方式演变，即一种依靠全球脑指引的方式，通过这种方式可以认识人类知识精妙的产生模式并据此创造新信息。

对"全球脑"研究小组短暂并激烈的讨论是由一篇题为与真菌一样的人类巨有机体"简短讽刺作品引起的，这个片段由 David Williams 于 1996 年中期在《连线》杂志上发表（ http://www.hotwired.com/wired/4.04/features/viermenhouk.html ）。这篇文章是对一个虚构的科学家 Dr. Viermenhouk 的采访，他模仿 Heylighen，通过发表荒谬的言辞声称全球超有机体已经到来。下面是采访的一段摘录：

> 采访者：Heylighen
>
> Viermenhouk：……屁股上挂着打印机整天到处走。我已经看到了这种景象，他被神经接入线所缠绕，他的元生物的概念———一个单独的体系，插入到"超级脑"中，在生理上束缚住了我们。但是他忘记了这些。我们也有不通过直接生理联结而使用电接口交流的细胞。我们颅骨内的神经细胞通过复杂的化学活动进行交流，认为超有机体的发展与多细胞有机体不同的想法是愚蠢的。
>
> 我们这些猴子是高级生物的一部分，我们共有的联结是通过符号实现的。人类语言因自身具有的诸多局限性，其在满足之前在地球上从未见过的有机体的信息转换需求上，相当复杂。你不需要转换工具，仅仅看着你屏幕上的符号，点击超文本链接，发送邮件，做一个小的好细胞。
>
> Heylighen 认为元生物是一种进步，这种怪诞的看法真是是荒谬！人类是有趣味、有感觉、有灵性的生物。人类超有机体更像是一个真菌，大而愚蠢的真菌，只知道如何吃和生长，当所有食物耗尽就会死去。它拥有那些在地下室黑暗角落生长起来的生物的所有魅力和才智，给人类文化的概念增添一个全新的维度。

这位作家将超有机体比作真菌的看法虽然很幽默，但也暗含了一个重要的观点。是的，虚构的 Dr. Viermenhouk 错了，超有机体现在还没有出现，至少还没有发挥出全部影响力。但是它的出现是否必然是人类的福音？或者事实上它将是一个真菌——人类的寄生物，为达到它的目的从人类创造的技术中吸取生命的血液？

Heylighen 自己似乎也为这种滑稽的比拟欢呼，但是并不是所有的"全球脑"提倡者都是这么宽容的。Valentin Turchin 就为此感到不悦。在发给"全球脑"第二研究小组（Global Brain Study Group2）的信息中，他写到，上述文章中的"玩笑"实际上通过直接大脑链接的观点传达了一种真实的愤慨。直接的大脑链接是一个相对普遍的观点，Turchin 自己也曾这样考虑过，这也是想要认真探索这一领域的人们必须准备面对的问题。

Turchin 相信"全球脑"将带来积极深远的人类意义，它将提供一种弥补人类鸿沟并将其融合为集体意识的方式，而集体意识是长久以来精神传统赖以工作的基础。从这一观点出发，直接的大脑—计算机链接不应当被看做是逃离人类现实的工具，而是通往与他人产生更深层联系的大门。同样，从这一观点出发，Williams 的评论是消极的，它使得《连线》的读者远离了真正有价值的东西，就像在学校告诉孩子们蔬菜对牙齿有害的人一样可笑。

然而，并不只是虚构的 Dr. Viermenhouk 对全球脑有一个消极的态度，Peter Russell 自己也表达过类似的忧虑，他在全球脑研究小组中对"超有机体：正常还是异常"这一论题提出了自己的想法。Russell 讲到：

> 我第一次提到超有机体的概念是在我的《全球脑》一书中，该书写于互联网真正出现之前的 70 年代后期。其中我写到，依照一般的生存系统理论的观点，人类社会已经出现了生命有机体 19 种特点中的 18 种（缺失的一种是复制品——尽管有潜力但我们还没有开拓到另一个星球）……
>
> 对于我来说，最有趣的问题不是全球脑是否正在形成，而是这个正在成长的全球脑将是正常的还是异常的？如果文明继续现在的自我中心、物质至上的世界观，几乎可以肯定它将带来自身的毁灭。
>
> 我长期着迷于人类社会和癌症二者突出的相似性。当癌症摧毁了它的主人，就失去了它与整体的联系，以及消耗有机体的功能，这是异常的。这是我们亟需要做的。因为还处在胎儿期的全球脑似乎在它完全降生之前就有转为恶性的可能。

我认为恶性的原因要追溯到个人意识，我们正开始费力于意识的过期模式——一种更适合于前工业时代生存需求的模式。因此真正的挑战是人类意识要赶上我们的科技。在我们关于功能健康的全球脑的梦想显露之前，我们需要从内部得到进化。

注：所有来自全球脑研究小组的摘录均来自 http://www.fmb.mmu.ac.uk/majordom/gbrain。再版获得了作者的允许。

比起 Williams 的模仿，这是更智慧且充满敬意的陈述，但无论如何他们多少有点相似。我们引用癌症而不是真菌，这是一个更好的隐喻，因为癌细胞来自于内部，而真菌来自于外部。Russell 认为我们正在通往"全球脑"出现的路上，网络仅仅是这条路的一个具体表现。但是，看到我们人类自身受困于神经机能病和人际冲突，他想知道这个我们所创造的集体智慧是否会是更好的。

一方面，Russell 认为全球脑具有的很多缺陷仍将高于个体意识。为了回应我提出的问题——互联网是否可能发展出与人类相同的自我感，他做出了如下回答：

这个问题是超有机体是否将发展出自己的意识与自我感，就像人类已经经历的那样。

回到《全球脑》，在其中我写到，人类大脑与电子通讯网络或信息网络在结构和发展方面是非常相似的。这就告诉我们，当全球化神经系统与人类神经系统的复杂性达到相同程度时，进化的新水平就出现了。但是将这种新水平看做"意识"就错了，它将远远高于我们知道的意识，就像我们的意识高于简单有机体知道的生命。因此我认为，类似全球社会超有机体是否将发展出"自我"这样的讨论对于我们是不太相关的。

然而，尽管认定"全球脑"将远远高于人类意识和人类精神动态，Russell 仍然担心，人类个体意识的缺点会在某种程度上"毒害"这个新兴的实体，使得它严重地伤害自己。Russell 的悲观陈述毁誉参半。例如，Gregory Stock（1993）将争论点放在 Russell 对现代人类普遍心理的一般消极评价上。作为一个生物学家，Stock 认为人类的自私与短见是生物的本性，并且他相信，虽然现代社会和心理存在诸多问题，但它们在本质上仍是好的。Russell 在《梅塔人》（1996）一书中将现代技术社会视为超有机体的一种，并以一种非常积极的眼光来看待这个超有机体。他在书中写道：

> 另一方面，Turchin（1997）坚定地认同 Russell 对人类天性及其缺陷对超有机体精神健康影响所持有的消极观点。然而，他相信在发展克服其缺陷的新技术的同时，矫正人类天性是可能的。在我们关于功能健康的全球脑的梦想显露之前，我们需要从内部得到进化。

是的，这就是 Principia Cybernetica 项目能存在的原因。我们的目标是在当前科技的基础上，发展圆满的哲学（complete philosophy）作为"新意识"的概念部分来为人类服务。

我的乐观设想是虽然激进个人主义会给我们人类带来重大灾难，甚至引起剧烈的改变，但让我们充满希望的是这还不足以导致全部的毁灭。我们正在尝试做的事情将有机会变得很普遍，但是必须仔细准备可能的解决方案。

尽管相比于 Stock，物理学家 Gottfried Mayer-Kress 的观点要消极一点，但却比 Turchin 和 Russell 的观点积极的多。他认为，也许"全球脑"自身能解决人类个体意识的问题，而不是仅仅把这些问题迁移到不同的水平上：

> 我认为，我们期望从全球脑中得到的是一个前后一致的世界文明……
>
> 例如，在全球范围内，对于大多数国家来说选择污染环境和浪费能源仍然是代价最小的。在"全球脑"世界，中国将认识到不提倡大规模的个人交通工具（私家车）才是更好的，巴西将发现不破坏热带雨林对他们的经济才更有益处。

就癌症隐喻而言，Mayer-Kress 认为即使，"胎儿期的全球脑"也将会是一个条理清晰的全球化结构，因而直接反驳了癌症的基本定义。而我认为癌症更类似于毒品文化的全球性传播。Mayer-Kress 的观点本质上如下所述：人类是独立的，就像人类代表了系统层次的最高水平一样。一方面，一个独立的系统仅是比它内部的系统或包含它的系统有更多的自由，单个有机体内的细胞仅仅在有限的程度上是独立的，它们在有机体的约束中运转。另一方面，组成单细胞有机体的细胞则更为独立，这些细胞比它们所处的系统更自由。

按照 Mayer-Kress 所说，"全球脑"与人类独立性的降低几乎是同义的，我们仍将拥有个体自由，但这种自由却将逐渐处于一个由更大型有机体强加给我们的限制背景中。这样看来，Russell 认为"全球脑"可能继承人类自我中心带来的问题这一观点是自相矛盾的。"全球脑"在它一出现就将成为最高水平的、具有个人主义的系统，但是，如 Russell 自己所说的那样，"全球脑"这一个人主义的本质将会在本性上相当残忍。

在这一点上，Mayer-Kress 没有就"全球脑将是正常的还是异常的"这一问题本身进行回应，而是通过打破从人类神经机能病到全球脑神经机能病的链条对问题进行了剖析。另外，在我自己对 Russell 信息的回复中，我试图克服困难，直面回答这一问题："全球脑"变得异常意味着什么？

显然关于正常或异常，这是社会文化概念而不是心理概念。然而，由于自我的多样性，它们能被划入个体思维。在社会中异常的人是指不适应社会思维的人，因为他们的自我模式和现实模式与别人大不一样。沿着同样的脉络，如果一个人接受了单个自我的多样性（Rowan，1990），他就会发现在许多异常的人中，人格的不同部分不能相互适应。因此，在不同文化中区分异常人的世界模型之间的冲突也呈现在异常人的思维中。当然，这是因为自我和思维都由对外界的镜像反应来塑造。

这对于"全球脑"意味着什么？如果将"全球脑"看做是由许多"亚人格"（subpersonalities）组成的分布式系统，那么，问题就不再是它关于外界文化是否是正常的，而是它自身（毫无疑问评价起来是棘手的）是否是正常的。"全球脑"网络的不同部分是否会以互助理解的方式彼此交流？亦或是各执一词。

这里要记住的一个关键点是，在很大程度上，"全球脑"能在很大程度上受到人类或人工智能代理的实时监督。因此，即使发现异常，全球脑也能快速得到修复。而对于人类大脑，除了使用如药物、移除肿瘤等最粗野的方式外，我们还做不到这些。

我所表达的信仰就是"全球脑"的正常与否是一个设计问题。通过设计智能网络软件，我们能鼓励"全球脑"的不同部分以一种和谐的方式相互交流，这才是真正正常的标志。人类思维和文化的各种神经症将包含其中，但是它们将成为水平更高而且正常稳定的自组织结构中的附属。

在这一景象中，潜在的最大问题是，人类社会的力量可能阻碍网络思维的软件设计以一种智能方式进行。或许，利益最大化网络思维和理性最大化网络思维会成为两种不同的东西。在这个例子中，我们将被引入一个复杂的反馈系统。网络思维越明智，人类"全球脑"就越明智，贪婪对网络思维的影响将会越小。

关于"全球脑"研究小组的这一具体思路，有一件事是需要注意的：尽管我们在细节上存在分歧，但研究团队中的每个人似乎都同意健康正常的"全球脑"是个好东西。另一种观点来自 Paulo Garrido 在 Principia Cybernetica 通讯单上的一条消息，这个通讯单由 Heylighen 发到"全球脑"研究小组。Garrido 认为，如果人类社会变成一个独立的体系，我们应当杀死它，因为从逻辑上它将限制它的成员，即我们的自由和独立，就像多细胞有机体限制细胞的自由和独立，它将增加我们的幸存率与舒适感让我们缺乏生存的理由。

Garrido 的评论尽管有些多疑，但却非常明智地表达了一个自然人的担忧：我们是否都将被吸入一个宇宙体系，而失去我们人类的独立、自由、个体的感觉以及成就感？计算机技术是不是表征了去人性化（dehumanize）技术的本质？

当然，困难的是自由难以评定。社会次序的每一次重大改变，都引起了新的自由并消除了旧的自由。并且，由于文化与文化间的道德标准有着极大的不同，一个事物相关优点的评判无论如何都不会完全客观。

12.3.2 全球脑与人类发展

通过比较的方式来看，计算机本身是好是坏这个问题是很有趣的。这个例子中的答案就像"全球脑"的例子一样，并不是十分清晰。

有人会问，计算机究竟对经济生产力做出了什么贡献？我们通常假设计算机提高了我们的效率，但是并没有好的数据能证明这一点。实际上，大多数经济数据告诉我们，计算机对生产力有一个不良的影响。确实，经济测量总是让人怀疑（它的可靠性），在服务部门，测试生产力是困难的，而这恰恰是计算机产生最大影响的领域。但是对于我来说，似乎经济学家是对的，计算机并没有提高大多数商业的生产力，它产生的影响大多是将一种工作换成另一种，一类员工换成另一类。

然后有人会问，计算机对文化和生活质量总的贡献是什么？我们中大多数经常使用计算机的人可能将回答："非常大！计算机让我们的生活发生了翻天覆地的变化！"总之，没有电子邮件的生活将是多么枯燥，没有文字处理器的写作是多么乏味，又或者我的儿子在一个雨天或晴天能够在《魔兽世界》里得到乐趣是多么美好，而 Excel 对于小商人来说，又像数学对科学家那么有用等。我们不能否认这些积极方面，但是计算机也通过其他方式对文化产生了非常消极的影响。计算机是非人化的商业交易长期倾向的最终结果。

我们多少次听到人们在谈论，旧时的商人和顾客间会存在私人关系。这是需要关心的一个因素，而不仅仅是关心与某人维持商业联系的那种经济感觉。商业交易是人类的交往行为，这是一种陈词滥调，但是像许多陈词滥调一样，它又是高度正确的。人类学家 Marvin Harris（1987）在他的书《为什么一切都没用》中，针对现代美国人的多种不适创造了"disservice"一词，这些不适由计算机化的清单系统，或别的将商业交易从人类交往行为中分离出来的技术、组织产品引起。他指出这浪费了很多时间，并且在矫正由去人性化商业引起的误解过程中产生了巨大的压力。

计算机提供给我们电子邮件、文字处理、许多很酷的游戏和有用的办公工具，给了我们自动取款机（Automated Tellermachine，ATM）、更高安全性的飞机以及高配置的汽车（尽管曾经更换过汽车"主机"的人已经证实修理账单并没有必然地降低），但是，这是否会使得文化趋势更加去人性化，仍取决于我们。计算机已经为真实丰富的生理或心理人际互动提供了很多机会，同时随着其他方面的"提高"，已经形成了一个折中。

计算机就是一个很好的例子，因为它与"全球脑"有明显的相关。但实际上，任何技术，甚至是文明本身的革新，都会产生相同的问题。有人会问，是不是我们比石器时代的前辈更好？有人会说"是"，有人会说"不是"。有人说，我们的祖先一天只花两个小时工作（打猎、采集），用剩余的时间来享受彼此间的欢乐及他们周围世界的美好，没有压力，没有神经症。是的，他们还要面对真实的疼痛及随时可能承受的寒冷、饥饿或是疾病，但是文明时代的人们并未真正的消除这些问题，我们已经演变出自身特有的生理困难：艾滋病（Acquired immunodeficiency syndrome，AIDS）、疱疹、肺癌。实际上，直到定居（Sedentarism）取代游牧（nomadism）成为生活的标准模式，现代疾病的传播才变得如此地引人注目。

然而，有趣的是技术改革那含糊不清的价值在实践项目中的影响是如此得小。似乎进步是不能阻止的，一旦它发生了，就永久不能撤销，这是文化发展的启发法则，在如此漫长的人类历史中都没有例外。人类事件有低潮与回落，但是在历史长河中，也有驶向更大社会复杂性、更强大技术性和更高度化智能的辉煌时刻。

现在，没有人想回到用打字机写作的时代，在美国，只有少数的老人和穷人使用打字机。几乎没有中产阶层的父母愿意让他们的孩子在没有计算机的陪伴下成长。在接下来的 10 年，几乎每个家庭都将成为计算机网络的一部分，就像现在几乎每个家庭都有一台电视一样。更有可能的是，计算机和电视将成为单独的装置。现代技术是如此富有魅力，当今没有人能回到石器时代的生活方式。目睹如中非、亚马逊丛林、巴布亚岛、新几内亚、澳大利亚内地这些少数地方仍保留的石器时代文化的坍塌，我感到非常伤心。但即使出于善意，任何人也不能告诉西澳大利亚的土著居民："不！回到沙漠去！打猎、采集！"因为任何人只要设身处地的思考一下都会做同样的事情。为什么不呢？

事实就是新的技术吸引了人类的天性，我们喜欢拥有更多，看到更多，做得更多，我们喜欢扩大我们的能力。一旦我们看到了能爬高一点点的可能性，我们就想付诸实践，我们想变得更有能力，更酷。此外，就像生物学家 Gregory Stock（1993，全球脑研究小组成员之一）在《梅塔人》上探讨过的，这种态度不是特殊的神经化学的巧合，它是我们智能的自然结果。一个智能的有机体会本能地、不停地寻找更多，不停地奋力超越自身。对智能有机体来说，进入相对稳定的体系是有可能的，就像土著文化。在这样一个稳固的系统中，将成长与扩张的需要引导到一个具体的方向，同时限制其向别的方向发展。但是就算这样，智能思维总是努力向所有可能的方向发展，一旦一个新方向出现，不管是计算机，文明化还是"全球脑"，智能思维都将把它找出来。

像许多其他的系统理论家一样，Valentin Turchin（1997）论及了一个必然发生的趋势，即愈加复杂的生活模式将会出现。他将这一原则应用于无机物中生命的出现、基本生活模式中人类智能的出现以及人性中全球超有机体的出现。这个哲学原则仅仅是假设宇宙自身是一个智能体系。Turchin 说，宇宙就像人类思维，我们的思维无法阻止一种新的变革或一种更好更有效的做事方式，它将在稳定系统中自然滑行，但是新的想法将会发生并将无可抗拒。宇宙正是如此，一直关注着错综复杂的新模式。

人们认为"全球脑"在某些方面将是好的，某些方面将是坏的，但是我深信不疑的是，它将不可抗拒。它将有自己的优缺点，也将帮助对它提供支持的技术消除缺点。例如，计算机带来的商业交易的去人性化，也将会随着新型的基于计算机媒介的人—人交易的出现而消失。在漫长的过程中，就像今天叫嚣着杀死文明回到丛林一样，叫嚣着杀死全球"全球脑"的声音将不再占统治地位。人类进步的启发式法则、建立新兴模式的等级倾向比人类本身更坚固。

12.3.3 网络灵性

在讨论全球网络思维和全球脑的过程中，人们总是在灵性的边缘起舞。"全球脑"有强烈的宗教意味。有些东西深深撩拨着一个包含个体思维的广阔性思维的设想，并促使他们融合成一个更大的整体。事实上，以一种更恰当的方式来陈述，全球社会思维听起来开始变得超自然，就像某种神圣的统治生物。

不论是宗教或非宗教的倾向，"全球脑"蕴含的精神含义是真实的、重要的，不应当被嘲弄或忽视。不管对它的本质意义持何种观点，灵性是人类经验的一部分，并将一直是，即使我们进入数字化生命的新纪元。首先，谈及到网络和灵性，不得不提到 20 世纪中叶神学家 Teilhard de Chardin（德日进）的工作。Teilhard 的进化—信息理论精神哲学已经使如此多的人想到了现代通讯技术，以至于有人称他的工作为互联网的预言。

Teilhard de Chardin 预言，我们当今个体独立生活的时期将被别的更集中、更精神化、更注重信息和意识而不是物质的东西取代。他创造了词语"心智圈"（noosphere）或"心灵圈"（mind sphere）来表示覆盖全球的思想和信息网络，他认为它将在当前时期结束的时候形成。

Teilhard de Chardin 曾是一个信仰耶稣的牧师，他观点中所持有的激进主义直接来自基督教的本质。他的观点是判决日的普遍概念的延伸，在这一天，历史结束了，天使从天堂来到了人间；好人被带到天堂，剩下的则被投入地狱。de Chardin 提供的是改良的来世论，这是对精神未来的一种微妙观点，关注于信息而不是正义与邪恶的对抗。这种观点的微妙并未被教堂的神父所欣赏，神父禁止 de Chardin 出版甚至将他流放到中国。因此，耗费他大量精力的著作《人的现象》（de Chardin，1994）在他死后才得以出版。

Nietzsche（1991）提到，"人类是必须被战胜的"。Nietzsche 将人类看做是野兽与超人之间的"石阶"。另一方面，Teilhard de Chardin 将人类看做是野兽与"全球脑"之间的"石阶"，他声称为人性的辩护潜藏于人类将要进化成的物种：一个合成的电精神有机体，它超出了个体间的边界，超出了思维与身体的边界。一个宇宙智能反映实体，用完美的效率在其内部改变信息。Teilhard de Chardin 论及发展、论及进化、论及从简单物质形式到越来越复杂抽象的形式，即从平凡的事物一直论及到灵性。他提出，最后将是一个完美灵性的全球脑或心智圈（noosphere）的出现。

心智圈和网络之间是什么关系？有人说它们都是虚拟想象的。Jennifer Kreisberg（1995）在《连线》杂志写到下面的例子：

> Teilhard 想象了进化的一个时期，这一时期的特征是：一个由人类意识激起的覆盖全球的复杂信息膜。这听起来有点古怪，直到你想到了互联网这个巨大的电网络，通过类似神经的节点围绕地球不停运转……

Teilhard 认为，正在形成的网络在其真正形成之前需半个多世纪。他相信，这个巨大的会思考的信息膜将最终加入包括我们集体思想和经验的"单个组织的生存体"中。

我怀疑这种说法有点夸大了，但却并没有夸大很多，这比本质上的错误更不确定。事实上，尽管 Teilhard de Chardin 相信他的心智圈的隐喻能与网络很好的吻合，但是互联网自身并没有实现他的预言，同样，"全球脑"的出现也将不可能。但是，当"全球脑"到了阶段二，人类进入全球化分布式智能模型，这个时候，Kreisberg 的陈述将得到更好的证明，人们将有一个类似 Teihard 式的"心灵圈"。

Kreisberg 关注的第一个关键点是，Teilhard 曾预想人类将成为一个心灵圈，并没有预见人类会创造一个超级智能的心灵圈。因此，对于要成为"全球脑"一部分的人类来说，实现 Teilhard 的梦想需要的是智能网络。他的看法更接近于全球社会思维而不是全球网络思维。严格区分这两者是很重要的：阶段一，新兴的全球网络思维，阶段二，Russell 式的可能性，即融合人类的全球生物数字智能。

然而，从 Teilhard（de Chardin，1994）对世界末日的观点来看，即使是全球社会思维也很漫长，对心智圈的大规模自省，同时也达到了自身复杂性和中心性的极限。世界的终结、平衡的推翻、思维从物质模型中的分离最终完成，从此以后一切将倚赖于上帝。从根本上说，全球网络思维可能就是从物质模型中分离思维，如果它代表的不是在人类信息全球网络的复杂性上的极限，它可能代表的就是一个过渡期，但是，相信这一切将带来天赐美好的人是愚蠢的。新的进步在提出解决方案的同时总是伴随着问题。网络与 Teilhard 的观点有一些相似，但不同的是，Teilhard 将心灵圈看做是万能药，而我们能确定的是，未来网络并不是万能药。此外，像所有卓越的来世论者一样，Teilhard 的观点有一点逃避意味。他告诉我们完美就在不远处，这使得我们放弃了在身边的不完美中寻找完美的责任。

最后，也许 Teilhard 的思想中最重要的方面是将灵性与信息沟通相结合的方式，这是真正使 Teilhard 与互联网技术紧密相连的东西，而不是他对未来乌托邦的精彩描述。许多别的神学家也写了他们自己的来世论、他们对判决日的看法，但是 Teilhard 试着将这些虚构符号用于描述人类事件，并将它们用抽象的数学概念来代替。在做这些的过程中，他唤醒了古老教堂的愤怒，同时无意中帮助把灵性带入了计算机时代。

另一个对网络的理解起决定作用的神学思考者是 Carl Jung（卡尔·荣格），尽管他出现得极少，或许也从没有在这一背景中被提到。网络提供了一个思考 Jung 集体潜意识概念的全新方式，集体潜意识是一个抽象精神形式的领域，居于时空之外，被所有人接触并指引我们的思想和感觉。网络也给了他的原型概念新的实体意义，原型是居于集体潜意识中的特殊精神形式，拥有指引个体思维构成的特殊力量（Jung，1955）。

集体潜意识从来没有在科学心理学中占据什么地位，因为它被认为过于古怪、过于精神化。或对或错（像 Card 在 1996 年所说），对于一个与个体思维交互又在其之上的抽象形式的非物质领域，科学并不会为它提供容身之处。然而，全球网络思维将正是这样一个非物质的，至少是数字化的领域。

Jung 相信，我们从集体潜意识中吸收的一些"原型形式"是基本的心理结构：自我，阿尼玛（Anima，男性内在的女性成分）或阿尼姆斯（Aminus，女性内在的男性成分），阴影。其他的在本质上更具有文化性：第一个人（the first man）。另一些是看得见的：上升的定义为"吮吸"，下降的定义为"吐出"。但是在 Jung 看来，所有原型中最基本的是数字。像 1、2、3 这样小的整数，Jung 解释为次序的心理表现。实际上，Jung 建议所有其他的原型都能在与小整数相应的特殊原型形式之外建立，这是一个明显的计算机式想法，是世界的数字化景象。因此我们看到，Jung 的思想既令人费解又充满灵性，它是完全建立在数学的基础上的，他将思维的抽象结构看做数字不同结合的输出，并将集体潜意识视为一个数字化的系统。

全球网络思维将以一种突出的出人意料的方式实现 Jung 的哲学，它将是人类的数字化集体潜意识。最后，全球网络思维的存储是由人类创造的网页组成的巨大机体，它是人类思想、知识和感觉的所有领域的直接表现。因此，当全球网络思维调查这一信息并识别出它内部的细微结构，它将决定人类知识的抽象结构（例如，决定人类文化领域或心理领域的结构）。这即使对作为独立实体的全球网络思维来说也是准确的。鉴于人类越来越依赖于网络，如果"全球脑"与人类一起努力建立一个全球数字思维将或全球社会思维会更为真实。

特别的是，全球网络思维最抽象的水平将最类似于 Jung 构想的集体潜意识，这些水平会成为一个普遍微妙模式的集合，而这些模式则是从大量不同的人类思想、感觉和经验中抽象出来的。并且，抽象信息的机体会变得活跃。开始，它将涉及在网络上生成新链接的过程，生成新网络成分的过程，以及管理基于这些内容的现实与虚拟活动的过程。当它变得普遍时，它将开始涉及到与人类思想和感觉本身的互动过程中。换句话说，如 Jung 想象得那么精确，数字化集体潜意识将包含于塑造人类个体意识的思想、感觉和行为中。

但是最后我们从 Teilhard，Jung 和网络的比较之间得到了什么？显然，与 Teilhard de Chardin 一样，Carl Jung 没有预见互联网和全球网络思维，就像设计互联网的工程师和科学家没有意向去认识这些哲学家的精神观点一样。

在 Jung 式心理学的语言中，这一情况是很好理解的，事实就是哲学家和工程师、科学家运用了相同的新兴文化原型。哲学家从原型和集体潜意识的人类意义角度来解释全球互联网络，工程师和科学家使得这些原型物质化和现实化。作为一个种族，我们人类永远处于哲学与科学之间，而处于这个空间也并不是什么坏事。我们处在非常美妙的时刻，用工程和科学来实现我们最深处的哲学和精神渴望。

12.4 "全球脑"的自我与道德

最后，我将收集一些已经发表的技术和哲学观点来简要考虑本书编辑 Jayne Gackenbach 给我的问题："全球脑"有道德吗？它是否会有道德感？这个问题对于新兴"全球脑"的自我心理学中的普遍问题是一个很好的切入点。

良心是人们体验到的一种"内部声音"，为评价行为对错提供依据。关于对错的判断因文化、家庭、个人而不同，似乎强烈依靠早期童年经验。由于全球网络思维的"早期童年经验"将不同于人类，因此有理由问是否一些类良心的现象将会出现。

在 Webmind 人工智能设计中，有一个叫做"自我"的 Java 类，它是系统必不可少的部分，它的角色是不停地记录系统正在做什么，目的是调整系统的许多参数并引导系统的内省（自我提问）过程。通过我曾提出的意识有灵论的观点（Goertzel，1997），如同控制人类注意的大脑加工过程，这个类不应当被看做"原始经验"的场所，而应当是一个系统的"中心"，在这个系统中，原始意识——生命的初级存在得以对具象世界产生最大影响。Novamente 人工智能系统采用了不同的理论，在这个理论中不会有明确设计的自我，或是期待自我理解的出现，但是基本的概念是相同的。

一个人工智能系统或许是明确设计用来寻找使用户满意的行为，最大可能的服务于他们的需要，同时也寻求与之互动的其他人工智能系统满意的行为。如此看来，运行人工智能的单个机器或机器组可能拥有"良心"。基于经验和适应，人工智能的"良心"有不同的具体外形，但是这还仅仅是人们的期待。Asimov 在其科幻故事中用来防止机器人伤害人类的机器人三定律，不适用于新兴的自组织智能。进行硬编码阻止人工智能发送引爆五角大楼的指令是容易的，然而阻止它间接采取伤害人类的行为相对较难。正是在这种情况下，"良心"必须使用它的直觉，这种直觉随时间适应，有时效果好，有时效果差。

我们也看到各个人工智能系统间存在社会性交互。简单来说，每个系统都会向其他系统寻求信息，并且需要知道哪些系统更擅长回答哪种类型的信息。每个系统能给另一系统有关其他系统的意见，且必须就某一特定话题判断其他系统意见的可靠性。这个相对简单的概念——适应性信息共享产生了互联网人工智能的集体潜意识，这异于人类的集体潜意识，后者来源于互联网上大量的人类数据。在集体人工智能单元中，将会出现控制交互的转换模式，尽管单个的人工智能思维对这种模式的感知是模糊的，但是却使主体间的创造性成为了可能。

然而，人工智能思维间的互动远比人类间的社会互动更为强烈，因为不同的人工智能能交换"脑区"（知识、情感、观念的集合）。这种社会信息的交换不存在内部监视装置，本身也不存在潜在的"良心"，因为它基本是一个混杂分散的过程。

我们在观测中发现的另一个例外是，未来许多人工智能系统的物理特性可能必须包括互联网本身和其中的计算机。一些人工智能系统可能包含于机器人或模拟领域，但是并非总是如此。此外，人工智能间的社会性互动在统计学上的平均模式将决定网络交通模式，最终制定新的线路等。就这点而言，物理基础将受到社会动力的影响。社会动力是一面镜子，反映了随着物理学的突飞猛进，存在于宇宙中的宏观系统的集体潜意识是如何从不确定的潜在微观世界中产生实体宇宙，如何通过多重宇宙空间形成共有路径。

因此我们得到了一个令人费解的观测，由于互联网的分布式、多主体本质（例如导致互联网探索性成长的特征），对于"全球脑"可能没有统一的"良心"，"良心"的内部监控不得不拥有观察和改变它所在系统的各个部分的能力。例如，如果"全球脑"的一个具体部分是由 X 公司拥有的软件组成的，那么 X 公司将不得不同意"良心"的内部监控访问他们的软件，并相信为了整体思维的利益内部监控将升级这些软件。显然，这违背了公司的竞争道德。

综上所述，这一讨论指出了网络是如何来模糊个体与社会的界限的。然而对于我们，个体思维和社会思维是截然不同的，对于智能网络，则更具有一种连续性。存在一整套重叠又分离的内部装置——混乱的意识，它们之间彼此重叠又冲突的方式远比人类间的交往更为密切。

从推测的角度来说，有人可能会猜想，社会确实比个人具有更少的道德，因为它没有内部监控，没有整体的意识流。然而，社会的无组织和非道德对于个体的组织、集中和道德可能是不可或缺的。通过避免非道德社会和道德个体的严格区分，网络能避免很多毁坏人类历史的问题，但也必然遇到关乎自身的新问题。"良心"存在于一个界限不断变化的环境中，将可能更少受困于人类过于物化的倾向以及明确界限的划分，但是可能会经常落入相反的错误。

插入一个使个体与社会的界限模糊的系统，人类意识将会怎样？唯一合理的结论是，人类意识也将在这些方面丧失一些严格的界限。通常来说，就像与人类意识交互的其他有机体的意识，当人们在工作地点和家里与自组织的互联网人工智能系统发生交互时，他们会停止反应，就如同个体与社会是严格分离的，而且人类会在个体思维与行动中开始更为清晰地现实化集体潜意识。

Joan Preston（本书 11 章）已经讨论了计算机接入的标准过程以及虚拟现实的类型，这一过程正通过人类日常环境中的重复使用和相似性变得逐渐"透明"。本章讨论的是相关亦或更为深远的内容，随着思维的超个人部分在物理现实中更为直接的显露，人类自身透明度在逐步的增加。现在，自我是区分精神模式的界限，但是在一个象征性的人类或人工智能思维的世界，这将不再是关键，至少不再像现在这么重要。存在于人与人之间、人类与表征集体潜意识的智能网络之间的计算机界面的透明度，产生了一种更深层次的透明度。"同情"是个体对他人情感的输出，当给予道德意义的自我界限变得更易变、更多极化，建立于"同情"之上的道德将呈现出一个完全不同的形式。

Card,C.(1996).The emergence of archetypes in present-day science,and its significance for a contemporary philosophy of nature.Dynamical Psychology Electronic Journal,Retrieved Nov.1,2005,http: // goertzel. org/ dynapsyc/.

de Chardin,T.(1994).The phenomenon of man.New York:Borgo Press.

de Rosnay,J.(1996).L' homme symbionte.NY:Harper & Row.

de Rosnay,J.(1975).Le macroscope.NY:Harper & Row.

Gibson,W.(1994).Neuromancer.New York:Ace Books.

Goertzel,B.(1993a).The structure of intelligence:A new mathematical model of mind. New York:Springer-Verlag.

Goertzel,B.(1993b).The evolving mind.New York:Gordon and Breach.

Goertzel,B.(1994).Chaotic logic:Language,thought,and reality from the perspective of complex systems science.New York:Plenum Press.

Goertzel,B.(1996).Subself dynamics in human and computational intelligence.CC-AI:The Journal for the Integrated Study of Artificial Intelligence.Cognitive Science,and Applied Epistemology,13(2–3),115–140.

Goertzel,B.(1997).From complexity to creativity.New York:Plenum Press.

Goertzel,B.(2001).Creating Internet intelligence.New York:Plenum Press.

Harris,M.(1987).Why nothing works.Washington,DC.:Touchstone Press.

Jung,C.G.(1955).Synchronicity:An acausal connecting principle.In Collected works of C.G.Jung,Vol.8(2nd Ed.):The structure and dynamics of the Psyche.Princeton:Bollingen Series,Princeton University Press.

Kreisberg,J.(1995).A globe,clothing itself with a brain.Wired Magazine,Issue 3.06 June 1995.

Looks,M.,Goertzel,B. & Pennachin,C.(2004).Novamente:An Integrative Approach to Artificial General Intelligence.Proceedings of the AAAI Symposium on Achieving Human-Level Intelligence through Integrated Systems and Research.Washington,DC.

Moravec,H.(1990).Mind children.Cambridge,MA:Harvard University Press.

Nietzsche,E.(1991).The passion of the Western mind.New York:Ballantine Books.

Rowan,J.(1990).Subpersonalities,the people inside us.Routledge.

Russell,P.(1995).The global brain awakens.New York:Global Brain Inc.

Stock,G.(1993).MetaMan.New York:Simon and Schuster.

Turchin,V.(1997).The phenomenon of science.New York:Columbia University Press.

13 网络与更高层次的意识形态
——一种超个人视角

简·加肯巴赫（Jane·Gackenbaoh）

格兰特·麦克埃文学院心理系，埃德蒙顿，阿尔伯塔，加拿大

吉姆·卡朋（Jim Karpen）

玛赫西管理大学，费尔菲尔德，爱德华州

13.1 导言

本书在之前的章节中探讨了互联网的各个方面，从其通过新社会现实的探索对我们自我感觉的影响到它建立更为紧密的智能和社会交互耦合领域的可能性，或许可以将它看作一个"全球脑"，（见第 12 章）。所有的这些都有助于我们理解，这个新实体意味着什么，它带来了哪些影响，它的未来又将会是怎样的。同样的，在这一章中，我们将通过"意识"的视角来考察这一目标。

这个主题涉及的范围很广，包括心理学的各分支、商业、社会学、人为因素、人工智能和复杂的理论。然而，这里提及的是超个人心理学的途径，它关注的焦点是被称为"更高层次心理状态"的个人主观体验和一个电子媒介化程度不断增加的世界是如何影响这些高级意识状态发展的。

超个人心理学里的一些个体体验通常被认为是超出正常体验范围之外的——是一种神秘和先验的体验。在这一章中，我们试图全面了解互联网和更高层次意识形态之间的联系，这些更高层次意识形态也被认为是神秘体验的基础。我们的问题是网络和虚拟现实体验能否刺激高级意识体验的某些方面？我们还要考虑，包括互联网在内的电子媒介体验的本质，它之所以如此令人着迷，是否可能是由

于它的一些特质，即与人类一种与生俱来的内在统一存在的欣赏能力，产生了共鸣。

更高层次的意识状态长期以来被认为超出了心理学范畴，在某种程度上是因为这种经验比较罕见且具有主观性，有时也并不可靠。但是在过去的 30 年中，越来越多的研究证实了这些状态的存在及其神经生理学方面的特征。基于各种出现在本土传统研究中的主观报告，对 Bucke（1969）在这些报告开创性编译的简单研究后，我们开始表征更高层次的意识。我们调查了这一领域的一些研究，包括 Travis 及其同事（2002）有关个人体验宇宙意识的研究、Lutz 等人（2004）关于佛教灵修的研究以及 Newberg 等人（2001）有关心灵体验的神经生理学研究。我们还要考虑一个由 Alexander 等人（1990）提出的假说，有关各式各样的"文化增强剂"能够导致的更高层次的意识状态的体验。这些都为考查网络这种媒介化交流方式中的最新形式能否成为一个文化增强剂的可能性做好了准备。

接下来，我们要结合 Sternberg 和 Preiss 的理论（2005），来考虑科技和认知之间的关系。我们之前报道了由 Gackenbach 和他的同事所进行的详细的研究（Gackenbach & Preston，1998；Gackenbach，1998，1999，2005，in press；Gackenbach & Reiter，2005），接着在 Preston 的章节（see Chapter 11）中介绍了有关网络中的虚拟现实方面，以及这种体验与历经清晰的梦之间的关系。本研究主要关注电子游戏，它是虚拟现实浸入技术中最主要和最能使参与者身临其境的一个方面。

这章通过简要回顾技术和意识的发展做出总结，试图去理解互联网的最终意义，同时也推断，网络以及它的形状之所以具有吸引力，部分是因为其与人类心智特有的 HSC 潜在体验相一致。

13.2 通往意识的其他方法

普通心理学课本一直使用简单的定义来界定意识，如"意识是对于内部刺激和外部刺激的察觉"（Matlin，1995，P134），并且主要关注注意的作用。虽然早期的心理学也关注意识的问题，但直到认知和超个人心理学家的再次出现之前，它只是作为一种探讨领域，并不被看好。不幸的是，作为心理学的两个分支，只有很少的研究者，并且供这两个分支的研究人员用来讨论意识问题的期刊、院系或者其他更加正式的领域也都很少。当然也存在少数明显的例外，比如 Arizona 大学的意识研究院和每两年举行一次的题为"通往意识科学"的会议（http://www.consciousness.arizona.edu）。

此外，有人试图通过整合大量学科的不同视角，来更加全面的了解意识（e.g., Hunt，1995）。事实上，为了真正理解意识的本质，使用跨学科的方法来研究意识已经逐渐成为一种公认的必要。在 Maharishi 的吠陀科学（Vedic science）中，一个独特的意识科学构想从印度的吠陀传统中诞生，Maharishi Mahesh Yogi 也提供了一种整合性的方法。而基于直接主观定义和其他方法的意识科学，从这个视角也得出了动力学相关模型和西方学科内容，包括物理中的统一场模型（see Orme-Johnson et al.（1990），on the field effect of consciousness）。

13.3 人类意识及其发展

意识是一个充满了挑战和瞬息万变的概念。从历史的角度来看，意识一直被置于一系列的环境中研究，并且同样得出了多样化的定义。另外，作为开放意识的最大集成和整合的潜在表现，意识的认知科学观点是指那些已经成熟的意识转换的研究，特别是有关各种冥想传统的研究。我们以实证研究作为基础，采用了特定的方法来界定一系列专业术语，意识在这里仅仅指一种察觉。HSC 意味着对于现实的一种体验、知觉和鉴别，是发展过程的结果。

Bucke（1969）是最早涉猎高层次意识形态的心理研究人员之一，并且他对高层次意识形态的关注最早展现在他于 1901 年发表的经典作品 "Cosmic Consciousness"（《宇宙意识》）之中。他描述了三种意识水平：简单意识，指动物所察觉到的经验；自我意识，是人类通常能够察觉到的经验；宇宙意识，这是一种高级知觉体验，是个体在经历了世界上多种不同的文化后所报道的一种经验。关于宇宙意识，他在书中写道：

> 宇宙意识是第三种形式的意识，它远高于自我意识和简单意识。伴随着这种意识，当然还有自我意识和简单意识的存在……宇宙意识的主要特征，就像它的名字所说的那样，指整个宇宙的意识，也就是说，是生命的意识和宇宙的秩序……除了之前提到的重要事实，还有很多元素

都属于宇宙观念，它们中只有一些被提到。随着个体感知宇宙意识的存在，可能会产生一种智慧启蒙、精神愉悦，会将个体置于一种新的存在水平——将会使得这些个体成为一个新物种的一员。这种新的存在水平添加了道德升华状态，和难以言喻的提升感，得意和愉悦感，以及一种迅速的道德感。这些发生的时候可能会被称为一种不朽的感觉，是永恒生命的意识，不是个体必须感受到这些，而是个体已经拥有。（P2—3）

Bucke 在此书后面的部分中，收集了几十个历史上的真实例子，这些跨文化的个体都有这类体验，这些实例有的是历史的记载，有的是来自于宗教文本中，还有一些是个人的手稿。

一个明显的问题是，是否这些有宇宙意识体验的个体异于常人？还是说只要在适当的条件下每个人都能产生宇宙意识体验？过去 35 年的实证研究一直在试图回答这个问题。例如，在过去的 10 年里，Newberg 的研究表明，人类大脑对于宗教体验的反应是天生的（A summary of the research can be found in d' Aquili & Newberg, 1999, and in a book written for a more popular audience by Newberg et al., 2001.）。在一个新的领域中，如"神经神学"，Newberg 和他的同事致力于研究脑的功能和神秘体验或宗教体验之间的关系。借助于 SPECT（单光子发射计算机断层扫描）设备，他们研究在藏传佛教冥想和祷告、修女祷告过程中神秘体验的神经生理学基础。

被试报告了 Bucke 描述的这种类型的体验，即一种与上帝相融合的永恒感觉，而且这项研究也解释了神经生理学与这类体验的关系。

他们分析了一个被称为"联合定向区"（OAA）的大脑区域，研究结果显示，这个区域涉及将自身与其他对象区分开来的能力。研究中提到的僧侣和修女在进行深入冥想和祷告的时候——他们会体验到一种和宇宙融为一体的感觉或一种宇宙精神——脑部 OAA 区域的活动程度会减弱。个体与外物融为一体。研究人员得出结论，精神体验基于人类生物学，这表明，每个人都有经历这种体验的能力，只要能够创造出合适的文化环境（以下简称"文化增强剂"），所有人都能产生这种超个人的或神秘的体验。

在近期有关冥想的另一个研究中，Lutz 及其合作者（2004）使用脑电图描记器（EEG）和功能磁共振成像（fMRI）技术，来研究与佛教禅定和正念修行有关的神经生理机制状态。对佛教禅定的练习会导致，高频伽马波和大脑的同步性，伴随异乎寻常的高度脑活动出现在大脑的左侧前额叶皮层中，这个区域是与幸福、积极的思想和情绪相联系的。研究人员据此认为，冥想包括颞整合机制，并可能引发短期的和长期的神经系统的变化。这些只是有关 HSC 研究中的一小部分。

13.4 从综合项目研究到发展中的高级意识形态

最早和范围最广的研究都是在灵修者身上开展的，Maharishi Mahesh Yogi 是这方面的专家，部分原因就是，在美国有大量的被试可供研究，他们都曾受过统一的冥想程序的训练。这个研究项目始于 20 世纪 60 年代末期，当时的生理学信息学和神经生理学都在超验冥想实践中发生了改变。

在过去 10 年的研究中，还包括一些被试，他们因为长期的冥想实践，心理和神经生理方面发生了永久的和可测量的变化。

借助于大量关于此类的研究，以及 Alexander 和其团队（1987，1990）根据 Maharishi（1966）的学说发展出的有用的理论框架，我们将会看到这个研究领域中的更多细节。Alexander 使用东方视角来融合他的西方心理发展模式，表明高级意识形态的成长是一种每个人都能获得的自然现象。他将"文化增强剂"的作用描述为一种促进高级意识形态的机制。

我们使用来自 Maharishi（1966）的术语来描述 HSC，"纯意识"是指万物产生的以及个体意识局部表达的基质，"超越"是一种超出普通现实体验意识来源的过程。尽管我们将这些术语当做独特的概念，从历史上看，心理学将它们汇集在一起，置于最基础的术语"神秘或超越的体验"之下。神秘体验通常意味着，对于 HSC 这些特性短暂或是长久的体验。人们已经在传统上使用了各种方式来定义和描述这些特性。在回顾有关神秘体验的研究工作中，Lukoff 和 Lu（1988）承认，"神秘体验的范围太大了"（P163）。Maslow（1969）提出了超越的 35 种定义，这一术语经常与神秘体验相联系。现在出现了大量关于高级意识形态的实证研究。20 世纪 70 年代末，研究人员通过使用一系列评估工具，开始系统性和经验性地定义意识及其状态。Lukoff（1985）定义了神秘体验的五种常见特征，以供参考：

（1）心醉神迷的精神状态，这也被他认为是最常见的特征；

（2）有一种重新获取知识的感觉，包括一种信念，即生活中的神秘事件已经被揭露；

（3）知觉的变化，从高度的兴奋到产生视幻觉和听幻觉；

（4）出现一些有关神话主题的妄想（如果存在的话），内容的多样性和范围之广令人难以置信；

（5）没有概念上的混乱，那些拥有神秘体验的个体不存在语言和言语障碍。联系前一句（精神病人是有这些障碍的）。

在最近一个有关评估媒介的审查中，MacDonald 和 Friedman（2002）注意到，一种能够将灵性分类的工具出现了。这个列表就是他们所谓的"经验 / 现象学维度"，其中包括神秘量表、高峰体验量表。

他们注意到一些文献的表述，特别是在关系到健康和幸福方面，"如此的混乱，以至于具有说服力的发现都成了一种挑战。这个任务变得更加困难，因为事实上没有一个正式成熟的，有关人文主义和超个人概念的基本准则网络"（P114）。

因此，一个拥有统一理论基础的团队，其研究应致力于开发评估工具，以及发展与研究 HSC 的方法论。Alexander 等人（1990）就是这样一个团队，他们开始的研究，是指出那些关于"神秘体验"的陈述都是错误的，那种体验超越普通思维的方式并不比婴儿期抽象思维超越运动行为的方式神秘多少。他们做出的一种解释，这种"超意识"体验与世界上的神秘主义者经常谈论的东西具有共同特征："普遍可用的……带有不连续性的普通认知模式……更发达的个人意义。"（P308页）"超意识"的关键是"对最基础心理状态的直接体验，即纯意识"（P309）。然而，从历史上看，大多数有关神秘体验的研究人员都将这种体验看做孤立的或罕见缺乏目标的体验（如果理论上存在的话），这一群体是最早（see also Wilber，1987）在一种通用模型的发展背景下来描述这种体验的（Alexander et al., 1990），并且这种体验作为第一个高级意识形态长期地存在于个体之中。此外，他们还指出，"在任何发展时期，当意识暂时的安定下来，到达最小兴奋状态时，纯意识就能够被体验到"（P310）。就发生率而言，他们引用了 Maslow 的观点，Maslow 认为在庞大的人口数量当中，只有不到 1000 人能产生"高峰体验"，所以"完全稳定的高级意识形态的出现，是一件具有历史意义的重大事件"（Alexander et al., 1990，P310）。

关于研究的主体另一个方法论要点是，几乎所有研究过 Maharishi Mahesh Yogi 教义的研究人员，都能很仔细的区分出冥想练习和纯意识体验，并且解释道，前者只不过是对后者的一种促进。这一点与我们本章的内容观点有关系，也就是说，有一些其他的方法或文化增强剂，都能产生同样的结果，只是程度上会稍微弱一点。他们也展示了这样的研究结果，那就是在超越体验时，健康和幸福多重相关性强于整个冥想过程中（for psychophysiological review, see Wallace, 1987; for individual difference review, see Alexander et al., 1987; for theoretical review, see Alexander et al., 1990; for educational reviews, see Dillbeck & Dillbeck, 1987; Nidich & Nidich, 1987, 1990; for a recent compendium of developmental applications, see the special issue of Journal of Social Behavior & Personality, 2005, Vol. 17, Issue 1）。这方面的大量研究超过超个人心理学中其他任何一个方面，因此，它超出了本章的范围。尽管有大量的冥想文献（reviewed in Murphy & Donovan, 1988; and in second edition Murphy et al., 1997），但是很少有其他的研究团队致力于区分冥想和超越体验之间的关系。

例如，Murphy 和 Donovan 有关冥想的主观报告显示，在冥想和意识形态方面，如果有差别，也只是很小的差别。我们意识到，那种无法形容的、幸福的、令人兴奋的种种体验，经常是在一些练习过程中发生的，但是在一个特定的时期或某种练习当中，对这些主观体验的记录却并不多。关于这种意识状态的研究文献，除了之前提到的研究团队所做的研究之外，在某种意义上来说仍然处于一种很漫无目的的阶段的阶段。事实上，Murphy 和 Donovan 的评论缺乏理论上的整合。超验冥想（TM）和关于其他传统中的冥想的研究是一致的，因此，不能认为超验冥想的效果只局限于这一种冥想练习。

13.5 定格 HSC 的生理和心理上的标志

关于 HSC 的最近阶段的研究，是为了给 HSC 确立心理和生理上的标志。早期的研究主要集中在冥想过程中的标志，研究人员所选取的被试是那些报告现在就有 HSC 体验的个体。最初，这项研究是在被试睡眠期间进行的（Mason et al., 1995），但是技术的进步使得在被试清醒活动的时候也能进行该研究。

Travis 等人（2002）已经研究了 17 名被试，他们由于超验冥想而正体验着宇宙意识，并且研究者将他们与其他两个控制组的被试做比较。这些被试平均进行了 25 年的冥思活动，选取方式则是依据被试有关超越体验的自我报告，以及对他们进行面试的结果来确定他们经验的有效性。这项研究的目的是，对比控制组和实验组在活动期间的情况，找到宇宙意识特殊的脑电图（EEG）模式。它被用来与以下的控制组作比较，即实验组为 17 名体验到宇宙意识的被试，其中一个控制组是平均来说已经有 8 年冥想练习的被试，而且他们在冥想过程中有过很少的、初步的超越体验。而另一控制组的 17 名被试从来没有进行过超验冥想练习。

研究发现，那些体验着宇宙意识的被试，在活动期间显示出与众不同的 EEG 模式，这表明在清醒的过程中，超越是可以继续维持的。具体来讲，Travis 观察在执行一项简单任务和复杂任务时的"准备反应"，也就是心理任务前的脑部活动。实验组被试前额皮层的 EEG 一致性，这就将超验冥想练习技术同闭目静坐区分出来了。他还发现，在非冥想组，被试在执行任务的过程中，前额皮层的 EEG 高度一致性是最低的，在体验到宇宙意识组的被试中则是最高的。这种高度前额一致性与大量的身心特征有着重要的关系，例如情绪稳定、降低焦虑、内部定向、创造力提高、智力提高和降低神经质（see, for example, Dillbeck et al., 1981; Dillbeck & Araas-Vesley, 1986; Nidich et al., 1983）。

总之，那些脑电波特征（例如，阿尔法波连续性，之前是和超验冥想中产生的宇宙大我体验联系起来），已经被证实在体验宇宙意识的人身上一直都有，即便是深度睡眠时。

尽管超验冥想团体提供了某种确定的内在一致性，他们的许多发现与其他研究者有关 HSC 的结论并不矛盾。例如，Lazar 等人（2005）的研究显示，大脑生理上永久性的变化就是佛教徒禅修的结果。这项研究选取了 20 名被试，他们具有丰富的禅修经验。与控制组相比，这些被试的大脑中，那些与感觉、听觉和视觉以及内部知觉相关的区域的皮层增厚了。这些区域包括前额皮质和右前脑岛，涉及决策制定、工作记忆和脑体交互功能。

综合来看，就像 Bucke 所描述的，这些研究表明，对于 HSC 的研究正在记录现存的高级意识形态。HSC 的个体拥有一种持续的、不同于常人的体验和知觉，大脑功能中可测量的变化正是支持了这个观点。

总之，前面所讨论的研究和理论，不管是尚未确定的还是已经确定的，都表明存在这样一种高级意识形态，而且只要给出适当的环境，它就会超越之前被认为是终点的常规运行的阶段，作为一种自然的发展而被领悟到。这些高级意识区别于其他的主要标志是，经验的普遍性和无穷性，超越时空以及高度的幸福感。以上所说不是模糊的、主观经验上的东西，而是在功能上能够进行实证界定的（Alexander et al., 1987）。在 Alexander 看来，这一意识形态可以通过一种特定的冥想训练得到发展，即让心灵超越思想到达一个无思无虑的境界，也就是纯意识的体验——其是指意识并没有一个知觉的对象。这种超经验意识状态并不是到此为止或这种状态本身不是终点，而是进一步系统地来开发永恒的高级意识形态体验的方式。他承认，其他的表象显现技术或来自其他文化的文化增强剂也可能产生同样的效果。我们现在要考虑的问题是，文化增强剂是否可能包括电子化媒介交流工具，例如因特网。

13.6 科技和认知

当今，随着科学技术演变为动态的、强有力的、有表现力的传播媒介，这些传播媒介也在我们学习、成长的过程中成为越来越活跃的参与者。

文化知识、电视、电子游戏和互联网，都对塑造我们的思维方式有着重要作用。科技从来都不是单方面的——我们发展并使用它，它也会对我们产生影响。网络对我们对于世界的经验具有替代、补充和放大的作用，还能让我们参与其中。科技能够让个体拥有的体验，超过普通人类生理学所能提供的支持。

在"Intelligence and Technology"一书的前言中，Sternberg 和 Preiss（2005）解释了认知技术的影响。当技术被广泛的概念化成"建筑的部件或程序——即作为一种工具来帮助人类达成目标"时（P17），技术对于人类发展的影响和人类自身一样久远。最近的影响包括改变写作方式、提供计算功能、提高空间技能。具体来说，他们注意到，"作品逐渐使用手写完成，更多的是高效的使用电脑……这种变化将写作过程重组成写作计划和作品审查两个环节，通过文字处理器的帮助，比之前使用普通写法，涉及更多的认知努力"（P13）。在数学中，电脑和计算器的使用，使得人们可以花更多的时间去解决更为复杂问题的，而不是将时间浪费在没完没了的计算过程中。高水平非语言问题的解决，需要视觉空间信息过程的专门的认知能力来处理，那些玩电子游戏的儿童身上也具备这样的能力。

提供上述体验的关键在于一种结合能力，即把我们的内部知觉解释系统同能处理综合复杂数据的计算机、科技系统很好结合。有很多这样的合理安排，从纯粹的合成环境，如电子游戏，或在数据中，再或者来自数学系统的可视化模型，到各种工具很强大的知觉系统。随着传感器技术的进步和人机界面的完善，虚拟现实系统已经成为工业发展、科研、娱乐生活中常见的一部分。

那些系统不仅能增强知觉能力，它还能对重要的数据进行处理、分析以及对我们普通体验进行图像加强。想象一个观察者，他带上一套护目镜，这样的护目镜使他能够看到红外光谱，还能衡量维度和视觉系统的位置，并将它与它自己内存的最初的规格进行比较，给出一个可视的警告和一个虚拟箭头，指向问题细节中任何不规范的地方。这样的体验远远超出了日常生活中的水平，这种在空间、尺寸、规模丰富性上不断提高的能力与增强体验的特质是平行的，与高级意识形态的发展相关。至少，有一点越来越显而易见，那就是技术正在改变心理功能（Sternberg & Preiss，2005）。

玩视频游戏与出现意识发展体验之间的关系是一个交互影响的例子，证明技术的提高至少是影响心理功能的，甚至会影响意识的发展。

基于认知科学（心理模型）对世界中自我意识的理解，其提出我们的现实知觉是一种建构，也是一个最好的猜测。虚拟现实，尤其是完全浸入式的虚拟现实，潜在地提供了在周围的环境中的演练，在周围的环境中演练，就如同在"人工的"或"替代的"现实中一样（虚拟现实文学中的讨论被称作"远程呈现"）。很可能是这样的，虚拟现实的演练可能会在梦中转换成更精确的状态识别，而它又是意识发展的一个标志。

正如前面所提到的，注意是意识的一个基本方面。Green 和 Baveller（2003）发现，经常玩电子游戏的玩家体会到游戏有助于改善视觉注意。在玩电子游戏的过程中，视觉注意需要被分散，Subrahmanyam 等人报告说，熟练的电子游戏选手比那些不常玩电子游戏的人，拥有"更为发达的专注力"（2001，P15）。基本上，为了通过一个虚拟的电子游戏场景来导航，你必须分散或扩大你的注意力到整个场景中，以便于能够迅速的预测该场景下的各种变化。Maynard 等人（2005）查阅了注意力和电子游戏比赛的相关文献，他们发现，那些分配到电子游戏比赛条件下的被试，其注意力会得到提高。但是游戏的类型可能会影响这个结果。一项研究表明，战争类游戏比拼图类游戏如俄罗斯方块，更能改善注意力。Greenfield对此发表评论时说道，"电子游戏使玩家第一时间通过表象空间来进行各种导航成为可能"（Greenfield & Cocking，1996，P91）。

心理专注是另一个使用最为广泛的衡量注意力的指标，它是虚拟现实临场感在心理上是等数的，在本书的第 11 章中，Preston 介绍过虚拟现实技术。专注能力可以被认为是总的注意力参与其中的那部分能量。相关地，Glicksohn（1993-1994；Glicksohn& barrett，2003）发现对意识的替代体验（例如幻觉体验）的专注和主体体验的异常有积极关系。当提到技术的任何对意识的影响时，尤其是虚拟现实技术，考虑专注或临场感的作用十分重要。

Funk 等（2003）指出，虽然关于专注电子游戏经常被报道，但是关于它的研究很少。游戏的专注过程已经由 Glicksohn 和 Avnon（1997-1998）检测到，他们发现，在玩电子游戏的过程中，一些被试报告的体验说明意识形态发生了改变（例如漂移、飞行、视听知觉中的改变）。这些被试也表现出在游戏过程中专注程度的显著增加，而那些在游戏过程中并没有报告意识形态改变的被试则没有这种现象。

Wood 等人（2004）发现，玩家认为快速投入到游戏中是很重要的。综上所述，Preston（Chapter 11）回顾了有关专注和虚拟现实沉浸的研究，这些是游戏过程中最常见的体验，包括那些在心理专注方面得到高分的被试：用一种独特的方式评估与自我有关的信息。这强烈的暗示，对于视觉、听觉、触觉和平衡觉来说，信息会以多种方式来加深心理专注。在沉浸式虚拟现实场景中，多通道刺激创造了更强烈的临场感。沉浸式虚拟现实环境有可能为专注程度较低的个体提供一种改变意识形态的途径，产生和那些高专注个体一样的体验，也有可能为我们所有人提供一种达到高级意识形态的途径。

电子游戏研究的结果也报告了意识中的其他元素。例如，Voiskounsky（2004），Chou 和 Ting（2003）以及 Choi 和 Kim（2004）注意到电子游戏和 Csikszentmihalyi（1990）提出的"流"体验之间，存在着一种关系，这种关系作为心理专注的一个相关因素可以进行概念化。Voiskounsky 等人通过玩家在多用户角色扮演游戏中的表现，发现"流"存在的证据。Chou 和 Ting 考察了"流"的自我报告，通过从"虚拟社区沉浸于网络游戏的会员"发展出来的一个量表考察了"流"的自我报告（P666）。Gackenbach 和 Reiter（2005）使用由 Chou 和 Ting 发展出的同一个量表，测量后初步分析发现，在玩电子游戏的过程中，经常玩的人所报告的"流"体验在几个维度上都多于不经常玩的人。Choi 和 Kim 将"流"报告成一种品质，这种品质与长时间在线的韩国玩家有关系。

13.7 网络的文化增强剂效应——虚拟现实和"清晰梦"

现有的一些初步研究表明，虚拟现实体验会促进"清醒梦"这种体验的发展，而这种体验又被认为是和 HSC 的发展有关系的。"清醒梦"这个术语有着很多不同的定义。Maharishi 的吠陀科学将它描述成一种内在觉醒的持续体验，一种绝对不变的领域的临场感的体验，它具有持续性，不论是醒着、睡眠中还是在做梦时。

Gackenbach（1991）对清醒梦和警觉性的梦做了区分，认为清醒梦是一种内心的觉醒，而警觉性的梦虽然更多的远离和不参与梦的的活动但是仍可以充分的觉知到这是一个梦。藏传佛教中也谈论到"清醒梦"这个概念。

在一场达赖喇嘛和西方研究者的会晤中，达赖指出，"在坦陀罗的背景下，梦瑜伽的主要目的是承认梦就是梦"（Varela，1997，P129）。研究人员倾向于将清醒梦看做是在梦境展开的时候，意识到自己正在做梦的这样一种体验（Gackenbach & LaBerge，1988）。

正如前面提到的，Blackmore（2003）指出，我们在这个世界上的自我感觉或者我们对现实的知觉是一个建构，一个最好的猜测。清醒梦是另一个这样的建构，使用了一组不同的输入变量，这些变量来自清醒时候的体验。虚拟现实（VR），特别是完全浸入式虚拟现实，可能会提供在模拟环境中演练的机会，甚至在"人工"或"替代性"的环境中也可以。这种感觉意义上的虚拟现实，在虚拟现实文学中被称作远程呈现。Witmer和Singer（1998）发现，虚拟现实中的高度临场感发生时，自我卷入、控制、选择性注意、知觉保真度和模拟真实世界的体验都会增加。以上这些体验在电子游戏中都会有涉及。Gee（2005）指出，成功的电子游戏包括下面这些特征：

（1）投射统一性（部分游戏角色，部分自我）；

（2）轨迹（游戏空间、职业空间、历史般的生活，你住在里面，但是这并不是你生活中最重要的故事）；

（3）抽象主题（给你了游戏的基础，你来详尽地描绘它）；

（4）情境支持（游戏世界中的不同特性，详尽的描绘了我们大脑的对于世界能采用的行为方面作出反应的内在趋势）。

13.8 关于电子游戏、意识和梦的前期研究

尽管电子游戏很受欢迎，但是有关电子游戏对于梦的影响的研究还很少，我们认为一种替代性的意识形式会出现，这种意识形式通过HSC的主要特征表现出来。俄罗斯方块游戏玩家在入睡时报告出嵌入式的、老套的、游戏的视觉图像（Stickgold et al.，2000），Bertolini和Nissim（2002）意识到，电子游戏的片段和

特征都来源于儿时的梦。他们的结论是，由于儿童游戏模式中的这种翻天覆地的变化，他们必须将电子游戏整合到儿童治疗实践中。

Gackenbach 和他的同事在 1998 年开始了一系列的调查研究（Gackenbach & Preston，1998；Gackenbach，1999，2005，in press；Gillispie & Gackenbach，in press；Gackenbach et al.，1998；Preston，1998，in press；Preston & Nery，2004），已经讨论了理论依据和一些经常在电子游戏玩家身上才会出现的扩展意识体验的实证研究证据。

观察点从玩家本身指向了一种有可能的联合，即清醒梦、电子游戏和意识的发展三者之间的联合（McLean，2005）：

"当我醒来的时候我并不总是能清楚的记得我做过的梦"……"尽管在做梦的过程中，它们很清晰。"

"我做过很多的梦，梦里我通常都是处于第一人称或第三人称视角"……"比如，'哇，我是《Halo》中的一员。'"

"你几乎浑然不觉"……"你的思维仿佛装上了自动导航装置，你变为其中一个系统……有时候，你都无法相信你做的动作。"

Gackenbach 和 Preston（1998）向 56 个用户组发放了一份有关电子游戏的调查问卷，还向 4 个用户组发放有关梦的问卷，大约有 10 个用户组的问卷标题中带有"青年的"字样，但并不是色情内容。那些被选中的电子游戏团体，都是讨论群体和世界知名电子游戏团体。问卷也被邮寄给 Gackenbach 以前的同事和学生中那些对这一主题感兴趣的人。

问卷收集了人口统计学信息、电子游戏的习惯和偏好、梦及其相关现象、被试的爱好和经历，包括四个睡眠体验——清醒梦、恶梦、梦惊和原型的梦，还询问了三种清醒状态下的体验（灵魂出窍、神秘体验和预知体验）。两个月后，这份问卷的简略版本以表格的形式出现在网络上。在这个新版本中，玩电子游戏过程中出现的晕眩情况也被加入到问卷中。

第一时间对这份网络问卷做出回应的是 41 名被试，即对问卷进行邮件回复。另外的 50 人在 1998 年 4 月末的时候也填写了这个在线表格，大多数是男性（69%），平均年龄在 30—39 岁之间。Gackenbach 和 Preston 随后用计算机进行了一系列的因素分析。第一次因素分析查看了所有被试，除晕眩症状之外的所有变量，在 7 个因素中，有 4 个是涉及电子游戏和意识变量的混合。在因子 2 中，缺乏神秘体验与下列因素有关：每周频繁地玩电子游戏、所玩游戏的类型很多和玩游戏年限较长，并且开始玩游戏和达到顶峰时很年轻。在因子 5 中，每周频繁玩电子游戏与低梦境回忆率、低祷告使用频率和低原型的梦的发生频率有着关系。因子 6 显示，较少的梦境回忆与和朋友们一起玩之间存在联系。因子 7 表明，游戏阶段长、玩很多游戏与冥想和神秘体验的频率有关。这个因素分析结果支持了目前的主要假说，玩电子游戏可能会与意识发展的经验相关。

基于 Siegel 的猜测，研究者在随后的因素分析中加入了晕眩症这一变量，他们认为晕眩是一种游戏行为，这种行为是我们试图改变我们的意识状态的体现。

尽管晕眩可能带有负面含义或者后果，但是它可能被视为一个积极的状态。当它不是伴随着疾病症状产生时，晕眩可能包括了浮动和兴奋的感觉。在这两个涉及晕眩的因素分析中，晕眩的积极方面（与清晰梦相关）和消极方面（与夜惊相关）都能够被观察到。积极状态与内部控制的指数相关，而消极状态则与外部控制相关。这些发现符合相关研究，场独立性和空间能力被认为与清醒梦有关（Gackenbach & Bosveld，1989；Gackenbach et al.，1985）。

在这一研究发表数年之后，Preston 和 Nery（2004）实施了一些与电子游戏和与意识的发展有关的测量。参与者（22 名）填写了相同的问卷，其中一份由 Gackenbach 和 Preston 编制，还有另外一份是关于心理专注和空间定向能力的测验。前测任务是让被试走一个平衡木，然后记录下平衡分数。让被试玩两款不同的游戏，每款玩 10 分钟，然后对他们进行平衡能力的后测和空间定向能力测验。结果表明，简短的电子游戏娱乐时间，使得被试的平衡能力和空间定向能力都得到了提高。就像之前提到的那样，这些空间能力与清醒梦有关。

他们还发现，和第一次研究结果一样，一些因素中将玩电子游戏变量和意识发展变量相结合。具体来讲，他们发现心理专注、游戏过程中自我报告的恶心症状和一些灵性体验之间有着积极的关系。另一个因素混合了玩游戏的时间长度和灵性体验，但是显示出和冥思之间的一种负面相关。

Gackenbach（2005a，b）最近提出一个假设，即意识发展的各种变量指标和玩电子游戏之间存在一种关系。我们可以从两份自我报告中看到其中的联系。第一个研究询问了教室中的被试一些有关玩电子游戏和意识发展的问题，使用电子数据收集装置来记录被试的答案，第二个研究则是在网上，更详细的问了一些同样的或相关的问题。

课堂上的那份调查问卷的数据分析显示，因素分析时没有发现问卷的概念区域存在重合的部分，因此，对电子游戏团队在超个人变量以及适当的协变量上做比较（比如玩电子游戏过程中的梦境回忆和晕动病）。这三个有关梦的变量显示了不同的预期方向：高级电子游戏团体中的玩家会有更多的清醒梦、更多的梦境控制和更多的观察梦。

然而，有关超个人变量的结果，神秘体验和心理专注却并不支持先前的假说。具体来说，就是初级电子游戏团体在神秘量表上的得分更高，但是在专注方面却不存在组间的差异。

Gackenbach 指出，关于这个量表有几个问题需要考虑。首先，在神秘体验方面，得分越高，预示题目间一致性越高。第二，有关专注的题目是从同样的量表中采集而来的，并且认为他们高于神秘量表的项目。所以，尽管缺乏组内差异，但是这些学生们更乐意倾向于接受这样的暗示，即发觉心理专注而不是在措施中使用一些"神秘的"弦外之音。

在课堂上的数据收集之后，一份更长版本的问卷被发布到各个网站，而且还标注出是一个心理实验，持续 6 个月，从 2004 年底到 2005 年 5 月。为了遵循在第一次因素分析过程中建立的程序，电子游戏团体再次被组建起来，并且使用电子游戏来进行测量。这包括了一些比课堂上可用的更多的电子游戏指数。视频游戏 ANCOVAs 使用相同的变量作为第一个研究，结果有关冥想的兴趣和体验增加了，这些表明了电子游戏团体之间的差异。与课堂上收集到的数据相反，在网络上，有关梦的三个变量，清晰度、可控性和观察者梦境并没有显示出组间差异。

其他的超个人变量也没有显示出组间差异。鉴于课堂上收集到的数据也出现相似的结果，在打电子游戏的团体中可能存在一种天花板效应，有待后续证明。

最后，将 1998 年在电子游戏玩家中所得到的数据和 2005 年（在线数据）的做比较，不出所料，比起 1998 年的时候，现在的电子游戏玩家更加年轻化、玩的更丰富并且电子游戏的负面影响更少（例如在玩的过程中更少的出现晕眩症）。然而，在超个人变量方面，大多数都没有显示出代际差异。具体来讲，间隔了 7 年时间的这两组被试身上，在梦境回忆、清醒梦、恶梦、原型的梦、神秘体验以及对冥想的兴趣和体验等方面，并没有显示出差异。但是在报告中，夜惊发生率、"灵魂出窍"现象、预知体验还有对于祷告的兴趣和体验等方面存在差异。除了祷告方面，2005 年的被试组在每个方向的体验都少于 1998 年的被试组，2005 年的被试组在对于祷告的兴趣和体验方面多于 1998 年组。我们再一次面临一个喜忧参半的局面。

在他们最近的研究中，初步分析得到了同样的结果，那些玩电子游戏更频繁的玩家会出现更多清晰梦和观察者的梦（Gackenbach & Reiter，2005）。我们再一次将游戏过程中的梦境回忆和晕眩症作为控制变量，然后定义出 5 个电子游戏变量。他们还发现，与之前的研究结果相反，当祷告和晕眩症被控制后，频繁玩电子游戏的玩家报告了一种更高级的神秘体验。最后，正如之前提到的，他们发现，在电子游戏量表中，除了成瘾量表，经常玩电子游戏的玩家在 Chou 和 Ting（Ting，2003）的大部分量表上都会取得较高的分数。

他们发现，频繁玩电子游戏的人会比那些不经常玩的人拥有更少的负面类型的梦，这一发现也支持了意识发展的假说。随着研究的进行，情况可能会比之前的研究发现更加清晰，但是有很多遗留问题要调查。

Subrahmanyam 等人（2001）提出一个与之有关的值得注意的地方，他指出，大量有关注意力和其他认知变量的研究会使用相关技术测量短期影响，但是很少观察长期的影响，这也正是他们团队所关注的方面。Subrahmanyam 等人发现，"电脑硬件和软件升级如此之快，而大多数已发表的有关玩游戏的认知影响研究却是针对之前老一批的街机游戏和游戏系统的"（P13）。因此，随着设备的不断改进，较简单的系统所产生的边际效应可能会显示出更强大和更长期的影响。这一点十分值得注意，尤其是在报告玩电子游戏和梦的形式之间的关系，以及意识发展的其他指标时。

最后，尽管在超个人变量和电子游戏之间似乎的确存在某种关系，但是这一关系具体性质还有待揭示。将清醒梦看做是一种神秘体验也许是错误的，就如把拼图游戏玩家混在射击游戏玩家中是很不对的。Hunt（personal communication，June 13，2005）指出，这些被认为对于超个人经验很重要的属性，在低水平的时候会相互产生联系，但是在高水平时这种相互的联系就会瓦解。如图 13-1 所示。

图 13-1 是 Hunt 的意识发展的平行线模型。在一个较低的水平会存在相关，但是当水平逐渐升高后会分离，在一个更高的水平上成为单独的技能、经验和存在状态。

换句话说，在意识发展较低水平上，相关性也许会让人有点疑惑，在某种程度上来说，就好像几个板块简单的拼凑在一起，只有在高水平的时候，他们才会作为单个的因素出现。其他研究者则以一种层次更加分明的视角来看待这些超个人变量，例如清醒梦之前的神秘状态（Gackenbach，1991；Gackenbach & Bosveld，1989）。在平行发展和层次发展这两种情况下，各种"增强剂"可能找出与意识发展相联系的属性。以前经常研究的包括冥想、药物使用、梦境回忆，被认为能够增强自我意识、"流"体验，现在应该也包括电子游戏。可能有另外一种方式，技术矩阵会与湿大脑矩阵之间以一种深刻重大的方式相互作用，以达到神经网络的连接来创造全新的未知效果。

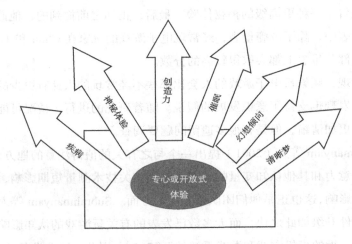

图 13-1

然而，这并不意味着技术进步带来的体验（玩电子游戏、互联网为媒介的交互及丰富的经验）是发展 HSC 的重要方法或渠道。它告诉我们，所有可能的经验方法，包括之前提到的，都能够帮助我们加强自我认知的发展，这也一直是意识发展的一个要素。我们从中看到的是我们的意识在不自觉的发展，而意识的这种自动性的发展又能帮助人去创造技术工具，工具又能被利用来扩大意识的体验，而且还可能有助于意识的成长。也就是说，通过技术形成了一个意识自我提高的循环圈。

13.9 意识和技术的共同进化

在本书的第一版中，这一章的标题是"意识和技术的共同进化"。在重读这一章的时候，匆忙的将两者放到一起，看上去似乎不妥。因此，这一章也会介绍一些新的方法。

意识和技术共同进化这个概念可能有一些优点。关于网络，我们会产生一种不可避免强烈的使命感——致力于全球化大脑发展的迅速行动、运动，就像第 12

章里面讨论的。耶稣会哲学家 Teilhard de Chardin 在 20 世纪中叶时，描绘他所看到的一个"智能圈"，一种环绕全球的巨大智能信息，广泛的人类思想———一种出现在人类思想交互的过程中的新兴意识。他为这个过程设想了一个终结点，称为 ω 点，那儿会出现一种新的现实。我们很难观察到这种快速发展，而且也不会察觉到我们正在目睹一个机制，这一机制促进这种"智能圈"出现。

在 de Chardin 的这种目的论视角看来，进化具有方向性，关于这一点的争论日益增多。Darwin 自己也持目的论观点（see discussion in Himmelfarb,2005），但是当他的理论在 20 世纪被发展之后，进化被理解成一种改变，而不一定是往更高层次的方向发展。

Wright（2000）使用游戏理论来辩称，生命具有方向性，生物进化导致了复杂聪明的动物的出现，反过来也为文化的进化和创建复杂的社会提供了条件。当前的全球化社会，包括全球化网络，只是数百万年前就开始的这个的进程的逻辑终点。

另外，越来越多的人开始理解这种复杂性机制的出现。Kauffman（1995）有关自然界中自发秩序的实例研究表明，这种现象比我们最初的预想更为普遍。他认为，复杂性本身导致了自我组织系统。（See Johnson，2001，for a popular overview of the new science of emergence theory）

另一份研究解释了（summarized in Surowiecki，2004）集体智慧是如何通过互联网这种机制来启动的，这使我们能够得到比个人专家更准确、更及时的信息。他写道，例如电子市场是如何协调个人的集体思维，来达到对事件的准确预测。这表明，通过一套复杂的媒介化交流系统所体现出的容易被观察到的智能，它超越了个人的智慧。

从某种意义上说，意识和技术的共同进化概念可以被看做是一种复杂性的同时出现，伴随着人类智慧所创造出媒介化交流方式，反过来，这些技术促进了这种复杂性——本章节以前版本中的一个观点。这样安排的目的目前还不是很清楚，但是作者倾向于预想一种灵性的觉醒。对于冥思、瑜伽和其他学科的兴趣不断增加，这也是一种灵性觉醒的证实，并且伴随着其他的学科关于意识本质的相关研究的不断增加。

虽然很难想像我们是朝着什么方向进化，或者可能会出现什么，但是如果将它当做一种高级意识形态进化模型可能会很有趣。Maharishi 吠陀科学在这个过程中采用了一个目的论视角，正如前面指出的，它认为人类意识是向更高层次形态发展的。这些陈述本身可能就是紧急秩序的实例，对那些练习超验冥想的被试进行 EEG 研究，结果显示出他们的脑电波模式存在一种不同寻常的一致性（Travis et al., 2002）。

Maharishi 吠陀科学假设，对于那些高级形态的体验，例如宇宙意识，并不仅仅存在于那些已经发展出大脑先天性倾向的个体身上。当然，这个假说是指，个人只是体验到他到底是什么，宇宙是怎么样的——宇宙智慧。经验并不是一种知识的理解而是一种知觉，意识在 Maharishi 吠陀科学中被视为非局部的大脑处理，而不是大脑处理的附属品。

这种非局部的意识体验是天生的，但是通常会被隐藏起来。诸如冥想之类的技术可以开发出大脑最理想的功能，这样一来，个体就能意识到这种非局部方面的意识。

那些从传统中体验到宇宙意识或宇宙智慧的个体，正如 Bucke（1969）的研究显示那样，通常会有一些一样的主观体验，这些体验永恒、不朽、与万物相联、无穷大，并且会去认同比自己大的事物。

如果有人推测可能会出现什么，它很可能就是这种宇宙意识。这种宇宙意识是与生俱来的，不仅因为研究表明人类的大脑具有这个功能，而且更可能因为这是一种终极的现实。这个终极现实里里外外都是自我和大脑，迟早会意识到它的存在。

很容易就能想到，互联网的部分吸引力在于它能让人们看到那种形态，这可能是互联网具有非凡的、通用的、无可置疑的吸引力的一个原因。人们对于因特网的接受和使用，以一种近乎爆发的方式在全球蔓延开来，这在历史上是绝无仅有的。文字的接纳及发展过程十分缓慢，直到工业革命时期文字普及才被确立为一个目标，而这时文字已经有几千年的历史了。而电子媒介的发展相比就很快了，尤其是伴随网络的快速发展。其余的电子媒体也被迅速的采用。一个经常被提及的事实由摩根士丹利的董事总经理 Mary Meeker 首先呈现在研究报告中，那份报告比较了广播、电视和网络被广泛采用的程度（Morgan Stanley, 1997, P2-2、2-6）。研究人员发现，在美国，电台被 5000 万用户所接受花了 38 年时间，电视则花了 13 年的时间，但是网络只用了 5 年的时间就到达了那个水平。它如此有吸引力的原因是什么？我们认为，之前提到的有关 HSC 的描述可能会提供一些见解。

这里的观点是，HSC 是以一种连接的、无限的、普遍的和扩大的自我意识而被体验到。而互联网（在某种程度上和其他电子技术）同样给予一种具有连接性、无限多的信息、能够广泛使用这些特点的感受。人们能够容易的接受互联网，是因为它能够与人们内心深处的一些东西产生共鸣。

网络确实是一个成功的、罕见的技术，能够维持人们这种最初的兴奋激动，即使是在重要的学习曲线里面这也不多见，加上网络系统的复杂性和成本障碍，网络能做到这点确实不易。尽管存在一些障碍，但是互联网还是广受欢迎，并且这种受欢迎程度还在不断增加。人们可以通过网络引用大量的特定信息，互联网受欢迎的地方还不仅于此，更在于它给人们带来的被连接的兴奋。它带来一种接通几乎所有实体的感觉，个体能够访问任何东西，能够轻松的跨越时间和空间限制与他人进行交流。网上"冲浪"这一发达术语能够清晰的反映这种感觉：个体能够在网上找到一些问题的答案而不用跑去图书馆，尽管亲自跑一趟可能会有更多的收获。

总的来说，我们认为存在高级意识形态，并简要地指出了一些记载了这一高级意识形态的研究。我们认为，这些形态是与生俱来的，只需要继续发展。此外，本章试图了解互联网和媒介化沟通对于神经系统功能的影响，这已在游戏玩家所体验到的清醒梦的研究中得到证实。最后，我们推测，这一趋势最终会朝着一个新兴全球实体发展，互联网就是一个例子，而结局就是体验到统一意识，Maharishi 吠陀科学所描述的一种最高级的意识形态，并且体验到最终存在的本质。

【参考文献】

Alexander,C.,Boyer,R. & Alexander,V.(1987).Higher states of consciousness in the Vedic psychology of Maharishi Mahesh Yogi:A theoretical introduction and research review.*Modern Science and Vedic Science,1*(1),89–126.

Alexander,C.N.,Davies,J.L.,Dixon,C.A.,Dillbeck,M.C.,Ortzel,R.M.,Muehlman,J.M. & Orme-Johnson,D.W.(1990).Higher stages of consciousness beyond formal operations:The Vedic psychology of human development.In C.N.Alexander & E.J.Langer(Eds.).Higher stages of human development:Adult growth beyond formal operations.New York:Oxford University Press.

Bertolini,R. & Nissim,S.(2002).Video games and children's imagination.Journal of Child Psychotherapy,28(3),305–325.

Blackmore,S.(2003).Consciousness:An introduction.London:Oxford University Press.

Bucke,R.M.(1969).Cosmic consciousness:A classic investigation of the development of man's mystic relation to the infinite.New York:E.P.Dutton.

Choi,D. & Kim,J.(2004).Why people continue to play online games:In search of critical design factors to increase customer loyalty to online contents.CyberPsychology & Behavior,7(1),11–24.

Chou,T.J. & Ting,C.C.(2003).The role of flow experience in cyber-game addiction.CyberPsychology & Behavior,6(6),663–675.

Csikszentmihalyi,M.(1990).Flow:The psychology of optimal experience.New York:Harper & Row.d'Aquili,E.G. & Newberg,A.B.(1999).The mystical mind:Probing the biology of religious experience.Minneapolis:Fortress Press.

Dillbeck,M.C. & Araas-Vesely,S.(1986).Participation in the Transcendental Meditation program and frontal EEG coherence during concept learning.International Journal of Neuroscience,29,45–55.

Dillbeck,S. & Dillbeck,M.C.(1987).The Maharishi technology of the unified field in education:Principles,practice,and research.Modern Science and Vedic Science,1,383–432.

Dillbeck,M.C.,Orme-Johnson,D.W. & Wallace,R.K.(1981).Frontal EEG coherence,H-reflex recovery,concept learning,and the TM–Sidhi program.International Journal of Neuroscience,15,151–157.

Funk,J.B.,Buchman,D.D. & Jenks,J.(2003).Playing violent video games,desensitization,and moral evaluation in children.Journal of Applied Developmental Psychology,24(4),413–436.

Gackenbach,J.I.(1991).A developmental model of consciousness in sleep:From sleep consciousness to pure consciousness.In J.I.Gackenbach & A.Sheikh(Eds.),Dream images:A call to mental arms.New York:Baywood.

Gackenbach,J.I.(1998).Video game play and the development of consciousness.Available at http://www.sawka.com/spiritwatch.

Gackenbach,J.I.(1999,July).Video Game Play and the Development of Consciousness as Measured by Some Dream Experiences.Paper presented at the annual meeting of the Association for the Study of Dreams,Santa Cruz,CA.

Gackenbach,J.I.(2005,June).Video Game Play and Dreams:A Replication & Extension.Paper presented at the annual meeting of the International Association for the Study of Dreams,Berkeley,CA.

Gackenbach,J.I.(in press).Video game play and lucid dreams:Implications for the development of consciousness.Dreaming.

Gackenbach,J.I.(in preparation).Transpersonal implications of telepresence resulting from being online.Manuscript accepted for inclusion in a special issue of the Journal of Computer Mediated Communication Special Issue on Religion on the Internet.

Gackenbach,J.I. & Bosveld,J.(1989).Control your dreams.New York:Harper & Row.

Gackenbach,J.I.,Guthrie,G. & Karpen,J.(1998).The coevolution of technology and consciousness.In J.I.Gackenbach(Ed.),Psychology and the Internet.San Diego:Academic Press.

Gackenbach,J.I.,Heilman,N.,Boyt,S. & LaBerge,S.(1985).The relationship between field independence and lucid dreaming ability.Journal of Mental Imagery,9,9–20.

Gackenbach,J.I. & LaBerge,S.P.(Eds.).(1988).Conscious mind,sleeping brain:Perspectives on lucid dreaming.New York:Plenum.

Gackenbach,J.I. & Preston,J.(1998,April).Video Game Play and the Development of Consciousness.Poster presented at the third biannual meeting of the Science of Consciousness,University of Arizona,Arizona.

Gillispie,J.F. & Gackenbach,J.I.(in press).Cyber.rules:Negotiating healthy Internet use. New York:Norton.

Gee,J.(2005,June).Learning is the Engine that Drives Good Video Games.Invited address to the biannual meeting of Digital Game Researcher Association,Vancouver,BC.

Glicksohn,J.(1993–1994).Rating the incidence of an altered state of consciousness as a function of the rater's own absorption score.Imagination,Cognition,and Personality,13(3),225–228.

Glicksohn,J. & Avnon,M.(1997–1998).Explorations in virtual reality:Absorptio-n,cognition,and altered state of consciousness.Imagination,Cognition,and Personality,17(2),141–151.

Glicksohn,J. & Barrett,T.R.(2003).Absorption and hallucinatory experience.Applied Cognitive Psychology,17(7),833–849.

Green,C.S. & Baveller,D.(2003).Action video game modifies visual selective attention. Nature,423,534–537.

Greenfield,P.M. & Cocking,R.R.(Eds.).(1996).Interacting with video.Advances in applied developmental psychology(vol.11).Norwood,NJ:Ablex Publishing Corp.

Himmelfarb,G.(2005).Monkeys and morals.The New Republic,233(4,743),33–37.

Hunt,H.(1995).On the nature of consciousness:Cognitive,phenomenological,and transpersonal perspectives.New Haven:Yale University Press.

Jackson,D.N.(1993).Dynamic spatial performance and general intelligence.Intelligence,17(4),451–460.

Johnson,S.(2001).Emergence:The connected lives of ants,brains,cities,and software. New York:Simon & Schuster.

Kauffman,S.(1995).At home in the universe:The search for the laws of self-organization and complexity.New York:Oxford UP.

Lazar,S.,Kerr,C.E.,Wasserman,R.H.,Gray,J.R.,Greve,D.N.,Treadway,M.T.,McGarvey,M.,Quinn,B.T.,Dusek,J.A.,Benson,H.,Rauch,S.L.,Moore,C.I.,and Fischl,B. (2005).Meditation experience is associated with increased cortical thickness.Neuroreport,16(17):1893–1897.

Lukoff,D. & Lu,F.G.(1988).Transpersonal psychology research review topic:Mystical experience.The Journal of Transpersonal Psychology,17(2),155–181.

Lukoff,D.(1985).The diagnosis of mystical experiences with psychotic features.The Journal of Transpersonal Psychology,17(2),155–181.

Lutz,A.,Greischar,L.L.,Rawlings,N.B.,Ricard,M. & Davidson,R.J.(2004).Long-term meditators self-induce high-amplitude gamma synchrony during mental practice. Proceedings of the National Academy of Sciences,101(46),16369–16373.

Maharishi Mahesh Yogi(1966).The science of being and art of living.Fairfield,IA:MIU Press.

Maharishi Mahesh Yogi(1986).Life supported by natural law.Fairfield,IA.MIU Press.

Maharishi Mahesh Yogi(1994).Vedic knowledge for everyone,Maharishi Vedic University,Introduction.Fairfield,IA:Maharishi Vedic University Maslow,A.(1969). Towards a psychology of being.Princeton:Van Nostrand.

Mason,L.,Alexander,C.N.,Travis,F.,Gackenbach,J. & Orme-Johnson,D.(1995).EEG correlates of "higher states of consciousness" during sleep.Sleep,24,152.

Matlin,M.W.(1995).Psychology(2nd Ed.).Fort Worth:Harcourt Brace College Publishers.

Maynard,A.E.,Subrahmanyam,K. & Greenfield,P.M.(2005).Technology and the development of intelligence:From the loom to the computer.In R.J.Sternberg & D.D.Preiss(Eds.),Intelligence and technology:The impact of tools on the nature

网络与更高层次的意识形态——一种超个人视角

and development of human abilities(pp.29–53).Mahwah,NJ:Erlbaum.

MacDonald,D.A. & Friedman,D.A.(2002).Assessment of humanistic,transpersonal and spiritual constructs:State of the science.Journal of Humanistic Psychology,42(4),pp.102–125.

McLean,A.(2005,Feb.12).Sweet dreams for gamers:Video games prompt more lucid dreams,says Grant MacEwan prof.Edmonton Journal,retrieved Feb 12,2005,http://www.canada.com/edmonton/edmontonjournal/news/culture/story.html?id=9d-1c053b-16e5- 4f1e-ad7c-f893509c952c.

Morgan Stanley U.S.Investment Research(1997).The Internet Retailing Report New York:Morgan Stanley.Available at http://www.morganstanley.com/institutional/techresearch/inetretail. html?page=research.

Murphy,M. & Donovan,S.(1988).The physical and psychological effects of meditation. San Rafael,CA:Esalen Institute.

Murphy,M.,Donovan,S. & Taylor,E.(1997).The physical and psychological effects of meditation:A review of contemporary research with a comprehensive bibliography,1931–1996.San Francisco:Institute of Noetic Sciences.

Newberg,A.B.(2001).Putting the mystical mind together.Zygon,36(3),501–507.

Newberg,A.B.,d'Aquili,E. & Rause,V.(2001).Why God won't go away:Science and the biology of belief.NY:Ballantine.

Nidich,S.I. & Nidich,R.J.(1987).Holistic student development at Maharishi School of the Age of Enlightenment:Theory and research.Modern Science and Vedic Science,1,433–470.

Nidich, S. I., & Nidich, R. J. (1990). Growing up enlightened. Fairfi eld, IA: MIU Press.

Nidich,S.I.,Ryncarz,R.A.,Abrams,A.I.,Orme-Johnson,D.W. & Wallace,R.K.(1983). Kohlbergian cosmic perspective responses,EEG coherence,and the Transcendental Meditation and TM-Sidhi program.Journal of Moral Education,12(3),166–173.

Orme-Johnson,D.W.,Alexander,C.N. & Davies,J.L.(1990).The effects of the Maharishi technology of the unified field.Journal of Conflict Resolution,34(4),756–768.

Persinger,M.A.(2003).The sensed presence within experimental settings:Implications for the male and female concept of self.Journal of Psychology,137(1),5–16.

Preston,J.(1998).From mediated environments to the development of consciousness. In J.I.Gackenbach(Ed.),Psychology and the Internet(pp.255–291).San Diego:Academic Press.

Preston,J.(in press).From mediated environments to the development of consciousness II.In J.I.Gackenbach(Ed.),Psychology and the Internet(2nd Ed.).San Diego:Academic Press.

Preston,J. & Nery,R.(2004,November).Video game play,spatial skills,balance,and consciousness experiences.Unpublished manuscript.

Siegel,R.(1979–1980).Dizziness as an altered state of consciousness.Journal of Altered States of Consciousness,5,87–104.

Sternberg,R.J. & Preiss,D.D.(2005).Intelligence and technology:The impact of tools on the nature and development of human abilities.Mahwah,NJ:Erlbaum.

Steuer,J.(1995).Chapter 3:Defining virtual reality:Dimensions determining telepresence.In Frank Biocca & Mark Levy(Eds.),Communication in the age of virtual reality(pp.33–56).Hillsdale,NJ:Erlbaum.

Stickgold,R.,Malia,A.,Maguire,D.,Roddenberry,D. & O' Connor,M.(2000). Replaying the game:Hypnagogic images in normals and amnesics.Science,290(5490),350–353.

Subrahmanyam,K.,Greenfield,P.,Kraut,R. & Gross,E.(2001).The impact of computer use on children's and adolescents' development.Applied Developmental Psychology,22,7–30.

Surowiecki,J.(2004).The wisdom of crowds:Why the many are smarter than the few and how collective wisdom shapes business,economies,societies,and nations.New York:Doubleday.

Travis,F.,Tecce,J.,Arenander,A.,and Wallace,R.K.(2002).Patterns of EEG coherence,power,and contingent negative variation characterize the integration of transcendental and waking states.Biological Psychology 61(3),293–320.

Varela,F.(Ed.).(1997).Sleeping,dreaming,and dying:An exploration of consciousness with The Dalai Lama.Boston:Wisdom Publications.

Voiskounsky,A.E.,Mitina,O.V. & Avetisova,A.A.(2004).Playing online games:Flow experience.PsychNology Journal,2(3),259–281.

Wallace,R.K.(1987).The Maharishi technology of the unified field:The neurophysiology of enlightenment.Fairfield,IA:Maharishi International University Press.

Wilber,K.(1987).The spectrum model.In D.Anthony,B.Ecker & K.Wilber(Eds.),Spiritual choices.New York:Paragon.

Witmer,B. & Singer,M.(1998).Measuring presence in virtual environments:A presence questionnaire.Presence,7(3),225–240.

Wood,R.T.A.,Griffiths,M.D.,Chappell,D. & Davies,M.N.O.(2004).The structural characteristics of video games:A psycho-structural analysis.CyberPsychology & Behavior,7(1),1–10.

Wright,R.(2000).Nonzero:The logic of human destiny.New York:Pantheon.

名词中英文对照索引

F

G

J

K

L

Virtual teams 虚拟团队
technologies 多种技术
Virtuality 虚拟性
Visongain 全球信息有限公司
Vista space 维斯塔空间
Visual dynamics 虚拟动态
Voice Over Internet Protocols（VOIP）网络电话
VOIP 网络电话
VR 虚拟现实

W

Walther Joe 瓦尔特·乔
War 战争
Cold 冷战
Sex and 性（与战争）
World War1 第一次世界大战
World War11 第二次世界大战
War of the Worlds(Welles)《世界大战》（威尔斯）
Warner Brothers 华纳兄弟
Warren，Terri 沃伦·泰里
WAS 世界性健康学会
WAV formatWAV 格式
Web browsers 网络浏览器
Web spirituality 网络精神
Web Storybase 网络故事库
WebAware 网络意识
Web-based behavioral treatment 基于网络的行为治疗
WebCounseling 网络咨询
WebMD 韦伯麦德医疗网
Webmind Internet AI 网络智能浏览器
Webmind unites 网络心智联盟
Welles，Orson 韦尔斯·奥森
White nationalists 白人民族主义者
Whiteboard 白板
Why nothing works(Harris)《为什么会失效？》（哈里斯）
Wolfe，Jessica 沃尔夫，杰西卡
Women，pornography 女性，色情作品
Wood，Gaby 木头，傻瓜
Work-bodies 工作机体
Work-deeds 工作行为
Work groups 工作组
requirements 要求
Work teams 工作团队
Workflow applications 工作流应用
Workforce 劳动力
World Association for Sexual Health（WAS）世界性健康学会
World Book Encyclopedia 世界大百科全书
World Internet Usage 全球互联网的使用

World of Warcraft (game) 魔兽世界
World Trade Center 世界贸易中心（世贸中心）
World War1 第一次世界大战
World War11 第二次世界大战
World Wide Brain (Global Brain) 全球脑
self and morality and 自我和道德（与全球脑）
World Wide Web 互联网
disinhibition and 去抑制（与互联网）
sex and 性（与互联网）
Worm viruses 蠕虫病毒

X

X-ratedX 级（指青少年禁片）

Y

Yahoo 雅虎
Yahooligans 雅虎儿童网
Youth Internet Safety Survery 青少年互联网安全调查
注：Yahooligans 是适合于孩子的在线万维网指南，将教孩子如何利用因特网在教育和文化上的优势。
Xtimeline

Z

Zaba Search "佐吧搜索"
zExplorer "z 探索者"

注：Zaba Search 是用于搜索公众信息的人、电话号码、I P 地址一站式搜索引擎，主要用在美国。